鸟兽虫
识别和观察笔记
Notes of Wild Animals' Identification and Observation

周育建　著 / 摄影

U0397644

上海教育出版社
SHANGHAI EDUCATIONAL
PUBLISHING HOUSE

序

这是一本关于动物、关于爱好的书

野生动物可观、可察、可知，能够让人觉得有趣，感受到美好。对于我自己来说，观察野生动物只是因为喜欢，喜欢做这件有趣的事情，纯粹是业余爱好。

这本书是我自己平时写下的鸟、兽、虫的自然笔记，是野外观察的记录与感受，是物种识别的体会和总结，也包含了因兴趣而主动阅读所了解到的知识的积累。

我对于爱好都比较"钻"，只要喜欢上，就会十分投入。我喜欢外语，能够使用英语和日语无障碍地与人交流，轻松地去国外旅行。我喜欢玩业余无线电，立志和世界上所有的国家完成通信联络。我不仅达成了这个目标，并且一直保持着中国的最高积分（我的业余电台呼号：BA4DW）。通过学习外语和玩业余无线电，我对世界各国有了初步的认知，然后出发去旅行，足迹遍布世界六大洲。在此之前，我已经去过中国的每一个省份。在旅行途中，我不仅领略了人文和风景之美，也看到了许多野生动物。

在观察野生动物这个爱好上，我也曾经像对待其他的爱好一样雄心勃勃，然而自然界中的物种千千万万：哺乳动物五千多种，鸟类一万多种，昆虫的物种数量更是惊人，不知上限在何处。随着观察的深入，我的想法逐渐改变：别太在意广度，而要有深度。重要的是从观察和拍摄中，感受到美。以观鸟为例，看多了鸟，我觉得每一只鸟都是可爱的，它们的外貌、表情、神态，无不让人喜爱，把出现在面前的鸟看细了、看好了，哪怕是一点儿都不"稀有"的鸟，也能感受到美，并由此而拥有一份美好的心绪。所以，观鸟不用像玩业余无线电那样通遍所有国家，非得去搜罗各种"稀有鸟"。"加新"，追逐个人新鸟种，是一种乐趣，而静静地观察再普通不过

的鸟儿的生活也是一种乐趣。包括观鸟在内的观察野生动物活动，可以不要有什么明确的目标，而仅仅把握住细微处美好的本真，就好。

野外观察大自然中的动物，不仅是一种追求美好，也是一种识别美好的行为。了解出现在面前的动物是谁，识别物种，也是这个爱好的乐趣之一。还是以观鸟为例，识鸟要能够做到在野外观鸟时，熟悉的鸟，一眼就认出来；而辨识难度高的鸟，通过思考，也能做到正确定种。又如，昆虫的种类很多且图鉴匮乏，但即便鉴定不到种，也能识别到属或科。

在动物识别上，我下了不少功夫，虽然难，但一直在努力。我以前也会询问别人，但很快改为自己思考、辨析，自己确认我所看到和拍到的动物的身份。思考的过程非常重要，"知其所以然"，为什么是这个物种，而不是另一种？关键点在哪里？通过学习，经过认真思考，自己能够成为自己的好老师。

观察野生动物，能够使人拥有细致的观察能力。在本书中，我记录了许多观察到的细节。正是这些细节，对确定物种起了关键作用。我还自己总结了一些物种识别上的要点和区分的步骤，比如鸟类中辨识难度较大的柳莺、鸻鹬和鸥，一并写在了本书中。

所有的这些努力，都是好奇心使然，好奇心使我认识了很多野生动物。试图知道观察到的动物是哪一物种，通过自己学习、做笔记、经过一个思考的过程，然后正确识别，这本身就是一件很有乐趣的事儿！

辨识区分不同的物种，除了依据外表特征，还要结合生境、行为和叫声。（生境这个词在本书中会多次提到，是指物种赖以生存的生态环境，生境内包含了物种生

存所需的各种因子,不同的物种喜欢不同的生境,比如上海南汇有槐树林、芦苇地、农田、杂草灌木丛、海滩、鱼塘等各种不同的生境。)在了解这是一个什么物种的同时,更可以细心记录各种野生动物出现的生境、季节和具体时间,仔细观察它们的觅食、移动、求偶和育雏等各种行为,以及变态(昆虫)、换羽(鸟类)、迁徙(部分鸟、兽,以及极小部分虫)、繁殖等生活史中的重要部分。观察野生动物,既可以简单有趣,把它作为一种很好的消遣;也可以做到有深度,不断深入,提高段位。增加对物种的观察和了解,可以使美好的感受倍增。

在写作的过程中,我希望以自己的视角,在记录发现和观察野生动物的点点滴滴的同时,在对动物的描述中获得快乐。以前,我在报纸刊物上写过不少文章,也出版过书籍,偶有诗兴的时候,也会用一些"文艺"的语句,但这本书的文字运用只求做到简洁、通顺、易于理解。本书中各个物种的文字篇幅长短不一,这并非是厚此薄彼,而是观察时间较长、更有感情的物种,比如家燕、白头鹎、麻雀、乌鸫、小䴕、灰喜鹊、凤头鹰、棕背伯劳等这些身边的鸟,就写得比较详细,或许还有一些多余的发挥;而有些物种因为观察时间有限,就写得简明一些。书里没有太多专业而难懂的用语,除了极个别的,如"鸟嘴",在本书的很多地方都使用了"科学名词"——喙,对于不熟悉鸟的读者,知道"鸟类"部分中的喙就是鸟嘴就好了。

在观察野生动物的过程中,我拍摄了大量的照片和视频。我使用的相机并不高端,只是一个一体式的数码相机,它很轻巧,小到可以放入腰包,但是长焦端可以拍鸟拍兽,微距端可以拍昆虫。最大的好处是轻便,可以随时拍摄。拍摄时,我从

来都是手持拍摄，并不使用三脚架，这样机动性更强、出片率更高。本书中的 1 500
多张照片均由我本人在大自然的野外环境中拍摄而得。

博物、写作、摄影，都只是我的业余爱好。一个爱好，应该能够使人以喜欢玩、
有情致、并玩好的心态参与，能够使人拥有好奇心、不断学习知识，并保持自我成
长。这本书，是一本关于动物、关于爱好的书，希望你会喜欢。

目录

CONTENTS

兽类(哺乳动物)及爬行纲、两栖纲、蜘蛛纲

昆虫类

鸟 类

白额雁

雁形目/鸭科/雁属

　　我曾经在以前写的书里记叙过在阿拉斯加开车,一直开到北冰洋边的经历。阿拉斯加的道尔顿公路(Dalton Highway)是一条不平凡的路。那时是5月,北纬69度的北极圈里已经接近极昼,一天只有两个小时的黑夜。车子开到北坡,沼泽地里枯草上的冰雪还没有完全融化,在非常接近北冰洋边的苔原冻土地带,我见到了一群来这里繁殖的白额雁。

　　这群白额雁大约是刚到这里,从5月起,陆陆续续会有一群群白额雁自南飞来,到这里养育后代。在北极圈内的苔原地带,夏季时的棉花草和马尾草是白额雁的主要食物,它们不愁没吃的。第二龄以后、性成熟的白额雁在苔原上求偶,获得雌鸟芳心的雄鸟在获胜后会赶走竞争者,然后再来一番胜利后的炫耀。白额雁配对成功后,一般不会再移情别恋,配偶关系维持终生。再过一个多月,到6月中旬的时候,白额雁将开始产卵,一天产一枚卵,一窝卵一般为4～5枚,但有的雌鸟会用一星期产7枚卵。白额雁的幼鸟在出生大约一个半月后,才羽翼渐丰,而繁殖期结束后的成鸟则进入换羽期。人迹罕至的北极地带无论是对于正在长大的幼鸟还是换羽中的成鸟,都相对比较安全。

　　镜头中的白额雁站姿挺拔。虽然雁和鸭同属鸭科,但雁的腿不像鸭那样位置靠后,因为雁比起鸭来,更喜欢陆栖,脚如果长得太靠后,不方便在陆地上走路。顺带一提,在生物学分类上有7个大的等级,即"界、门、纲、目、科、属、种",我们通常

白额雁　成鸟　在冰雪苔原上衔草筑巢　拍摄于阿拉斯加北坡

白额雁　亚成鸟　观察腿的颜色,喙基部是否厚实,有无白额

需要了解的是"目、科、属、种"四个。我们会有趣地发现：雁和鸭，雁拿下了雁型目的"冠名权"，但在比目更小的科这一级，鸭拿下了"冠名权"，白额雁属于鸭科。

白额雁的名字来源于包括前额在内的喙基四周的白色，因此得名"白额"。刚飞来阿拉斯加的这一群白额雁中，还有第二龄前的白额雁的亚成鸟，亚成鸟的喙基并没有白斑围绕，但它的脚和成鸟一样是橘黄色的。在鸟类的识别中，脚和喙是非常重要的两个部分，比如灰雁的脚是粉色的，不同于白额雁脚的橘黄色。另外还有一种鸟，叫小白额雁（我只拍摄过飞行中的小白额雁），体型比白额雁小，所以名字中有个"小"字，但小白额雁成鸟的喙基周围的白色斑块反而比白额雁成鸟的白色斑块大，一直延伸到眼睛上部，而小白额雁的亚成鸟同样也没有白斑，脚也是橘黄色的，区分这两种鸟的亚成鸟要看喙，白额雁的喙基部比较厚实。观鸟的人，通常会非常关注细节，通过细节来分辨不同种的鸟。认鸟本身就是很好玩的一件事，是观鸟的乐趣之一。

话题回到这一群白额雁。白额雁是典型的候鸟，等到9月来临的时候，北极圈里的食物开始匮乏，而白额雁也完成了繁殖和换羽。雁和鸭虽然体型肥大，但长着尖型的翅膀，其实拥有很强的飞行能力。它们排成八字形或一字形的雁队，成群南飞，去往南方的过冬地度过冬季。雁在成群飞行时的八字形和一字形队形各有用处，通常加速时呈八字形排列，而减速时呈一字形，因为八字形的队列有利于减少风阻，幼鸟和体弱的鸟通常位于飞行队伍的中间，这样可以利用队伍前面的雁飞行时产生的空气动力（"尾涡"）节省体力，领头雁没有"尾涡"可以利用，所以最为辛苦，通常由身体强壮的雁轮换担当。

疣鼻天鹅/黑天鹅/小天鹅

雁形目/鸭科/天鹅属

疣鼻天鹅　成鸟

疣鼻天鹅

温莎小镇是英国女王在周末时居住的温莎城堡的所在地，泰晤士河流经温莎小镇。我漫步在泰晤士河河边，在河畔一下子看到了四五十只疣鼻天鹅，我从没有看到过这么多的疣鼻天鹅聚集在一起。

河上有一座小桥，桥的对岸是另一个小镇伊顿，是著名的伊顿公学的所在，打败拿破仑后说"滑铁卢战场的胜利只不过是伊顿公学操场上的胜利"的威灵顿公爵就从那里毕业。我走过桥的时候，一对疣鼻天鹅正从眼前5米处飞过，它们伸直着长颈，张开巨大的翅膀，飞行的姿态极为优美。那一瞬，我看呆了。

后来，又去到英国大文豪莎士比亚的故乡、小镇埃文河畔的斯特拉福德。埃文河上也游弋着许多疣鼻天鹅，它们和黑雁一起，和人类零距离接近。

疣鼻天鹅　成鸟和幼鸟成群，都是野生的　拍摄于温莎城堡外泰晤士河

疣鼻天鹅　野生，带着脚环（全英国不带脚环的疣鼻天鹅都属于女王）

疣鼻天鹅　成鸟和幼鸟　拍摄于莎士比亚的故乡埃文河上斯特拉福德

在中国，疣鼻天鹅的种群数量比起大天鹅和小天鹅来要少多了，并不多见，而在欧洲却大范围分布，种群数量很多。疣鼻天鹅显著的特征是雄鸟的前额基部有一块黑色疣突，这是它名字中"疣鼻"的来历，疣鼻天鹅又称哑音天鹅，即使在求偶期也不发出叫声。

大多数鸟类只在繁殖期共同生活几天、几周或几个月，有的还一夫多妻或一妻多夫，而疣鼻天鹅一旦配对，就会在余生中不离不弃，终生相伴。

黑天鹅

黑天鹅在澳大利亚和新西兰数量众多，它们有着优雅美丽的外形，而且性格温和。在新西兰北岛的罗托鲁瓦湖中，我见到了数百只野生的黑天鹅，它们自由自在地生活着。那时正是1月，是新西兰的夏季，黑天鹅的幼鸟长着灰色的羽毛，和成鸟的羽色完全

黑天鹅　两只亲鸟带着两只雏鸟　拍摄于新西兰北岛

不一样，由亲鸟带着来到湖边觅食。这四只黑天鹅是幸福的一家。

在澳大利亚的南澳大利亚州的首府城市阿德莱德，穿城而过的托伦斯河的河面上也有很多黑天鹅在游弋。这些黑天鹅尽管也是野生的，却生活在城市的中心，这里没有人会伤害它们，反而有不少市民习惯于给它们喂食。

黑天鹅原是大洋洲的独有物种，现在已被引入到了世界各地，上海不少公园的池塘里也有人类照顾的黑天鹅。这改变了北半球人们的一种观念：天鹅都是白的。

小天鹅

在上海能见到野生的小天鹅，它们游弋在南汇海堤外的海水中，或是低潮时站在滩涂上，但警戒心很强，观察时必须离得很远，数量从几只、数十只到数百只不等。小天鹅很显眼，它们羽色白、脖颈长、身体胖（像个大鹅蛋）、脚蹼大，后两点特征在它们站在滩涂上时更明显。和边上的一大群同科的鸭子们一比（雁、天鹅、鸭都属于鸭科），就算是鸭子中个头大的斑嘴鸭也实在显得太小了。小天鹅迈开步子走起来，昂首挺胸，器宇不凡。

在上海，大天鹅很少被看到。其实大、小天鹅并不那么容易分辨，尽管体型上大天鹅更大、脖子更长，但在野外观察中这并不能作为依据。最可靠的判断方式是看清喙上黄色斑的大小：两种天鹅的喙，都是端部黑、基部黄（前黑后黄），但大天鹅的黄色斑更大，超过中间的鼻孔，而小天鹅的黄色斑不超过鼻孔、喙基部的黄色面积没有喙端部的黑色面积大。顺便一提，疣鼻天鹅（成鸟）的喙的颜色是红加黑，黑天鹅是红加白，红色的部分都占绝对比例。

要是为了在观鸟鸟种上"加新"，冬季去威海荣成大天鹅保护区就肯定能看到大天鹅，那里是野生大天鹅种群有着甜蜜记忆的过冬地，它们每年都会飞回那里过冬。

在上海南汇，我还看到过整个头部都是黑色的天鹅，其实那还是小天鹅。小天鹅将头埋入浅滩中挖藨草和海三棱藨草的球茎吃，像挖掘机似的挖泥，挖完后走路时，头上还是沾满黑泥，过了好一会儿才想起来甩甩头，头部才重又变白，让人看了不禁莞尔。

小天鹅的照片，我选取了在上海拍得的一家四口的照片，它们飞行时，父母在前，两个孩子在后，都伸直了脖颈，还边飞边叫，叫声悠远（英语里称小天鹅为"啸声天鹅"）；在海中浮水时，一家鸟也总在一起，从不远离。这时可以比较一下它们的喙，两只亚成鸟的喙色为前黑中红后白，作为成熟标志的黄色斑还一点儿也看不到，并且头部和颈部体色偏淡褐色。小天鹅在出生后第3年发育成熟，这时刚出生时的淡褐色羽毛全部换成了一身白，从此"丑小鸭变天鹅"。小天鹅在成熟前一直和父母一起生活，在上海越冬的小天鹅群体就是由很多这样的家庭单位共同组成的。海水退潮时，一个个小天鹅家庭飞到滩涂上挖食海三棱藨草，聚集成大群，涨潮时又以小群的形式飞走。

小天鹅　拍摄于上海浦东海边的浅滩上　　　　　小天鹅　在上海过冬的一家四口

小天鹅　飞行时成鸟飞在前

小天鹅　小天鹅和赤颈鸭的体型对比

埃及雁

雁形目/鸭科/埃及雁属

　　我看到埃及雁不是在埃及而是在南非。埃及雁的命名是因为它的模式产地在埃及，也就是第一个用来确定物种的模式（原始）标本采自埃及，实际上几乎整个非洲大陆都有可能见到它。埃及雁其实不是真正的雁，不属于雁亚科，而是属于鸭亚科下的麻鸭族（族在生物分类中介于亚科和属之间），麻鸭的体型大小介于雁和鸭之间。

　　那天我刚从纳米比亚到南非的长途班车上下来，就在开普敦的城市街道上见到埃及雁在逛街，而且还是一大五小，这在国内真的不可想象！后来还在开普敦的克斯腾伯斯植物园里的草地上见到了母鸟带着一群幼鸟,那时正是9月初,是南半球的春天,原来这些埃及雁都是飞来南非繁殖的。我还在北方的英国伦敦多次见到过它们,和疣鼻天鹅、绿头鸭等混群,游弋于湖面上。

埃及雁最显著的特征是它眼睛周围的红眼斑,看起来有点儿凶巴巴的。事实上,埃及雁的领地意识很强,经常主动发起攻击。远远地看看它就好,尤其是带领着幼鸟的埃及雁。

埃及雁 成鸟看护着幼鸟 拍摄于南非

埃及雁 找找谁是埃及雁 拍摄于英国伦敦

赤麻鸭/翘鼻麻鸭

雁形目/鸭科/麻鸭属

　　有一年的12月底,我正好在西宁出差,开完会后从西宁市区驱车前往青海湖。到了湖边,看见一群赤麻鸭,它们毫不畏寒,在寒风凛冽的湖面上站立。

　　在这以前,我在杭州西湖和上海南汇曾见到过迁徙而来的赤麻鸭,但此时海拔3 200米的青海湖,气温已经降到零下十几度,湖面冰封。我有点儿担心它们在冰冻的湖面上吃什么,或许浅岸虽已冻上,但湖的远处仍有未冰封的湖面。赤麻鸭是杂食动物,吃各种鱼类、甲壳动物和软体动物,也吃水草和藻类,而赤麻鸭本身曾遭到人类猎杀。所幸的是,赤麻鸭不仅耐寒能力超强,繁殖能力也很强,种群数量尚不令人担心。

　　赤麻鸭的体色以橙褐色为主色调,尾和腰黑色,雄鸟在繁殖期有颈部黑色领环,雌鸟的脸比较偏白,没有领环。飞起时,飞羽黑色,前翅和翼下覆羽大部为白色,比较显眼。

赤麻鸭　拍摄于青海湖结冰的冰面上

赤麻鸭 飞翔于青海湖上,注意看翅膀的颜色

　　翘鼻麻鸭是麻鸭属的"属长",它的拉丁名为 *Tadorna tadorna*,属名和种名相同。麻鸭属的鸟类,体型介于雁属的雁和鸭属的戏水鸭(河鸭)之间,体型较大而比较容易被发现。1月初,在上海南汇的海滩边,我曾远远地看到十多只翘鼻麻鸭和小天鹅、斑嘴鸭混在一起,头埋在海水中,在泥滩上掘食。

　　又有一次,2月下旬,在海堤内小树林后的河渠里,我远远见到一只。乍一见时,还真有点儿像是反嘴鹬,但我马上注意到它的喙是大红色的,腿是浅粉红色的,在胸部还有一条栗色的胸带,它是翘鼻麻鸭而并非反嘴鹬。这条栗色的胸带,雄鸟粗一些,而雌鸟的窄,可以据此判断这是一只雌鸟。翘鼻麻鸭的雄鸟到繁殖期时,在喙基部还会出现红色突起,这是翘鼻"两字"的由来。

　　只见这只翘鼻麻鸭走在河滩上,步履稳健,一点儿不像戏水鸭那样屁股摇摆,这是因为麻鸭的腿在腹部的生长位置相对

翘鼻麻鸭 雌鸟

靠前。它快步走入河渠的浅水中，伸嘴在水中滤食。这条河渠在夏天时是虾塘，冬天时河底尚有不少有营养的食物，猜想这只翘鼻麻鸭被此吸引才飞入河渠。吃了一阵子后，它淡定地在原地整理起羽毛来，这时我还注意到了它腹部的黑色纵纹，但总体来说，翘鼻麻鸭是以白色为主色调的水鸟，仅在头颈部有醒目的黑色。在上海，过冬的翘鼻麻鸭数量并不多，能够较近地观察到实属幸运。半小时后，我看完别的鸟，回到原处时，它已飞走不见。

鸳鸯

雁形目/鸭科/鸳鸯属

鸳鸯也是鸭子，英语名 Mandarin Duck 直译成中文是"中国鸭"。我觉得，所有的鸭科鸟类中以鸳鸯为最美！鸳鸯为东亚特有，世界上其他地方的鸳鸯，都是因为其美丽而从东亚引进的，包括出现在纽约中央公园引起巨大轰动的那只。在北美还有一种林鸳鸯，但没有鸳鸯那么美。

除了小部分种群，大部分鸳鸯是会迁徙的候鸟，不同种群的迁徙路线不同。秋迁路径中的一条是从日本和我国的东北出发，一路往南飞到云南和广西等地过冬。11月底，我旅行经过广西东兰县的红水河时，坐在交通船上看到一群在河上的野生鸳鸯，远远望去就被它们惊艳到了。

在上海，也有一些鸳鸯会选择在"魔都"度过整个冬天，但更多的是在去往更南的南方之前，在上海过境停留。它们一小群一小群地分批陆续飞来，尽管大多数

鸳鸯　拍摄于上海南汇

鸳鸯　拍摄于广西东兰红水河

短住一两天就走,但每看到一群,都让我惊喜不已!我会非常迷恋地在镜头里一直盯着它们看,我觉得在我眼里不存在错觉,野生的鸳鸯就是比动物园里的鸳鸯来得毛色更光泽、更华丽。

我总是从内心发出感叹:多美啊!中国鸭的雄鸟怎么可以那么美?雄鸟的羽毛明艳靓丽,夺人眼球,它们是水面上最美丽的生物!哪怕鸳鸯的雌鸟都比别的鸭子的雌鸟来得美,看那眼后线,是多么的迷人!欣赏美丽的鸳鸯,心境会被点亮,多看一会儿,心情就会多愉悦一分。

鸳鸯的雄鸟叫做鸳,雌鸟叫做鸯,合称鸳鸯。撇开精神上的意境,科学地说,鸳和鸯的外貌差别的确很大,鸳的羽色五彩缤纷,而鸯的羽色为灰色调;鸳在繁殖期有尾部翘起的橙色帆状饰羽,鸯没有;鸳的嘴是惹眼的粉红色,而鸯的嘴灰色。作为雌鸟的鸯保持低调,在孵卵育雏时不易被发现,提高安全性。鸳鸯平时生活在水面上,繁殖时飞上树,筑巢育雏(也有些鸳鸯平日里就有夜里飞上树睡觉的习惯)。杭州西湖每年都有野生的鸳鸯繁殖,鸳鸯将巢安在西湖边10米高的高大柳树的天然树洞里,卵大约30天孵化。鸳鸯的幼鸟和其他游禽和涉禽的幼鸟一样,为"早成鸟",孵出后的雏鸟在树洞中仅停留一至两天,第二或第三天就在妈妈的带领下,一个个从树上跳到地面后再进入西湖的湖面,紧跟妈妈,游水觅食。

鸳鸯在中国是婚姻忠贞的象征,繁殖期时,鸳鸯会在树上交颈而眠,恩爱无比。但其实,鸳鸯的雄鸟有点儿花心,会像个"花花公子"似的招惹其他雌鸟,不仅会暗中"劈腿",有的雄鸳鸯还明着拥有好几只雌鸳鸯作为配偶,卵的孵化也全部由雌鸳鸯独自承担。

鸳鸯　比较一下这几只雄鸟

鸳鸯　雄鸟美丽的橙色帆状羽,雌鸟迷人的眼后线　拍摄于上海南汇

不过,在"批评"鸳鸯雄鸟花心的同时,如果我们从另外一个角度考虑问题,也会认识到这样一个事实:对于任何一个物种来说,尽可能地争取后代数量最大化和基因多样化,对于该物种的繁衍和存续是至关重要的。

斑嘴鸭/绿头鸭/赤膀鸭/罗纹鸭/针尾鸭/琵嘴鸭/赤颈鸭/绿翅鸭/白眉鸭

雁形目/鸭科/鸭属

冬日里,上海南汇海边的滩涂,一定有斑嘴鸭的身影。它们走起路来晃着肥肥的屁股,在滩涂上、水草间觅食小昆虫和软体动物。吃饱后,洗个澡,再上岸梳理打扮一番,用脚轻轻挠挠颈部,用头部蹭蹭身侧的羽毛,用喙整理胸部羽毛(谁叫鸟没有手呢,只能脚、头、喙并用),接着用喙摩擦尾羽基部的尾脂腺,蘸取有防水作用的油脂涂到全身各处羽毛上,这样下雨也浑然不怕,最后伸伸懒腰,挺胸收背,展开双翅,拉拉筋骨。睡觉时,找一处水草藏身,将喙反插入背羽,缩起脖子以保持体温。

斑嘴鸭　白脸、白眉纹、黑色过眼纹、黑色喙、喙尖有黄斑,雌雄同色

　　斑嘴鸭的喙为黑色，喙尖有黄色斑块，这是斑嘴鸭名字的来历，也是它们主要的特征之一。它们体型大，从远处看是深色的鸭（因亚种不同，深色的程度略有不同），长着一张白色的脸、明显的白眉纹和黑色的过眼纹，很容易就能分辨。斑嘴鸭差不多是上海最常见的一种野鸭，海水中和滩涂上会有两三千只鸭的大群，也有不少进入上海的淡水湖泊和水库。斑嘴鸭不仅是冬候鸟，春季时在上海也有繁殖。它们在5—7月时生育宝宝，一般产卵8～14枚，孵化期为三星期左右。鸭科鸟类的雏鸟都是早成鸟，出生后不久就能游水和觅食，由鸭妈妈在一边看护着。

斑嘴鸭　腿橘红色　拍摄于上海炮台湾湿地

斑嘴鸭　飞行，注意翼镜颜色

斑嘴鸭　母鸭带着12只小鸭
拍摄于杭州西湖

斑嘴鸭　荷叶上的幼鸟
拍摄于杭州西湖

　　绿头鸭是家鸭的祖先,在上海,野生的绿头鸭虽然在数量上没有斑嘴鸭多,但也很常见。绿头鸭的雄鸟,对应鸟名中的"绿头",头部和颈部深绿色,在明亮的阳光下,绿色会变幻成亮蓝色;颈部和上胸之间有一个清晰易见的白色颈环;身体的羽色则为大面积而均匀的淡灰色,不像家鸭那么杂。不同于斑嘴鸭的雌雄相似,绿头鸭雌雄异色,雌鸟的外貌完全不同于雄鸟。绿头鸭雌鸟的羽色低调而黯淡,背部暗褐色,鸭属的各种鸭大多雌雄异色,且雌鸟的体色相近,不过都能分辨。上海常见的鸭子中,和绿头鸭雌鸟同为喙橙黄色的雌鸭仅有赤膀鸭,两者的喙色也有可分辨的差异:赤膀鸭的雌鸟的上喙两侧为橙黄色,中间黑;而绿头鸭的雌鸟的上喙,橙黄色杂黑斑,有些个体的黑斑覆盖到两侧。并且,绿头鸭雌鸟的蓝色翼镜可以帮助判断(在它们浮水时可以看到翼镜)。

绿头鸭　雌鸟(左)和雄鸟(右)　拍摄于上海星愿湖

绿头鸭　雌鸟　拍摄于上海

绿头鸭　雄鸟　拍摄于俄罗斯圣彼得堡

赤膀鸭　雌鸟(左)和雄鸟(右)

赤膀鸭　雌鸟

赤膀鸭　雄鸟

有意思的是,赤膀鸭的雄鸟和雌鸟的喙的颜色也不一样,赤膀鸭雄鸟的喙是黑色的。赤膀鸭的雄鸟体色偏灰、尾羽黑色,所以如果看到一只鸭子,一端的喙黑色,另一端的尾也是黑色,中间身体偏灰色,那它就是赤膀鸭的雄鸟,还是很容易辨认的。赤膀鸭的雌鸟体羽褐色,翅翼上有白斑(次级飞羽白),喙两侧橙黄色(也可能杂有黑色小斑)、中间黑色。赤膀鸭也是在上海过冬的野鸭群体中的一种。

罗纹鸭的雄鸟也长着绿色的头部,但你绝不会把它和绿头鸭搞错,罗纹鸭的喙为灰黑色,绿头鸭的喙为黄色,喙色明显不同。罗纹鸭和绿头鸭的头部的绿色都会有结构色的变化,但两种绿色是有区别的。罗纹鸭雄鸟的绿色头部在头顶有栗色的条纹,整个头部在不同角度和强度的光线下会呈现出不同的奇幻的颜色,有时绿黑色,有时棕黑色,而绿头鸭的头部在强光下则会由深绿变为亮蓝。这些变化来自光线折射(结构色的变化),而非羽毛本身色素所产生的色彩(固有的色素色)。曾经在微信中被无数次转发的"会变色的蜂鸟"其实并非小鸟在变魔术,而是生活于北美地区的安氏蜂鸟身上的羽毛在阳光折射下会产生结构色的变化。

罗纹鸭的英文名Falcated Duck中的Falcated（镰刀状的）则指出了罗纹鸭雄鸟的另一个特点：三级飞羽长而下垂，似镰刀状。另外，罗纹鸭的尾部两侧以黄白色为主色，外圈黑色，胸部有黑白相间的波浪状细纹。罗纹鸭一般缩着脖子，若是伸直时，可看到领圈为"白黑白"的组合。如此多的特点，使得罗纹鸭的雄鸟特征明显，不会与其他鸭子的雄鸟混淆。

罗纹鸭雌鸟也不难分辨，雌鸟的喙和雄鸟的颜色相同，同为灰黑色，并且罗纹鸭的雌雄鸟都有一个特点：喙在头部的位置较低，因此相对的前额就显得高。凭这两点即可与其他鸭子的雌鸟区分。我看到的罗纹鸭的雌鸟，总喜欢缩着本来就短的头颈，喙45度向下，一副安静、娇弱、与世无争的样子，偶尔也会和求偶期的雄鸟一样，从水中直立起身子，伸直颈部，猛点一下头，做做颈部运动。罗纹鸭在全球范围内近危（NT），但在上海却较为常见，滴水湖、星愿湖（上海迪士尼边上的人工湖）、南汇海边的鱼塘和芦苇荡里都有较大的过冬群体。

罗纹鸭 雌鸟

罗纹鸭 雄鸟 头部因为光线而产生不同的结构色

罗纹鸭 雄鸟 三级飞羽长而下垂，似镰刀状

　　针尾鸭的雄鸟也长着一条白色带状纹，不过不是白眉鸭那样横着长，而是竖着长，从头后侧垂直地延伸到胸前；再加上中央尾羽延长形成针尾，所以极为好认。即便只看到正脸，没看到竖白纹和针尾，也可以从独特的颈部上棕下白的颜色轻松认出针尾鸭的雄鸟。针尾鸭的雌鸟，羽色和其他种的雌鸟的羽色相近，为褐色，但尾部比较尖，可以作为判断依据。针尾鸭比较胆小，警戒心很强，若有危险，鸭群中属它们起飞最快。在南汇的海滩上和海堤内的湿地里，冬季时均有针尾鸭过冬。它们在空中飞行时"针尾"十分明显。

针尾鸭　雄鸟(左)和雌鸟(右前)

针尾鸭　雄鸟(前)和雌鸟(后)

针尾鸭　一雌三雄　飞行中

琵嘴鸭长着独特的喙，像一把倒过来的大铲子。就算离得远，羽色看不清，琵嘴鸭的独一无二的喙也能表明它的身份。琵嘴鸭雄鸟的头部和颈部的色泽因光线不同而变化，从深绿色到黑褐色，雌鸟的羽色则是和其他鸭子的雌鸟相似的褐色，但只要凭喙的形状即可分辨，再好认不过。琵嘴鸭雄鸟和雌鸟的喙，形状一样，但颜色不同，雄鸟黑色，雌鸟褐色、两侧橙色。琵嘴鸭既可见于南汇的海水中，也可见于海堤内的内塘，它们在海滩上时，把喙当铲子用，在浅水处边走边挖掘泥沙中的植物和螺类。琵嘴鸭头颈不短，一边游水一边一上一下伸脖子时，尽管长着大嘴，也是一副可爱相。

琵嘴鸭 雌鸟

琵嘴鸭 雄鸟

赤颈鸭也是人们非常熟悉的一种鸭子，它们有一个突出的行为特征——喜欢上岸吃草，所以人们经常能够从头到脚打量它们，并看到它们浮水时看不到的下体：在陆地上站立时，赤颈鸭的雌鸟和雄鸟的腹部都是白色的，雄鸟的尾部为黑色。我很喜欢赤颈鸭身上的颜色：雄鸟栗红色的头颈，前额到额顶乳黄色，上胸为浅的红褐色；雌鸟以棕褐色为主色调，而非暗褐色。

赤颈鸭 雌鸟

赤颈鸭 雄鸟

赤颈鸭　喜欢上岸吃草

　　赤颈鸭头型大，头颈短，浮水时更多的时候后颈和背部紧贴，缩着脖颈。冬季时，赤颈鸭在上海南汇滴水湖常常和骨顶鸡一起，立于湖岸边，走起路来步伐缓慢，一摇一摆，一副蠢萌可爱的样子。从岸上入水时，扑扇着翅膀，一个接一个有秩序地跳入湖中。

　　绿翅鸭和白眉鸭，属于体型小的鸭子，要是和斑嘴鸭、绿头鸭比，那要小很多，比起中等体型的赤膀、琵嘴、针尾、赤颈鸭等也小很多。绿翅鸭和白眉鸭在上海都能看到大群，它们从水面起飞快，在空中飞行速度也快，且集体群飞，经常制造"鸭浪"。绿翅鸭和白眉鸭的雄鸟特征明显，你绝不会认错：白眉鸭的雄鸟，头部褐色、有一道白色的宽眼纹（从脑袋后面看是两条白纹）；而绿翅鸭的雄鸟，头部栗色、有一道暗绿色的宽眼纹；眼纹均很长，延伸到颈后。然而，这两种小鸭子的雌鸟容易混淆，同样羽色为暗褐色、喙黑色、体型相似，尽管绿翅鸭在上海为冬候鸟（9月—次年4月），白眉鸭仅在春秋两季过境（11月—次年2月一般看不到），但它们在9—11月和3—4月时经常混群。要分辨它们，据我自己个人的经验，绿翅鸭雌鸟的黑色过眼纹给人印象更深，并且尾部有白色横斑；而白眉鸭雌鸟的白眉纹给人的印象更深，并且颊部白、喙基部通常有白斑。顺便一提，白眉鸭的英文名字很有趣，叫Garganey，就是它们叫声"嘎嘎嘎嘎"的谐音，十分好记。

绿翅鸭 雌鸟

绿翅鸭 雄鸟

白眉鸭 雌鸟

白眉鸭 雄鸟

　　还要提一下绿翅鸭的近缘种花脸鸭,花脸鸭的雄鸟脸部由一块深绿色和两块奶油黄色的斑块组成,斑块之间由黑细纹分割和勾勒,特征明显,反正就是一个大花脸。雌鸟和绿翅鸭相似,但喙基上有一个独特的圆形白斑。花脸鸭在上海并不易见,上面所有的那些鸭子我都拍得还不错,唯独花脸鸭虽远远见过,但实在拿不出好的照片。

　　描述了各种鸭子的特征和相似种雌鸟之间的识别后,还要提一下鸭子的蚀羽。雌雄异色的鸭子在繁殖期结束后,雄鸟会换羽成和雌鸟相近的黯淡的羽毛,也就是蚀羽。雄鸭们的蚀羽会保持一段时间,这时的鸭子雌雄难辨。但雄鸭通常都比雌鸭来得大,而蚀羽期的雄鸟体型保持不变,可以以此为辨识点。另外,绿头鸭雄鸟在蚀羽期时,喙仍然是黄色的,且腰部仍为黑色。

　　蚀羽这一阶段,只有鸭科等少数几科的鸟类才有。其实更准确地说,蚀羽才是雄鸭们的基本羽。雄鸟通常在冬天就早早地换上华丽的繁殖羽,吸引雌鸟,配对成功后则一直看住雌鸟，直到春夏季交配过程结束，然后将孵化和育雏的工作交给雌鸟独自完成。这时雄鸟离去，脱去华丽的繁殖羽，回到基本羽（蚀羽）。

鸭科雄鸟的换羽是一次完全换羽，包括飞羽，即飞羽同时脱落（其他鸟的换羽是一点点儿换的，通常不影响飞行）。由于飞羽的缺失，雄鸭在蚀羽期无法飞行，大多数时间会躲在繁茂的水草中，直到换羽完成，重新长出漂亮的繁殖羽。每一只鸟的羽毛都会出现周期性磨损，所以仅仅为了飞行和保暖，都必须要把旧羽替换成新羽，更何况很多种鸟类是换上鲜艳的繁殖羽来求偶的。了解换羽的知识，对于鸟种的鉴别，比如猛禽、鸻鹬、鸥等的鉴别很有帮助，同时也和观察行为、研究迁徙等一样，是进阶到观鸟"高段位"的敲门砖。

另外补充说明一下翼镜，翼镜是指飞羽上的块状斑（或条状斑），鸭子（翼上）的这些块状斑大而亮丽。游水时，鸭子的飞羽收拢，翼镜大多藏而不露，通常看不出或仅有少许显露（如绿翅鸭的绿色翼镜），侧身用脚挠颈部羽毛时也会显现，但飞行时鸭子的翼镜特别明显。每一种鸭子有不同的翼镜，比如琵嘴鸭为金属绿色，斑嘴鸭为深蓝色或紫色。包括鸭子的翼镜在内，鸟类飞羽展开时显现的斑纹，能帮助鸟类识别同类，在飞行和迁徙时一起行动，比如鸻鹬类在展开的飞羽上就都有不同形状和长度的白色斑纹。这些特征，同时也给观鸟者识别飞行中的鸟类提供了重要的依据。

上述的所有这些鸭子均属于鸭科鸭属，是英文里的戏水鸭，中文有时通称河鸭，尽管它们也生活在海水中。戏水鸭进食时通常翘起屁股，将头和脖子埋入水面，头下尾上、在水面上倒立着觅食；或者在水位低的湿地（比如芦苇荡）中直接低头用喙在水底啄食；也在退潮后的海边浅滩上，蹲下身子，向前伸长脖颈，用喙直接在滩涂上啄食，边走边吃。戏水鸭和潜鸭的区别在于戏水鸭从不潜水。

鸭属的鸟类绝大多数是典型的候鸟，长途迁徙，其中一部分为旅鸟，春秋季时会在中途停留，休整后继续迁徙。鸭子们生性谨慎，在选择落脚地时，会先在空中绕飞很多圈，直到确认四周安全、人类不易接近后，才纷纷降落于一处水面。

以上这些种类均在上海易见，而且有相当一部分鸭子作为冬候鸟在上海过冬，在崇明和南汇湿地的芦苇荡里，有数千只鸭子藏身其间。天空中白尾鹞等猛禽飞过，会将它们全部从芦苇中惊飞，漫天的鸭子，一个个快速振翅，飞行速度极快，就像是刮起一阵阵风，"鸭浪"的场面十分壮观。

上海的冬天其实也很冷，可是鸭子们穿着自带的防水鸭绒服（鸭子的正羽下，绒羽十分发达——飞羽等正羽较坚硬整齐，绒羽比较蓬松、质地软，用于保暖），身上有着充足的脂肪,足以抵抗凛冽的寒风。鸭子们在上海过冬时,使劲多吃以增肥,多多睡觉以休养,为春天北飞和其后的繁殖作准备。在此期间,雄鸟们也纷纷换上"婚装"(繁殖羽),情场得意的在越冬期就已俘获伴侣的芳心。"春江水暖鸭先知",可这句话在上海,却意味着水暖之时,鸭子们就要飞走了。春天来临后,鸭子们纷纷飞离上海,去北方繁衍后代。只有很少一部分鸭子选择在上海繁殖,主要是最常见的斑嘴鸭,它们或是上海本地的小部分"留鸭",或是从更南的南方飞来。斑嘴鸭们甚至选择在上海的城市公园里筑巢育雏,一般每只雌鸭产卵12枚。在上海大宁灵石公园,五六月的时候,我曾见到母鸭带着12只出生的小鸭在湖中游弋,它们并非是公园圈养的,而是自己飞来的野生鸟类。在杭州,游人如织的西湖边,除了鸳鸯,也有野生斑嘴鸭的繁殖。我见过的一家子,母鸭后面也是跟着12只小鸭子。在西湖孤山公园的岸边休息时,小鸭子躲在母鸭的腹下或身后,游人若是靠得太近,母鸭就会张开嘴,大声叫嚷着驱赶。

凤头潜鸭/红头潜鸭/斑背潜鸭/新西兰潜鸭

雁形目/鸭科/潜鸭属

　　这对凤头潜鸭的合影拍摄于上海松江的小湖中,雄鸟和雌鸟都有着醒目的凤头,也就是头上耷拉着的"小辫子",雄鸟的更明显一些。凤头潜鸭的雌雄鸟羽色不同,雄鸟以黑白色为主羽色,两肋的白和头背部的黑,可谓对比鲜明,而雌鸟以深褐和浅褐为主羽色。

　　它们游弋的这个小湖湖水清澈,是凤头潜鸭喜欢的生境。我观察了许久,只见它们下潜时很敏捷,一个猛子扎下去,在水面上留下一串泡泡,但潜水时间并不长,平均每次8～10秒左右。在下潜处的附近露头后不久,马上又一次下潜,重复三四次。水里有潜鸭们爱吃的小虫小鱼小虾米,水底还有软体动物、淡水贝类等。在水较浅的地方,它

凤头潜鸭　这张体现了凤头的特征

们也会像戏水鸭一样觅食，头在水里，脚在空中，尾巴依然露出在湖面上。中午的时候，这两只潜鸭开始犯困，雄鸟将头埋在身后，开始打盹，此时雌鸟离得稍远，却也心有灵犀地睡起午觉来了。睡觉时，它们漂浮在水面上，随波逐流，倒也是一副很安心的样子。

凤头潜鸭一般成群活动，几次看到的小群，数量都在9～25只左右，在上海的不少湖里较容易见到。然而，凤头潜鸭也会由多个小群聚成数百只的大群，出现在南汇的滴水湖，场面壮观。滴水湖水质较好，有足够的食物，凤头潜鸭在湖面上吃田螺的场面很常见。

在数百只潜鸭混群的大群中，也少不了红头潜鸭（英文名叫做"普通潜鸭"），红头潜鸭为易危（VU）物种，在上海见到的群体数量相对少一些。红头潜鸭的雄鸟头部栗红色，上胸黑色，背部和两肋都是颜色一致的白色，与凤头潜鸭待在一起，配色明显不同；而雌鸟的头部和胸部颜色为褐色，和鸳鸯的雌鸟一样，有一弯白色的

凤头潜鸭　雌鸟

凤头潜鸭　雄鸟

红头潜鸭　雌鸟

红头潜鸭　雄鸟

斑背潜鸭　雌鸟

斑背潜鸭　雄鸟

眼后纹。红头潜鸭比凤头潜鸭体型稍大,而且头部也更大,我总觉得红头潜鸭没有凤头潜鸭来得活泼快乐。一天观察下来,凤头潜鸭们快乐地浮水、下潜、洗澡、吃田螺,可红头潜鸭显得很慵懒,大多时候都是扭着脖子,埋头睡觉,比较少看到它们活跃,而且更偏素食。

潜鸭的大群里,还可能混有斑背潜鸭,但斑背潜鸭的数量较少。斑背潜鸭是凤头潜鸭的近缘种,两者相似。要找到斑背潜鸭的雌鸟,需注意看喙基四周一圈的白色斑,尽管有的凤头潜鸭雌鸟的喙基也有白斑,但它们的白斑小或不完整,斑背潜鸭雌鸟的喙基部的白斑比较宽且本身无凤头。有时候,三五只斑背潜鸭的雌鸟离大群的凤头潜鸭和红头潜鸭较远,自己小群活动,这时就更好找。斑背潜鸭的雄鸟无凤头,背部淡灰色,而非凤头潜鸭雄鸟背部的黑色,并且斑背潜鸭的喙和凤头潜鸭的喙相比,要来得更宽大。不过,我见到斑背潜鸭雄鸟的次数较少。有一次,一只斑背潜鸭的雄鸟兴冲冲地飞入一群绿翅鸭中,快速地游水,我连忙拍下照片。它停留的时间不长,很快飞走,这让我更格外珍惜这次相遇。

比起在中国见到的潜鸭来,新西兰潜鸭实在是太不害羞了。它们无所顾忌地站在倾倒于湖面的树干上,根本不在意人类就在几米远的湖岸边走动。它们生来如此,从没有接受过"人类危险"的教育,热爱自然和野生动物的新西兰人也不会有把它们煮成野鸭煲的念头。

新西兰潜鸭是潜鸭中体型较小的一种,体长40厘米。它们的羽色一身黑,有着明亮的黄眼睛。拍摄于新西兰北岛的这张照片中,6只新西兰潜鸭或浮水,或坐,或站,最上边的那只的大脚蹼清晰可见,这么大的脚蹼让新西兰潜鸭拥有出色的潜水技能,而且潜水时间特别长,我见到过它们一次潜水时间长达20秒。

新西兰潜鸭　一身黑、大脚蹼,雌雄同色

　　我在新西兰北岛的罗托鲁阿湖中见到了许多新西兰潜鸭,不过新西兰潜鸭并不仅仅分布于新西兰的北岛和南岛,在澳大利亚也有分布。

棉凫

雁形目/鸭科/棉凫属

　　凫者,野鸭也。那么,棉凫就是"棉鸭子",棉凫是鸭科中体型最小的一种。凫字读第二声,所以棉凫谐音"棉服",棉服冬天穿,可"棉鸭子"却是夏天来。在上海过冬的各种大鸭子都北迁的时候,小鸭子棉凫却来了。

　　棉凫是一种不多见的鸭子,在上海的记录偏少。2019年5月上中旬,先是一只雌鸟飞到了南汇,过没多久一只雄鸟飞到了市区的世纪公园。棉凫雌鸟的相貌比较普通,以至于当有的鸟友在世纪公园看到棉凫雄鸟身边的黑水鸡的亚成鸟时,误以为是棉凫的雌鸟。两者确实有那么一点儿相像,均为中等体型(31厘米左右），体羽总体印象为灰褐色，但究竟还是不同的，黑水鸡无论是成鸟还是亚成鸟，嘴都是长而尖，而棉凫长着鸭科的扁平嘴，有点儿像鹅的喙，所以在英文里又称为Pygmy Goose（小鹅，侏儒鹅）。并且，棉凫雌鸟有一条黑水鸡亚成鸟没有的非常明显的黑色眼纹，顶冠也是黑色的。

比起棉凫的雌鸟来，棉凫的雄鸟那可要好看多了，长着"小白脸"和白色的颈部，下体全白，所以有"小白鸭"的昵称，这是英文名Cotton Pygmy Goose里白棉花的来历。再仔细看，棉凫的背部和两翼是一种迷幻的绿黑色，在阳光下闪烁着奇妙的光泽，飞起来时，打开的飞羽的翼上的绿黑色也十分醒目（飞羽的翼下也是大面积的黑色），这是第一个明显的细部特征。除此之外，它的下颈部有一条黑色胸带，黑色的喙也特别小巧。再加上体型迷你，它可是人见人爱的小帅哥。我还觉得棉凫的眼睛，位置也长得特别高，很接近黑色顶冠。棉凫体小，在水面上游水时经常小幅度左右摇摆身体，看起来也十分可爱。

这只飞来世纪公园的棉凫雄鸟，停落在了黑水鸡和小䴘䴘正在育雏的领地，初来乍到，受到了黑水鸡成鸟的多次驱赶（黑水鸡的亚成鸟从没有做出过驱赶的举动，毕竟还小嘛，没有母性强的妈妈那么凶）。黑水鸡的成鸟伸直脖子，用喙向棉凫雄鸟发起进攻，并且飞起来继续赶。被驱赶时，棉凫从水面起飞的动作迅捷，且飞行速度很快，尽管飞得不高，总是贴着湖面飞，但拍摄飞版的难度较大。也在这块水域，育雏的小䴘䴘倒还好，从没有过驱赶棉凫的行为。这大概还是因为体型和性情的关系吧。也曾经在世纪公园居留的黑喉潜鸟，那可是反过来要赶黑水鸡的，毕竟黑喉潜鸟的体型要大多了。其实从体型上来看，棉凫的体型和黑水鸡相仿，主要还是一个是新来客，一个是老地主，气场上毕竟不同，更何况棉凫的性格本就温顺。

棉凫 雌鸟

棉凫 雄鸟

我在观察中发现，棉凫主要吃水草、水上植物的嫩茎和嫩叶，和黑水鸡吃的食物基本相同。棉凫的喙有着鸭科鸟类喙的普遍特征——上嘴的边缘有一圈像筛子一般的构造，可以把水从这个筛子中滤出，只留下小型植物或浮游生物。因此棉凫既可以滤食，也能像黑水鸡那样地啄食浮水植物。

比起世纪公园里空旷而有游船的大湖来，棉凫当然更喜欢待在那个芦苇边有浮水植物的小水塘，那里的水面上有不少水草和浮萍。因为食物相同，而"地主婆"黑水鸡正在育雏，所以棉凫难免受到黑水鸡的驱赶。而在水里潜水、用尖嘴抓鱼虾吃的小䴙䴘与棉凫和黑水鸡的食性完全不同，并无利益上的根本冲突，所以尽管小䴙䴘也正在附近育雏，却并没有像它的老邻居黑水鸡那样地不待见小鸭子棉凫。

不过，棉凫雄鸟被黑水鸡驱赶过几次后，也不怂了，虽然依然躲避，但不再飞到远处的大湖，而是选择在小水塘另一侧的芦苇和水草中暂歇，吃饭时依然大大方方地出来。来到魔都大上海的棉凫并不怎么惧人，无论是在世纪公园的雄鸟，还是在南汇的雌鸟，观察距离都可以近到只有5～10米，这在鸭科鸟类中极其难得。

棉凫是一种小巧好看而又比较稀罕的鸟，对于很多"老鸟人"也是未见过的新种。棉凫在上海的出现，又一次引起了鸟友的围观，纷纷前往交通便利的世纪公园欣赏。而为了"加新"的鸟友，更是在此之前早早地驱车去了南汇，先看到雌鸟加上新，稳稳地拿下一分。

可是，这只棉凫雄鸟并没有像前一年的黑喉潜鸟那样在世纪公园里久留，而是几天后就飞走了。棉凫在印度到澳大利亚的南方区域是当地的留鸟，而迁徙的种群则在中国长江以南的南方省份度夏，并在5—8月间繁殖，上海已经接近分布图上的北限（棉凫在中国更北方的省份被观察到的记录更少），穿上繁殖期华丽盛装（繁殖羽）的棉凫雄鸟当然要尽快找到伴儿，生下宝宝，繁衍种族。它会不会和在南汇作短暂停留的棉凫雌鸟飞向了同一个地方呢？上海青浦的大莲湖也曾有过棉凫出现的记录，那里或许是一个更不易受到打扰的繁殖地，可以作为"棉鸭鸭"们的繁殖地选项。而在南京长江边的湿地、鄱阳湖等地，也有观察到棉凫繁殖的记录。

和在上海大宁公园湖岸边的草丛里筑巢育雏的斑嘴鸭不同，棉凫和鸳鸯一样，飞上树，在树洞里育雏，一般会选择水域边的柳树或樟树的天然树洞。然而，天然树洞一般是稀缺资源，不知它们能否如愿找到。

长尾鸭

雁形目/鸭科/长尾鸭属

　　在阿拉斯加进行自驾之旅时,在北极圈里的湖上,我见到了长尾鸭。尽管在冰雪未化的湖面上游水的这一对长尾鸭离我很远,可是它们显著的特征还是让我认了出来。繁殖期穿着夏羽的雄鸭,长着长长的中央尾羽,黑褐色的头部和颈部,半个脸灰白色。雄鸭身边的雌鸭,没有雄鸭那么特征明显的长尾,体型也要来得小,但也身穿夏羽(繁殖羽)。长尾鸭的夏羽和冬羽明显不同,而且雌鸭和雄鸭都会更换夏羽和冬羽的羽色。

　　长尾鸭是全球性易危(VU)物种,数量稀少,更何况在北极圈里的繁殖地看到繁殖羽还是挺不容易的。

长尾鸭　雄鸟的长尾
拍摄于阿拉斯加

长尾鸭　雄鸟繁殖羽(左)和雌鸟繁殖羽(右)

鹊鸭

雁形目/鸭科/鹊鸭属

鹊鸭　雄鸟

鹊鸭的英文名直译成中文是"普通金眼鸭"，眼睛明黄色，另一个显著的特征是雄鸟繁殖羽在绿黑色的脸颊上有一个较大的圆形白斑。还有一种主要生活在北美的巴氏鹊鸭，这块白斑更大。鹊鸭不仅头大，而且头的形状比较有趣。

鹊鸭在上海不常见，2018年秋天，有那么几只鹊鸭飞来南汇，游弋于小树林后面的河渠中。这条河不宽，观鸟人可以隐藏在芦苇之后，不惊动它们而较近地观察和拍摄。即便如此，这几只鹊鸭仍比较警觉，一有危险即起飞。它们从不埋头睡觉，而是来来回回游着，和在河面上聚群过冬的小䴙䴘一样潜入水中。鹊鸭的潜水能力很强，食荤，食物和潜鸭相仿。

栗树鸭

雁形目/鸭科/树鸭属

冬季在泰国清迈时，那里700年体育场后面的小湖是我日落时分常去的地方，那里几乎无人造访，安静而美好。湖中生活着一大群栗树鸭，当太阳要从山头落下的时候，它们总会从湖面飞起，满天都是它们的身影，就像是一缕缕轻烟在空中盘旋。它们边飞边发出鸣叫，叫声好听。树鸭在英文里叫Whistling Duck，意为"啸鸭"，爱在飞行时鸣叫。

不飞的时候，它们通常远离湖岸，只有距离湖岸较近的一个水草丛是我能见到它们的最近的地方。有一两次我悄悄地接近，把几只隐身其中的一小群栗树鸭看了个够。栗树鸭的英文名Lesser Whistling Duck里有的Lesser意指较同类小，它们的体型的确很小；主羽色茶褐色，但腹部却是栗红色；腿很长，站姿挺拔。栗树鸭群体在休息时，会留有一只鸭子专职放哨，放哨鸭不时四处观望，稍有动静，就会报警，然后这一群栗树鸭就会快速游开或飞起，去到远离湖岸的更安全的地方。

在这个湖面上，最多时有五六百只栗树鸭，最少时也有一百只以上。它们分成几个小群，游水和飞翔时按小群活动。栗树鸭虽有树鸭之名，但大家可不要误解，平时没事儿它们并不会飞上树栖息。在清迈的别处，我也见到过几次栗树鸭。清晨的时候，我骑着摩托车从北门出古城，路上会经过一个国道边的军队驻地，那里也栖息着一大群野生栗树鸭。天刚亮的时候，这群栗树鸭还没醒来，一只只都还睡在绿池塘边的草地上。虽然草地离开公路也就十多米远，可是既然落脚在军队的地盘，还隔着铁丝网，它们就有恃无恐，安心地在地面睡觉。不过，尽管睡觉和休息时不上树，栗树鸭繁殖时会将巢穴营建于树上，在树上产卵、孵卵。

栗树鸭　拍摄于泰国清迈

栗树鸭　通常大群活动

中华秋沙鸭/普通秋沙鸭

雁形目/鸭科/秋沙鸭属

　　星期天从上海南汇观鸟回家,吃晚饭的时候,和家人说今天拍了一只鸭子。"拍了一只鸭子有啥稀奇的? 鸭子不都是一群群的吗? 为啥是一只?"面对疑问,我接着说:"对,就是一只,这可是中国国家一级保护动物,和大熊猫一个级别,而且数量可能比大熊猫还少。"一提到和大熊猫平级,这只鸭子立马被刮目相看。"那它叫什么鸭子?""噢,名字很大气,叫做中华秋沙鸭。"

　　一般来说,中华秋沙鸭喜欢有清澈流动水的生境,以便于它们在视野好的水下发挥潜水捉鱼的技能,过冬的群体数量以在湖北、湖南、江西等省份的为多。飞来上海过冬的中华秋沙鸭的个体不多,但这两年较稳定,总有一两只出现。这说明南汇海边的鱼塘也提供了足够的食物和较好的栖息环境,人们常常能看到这只中华秋沙鸭的雌鸟在潜水后成功地捕上个头不大的小鱼来。

　　这年冬天,这只中华秋沙鸭在12月中旬来到上海,三星期后,又飞来一只普通秋沙鸭的雌鸟。比起只有1 000多只的濒危(EN)物种中华秋沙鸭来,普通秋沙鸭在国内乃至全球的数量相当多,而且分布广泛,属于无危(LC)物种。在上海的崇明岛就比较容易见到普通秋沙鸭。

　　在南汇的这两只不同种的秋沙鸭的雌鸟在一起游水,能够清楚地比较它们的不同:普通秋沙鸭明显比中华秋沙鸭的体型大,喙长,喙尖的弯钩更大更明显,而且喙尖黑色。普通秋沙鸭雌鸟的头部和颈部栗褐色、色调偏深,喉部白色,而中华

中华秋沙鸭　雌鸟

普通秋沙鸭　雌鸟

中华秋沙鸭(左)和普通秋沙鸭(右) 比较一下

秋沙鸭雌鸟相同部位的棕红色更偏暖色调，喉部和头部的颜色一致，不白。两种秋沙鸭的雄鸟的头部和上颈部的颜色为相似的绿黑色，而中华秋沙鸭无论雌鸟还是雄鸟，体侧均有独特的鱼鳞状斑纹，普通秋沙鸭不具备这一特征。另外，要提一下的是，还有一种红胸秋沙鸭，其特征简单地归纳为：没有中华秋沙鸭体侧的鱼鳞状斑纹，喙上没有普通秋沙鸭那么明显的钩。

尽管有着这些不同，但它们都有着秋沙鸭属鸟类的共同特征：有羽冠、"杀马特"发型；喙红色、细长而尖锐、喙尖带钩；食荤，潜水捕捉鱼虾，利用喙边缘的锯齿状结构（齿状喙）咬住湿滑的鱼，而且秋沙鸭潜水的时间比潜鸭长，一次潜水可长达40秒。作为同属的鸟类，这一只"中秋"、一只"普秋"，经常一前一后在一起游水，并都在南汇度过了冬天。

初来乍到的普通秋沙鸭脾气不太好，偶尔挑衅身边游过的斑嘴鸭，它将头浸在水面，伸直头颈，做出威胁进攻状。面对嘴细长且有弯钩的秋沙鸭，长着宽扁嘴的斑嘴鸭选择退让。不过大多时候，这两只秋沙鸭和众多戏水鸭们相安无事，秋沙鸭也更愿意混在戏水鸭中，以确保安全。事实上，秋沙鸭比戏水鸭更警觉，一旦觉得不安全，立刻起飞，而且飞速极快。

乌腿冠雉

鸡形目/凤冠雉科

鸡型目凤冠雉科的鸟类分布于中美洲和南美洲的热带和亚热带地区，体型有点儿类似火鸡。这一科的鸟类爱叫，长着长尾巴，并且大多羽色暗淡。

这只拍摄于巴西的乌腿冠雉通体

乌腿冠雉 拍摄于巴西

黑色，只有喉部是鲜艳的大红色，它的腿对应着它的名字，是一双乌腿。凤冠雉科鸟类是树栖性最强的鸡之一，科中的小冠雉属和乌腿冠雉所在的冠雉属鸟类都喜欢栖息于树上。我见到这只乌腿冠雉时，它刚从树上飞落地面的草丛，开始觅食。乌腿冠雉体型大，又缺乏保护色，目标明显，很容易被发现。由于遭到猎捕，美洲的这科凤冠雉科中的不少种类濒临灭绝。

珠鸡

鸡形目/珠鸡科

珠鸡　拍摄于南非

　　珠鸡是鸡形目里的大型陆禽，圆滚滚的身体，小小的脑袋，灰黑色的体羽上布满白斑。野生珠鸡在南非并不难见到，它们常在树林边的草地上转悠，寻找可吃的食物。植物种子和浆果是它们的主餐，我也见到过它们嘴上叼起大个的蝗虫。蝗虫给珠鸡提供了更丰富优质的营养，使它们长出脂肪，显得更加肥硕。

　　雄性的珠鸡十分好斗，它们会扑扇着翅膀向另一只雄性进攻，个子大的雄珠鸡会给对手造成严重的伤害。珠鸡短圆的翅膀并不能使它们飞远，所以一旦遇到危险，它们撒开腿就跑，跑起来可快了。虽然鸡型目鸟类普遍谨慎胆小，但我在南非开普敦见过不少次野生珠鸡，比起中国的鸡形目野生鸟类来要易见得多。

南非鹧鸪/雉鸡

鸡形目/雉科

　　南非鹧鸪属于雉科，雌雄鸟外表相似，但站在一起时，明显雄鸟来得大。更准确的分辨方法是看腿刺，雌鸟只有一个腿刺，而雄鸟有两个。腿刺是雄鸡们打斗时的攻击武器之一。

　　和珠鸡一样，南非鹧鸪在开普敦地区生活得逍遥自在，它们以野生状态大量存在。我好几次看到一对对南非鹧鸪待在一起,有的在灌木丛边的草地上,有的在乡村路边。还见过一只南非鹧鸪雄鸟在绿草如茵的草地上迈开两条腿,昂首阔步,一路快走。它来到一块凸起的岩石上,高声鸣叫吸引异性,十分招摇。在其他人口密集的地方,简直无法想象鸡形目的野生鸟类可以如此大摇大摆地在城市附近过活。开普敦人有着强烈的野生动物保护意识,人们更愿意欣赏野生动物,只有极少数无家可归者才会生出猎杀并取食的念头。

中国是世界上雉科鸟类最丰富的国家之一,最出名的是红腹锦鸡和白腹锦鸡,雄鸟艳丽的羽色看上去令人觉得不可思议。只是除了春天4、5月时的求偶季,雉科鸟类平时较难得一见,其中也包括最普通的雉鸡(因雄鸟的下颈部有一个白色领圈,故又名环颈雉),也就是我们通常说的野鸡。

在上海,海边旷野、郊区农田中雉鸡的个体数并不少,它们处于野生状态,雄鸟色美而雌鸟朴实。但它们总是行踪隐秘,十分善于隐藏,以免被捕捉而成为餐桌上的野味。我看到过很多次雉鸡,但每每都只惊鸿一瞥,它们视力好,且警觉,通常总是先发现你,然后遁逃。每次想拍,都来不及按快门,或是来不及聚焦而拍糊。直到有一天秋日的午后时分,一只雉鸡的雄鸟竟然大大咧咧地走着穿过海边的公路,然后飞到海堤上,和伯劳、鹡鸰、红隼一样站在海堤上看风景。我远远地看到,不禁惊呆了。这只雉鸡的做派太不同寻常了,赶忙抓住机会拍下照片。比起在荒野中踩飞无数次却一次也没有拍到过的鹌鹑来,总算拍到了雉鸡的照片。

南非鹧鸪 雄鸟 有两个腿刺,
引吭高唱吸引雌鸟

南非鹧鸪 站在人类院墙上,并不惧人

再后来，到了春天的时候，"鸡运"就比较好。从高处隔着河岸，用望远镜能看到好多只雉鸡。有一次，一小块地方竟有七只，难道它们在开会讨论问题？其中两只雄雉鸡，一言不合，竟然拖着长长的雉尾争斗起来。到了黄昏的时候，我来到河对岸，悄悄地接近。只见一只雄雉鸡挺直身子站在田埂上，身子肥壮，头部小，尾羽超长（尾羽越长越能吸引雌鸟）。雄雉鸡有白色领圈，低头时可以看到明显的头侧的两簇毛，一左一右，就像两只耳朵。它不时地慢走，也吃点儿不用低头就能吃到的植株上的叶子。在雄雉鸡的不远处的草堆里，我发现还有一只雌雉鸡正在理毛，它伏着身子，隐藏在草堆中，很难被发现。

再晚一些的时候，它们开始走下田埂找食吃。这时，我惊讶地发现，原来这一只雄雉鸡身边有三只雌雉鸡，刚才另两只雌鸟不知躲在哪儿了。一只野生雄雉鸡三个老婆，这和家鸡中的雄鸡拥有一群母鸡一样，一夫多妻。雌雉鸡的体型，看起来十分明显地比雄雉鸡小一号，脖颈细，雉尾短，而且羽色灰暗，和泥土的颜色相似，极易被用来作为伪装的"作弊器"。这四只雉鸡总是忙着低头觅食，黄昏时胆子也大起来了，步伐缓慢，优哉游哉的，几乎都不怎么抬头、立定观望，连让我拍肖像照的机会都很少。

雉鸡的巢十分简单，用些枯草铺在隐秘的草堆里就算是一个产卵和孵卵之所。一窝卵可有8～22个之多，三个星期左右孵化时，仅由雌鸟负责孵卵和带雏，雄鸟不管。雏鸟早成，能跟着妈妈自己觅食，长到两个星期大时，就具备飞行能力了。

通常鸡型目鸟类的飞行并不优雅，它们突发性地快速拍打翅膀，然后很快紧急着陆，每每都飞不远，飞行距离只一箭之遥，我们熟悉的家鸡就是这样。然而有一

雉鸡 雌鸟

雉鸡 雄鸟

次,我正开车经过上海南汇海堤边的公路,突然在前方惊起四只雉鸡,其中三只从我的车前迅速通过,越过海堤,而第四只由于起飞较迟,眼见无法横穿,突然调转方向,改为和我的车平行飞翔,只见它猛扇翅膀,居然超越我车头,拉开一定距离后,再从我车头前飞过。此时我的车速是80码,它的飞速比我的车速更快!这不禁让我大吃一惊,从此改变了我对雉鸡飞行能力的认识。

雉鸡 雄鸟的超长尾羽

黑喉潜鸟/红喉潜鸟

潜鸟目/潜鸟科

黑喉潜鸟

2018年春天出现在上海世纪公园里的黑喉潜鸟是观鸟圈里的明星鸟,不仅上海的爱鸟者常去看它,连外省市的都大老远地来上海,只为看到黑喉潜鸟。黑喉潜鸟在上海,乃至在全国都不常见,更何况这样一只稀罕的野鸟居然飞进上海市中心的公园,一住就是两个月。在这两个月里,人们把它看了个够,并亲切地称它为"小

黑喉潜鸟 刚来时颈部白

黑喉潜鸟 将要离开时喉部已变黑

黑"。小黑在居留世纪公园期间，还进行了换羽，整体羽色有了很大的变化。刚来的时候，喉部全白，飞走前一周，喉部已经变得很黑，黑色的背部也出现了很多大白斑。若不是5月中旬上海出现35℃的高温，它或许还能再多待上一阵子，我们就能看到它真正的"黑喉"。

初来乍到的时候，小黑有点儿怯生，离着湖岸边远远的，等到了后来竟然游到离岸边仅几米远的近处，一点儿不怕人。世纪公园的镜天湖里游船多，它也根本不惧游船，反倒是一副与游船同乐的样子。湖里鱼虾丰富，观鸟者们经常观察到它潜水后再露头时，喙上叼着一条鱼，有时候甚至是一条黄鳝！以至于它越长越肥，被戏称为一只大肥鸟。

飞走前的几天，小黑开始在每天早晨和傍晚练习飞翔，毕竟来了两个月都没飞过。潜鸟起飞需要很长的助跑距离，它先游到湖的一头，助跑踩水，然后腾空而起。每一次练飞，一次比一次飞得更高，一次比一次飞行时间更长。

高温来到的前一天，清晨5点多，小黑飞离了世纪公园，飞往北方，从此世纪公园的大湖里不见它的身影。亲爱的小黑同学，盼你能记得这里丰盛的鱼虾和友好的人们，下次再来！

黑喉潜鸟　捉到鱼

黑喉潜鸟　驱赶黑水鸡

红喉潜鸟　喙略上翘,背上白色斑点多　　　　　红喉潜鸟　两肋沾染了油污

红喉潜鸟

照片上的这只红喉潜鸟拍于上海南汇嘴离开海岸不远处的一个人工湖上。它有点儿可怜,飞来前,翅下肋部的羽毛在海面上沾到了一些油。人工湖的湖中有几块岩石,红喉潜鸟爬上岩石歇息,用喙整理羽毛,清理油污。

潜鸟大多数时间生活于水中,足上有全蹼,脚位于腹部很靠后的位置,非常适合游泳和潜水。不过由于脚长得太靠后,在陆地上行走时反倒重心不稳。每次看到它在岩石上时,都是一副蹒跚的样子。

红喉潜鸟和黑喉潜鸟这两种潜鸟,只有夏天在北方繁殖地,人们才能看到"红喉"和"黑喉",非繁殖期的红喉潜鸟和黑喉潜鸟,可以通过它们的喙和羽色来辨认。红喉潜鸟的喙略向上翘,背上白色斑点多;黑喉潜鸟的喙厚且平,浮水时下腹部的后侧会显露出白色羽毛。

这一年的春天,我在上海同时记录到了红喉潜鸟和黑喉潜鸟,这在往年并不多见。这只红喉潜鸟在南汇逗留了几天后,飞离了上海,但愿它身上的油污不会给它带来太多的麻烦。

小䴙䴘/凤头䴙䴘/黑颈䴙䴘/角䴙䴘

䴙䴘目/䴙䴘科

鸟名中往往有不少生僻字,䴙䴘就是其中一个。䴙䴘因为名字难写,鸟友们直

小䴙䴘 繁殖羽 脚生在身体极后部

小䴙䴘 非繁殖羽 非常难得上岸

接将其缩写成英文字PT。䴙䴘的前一个字读第四声，和"僻"发音相同；后一个字读第一声，谐音"踢"。䴙䴘目下面只有一个科，也就是䴙䴘科，全球共26种䴙䴘，在中国可见到5种。

小䴙䴘在上海相当常见，河道和池塘上常能见到，人们说的体型超小的"野鸭子"就是它们。不过请注意，它们的喙和鸭子的扁平的喙可不一样，小䴙䴘的喙是尖的，竖直朝天时尤为明显。这尖嘴用来抓鱼，小䴙䴘从水底下抓到一条小鱼上来，用嘴夹着，向左一甩向右一甩，弄得身边水花四溅，小鱼甩几次尾也就不挣扎了。

小䴙䴘 冬季聚群

小䴙䴘　在巢上孵卵

小䴙䴘　亲鸟和幼鸟

小䴙䴘张嘴,鱼头向着喉咙,将鱼吞入口中。有些更小一点儿的鱼,在小䴙䴘潜水后又露出水面时,已经差不多被吃到喉咙里了。

小䴙䴘身材圆鼓鼓的,根本就看不到尾巴,在水面上浮着睡觉时,就是"一坨"。它们拥有一身不透水的羽毛,我总觉得它们穿着一身蓬松的羽绒服;平时的羽色较淡,到了繁殖季则会换上一套鲜艳的婚装(䴙䴘一年换羽两次,关于一年两次换羽,详述见鸻形目的鸻科),喉部和颈部变为栗红色,颈部中间一条黑。

小䴙䴘在上海以留鸟为主,平时一般单个活动,到繁殖季时成对,雄鸟会在水面上占有一定地域,并驱逐竞争者。小䴙䴘雄鸟发出的鸣叫声如银铃般的一长串,像秋虫鸣唱似的,好听,而为人所熟悉。在冬季时,上海南汇有数十只小䴙䴘聚集,其中有从北方飞来的群体。夏季在北方生活的小䴙䴘也是一种候鸟,冬季时南迁过冬。

小䴙䴘终日生活在水中,我很少见到小䴙䴘上岸。偶尔见到小䴙䴘上岸也是步履蹒跚,因为它们和潜鸟一样,腿长在身体极靠后的部位,直接长在了屁股上。腿长在这么后面的鸟都极能潜水,小䴙䴘偶尔在水面上抓吃一些小飞虫,可大餐全在水下,是潜水捕鱼的高手。整天泡在水里的小䴙䴘也爱洗澡,它们把颈部以下、连同背部的整个身体浸入水中,抖动在水中的翅膀,猛烈扭晃身躯,和吃鱼时一样,弄得水花四溅,洗把澡也很欢乐。

比较少看到小䴙䴘飞,通常它们往水里一钻,潜入水中就能躲避危险。难得飞起,也是每次都紧贴着水面飞,小短腿悬着,飞不远就扑通一声降落水面,重新游水。小䴙䴘爱游水和潜水远胜过飞行。冬季时,偶尔看到南汇河道上十几个小䴙䴘一起贴着水面踏水而飞的情形,不禁莞尔,没飞多远它们就都纷纷降落了。

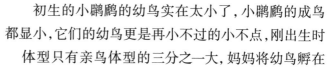

　　小鸊鷉因为常见，是比较容易观察到繁殖的鸟类。比如，在世纪公园的小池塘里，小鸊鷉选择一处芦苇丛中较为隐蔽的所在，潜入水中，用喙一次次地将褐色的芦苇的宽边老叶片，从水下叼到水面，堆到芦苇的根部。小鸊鷉巢的底部外圈缠绕着水草，看起来乱糟糟的，巢的顶部有一个凹坑，小鸊鷉就在凹坑上产卵孵卵。有的更简单，就在远离岸边的莲叶边缘，雄鸟去找来水草，雌雄两鸟一起铺一个又平又矮的水草床就是巢了，雌鸟就将卵下在平整的"床"上。而且，有意思的是，一对小鸊鷉还不止建一个巢，我见过刚出生的幼鸟看着亲鸟在另一处建另一个巢，亲鸟忙碌着，而幼鸟一脸懵懂，不知道为什么要建第二个。好在小鸊鷉的巢简单，建起来并不复杂。

　　初生的小鸊鷉的幼鸟实在太小了，小鸊鷉的成鸟都显小，它们的幼鸟更是再小不过的小不点，刚出生时体型只有亲鸟体型的三分之一大，妈妈将幼鸟孵在身下，或是藏在背部翅翼下，给它们保温。出巢后，幼鸟若是躲在芦苇里，也根本不会被注意到，跟着亲鸟游出来时，才发现小鸊鷉的宝宝的可爱。不仅羽色不同，孩子和妈妈的嘴和眼的颜色也长得都完全不一样。宝宝头部有白条纹，小而尖的嘴是好看的粉红色，而边上亲鸟的繁殖期的喙是黑色的（并且喙尖白、喙基黄白色，很明显）。幼鸟的眼睛，整个儿乌黑明亮，而成鸟的眼睛是显眼的白色，只中间一个小黑点。

小鸊鷉　幼鸟

　　据我观察，出巢后的小鸊鷉宝宝的成长大致分三个时期。小不点的时候，虽然游得不利索，但努力地紧跟着亲鸟，绝不远离半步，并不停发出急促的叫声。此时的亲鸟一般在水面低头找些细小的食物，也会潜水抓一些小小鱼，口对口喂给宝宝吃。稍长大一些，幼鸟也试着模仿亲鸟在水面上自己觅食，然而依旧游不快。

　　再长大一些、半大不小的小鸊鷉也十分有趣，羽色由黑色逐渐变为淡褐色，并学会了整理羽毛，还时不时露出瓣蹼足。比起更小的时候，能游得更快，游起水来屁股左右摇摆得很明显。这时候的小鸊鷉应该是学习潜水的阶段了，可是有的一开始学不会，只会在水面上乱扑腾翅膀，有的实在太懒，就会被亲鸟时不时地啄一下脑袋，做出下压的动作，逼着学。有一只幼鸟，好不容易潜了一下子，马上又改成浮水，不仅不肯再潜，反倒游得离亲鸟远了，边游边回头看看亲鸟。

　　我看到的这一阶段的小䴙䴘，一般都是一只亲鸟各自带一只或两只幼鸟。有的幼鸟，怎么看都像是一个叛逆期的少年。有时候，亲鸟实在"怒其不争"，悄悄地潜到少年的身下，由下往上地掀它一下。这下它更逃远，还是不肯潜。有时候亲鸟气不过，索性躲远，让它找不见，过了一会儿，少年又害怕起来，不停地张嘴叫唤找亲鸟。这实在和人类没什么区别，叛逆期的少年不好好读书上进，将来怎么找工作养活自己？而一个小䴙䴘的少年，不好好学潜水，整天像个鸭子似的浮在水面上，只会像小时候那样低头吃点水面上的食物，将来如何能潜水捕到鱼，独自生活？

　　当然，叛逆期总会过去，小䴙䴘的幼鸟终将学会潜水和捕鱼，自己独立生活。整个喂养带教阶段，大概要持续两个月的时间。

　　另一种为人熟知的䴙䴘是凤头䴙䴘，凤头䴙䴘的体型可比小䴙䴘大多了，头颈很长，这一点，可以让它们和同样在水面上浮游的鸭子们轻易区分开来。春天的时候，凤头䴙䴘头上的美丽羽饰会生长出来，它们的凤头大而美丽，风吹起的时候，展开来像把扇子。凤头䴙䴘最独特的一点，是在求偶时会表演一种优美的舞蹈：雌雄双鸟面对面，确认眼神，一起左右甩头、点头，头上的凤头羽冠随之晃动；它们前胸挺起，扇动翅膀，以足为桨，一起踩水前行，一起扎猛子潜入水中，又一起浮出水面。这不是水上芭蕾还能称作为什么呢？凤头䴙䴘有时还会嘴上衔一根水草，就像给爱人献花，真是情意绵绵。定情之后，它们会在湖泊和河道水草茂密之处，营建漂浮的巢穴。待到雏鸟出生，亲鸟还会让雏鸟待在自己的背上，驮着雏鸟游水，半刻都不离开雏鸟，以确保雏鸟的安全，有些稍长大一些且调皮的凤头䴙䴘宝宝有时候会自己从妈妈的背上跳下去。（小䴙䴘也有亲鸟驮着幼鸟游水的这种行为。）

凤头䴙䴘　繁殖羽　脚也生在身体极后部

凤头䴙䴘　繁殖对

凤头䴙䴘 幼鸟

在上海南汇，凤头䴙䴘既有作为地主的留鸟，也有前来过冬的冬候鸟或仅在春秋季过境停留的种群，而黑颈䴙䴘则是冬候鸟。11月底的时候，一小群黑颈䴙䴘飞落南汇滴水湖，混在凤头䴙䴘、小䴙䴘和各种潜鸭之间。在大地主凤头䴙䴘面前，黑颈䴙䴘体型要小多了，可还是比小地主小䴙䴘要大一些。若是游在凤头潜鸭之中，黑颈䴙䴘和潜鸭们差不多一般大，但颈部明显细长。

12月时的黑颈䴙䴘，身上穿的是非繁殖羽，颈部的黑色只剩下后颈还有，红色的眼睛在黑色头冠的映衬下倒是十分醒目。我观察中的黑颈䴙䴘总是一脸羞涩的神情，它们总在一起，从不相互远离。平日性情孤僻的小䴙䴘虽然在冬季时也聚群，可是在一个水域里还是散得比较开，这12只黑颈䴙䴘却几乎总是成一字形队形，一个个挨得很近，就算潜水捕食，它们也是行动一致，一个接一个地隐没入水中不见，过一小会儿，又一个个露出水面，继续保持一字形队形前进。黑颈䴙䴘的队列中，还是能够看到个体差异的不同，有些明显要小一些，尽管外表上和边上的大的别无二致，但我估计可能还是亚成鸟。这应该是一个家族，亲密而让人看了感觉温馨。到了3月春天的时候，在上海能看到黑颈䴙䴘的繁殖羽，此时颈部完全变黑，并出现好看的黄色耳羽，简直是华丽变身。

黑颈䴙䴘 非繁殖羽

黑颈䴙䴘 体型上的个体差异

黑颈䴙䴘　冬季成群活动

角䴙䴘　非繁殖羽

　　在中国可以看到5种䴙䴘，而在上海是4种，角䴙䴘是上海可见的4种䴙䴘中比较稀有的一种，数量较少的原因是因为角䴙䴘的分布区主要在北美和亚欧大陆的中西部。我在上海仅见到过单个的，并不成群。角䴙䴘的繁殖羽会有金黄色的角状饰羽，但我在上海见到的是冬天的非繁殖羽，看起来和黑颈䴙䴘的非繁殖羽很相似，但角䴙䴘头部的黑白色，上下齐整地水平分开。角䴙䴘总是离得远远的，"喙尖白色"的另一个主要特征通常看不太清。来到南汇的角䴙䴘不时潜水，食欲看来很好。

大红鹳（大火烈鸟）

红鹳目/红鹳科

　　纳米比亚鲸湾（沃尔维斯湾）的海边，海域开阔，南大西洋的风凛冽地吹着，数十只身材高挑的大红鹳伫立在浅水中。大红鹳就是我们熟知的火烈鸟，又名大火烈鸟,它们长着高跷般的鲜艳红腿,粉色的头颈极长,伸直了比腿还长。这群大红鹳,有的单腿站立,把头埋在肋下睡觉;有的贴着水面飞翔,飞翔时颈部和脚全都伸得笔直,更显修长;有的优美地旋转着双腿,低头进食。

大红鹳的进食方式有点儿特别,它们把长颈弯下,用弯曲而外形奇特的喙在滩涂上扫动取食。它们将喙反转,上喙贴着地面,用喙和舌一起配合,将淤泥中精细的食物留下,粗糙的排除。大红鹳的喙里有薄间层,就像是个筛子,有过滤的作用,它们在浅滩的淤泥下觅食虾、螺以及卤蝇,也吃一些海藻。大红鹳的脚长着蹼足,但几乎不游泳,蹼足在这方面显得有点儿浪费,但能支撑它们巨大的身躯在沙滩上更平稳地行走。

纳米比亚交通不便,从斯瓦科普蒙德到鲸湾,我搭了纳米比亚一所小学游学团的车,和老师学生们一起观赏了大红鹳。说实话,初见大自然里的这一群大红鹳,

大红鹳　振翅欲飞,起飞前需要助跑

大红鹳　奇特的进食方式

大红鹳　飞翔时颈和脚都伸直

大红鹳和反嘴鹬　大个子和小个子

我对它们的羽色略有失望：没有我想象中的那么红。其实，大红鹳以及其他种类的火烈鸟，它们羽色中的红色并非与生俱来，而是来自它们所食的绿色小海藻中所含的类胡萝卜素。体色的红色程度会随着成长而变化，而另一方面，阳光的照射也会使红色变淡。

白鹳/东方白鹳

鹳形目/鹳科/鹳属

　　土耳其的塞尔丘克附近的以弗所，是一处世界知名的古希腊的城邦，我旅行时来过这里。走在小城的街道上，一抬头，在一根电线杆上发现了一对白鹳。

　　这对白鹳在电线杆子顶端用树枝营了巢，巢内很快将迎来新生命。白鹳在欧洲和西亚比较常见，它们性格温和，喜欢在接近人类的地方营巢，在城镇中哥特式建筑的尖塔上、村庄的屋顶上都可以见到它们的巢，并且一个旧巢会被反复使用多年。白鹳还是德国的国鸟，深受德国人民喜爱。

　　白鹳伸直长腿和长颈，张开巨大的翅膀，飞在塞尔丘克的城市上空，让我欣赏了个够，也拍下了满意的照片。相比之下，想看到和拍到生活在东亚的东方白鹳却并不容易，因为东方白鹳数量非常稀少，野外仅3 000～4 000只，不同于白鹳的"无危"，东方白鹳为濒危（EN）物种。东方白鹳通常不会像白鹳那样把巢筑在距离人类很近的地方，因为它们十分惧人。

白鹳　筑巢

白鹳　飞行中

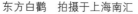
东方白鹳　拍摄于上海南汇

东方白鹳　飞行中

2018年的11月中旬，20只东方白鹳来到上海南汇嘴海堤内的农田，这是来到上海的东方白鹳数量最多的一次，一时引起轰动，新闻还上了报纸和电视。这20只东方白鹳飞在空中时，羽翼宽阔，乘着空中热气流翱翔，都不用怎么扑扇翅膀，姿态十分优雅而舒展。在地面停留时，它们巨大的体型将所有的鹭鸟都比了下去，平时觉得苍鹭已经很大了，可是它们在东方白鹳面前还显小。无论是飞在空中还是站在地面上，东方白鹳都非常显眼，只是在地面时，它们十分警觉，观鸟者不易接近。

东方白鹳和白鹳最明显的区别在于喙的颜色，东方白鹳的喙黑色，而白鹳的喙红色。东方白鹳和白鹳一样，长长的喙强健有力。在南汇湿地，它们的主要食物是鱼类，在海边和河道中水位低处张着嘴，边走边啄，这符合它们的水鸟身份，但东方白鹳不会像琵鹭那样横扫，也比滨鹬等啄起来速度慢多了。我几次看到东方白鹳在河道中啄到鱼，还有一次看到一只飞翔在空中的东方白鹳嘴上还叼着鱼，都被我拍到照片。较小的鱼，东方白鹳很容易就吞下，但稍大一些的鱼，吃起来比较费工夫。有一天，一只东方白鹳吃一条昂刺鱼，叼起，用嘴夹几下，然后放下，再重复前面的动作，用了好半天。群体里的别的成员路过它身边时，总会羡慕地瞅它一眼，但绝不会像银鸥那样趁鱼落在地上时上前抢夺，它自己也有点儿不好意思，叼起鱼走到一边去，后来终于吞入喉中。

这群20只东方白鹳由4个小群组成，它们在上海安然度过了整个冬季，2019年的3月中旬我仍观察到15只，而3月下旬仍有5只停留。它们在河道中涉水行走，觅食，展翅翱翔在空中（在空中时最美），也会去到海堤外。它们总在刚来时的稻田上的同一位置休憩。在开开心心地停留了4个月之后，它们已经熟悉这里的环境，一点儿都不似初到时那么紧张拘束了。刚来的时候，它们总聚群站立，后来已经敢于分散开，每个个体之间相隔较大距离，有一只甚至在下午2点还坐下仰头睡觉，还有两只则一边行走一边不时地在地面上啄几下，很长时间也不抬头张望一下，这都说明它们感觉安全，行为也变得大胆起来。我没看清它们在水稻田上啄食什么，但其中一只在一处猛啄了一阵，应该是吃到了昆虫或蚯蚓之类的。东方白鹳以肉食为主，除了在河道中涉水捕捉小鱼吃，也吃一些植物，水稻的根部或许还散落着一些稻谷（种子）。

　　东方白鹳4月开始进入繁殖期，在比上海更北的地方生儿育女，有的繁殖对会像在土耳其看到的白鹳那样，选择在电线杆上筑巢。希望这些东方白鹳北迁安好，下次南迁时仍能记得上海南汇嘴，选择在这里过冬。

东方白鹳　捕到鱼

东方白鹳　一群水鸟中个子我最大

裸颈鹳

鹳形目/鹳科/裸颈鹳属

　　在巴西潘塔纳尔湿地,几次看到裸颈鹳。它们长得很高,极易被发现。裸颈鹳黑头黑颈,枕部有一簇白色,如它的名字那样,头颈部光秃秃的。它的颈下有一圈红色羽毛,颈部以下的身体全白。

　　初看到裸颈鹳时,觉得它丑,可看多了几次,觉得它憨厚。当地人把裸颈鹳叫做Tuiuiu("突悠悠"),意思是它总是慢吞吞的。它在水边迈步子时,步伐缓慢优雅,每隔一段时间将大嘴插入水中,凭着触觉觅食。裸颈鹳爱吃鱼虾、各种软体动物以及两栖动物、爬行动物和小型哺乳动物,在潘塔纳尔湿地,它不愁没吃的。

　　看过裸颈鹳飞翔在湿地上空,别看它大高个,在陆地上走路缓慢,在空中扇动大翅膀飞起来时可一点儿不慢。

裸颈鹳　黑红白

裸颈鹳　慢悠悠地走

钳嘴鹳

鹳形目/鹳科/钳嘴鹳属

　　钳嘴鹳的英文名Asian Openbill直译的话,叫作"亚洲开嘴鹳"。那天我正在泰国清道的稻田里观鸟,突然发现一只大鸟扑扇着翅膀飞来,停落在一只大白鹭的

钳嘴鹳 "开嘴"

身后。这只大鸟大概比大白鹭矮了10厘米左右，颈部粗，喙型大，上下喙之间有一道明显的空隙，它正是钳嘴鹳，叫它"开嘴"一点儿不错。

钳嘴鹳爱吃蜗牛和田螺，大概因为老是叼蜗牛和田螺，喙也进化成了钳形喙。鹳科里的各种鹳，嗓音普遍沙哑深沉，钳嘴鹳也和其他鹳一样。繁殖期时，它们用上下喙快速敲击发出响声，以此来吸引异性。

钳嘴鹳成群生活，单个活动的情况比较少。这只钳嘴鹳停落后，就静立在那儿，也不东张西望，也不低头吃东西。我在远处观察够了后，想着再接近它一些，就往前轻轻地走了几步。鹳身形高大，视觉敏锐，它还是察觉到了我，过不多久，起身飞走。它越飞越远，大抵是飞回群体中去了。那只大白鹭却岿然不动，我隐隐觉得这只钳嘴鹳飞来就是为了让我看一眼的。

钳嘴鹳生活在南亚和东南亚，它们基本上为留鸟，并不迁徙。十多年前，一位北京的中学生在云南大理州观鸟时，偶然发现并拍到了一只钳嘴鹳，经确认后成为中国鸟种的新记录。不过，近年在中国的西南省份，钳嘴鹳已不算太罕见，甚至有近百只的种群出现在四川，出现的地点越来越北。

非洲秃鹳

鹳形目/鹳科/秃鹳属

我在肯尼亚的马赛马拉，参加了三天的乘车巡游。广阔的稀树大草原上，常常能见到一只或几只非洲秃鹳站在各种兀鹫混杂的群体边。兀鹫们正在争抢着吃倒毙的哺乳动物的腐尸，而非洲秃鹳就在一边静静地看着。兀鹫们偶尔也驱赶一下非洲秃鹳，

非洲秃鹳

但过不一会儿秃鹳就又回来了。

非洲秃鹳并非猛禽,没有尖喙利爪,而长着高个子和巨大的喙。非洲秃鹳凭借着耐心,总能从数量占绝对优势的兀鹫身边分得些残羹冷炙,吃上几口腐肉。实际上兀鹫更喜欢吃内脏,而秃鹳喜欢吃肌肉,狮子吃剩的食物正好由它们处理。

大草原之外的非洲秃鹳也经常出没于人类的村庄或城郊,它们什么垃圾都吃。非洲秃鹳长相虽然丑陋,却在非洲大自然中起着重要的"清道夫"的作用。

凤头鹮/绿鹮/铅色鹮/美洲白鹮/澳洲白鹮

鹈形目/鹮科

凤头鹮在非洲大陆分布较广,而且种群数量多。在南非开普敦附近的小镇斯泰伦博什,有许多葡萄酒庄园,我在距离一个庄园不远处的草地上见过两只凤头鹮。它们的外形很有特点,上喙有红色的条纹,而脸颊有一道明显的灰白色的水平凹纹。

凤头鹮飞翔时会发出"哈嗒嗒"的鸣叫声,所以英文名叫做Hadada Ibis。凤头鹮属于陆栖的鹮,它们用像弯刀似的喙啄柔软的土壤,吃蜗牛、各种昆虫和蠕虫,以及蜘蛛和小蜥蜴。凤头鹮通过触觉来觅食,同时又有不错的听觉,能听到蛾和甲虫幼虫的声音。草地是它们最喜欢的生境。

凤头鹮

绿鹮

在南美的巴西我见过绿鹮和铅色鹮，绿鹮出现在有水潭的森林生境中，到了繁殖期，它的背部羽毛会变成闪亮的绿色，这是绿鹮的名字的由来。铅色鹮则见于开阔地，后枕部和颈部有冠羽，前额有白斑，一双红色的腿，整体体羽铅灰色，故此得名。这两种鹮均性情孤独，单个或在繁殖期成对出现，并不群居。它们以捕捉各种鱼、蛙类和昆虫为生。

铅色鹮

旅行到美国迈阿密附近的时候，我看到过体羽白色、喙和脚为红色的美洲白鹮。美洲白鹮分布于美国东南部和南美洲北部，种群数量丰富，在沼泽、湿地、农田附近找食，但与在巴西见到的绿鹮和铅色鹮不同的是，美洲白鹮一般成群活动。

澳洲白鹮是鹮科里有点儿特别的物种，特别之处在于过去四五十年的时光中，它们混入了人类城市，习惯了与人类一起生活。在澳大利亚大城市里有许多澳洲白鹮出没，尤其是在公园里。它们不仅依据本性，用长而下弯的喙找食它们爱吃的贻贝和龙虾，而且已经习惯于在人类的垃圾中翻找食物。澳洲白鹮散发的独特气味说不上令人愉快，然而澳大利亚人向来重视保护野生动物，绝不会伤害它们，澳洲白鹮于是安然地在城市中繁衍生息。这在其他地方有点儿难以想象，亚洲地区的黑头白鹮和澳洲白鹮外表很相似，但数量稀少，属于濒危物种。

美洲白鹮

澳洲白鹮

白琵鹭/黑脸琵鹭

鹈形目/鹮科/琵鹭属

那天早上，我开车远远经过上海南汇嘴的"野鸭湖"，发现平时只有各种野鸭浮水的湖面上出现了三个高个儿。我急忙停车，举起放在副驾驶座上的双筒望远镜观察，出现在望远镜视野里的竟然是三只琵鹭！

白琵鹭　飞行中头颈伸直，喙似琵琶

兴奋之余，我连忙继续开车前行，绕个弯后停下，然后步行数百米无法车行的小路，悄悄地接近湖边，用长焦相机给它们拍下了视频和照片。

这三只琵鹭分别是两只白琵鹭和一只黑脸琵鹭。分辨白琵鹭和黑脸琵鹭，看它们的脸：白琵鹭的喙的黑色部分只到喙基，脸全白，而黑脸琵鹭的黑色部分还延伸到眼睛的下方和斜上方。简单地讲，就是黑脸琵鹭的脸上黑的地方比较多。

白琵鹭　涉水觅食时张着嘴

　　镜头里，琵鹭的颈部圆润而优雅，眼神温柔可人，让人心生爱慕。琵鹭和各种白色鹭同属于鹈形目，但并非属于鹭科，而是属于鹮科，和上文中写到的各种鹮的血缘更近。

　　这天湖面的水位低，三只琵鹭站在浅水中，边向前行进，边用喙在水中左右来回扫动，喙始终保持张开着。琵鹭依靠喙部敏感的神经末梢传递的触觉取食，而不是像白鹭等鹭鸟那样依靠视觉觅食。它们的喙，前部扁平、状如琵琶，比别的鸟喙更宽，提高了碰触到食物的概率，并且上喙凸出，在水面扫过时，可以掀起旋转的水流，使鱼和软体动物浮出，一触碰到猎物，马上用张开着的喙抓住。琵鹭主要吃鱼虾蟹和软体动物，另外也会像鸭子一样，利用它们的扁嘴，过滤出水中的小虫吞下。

　　过不多久，黑脸琵鹭先行飞走，而两只白琵鹭吃饱了，开始整理羽毛，并把头埋入身后，单脚站立，打起盹来。虽然白琵鹭和黑脸琵鹭经常混群，但这三只其实不是一伙儿的。两种琵鹭都是中国国家二级保护动物，而黑脸琵鹭的数量更加稀少，根据2016年的监测数据，全球仅记录到3 300多只。

　　白琵鹭广泛分布于亚非欧，既在海边生活，也栖息于未受到人类活动干扰的内陆湖泊，数量约为黑脸琵鹭的20倍；黑脸琵鹭的分布地仅限于亚洲东部地区的沿海地带，在东亚的北方繁

白琵鹭　一身雪白,颈部圆润优雅

黑脸琵鹭　眼睛斜上方和下方黑

黑脸琵鹭　捕捉到鱼

黑脸琵鹭 飞行

殖,在中国南方和东南亚地区过冬,由于人类的活动而造成滨海地区繁殖地、越冬地和迁徙停留地被破坏和污染,黑脸琵鹭的种群数量经历了一个急剧减少的过程,现经过保育的努力,数量得以稳定并略有回升,但仍然属于濒危鸟类。

白琵鹭和黑脸琵鹭都每年往来迁徙,迁徙途中,像南汇嘴附近距离海岸线两三千米的养殖塘是琵鹭们喜欢停留、觅食并短暂栖息的停歇地,此时,琵鹭们经常和各种鹭鸟待在一起。

这一年的国庆假期,我还是在南汇观鸟。空中飞来5只白色大鸟。它们飞姿优雅舒缓,轻拍翅膀,翼缘黑色。它们并不像常见的白色的鹭鸟那样缩起脖子,而是伸直了脖子,头颈前方是黑色的勺状长喙。哇,是琵鹭,而且都是珍稀的黑脸琵鹭!我欣喜万分地拍下了照片。这5只黑脸琵鹭降落在了南汇湿地,我没有刻意去寻找它们的停落地,希望这些珍稀鸟类在继续下一段旅程之前,在这里休息好,过得安宁。

这以后,我见到琵鹭的次数越来越多,曾多次近距离观察到上百只白琵鹭或者和黑脸琵鹭混群的琵鹭群。看到的白琵鹭的数量明显比黑脸琵鹭多,除了春秋两季过境,冬季时白琵鹭在南汇还有过冬群体,它们往往以10只到20只为一小群,傍晚时,几个小群会在海堤内的低水位河渠上不断聚集成大群。最早在2月中旬,群体中的有些个体就已经长出了繁殖期时的后颈部的冠羽,并且颈部和上胸部出现黄色。看多了琵鹭,我不再有早先的惊喜,但仍然对初见它们时的场景印象深刻。

大麻鸦

鹈形目/鹭科/麻鸦属

　　在上海南汇湿地，大麻鸦和鸭子们分享同一块芦苇荡。大麻鸦有着和芦苇相近的体色，比鸭子们隐藏得更好，因此对于观鸟者来说，看不到大麻鸦很正常，看到了才让人欣喜不已。

　　这一天是久违的晴日，我惊奇地发现一只大麻鸦竟然在芦苇荡的上方飞了几次，它飞行时和同科的鹭鸟一样缩着脖子，但体色偏棕色。每一次降落后，它都非常谨慎，伸长了脖子左看看右看看。在密集的芦苇中，它的身形不时被摇动的芦苇所遮挡，我因为事先看到了它的落点，才得以看清。没过多久，它又起飞，然后在不远处降落，这一次，尽管我确信它就在那里，可是在视线前方的芦苇荡里搜寻了很久也没找见，直到它很快又一次起飞，我才弄明白它原来的确切的位置。冬天里，芦苇算得上是低矮且稀疏的，但即便这样，大麻鸦也非常难

大麻鸦　飞行

大麻鸦　身具保护色，隐藏在芦苇丛中

以发现。第三次起飞后，它落入一处芦苇荡，这次我就再也没有看到。我估计它蹲伏在某处，本来就具有保护色的身体完全融入了芦苇丛中。

大麻鳽在上海，几乎全年都有被观察到的记录，但个体数量较少，我见到的总是孤独的一只。春夏季的时候，我听到过大麻鳽在芦苇地里发出的低沉的牛哞声，据说雄性大麻鳽是鸣叫声传的最远的鸟。大麻鳽更多的是在北方繁殖，等到繁殖期结束，大麻鳽就又安静得很。

黄苇鳽

鹈形目/鹭科/苇鳽属

黄苇鳽的体长30到40厘米，只有大麻鳽的一半大；在上海，黄苇鳽是夏候鸟，几乎每年夏天，黄苇鳽都会来到新江湾湿地公园。黄苇鳽身形轻巧，在荷叶上行走如履平地，细长而站立时拱起的脚趾分散了它的重量，使得它根本不用担心从荷叶上沉下去。正是荷花盛开时，用荷花和黄苇鳽做对比，就能看出黄苇鳽的玲珑来了。

黄苇鳽的食性和其他鹭科鸟类相似，喜欢吃鱼虾、蛙和水生昆虫。镜头中的它专心于捕食，并不介意我的观察。只见它两脚都攀在荷花的茎干上，一动不动，有着黄眼圈的眼睛紧盯湖面，一有鱼儿游近就猛然出击，湿地公园里的大小鱼儿不少都被它捕获。

黄苇鳽　攀在荷花茎干上注视湖面

黄苇鳽　在荷叶上凌波微步

夜鹭

鹈形目/鹭科/夜鹭属

　　在游人如织的上海外滩,夜鹭就在眼前飞翔,一点儿不惧人。视野里,三四只夜鹭,频率均匀地振翅,来来回回地飞在江面上的低空,扭头、伸脚,或是从空中俯冲捕鱼,或是降落在堤岸的墙角蹲守。飞在空中的夜鹭甚至有时近到仅仅一只胳膊的距离,根本不用望远镜,用肉眼就可以看得清清楚楚。

　　夜鹭大头、短颈、短腿,身材矮胖,嘴也厚实,外形上,无论从哪一点儿上来说,都是很异类的鹭;而行为上,夜鹭还偶尔会浮于水面,这是我在其他哪一种鹭的身上都没有看到过的。夜鹭的成鸟和它自己的孩子,也就是夜鹭幼鸟的差别也很大,会让市民们觉得它们并不是一种鸟。夜鹭的英文名用的是Black-crowned,也就是黑冠,成鸟的羽冠黑色(蓝黑色),上体的头顶、颈、背部也都是蓝黑色的,而亚成鸟体羽棕色,身上有一道道白色纵纹和点斑,在换羽时,亚成鸟于头顶处先出现成鸟的黑冠,再换身体其他部位的羽。夜鹭成鸟的眼睛虹膜是大红色,幼鸟的虹膜偏橙黄色,越长大,虹膜越红。夜鹭成鸟红眼睛的特征十分明显。

　　夜鹭主要吃鱼、水老鼠和蛙类,还有一些水生昆虫。夜鹭成功捕鱼的画面给我留下非常深刻的印象:苏州河和黄浦江交汇处的外白渡桥的水闸上、金海湿地公园湖中的树梢上,夜鹭长时间一动不动地站着,观察水面上是否有猎物出现,一旦机会出现,立刻俯冲而下。耐心的等待往往能换来回报——捕捉到一条很大的鱼。捕到大鱼后,夜鹭将它长时间叼在嘴上,直到鱼尾不甩,因离水缺氧不再动弹后才慢慢吃下。

夜鹭　成鸟

夜鹭　亚成鸟

夜鹭是留鸟，在上海本地繁殖，它们用小树枝将巢穴筑在高枝上，并且数对夜鹭的巢相距很近。夜鹭幼鸟晚成，出生后的一段时间吃亲鸟提供的半流质食物，孵出后一个半月左右才出巢。

夜鹭在上海城市里的数量有增长趋势，在黄浦江和苏州河两岸、其他内河河道、城市公园、郊区湿地，都很容易看见夜鹭。苏州河的河岸边，夜鹭的数量尤多。以前曾经黑臭的苏州河，水质已经大为改善，河中生活着足够多的鱼，吸引了众多夜鹭。

绿鹭

鹈形目/鹭科/绿鹭属

秋天的时候，我看到四只绿鹭在南汇海边的上空飞行，它们分散降落，其中的两只落在了长有芦苇的河岸边。隔开近30米，我用望远镜观察，只见它们凭借着掩护色，隐藏得很好，若不是我看到了它们的降落点，几乎发现不了。这两只降落的绿鹭，一只是成鸟，另一只是亚成鸟。绿鹭成鸟和亚成鸟的外貌相差很大。

我观察了它们很久，除了偶尔被天空中的须浮鸥和鸭子吸引了一会儿眼光外，一直看着它们。好长时间里，它们一直蹲着注视着水面，蹲累了，就直起脖子，舒展舒展。只是这期间，除了喝了几口水，一个猎物也没有捕到，最后还是振翅飞了。据说绿鹭还会耍小聪明，用小虾等做诱饵，诱骗鱼类上当，可是我没看到过，只觉得它们在野外要吃上顿饭可真不容易。

绿鹭　成鸟　繁殖羽

绿鹭　亚成鸟

　　绿鹭性格较孤僻羞涩，比起别的大大方方的鹭来，在南汇的绿鹭难得露面。但在上海植物园里，我看到过一只比较不怕人的绿鹭，这只绿鹭每年夏天都从南方飞来过夏（绿鹭在上海是夏候鸟）。它在池塘对岸的时候，最近的观察距离只不过五六米，可以看得清清楚楚。

　　这时候，可以更看清绿鹭的体貌，它的翅翼上的白色网格状特征是如此明显，绿鹭在英文里叫做 Striated Heron，直译为"有条纹的鹭"，所以很好理解。绿鹭成鸟的头顶绿黑色，眼先（眼睛和喙之间）黄绿色，眼睛黄色，这些也是绿鹭成鸟的主要特征。绿鹭和同一个池塘里的常住客夜鹭，虽相似，但不会混淆，毕竟两种成鸟的羽色差了不少，并且绿鹭（35～48厘米）的体型要比夜鹭（58～65厘米）小，夜鹭是大红眼，绿鹭不是。绿鹭的亚成鸟倒是和夜鹭的亚成鸟很相似，区分点在于绿鹭亚成鸟的翼上的白点小，羽缘白色；绿鹭亚成鸟的眼圈黄色，而夜鹭亚成鸟的眼圈橙黄色偏红。

　　5月的时候，绿鹭已经换上了繁殖羽，低头时后颈的一簇毛非常明显。这一簇毛和池鹭的相仿，只不过颜色为黑绿色，和绿鹭的顶冠色一致。和在南汇看到的绿鹭一样，这一只也十分小心翼翼，总是蹑手蹑脚的，长长的脚趾轻举轻放，在池塘边伫立时，可以十几分钟一动不动，完全像一尊雕塑。好在上海植物园池塘里的野生鱼儿不少，人们常常能见到它捕鱼成功。快日落时，它会飞到树上，藏身于浓密的树叶之间。

栗虎鹭

鹈形目/鹭科/虎鹭属

　　栗虎鹭分布于拉丁美洲，栖息在热带潮湿的雨林中。在巴西，我们乘坐的快艇从巴拉纳河的河面上驶过，这只栗虎鹭站在河岸边林缘较阴暗的地方，它的头部到上背为栗色，前颈部和胸部有白色条纹。这只栗虎鹭见到我们船上的人类，很快就飞走了，我只来得及拍了一张照片。

　　栗虎鹭向来独来独往，而且隐蔽性极强，见人就飞。

栗虎鹭

池鹭

鹈形目/鹭科/池鹭属

　　池鹭的英文名叫Chinese Pond Heron，直译是"中国池鹭"，夏天时，我在上海南汇和青浦等地见到池鹭的次数很多。池鹭在东南亚也很常见，冬季时在清迈见到的池鹭都穿着非繁殖羽，头、颈、胸由褐色纵纹组成。而在上海，能见到池鹭漂亮的繁殖羽：上背部的颜色呈暗紫色，头、颈、胸部都是栗红色，像是带上了红围脖；后颈一小簇毛，也是好看的栗色，但既没有黄嘴白鹭那么多而明显，也不是白鹭那样的两根小辫子。池鹭的繁殖期，不仅羽色，连喙和脚的颜色也会发生变化，上喙的颜色由非繁殖期的暗黑色变为和下喙一样的明黄色，喙尖的黑色非常明显，脚也由非繁殖期的暗黄色变为明亮的橘红色。

池鹭　繁殖羽　观察一下喙和腿的颜色、羽色，以及长脚趾和黑色的脚爪

　　池鹭的飞羽白，在空中飞和看它在地面站立时，形象大不相同。池鹭飞起来，展开的两翅全白，和它深色的身体形成鲜明的对比。在上海南汇，池鹭的身形比起各种白色鹭来，都要显得小，体色和池鹭亚成鸟相近的夜鹭亚成鸟也比池鹭来得大，只有体型偏小的绿鹭和池鹭差不多大小。而在夏日里的上海植物园等处，从南方飞来的野生池鹭，就像它的名字描述的那样，在池塘边或是莲叶上一动不动，观察水面上鱼儿的动静，一站就是很久。池鹭的黄脚趾（脚爪黑色）特别长，在莲叶上

池鹭　非繁殖羽　观察一下上喙、腿和羽色

池鹭　向繁殖羽过渡的羽色中间状态

行走自如。和其他鹭一样,它们会在莲池的某一片莲叶上停留很久,以静立的方式等候猎物的出现。池塘中鱼儿不少,池鹭屡有斩获。

池鹭和白鹭一样,在树上筑巢,在青浦等上海郊区,和众多白鹭在相距不远处繁殖。

苍鹭

鹈形目/鹭科/鹭属

苍鹭分布广泛,我在世界各大洲都见到过它们的身影。在上海南汇,苍鹭数量也不少,我曾看到过上百只苍鹭聚集。鹭鸟中,苍鹭体型大,体羽灰色,比起白鹭来腿粗,脖子粗。白鹭从苍鹭边上走过时,真像个小弟弟。繁殖期时,苍鹭会像白鹭一样长出两条辫状饰羽(黑色),而且喙和腿也由黄色变为粉红偏橙色。在上海,1月底的时候,我就能观察到它们的喙和腿的颜色发生了变化。

苍鹭很安稳,长时间静立着观望猎物,一旦发现猎物游来,比如一条鱼游近,苍鹭就回缩它的长颈,迅速将它尖锐的长喙猛地向猎物扎去,凭着这猛烈而精准的打击,苍鹭能吃到鱼、泥鳅、虾、青蛙,甚至水岸边的鼠类,同时它也吃水生昆虫。苍鹭的食量很大,并且有着强大的消化能力。

苍鹭 幼鸟

苍鹭 非繁殖羽

苍鹭 繁殖羽 两根黑色辫羽,脚和喙变为粉红偏橙色

别看苍鹭长着这么大的个头，它们有着强大的飞行本领，可以长时间在宽阔的田野的上空翱翔。在空中的苍鹭显得巨大无比，伸展开的两翅，翅膀上部一半黑一半灰，下部一抹全黑。它们拍打起翅膀，优雅而从容不迫。若是大风天，它们迎风起舞，在空中摇曳，在低空摇晃着降落。我很爱欣赏它们优美的飞姿。

草鹭

鹈形目/鹭科/鹭属

草鹭在上海是夏候鸟，冬天时在泰国清迈我也见过，是那里的留鸟。草鹭又称紫鹭，颈侧栗色。同样身为大型的鹭，比起毫无遮掩站在湿地中央的苍鹭和大白鹭，草鹭却喜欢隐藏在水边植被繁茂的地方，所以并不容易发现。我看到飞行时的紫鹭的次数比停立时的多。飞行时，草鹭的翼下大半灰色，小半栗色，细长的颈部缩成S形，脚伸得笔直，一看就是大长腿。我也偶尔见到过停栖着的草鹭，隔着河岸，一只草鹭在树顶露出细长的脖颈，比不远处的绿鹭要大多了。有人说草鹭像是换了妆的苍鹭，其实大不一样。草鹭的嘴比苍鹭的更长更细，而最明显的是细长的脖颈比苍鹭的要长得多得多，也更细，若是伸直了，实在让人觉得很长；低头时卷起S

草鹭　飞行

草鹭　站立在湖边

形来,也比大白鹭夸张得多了。不过,因为草鹭害羞,总是与人相隔距离很远,如此细长的脖颈拍起照来,很难聚焦。

在上海南汇,我看到过一对草鹭同飞,时常降落在远处一个植被茂密处,地点相对固定,我没有去找,但是猜想那里应该有草鹭的巢。春夏季时,草鹭换上繁殖羽,在脑后也有两条细长的辫子。

无论在上海还是清迈,草鹭的数量都不多,并不算常见。比如在上海南汇,比起总数上千的大、中、小白鹭,牛背鹭和苍鹭来,草鹭却只见得少数个体。

大白鹭/中白鹭/白鹭/黄嘴白鹭/雪鹭

鹈形目/鹭科

体羽白色的大、中、小三种白鹭,它们并不同属,但都是我们熟悉的鹭鸟。三种中,大白鹭体型最大,体长95厘米,白鹭(白鹭就是小白鹭)最小,体长60厘米,白鹭最好辨认,体型小,喙黑色,腿黑色,脚趾黄色。

中白鹭和大白鹭很相似,它们的腿和脚趾都是黑色的(重复一遍,白鹭的腿黑,脚趾黄),喙的颜色也相似,在春夏繁殖季,大白鹭的喙全黑,而中白鹭的喙也是黑色,只在喙基部有点儿黄色;到了冬天,大白鹭的喙的颜色变为全黄(繁殖期为黑色,过渡期为半黑半黄),中白鹭的喙也变为黄色,喙尖还保留一些黑色。

尽管中白鹭的体型比大白鹭小,但在野外不那么容易判断,可通过观察它们站立时的两个不同特征来区分。一个是脖子,脖子伸直时看长度,大白鹭的脖子那要比中白鹭长得多;脖子缩着时看宽度,尤其是下颈部,中白鹭的比大白鹭的粗。第二个是看口裂,如果能够看清口裂的长度,仔细看,中白鹭的口裂不过眼,而大白鹭的口裂长,超过眼睛。

三种白鹭中以白鹭数量最多,最常见。白鹭和白头鹎一样也是观鸟

大白鹭 伸长脖子

大白鹭　起飞、喙半黄半黑为繁殖羽过渡期　　　　大白鹭　争闹

大白鹭　聚群

的入门鸟，望远镜让白鹭显得巨大无比，哪怕用裸眼观察也行。白鹭性子安稳，可以多观察一些细节。白鹭停立时，你也许见不到它陷在泥里的黄脚趾，但它在浅滩上抬脚走路时，黄脚趾就能看得分明。它们会轻手轻脚地走上几步，用脚翻开泥，看看泥下有没有藏着美食。有时候水略深，白鹭一步步慢慢地向前走，时而停下，双腿在水下抖动打圈，那是它在用脚趾搅起水底的泥浆，探寻可食用的食物，将之搅到水面上来。春夏季时，同一个地点，会有头上挂着两根小辫子的和不挂小辫子的白鹭先后飞来。挂着两根小辫子的白鹭，可能在颈部和背部还有蓑羽，并且眼先从白色变为蓝色、红色等深色，这是白鹭的繁殖羽。我们会了解到白鹭等鹭科鸟类

也是一年换羽两次,只不过白鹭的繁殖羽和非繁殖羽不像鸻鹬类有那么大的差别。相比之下,同是鹭科,牛背鹭的繁殖羽在羽色上和非繁殖羽相差较大。

望远镜里还能看看白鹭吃到些什么,通常是一条小鱼、一只小虾,也可能吃到一些小虫。偶尔还能看到白鹭抓到一条大鱼,白鹭将鱼头对着嘴直接活吞,鱼尾还在嘴外甩动,就算鱼太大,吞不下也要使劲吞,哪怕在喉咙里噎一会儿,因为这可是难得的大餐。白鹭捕食鱼时是很有耐心的,它们或静立,或半蹲,保持双脚不动,凭借敏锐的视觉仔细观察周围的动静,一旦有猎物在"射程"内出现,立刻将"标枪嘴"射出,予以捕捉。但不是每次都能捕到猎物,如果在一个地方许久都没有机会,白鹭会换一个地方碰碰运气。它们刚起飞的时候,先蹲下然后向上跳起,展开双翅用力拍打,使身躯离开地面。白鹭常常贴着水面或者稻田短距离飞行。若是飞到了较高的高度,那它或许会持续飞上那么一段。白鹭飞速不快,拍翅优美而轻缓,在飞离视线前总能欣赏一小会儿。

中白鹭　口裂不过眼、喙尖黑

中白鹭　脖颈的长度

中白鹭　缩起脖颈时

白鹭　非繁殖羽　捕捉到鱼

上海的白鹭种群数量相当丰富，郊野田地里常见。坐上去海边的轨交16号线，经过南汇的农田，车窗外总能看到白鹭，它们有的隐伏在绿色稻田里，有的静立在小水塘边，还有的展翅飞翔在空中。就乘车经过的这一小段时间，一路可以看到二十多只白鹭。

白鹭在树上筑巢繁殖，南汇临港的一处杉

白鹭　繁殖期　有两根辫羽

树林里满是白鹭的巢，亲鸟叼来鱼虾喂养雏鸟，难免搞得林中满是腥气。夏天的时候，还会见到有幼鸟从巢中掉下，不会飞，但跑得可快了。白鹭不仅有留鸟，也有相当多的一部分迁徙，秋迁时曾见过数百只白鹭浩浩荡荡地飞过东海大桥，往南飞去。

身形修长的大白鹭的数量没有白鹭那么多，在巴西和泰国，我往往一次只见到一只。不过在上海南汇，夏季也会有大群的大白鹭在水草上聚群，并和白鹭混群。大白鹭体型大，低空振翅飞翔时十分优雅，而且降落时能够缓慢振翅而悬空，选点后再降落，远没有鸭子降落时那么匆忙。我几次看到大白鹭成功捕捉到小鱼，它们有耐心，而且视力极好，像一根长长的标枪似的嘴要么不出击，一出击几乎百发百中。

白鹭　繁殖期　眼先也会变色

白鹭　繁殖期　出现蓑羽，黄脚趾很明显

白鹭　聚群的白鹭一片白,嘴黑脚黑

　　三种白鹭中,中白鹭在南汇也有相当数量,但总体来说,要比白鹭和大白鹭来得少。印象深刻的是在清迈,中白鹭会一整群地跟在稻田里的翻土车后面,趁着车上的驾驶员把地犁开时,在车后啄食泥土中惊起的昆虫。其余时候,中白鹭都会和人类保持安全距离,离得远远的,似乎警惕性更强。

　　上海南汇的鹭鸟很多,秋天时,一天里看全,大、中、小白鹭和牛背鹭这4种白色鹭,一点儿难度也没有。鹭鸟迁徙最集中的时段,池塘里、稻田里站满各种白色鹭鸟,有时候,五六百只聚集在很小的一块地方,密度很高,若是被惊起,群鹭起飞,场面极为壮观。各种白鹭之间也会争闹,飞在半空中,面对面扑打翅膀,但基本都发生在同种之间。

　　在南汇,不仅海堤内,我还在海堤外的海滩上看到过一排排白鹭用喙在海水中推土找食,让我很惊讶。等过了迁徙季,鹭鸟的数量会大大减少,留下的都是过冬的个体,但什么鸟不见了,也不会少了鹭鸟的身影。

　　上海能见到的4种白色鹭中(算上牛背鹭,一共5种,但牛背鹭繁殖期时头颈部橘红色,还是有点儿不同),黄嘴白鹭是最稀有也是保护级别最高的。黄嘴白鹭英文名叫Chinese Egret,直译为"中国白鹭",简称"唐白",为易危(VU)物种,中国国家二级保护动物,全世界也只有几千只。在上海南汇的海滩上,春秋季时有相当大的机会看到它们,有时候它们在迁徙途中会停留会相当长的一段时间。

秋冬季的黄嘴白鹭的喙也会变黑,和白鹭相似,但下喙的喙基仍为黄色,且腿比起白鹭来颜色偏绿(脚趾和白鹭一样是黄色的)。春天时的黄嘴白鹭就好认多了,它们个头和白鹭差不多,但白鹭的喙总是黑色,黄嘴白鹭的喙在繁殖期时变为黄色,而且很明显的,眼先是蓝色的,好看的黄嘴配上蓝色眼先(秋冬季眼先颜色变为黄绿色),看起来十分惊艳,比白鹭显得更时尚;还有重要的一点,白鹭的繁殖羽在颈后是两根辫羽,而黄嘴白鹭不是,它在颈后有一大丛冠羽,顺风时飘起,逆风时"炸毛",竖起在头顶,像是在时尚的衣装上配了朋克风发型(但秋冬季冠羽消失)。记住这一特征,再结合体型大小,就算离着远或是因它背对你而没看到它的黄嘴,也能知道它是谁。

黄嘴白鹭的行为和白鹭相似,会蹲下、压低身子、臀部略微翘起,站在海水里一动不动地蹲守猎物,黄色的标枪嘴随时准备射出;它们也会边走边低头、四处张望觅食,尤其是涨潮时,一边走就能一边轻松地吃到鱼,不一会儿就是一条。我

黄嘴白鹭 繁殖羽

黄嘴白鹭 和白鹭在一起,对比明显

黄嘴白鹭 等待机会

黄嘴白鹭 捕捉到刀鱼

拍下的照片显示，它们吃到的还是刀鱼，那可是在水产市场售价200元一斤的"名贵鱼"！休息时，黄嘴白鹭和白鹭一样，喜欢缩着头，头颈后靠在背上。唯一和白鹭明显不同的是，白鹭既出现在海边也出现在内陆，而黄嘴白鹭偏好海水生境，所以要找它们得去海边。

雪鹭

雪鹭也是一种白色鹭，我在美国见过。雪鹭相当于白鹭在美洲的翻版，广泛分布于南、北美洲。雪鹭和白鹭一样，黑喙黑腿，脚趾黄色，和白鹭的不同之处在于眼先的黄色，进入繁殖期，黄色还会变为红色。生活在美洲温暖地区的雪鹭并不迁徙，而繁殖于北方的雪鹭会在秋冬季迁徙到中美洲。在行为上，雪鹭除了立定等食，也在海滩浅水区域奔跑、拖着脚前行，寻找鱼、虾、蟹等食物。

牛背鹭

鹈形目/鹭科/牛背鹭属

比起海滩和湿地，牛背鹭更常出现在稻田。别的鹭鸟爱吃鱼，牛背鹭却独爱吃昆虫。牛背鹭，顾名思义，它们常常停留在牛背上。在牛背上，我不仅见过牛背鹭，还看到过黑卷尾和林八哥等，牛儿不抗拒它们待在自己的背上，因为这些鸟儿可以帮助清除牛身上的寄生虫，赶走恼人的飞虫。而这些鸟儿，也得益于牛，牛走动时惊起昆虫，待在牛背上或跟在牛身后的牛背鹭就可以趁机捕食。

繁殖期的牛背鹭最好认，头部、颈部、上胸部的羽毛会从白色变为橙黄色，一看便知。在非繁殖期时，牛背鹭一身白羽毛，和白鹭比较，牛背鹭喙黄脚趾黑，白鹭喙黑脚趾黄，正好相反，绝不会混淆。大白鹭、中白鹭和牛背鹭比较，大白鹭和中白鹭的颈、脚、喙都要比牛背鹭来得长。牛背鹭的颈部相对较粗短，并且同样的黄色的喙要比中白鹭的显得短一些。

牛背鹭　繁殖羽

牛背鹭　非繁殖羽

　　牛背鹭在全世界各大洲都有分布，是世界分布范围最广的鸟类之一。在上海是夏候鸟，春迁结束之后，秋迁开始之前，南汇嘴沿海公路的附近几乎总能见到，稻田中更是数量众多。它们或是在稻田中立定观望后疾走觅食，或是在田埂上站立休息，是夏天非常常见的鸟。

牛背鹭　和牛儿是好朋友

牛背鹭　一群繁殖期牛背鹭飞过海滩

卷羽鹈鹕/秘鲁鹈鹕/褐鹈鹕

鹈形目/鹈鹕科

　　鹈鹕给人最直接的印象就是体型大、嘴巴大，还有一个巨大的喉囊，这个喉囊之大，被开玩笑说可以装下一个小孩。中国东部沿海地区，有机会看到的是卷羽鹈鹕，然而卷羽鹈鹕却是濒危物种，数量稀少。在浙江温州湾、福建闽江口等卷羽鹈鹕的主要过冬地，单次被报告的目击数量不超过100只。

　　12月下旬的时候，我在上海见到两只卷羽鹈鹕，是上海的罕见记录。它们和数百只斑嘴鸭一起，游弋在南汇海堤外的近海。卷羽鹈鹕是特大型水鸟，体长可达180厘米，两只斑嘴鸭从这两只卷羽鹈鹕身前游过，实在显得太小个儿了。我观察了这两只卷羽鹈鹕许久，它们一直很沉静、游速缓慢，喙保持着45度向下，贴着脖颈，喙长和颈长相仿；两只鹈鹕始终不即不离、相距不远，偶然缩起脖颈靠在背上，向前伸出大嘴，也是心有灵犀，行动一致。卷羽鹈鹕主要吃鱼，它们用像铲子似的嘴将鱼儿铲入嘴中，然后把头仰得老高，收缩喉囊，将鱼吞下。

　　鹈鹕在上海不容易看到，来到世界的另一端，我看到了许许多多的秘鲁鹈鹕。从秘鲁皮斯科城区乘车前往太平洋海岸线，一到岸边，秘鲁鹈鹕就出现在了眼前，它们大摇大摆地在岸上集群，抬起长着全蹼足的脚迈着步子行走，一点儿不惧人。

　　坐快艇前往鸟岛途中，秘鲁鹈鹕和我们平行飞翔，它们飞翔的动作整齐划一，队形也像大雁似的，有时候排成一字形，有时候排成人字形。它们有些贴着海面低空飞行，有些飞得比鸟岛高耸的岩礁还要高。鹈鹕身形巨大，飞起来时那庞大的身姿真的令人惊叹！

卷羽鹈鹕　两只在上海海边难得一见的野生个体

卷羽鹈鹕　"斑嘴鸭，你太小了！"

褐鹈鹕　拍摄于美国加州

秘鲁鹈鹕　游在水中时的姿态

秘鲁鹈鹕　岸边聚集

　　在北美的加利福尼亚海岸线，我还见到了褐鹈鹕。褐鹈鹕的外表和秘鲁鹈鹕相似，不同于卷羽鹈鹕灰白色的体羽，褐鹈鹕鸟如其名，体羽褐色，白脑袋，体型比其他种鹈鹕来得小，是世界上8种鹈鹕中最小的一种。不过，再小的鹈鹕也是巨大无比的鸟，褐鹈鹕的翼展能达到1.8米～2.5米，飞在空中的各种鹈鹕都是"大飞机"。

　　褐鹈鹕和秘鲁鹈鹕是全世界8种鹈鹕中仅有的2种能够潜水的鹈鹕，它们在水面上低空飞翔，看到猎物后，先上升到10米高空增加势能，然后从高空俯冲而下，扎入海水中捕鱼。

秘鲁鹈鹕　编队飞行

华丽军舰鸟/白斑军舰鸟

鲣鸟目/军舰鸟科

华丽军舰鸟

巴西里约海岸线的上空，华丽军舰鸟在飞翔。军舰鸟很好辨认，它们翅膀弯折的形状以及尾羽的剪刀形，绝不会让人认错。军舰鸟的身体不大，但翅膀却不成比例地显得超长，翼展最大可超过2米。面积大的翅膀和很轻的体重使得军舰鸟拥有所有鸟类中最轻的"翼荷重"，因此无须拍动翅膀就能长时间翱翔在空中。它们又是世界上飞行最快的鸟，最高时速可达400千米，比高铁都快。

军舰鸟尽管也会自己从空中俯冲到水面捕食鱼类，但通常情况下不这么做，而是习惯于从同目的鲣鸟和鸬鹚的嘴里空中夺食。军舰鸟凶猛地骚扰、袭击鲣鸟和鸬鹚，威吓它们丢下口中之食，然后以高速的飞行和巧妙的技巧在食物落入水中之前抓住。军舰鸟因此被称为"强盗鸟"，是海洋上的鸟类一霸。我在秘鲁鸟岛看到过一只军舰鸟用带弯钩的喙去咬一只鲣鸟的尾部，鲣鸟吃痛扔下口中之鱼，军舰鸟以冲刺速度在海面上方截留到下落的鱼，抢劫成功。

华丽军舰鸟 雄鸟全身黑色

华丽军舰鸟 幼鸟

当然，这个抢劫的本领需要多年磨炼，老鸟的"段位"更高。在上海的南汇，曾有一只被台风刮来的白斑军舰鸟的亚成鸟，自己在南汇的水面上捕到了鱼，可惜到嘴的鱼叼到半空竟然掉落。它更没有抢劫的身手，反而受到燕鸥的驱赶。年轻的亚成鸟需要好好锻炼本领。

华丽军舰鸟的雄鸟有红色喉囊，在求偶时会把喉囊吹成人头大小的球形以吸引雌鸟，不过喉囊只在繁殖期时可见，平时看不到。雌鸟和亚成鸟没有红色喉囊。

大多数的军舰鸟在觅食时会飞到离海岸线上千千米之外的海面上，而华丽军舰鸟比起其他种的军舰鸟，活动区域更接近海岸线，甚至会出现在城市上空。我在里约城市上空看见过华丽军舰鸟，只是它们飞得实在太快了，以至于我很难拍得一张较好的照片。

后来在墨西哥的图鲁姆，我又多次见到华丽军舰鸟。蔚蓝深邃的加勒比海海边，人们在沙滩上晒日光浴，还有的在做瑜伽。空中有一群华丽军舰鸟从头顶飞过，它们的飞姿优雅舒缓，远没有里约城市上空的华丽军舰鸟那么匆忙。

白斑军舰鸟

世界上一共5种军舰鸟，美洲大西洋上的华丽军舰鸟，东亚太平洋上的白斑军舰鸟是种群数量较多的2种。2018年，登陆上海的台风特别多，先后刮来了好几只白斑军舰鸟，成鸟、亚成鸟、幼鸟都有，有几只还滞留了不止一天。

上海鲜有军舰鸟出现，很多年一个记录也没有。军舰鸟的出现引来了大量上海本地爱鸟人的围观,周边浙江、安徽等省份的观鸟者也不惜驱车数百千米前来观看和拍摄。白斑军舰鸟出现的地点是南汇嘴,它们在假日酒店后的小湖以及更大的滴水湖上空翱翔,往往连续一两个小时盘旋在空中,让观鸟者看得很过瘾。

军舰鸟在空中飞翔的姿态潇洒自如,用一只飘荡在空中的大风筝来形容是再恰当不过了。大多数的时候,它们就伸展着翼展1.5米到2米的大翅膀,很长时间也不拍打一下。台风天里,滴水湖的湖面上空风力很大,人走到湖边就能明显感到比别处大得多的风,平时平静

白斑军舰鸟　喙尖弯钩、翅膀弯折、剪刀尾、幼鸟头部偏棕色、腹部白斑延伸到腋部

的湖面变得波涛汹涌。这让喜欢大风的军舰鸟滑翔起来非常省力,它们只偶尔才折起长翅,拍打一两下翅膀。

大家很好奇,那几天,白斑军舰鸟总在南汇嘴的上空"飘着",不用休息吗?在哪里睡觉?其实军舰鸟出生离巢后,除了成熟后繁殖期时上岛,绝大多数时间生活在空中,这点和几乎一生大部分时间都飞在空中的雨燕相像。鸟类学家曾给军舰鸟戴上发射器,依据收到的脑电波得到分析结果,军舰鸟能让左右大脑在飞翔时轮流休息,而一天里在空中的睡眠时间也仅45分钟。

我拍了照片和视频,镜头里记录了白斑军舰鸟的各种姿态。白斑军舰鸟的头颈部相当灵活,左顾右盼,抬头低头,甚至能向下反转180度,将头部完全反转到腹下,此时它最有特征的下弯的喙也成了弯曲向上,姿态看了令人叫绝!

军舰鸟肚子饿了得吃饭,在南汇,它们没有在远洋时的劫掠对象,只得从高空俯冲到湖面自己捕食。一只幼鸟成功地从湖面捕到了鱼,并被镜头拍下,这让人看了欣慰。幼鸟和亚成鸟比起成鸟来,捕食和生存能力较弱,在福建沿海就有被台风刮来的军舰鸟幼鸟在海岸附近死亡的记录,而且是一只种群数量更少的白腹军舰鸟幼鸟。不管怎么说,军舰鸟是一种大洋性鸟类,等天气转好后,都会飞回远海。这一年上海出现的3只白腹军舰鸟,在台风过去后都陆续飞离了南汇,回到远海。

关于军舰鸟的抢劫,仔细思索,其实有它的必然之处。这和它的身体构造、尾脂腺,乃至羽毛的防水性有关。军舰鸟主要的打劫对象是鲣鸟,鲣鸟和其他大多数水鸟的尾脂腺都能分泌一种像蜡一样的分泌物,鲣鸟用喙将尾脂腺分泌物涂抹在羽毛上,可以用来防水。拥有防水的羽毛和高超潜水能力的鲣鸟,能够潜入海水深处,捕捉深水鱼。然而,军舰鸟的尾脂腺却不分泌这种防水剂。由于军舰鸟的羽毛

不防水,所以它更适合长时间待在空中,而不能游泳和潜水。军舰鸟洗澡的方式也是快速地俯冲到水面,蜻蜓点水般地让水打湿羽毛,绝不会像鸥那样把整个身体浮在水面上洗,因为军舰鸟一旦被水打湿全身羽毛,就有被淹死的可能。军舰鸟即便自己捕食,也只能捕水面表层的鱼,一个俯冲,用长喙叼起海面上的鱼后立刻升空。前面说了鲣鸟捕捉到的都是深海鱼,深海鱼比起生活于水面表层的鱼,所能获得的营养不同。军舰鸟打劫鲣鸟,实质也是为了弥补自身捕食能力的不足,通过抢劫均衡营养。

鲣鸟自食其力,而军舰鸟半路抢劫,各种鸟的身体特点、外表特征,乃至生活习性,早已写在了基因里,一切都是进化使然。

秘鲁鲣鸟

鲣鸟目/鲣鸟科

鲣鸟是大洋性鸟类,在中国看鲣鸟,要去到西沙群岛,机会才比较大。我看过许许多多鲣鸟,是在秘鲁,鲣鸟们拥挤在鸟岛的岩石上。鸟岛上的鲣鸟太多了,它们集群筑巢,远处望去,密密麻麻。秘鲁鲣鸟是世界上数量最多的一种鲣鸟,有数百万只之多!

这么多鲣鸟,真担心海上的鱼不够它们吃。好在,鸟岛附近的洋流哺育了大量的鱼,而鲣鸟捕鱼本领高超。鲣鸟飞翔时伸直头颈,头部微微朝下弯,密切注视着身下的海面,一旦发现猎物,双翅收拢,一个猛子扎入水中。鲣鸟的身体呈流线形,就像一颗鱼雷,扎猛子时极有爆发力,速度快得惊人。成百上千只秘鲁鲣鸟集体捕鱼的画面令人惊叹,它们一起俯冲入海中,激起水面浪花朵朵。

鲣鸟一头扎入大海后,凭借四趾间生长的蹼,并配合翅膀,继续潜入到更深的水层捕鱼。鸟岛附近还少

秘鲁鲣鸟

秘鲁鲣鸟　在峭壁上栖息

秘鲁鲣鸟、印加燕鸥和秘鲁企鹅　"我们在一起,在一起!"

不了海豚的出没,海豚往往会把鱼从深海赶上来,这时对于鲣鸟来说,可是省力的好机会。可是,秘鲁鲣鸟也常常受到华丽军舰鸟的骚扰,被骚扰的鲣鸟不得不吐出口中之鱼,鱼儿在空中被华丽军舰鸟截获。

　　我有另一个爱好,就是玩业余无线电。业余无线电爱好者们喜欢把电台设到海岛上去,我就曾在中国沿海各省每一个有编号的海岛上设台。国际玩家还会远征到世界各个角落的无人荒岛设台,其中就包括太平洋和印度洋上有大量鲣鸟生活的岛屿。每一个业余电台都会设计一张本电台的卡片(QSL卡),我收到过好几张印有岛上鲣鸟照片的电台卡片。

鲣鸟的英文名叫Booby,意为"傻瓜",它们习惯于生活在无人荒岛,缺少惧人的天性。当人类靠近时,鲣鸟不懂得躲避,"傻"到可以轻易被人用手抓捕。在秘鲁鸟岛,我们的快艇似乎一点儿也没有惊扰到礁石上的大群秘鲁鲣鸟,它们完全缺乏自我保护意识。鸟岛还不时有人类的快艇造访,那么其他无人岛上的鲣鸟就更不怕人了。然而,人类一旦大量进入并开发荒岛,鲣鸟的栖息地就会不可避免地因为人类的活动而遭到破坏,比如印度洋圣诞岛上的粉嘴鲣鸟就因此而濒危。

普通鸬鹚/暗绿背鸬鹚/白胸鸬鹚/南非鸬鹚/美洲鸬鹚/南美鸬鹚/小斑鸬鹚/小黑鸬鹚

鲣鸟目/鸬鹚科

广东惠州的西湖里有个湖心岛,11月份旅行到那里的时候,我见到许多普通鸬鹚。黄昏的时候,大群鸬鹚伸直了脖颈在湖面上的高空飞翔,日落后则齐刷刷地降落到树上,挤满树冠,那里是它们的夜宿地。普通鸬鹚为世界性分布,广布于除南美洲之外的世界各地。当我旅行到地球的另一端,非洲纳米比亚的斯瓦科普蒙德,海浪汹涌澎湃的大西洋海岸边,也见到普通鸬鹚在海边的岩石上栖息,距离很近,站立时双脚几乎与地面垂直,飞翔时则伸直颈部,迅速拍打翅膀,飞在海面上的低空。除了普通鸬鹚外,我在上海还见到过单只的暗绿背鸬鹚,但十分警觉。暗绿背鸬鹚在华东较为少见,和普通鸬鹚的区别在于脸上黄色区域小、成锐角(普通鸬鹚为钝角),脸颊白色区域较大。我旅行到朝鲜时,在罗先附近海域看到海中岩石上的一群暗绿背鸬鹚,这种鸬鹚在朝鲜半岛和日本分布较多。

普通鸬鹚　静立于纳米比亚海边

　　鸬鹚的种类很多,我在世界六大洲旅行途中,还见过南非的白胸鸬鹚和南非鸬鹚、巴西的美洲鸬鹚、秘鲁的南美鸬鹚、新西兰的小斑鸬鹚和小黑鸬鹚等。给我留下深刻印象的是在秘鲁帕斯卡附近的鸟岛,数百万只南美鸬鹚聚集,和秘鲁鲣鸟、秘鲁鹈鹕等一起组成鸟类奇观。全世界这些不同种类的鸬鹚各有识别点,有的下体黑色,有的白色,进入繁殖期后,脸部、眼周、嘴裂的颜色都会发生相应变化。尽管不同种鸬鹚的羽色和体型各有差异,但它们全都长有钩状喙,用于咬住滑溜的鱼;四趾间长有全蹼足,潜水能力强、时间长,在水下时视力好,能够穿梭自如。鸬鹚的捕鱼本领高强,但鸬鹚的喉咙不大,能够吞食咽下的鱼,一般一条不超过500克。

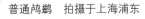

普通鸬鹚　拍摄于上海浦东

普通鸬鹚　聚集在树上　拍摄于广东惠州的西湖

暗绿背鸬鹚　拍摄于朝鲜罗先附近的海域

白胸鸬鹚和南非鸬鹚

美洲鸬鹚　深蓝眼睛　拍摄于巴西里约

南美鸬鹚　拍摄于秘鲁帕斯卡

小斑鸬鹚　拍摄于新西兰北岛

鸬鹚中很多种类生活于海边，也有些种类适应淡水的生境。《美丽中国》的影像里有在广西漓江里潜水捕鱼的普通鸬鹚，这些鸬鹚为渔夫所驯养，捕到的鱼要从暂存的喉囊里吐出来被渔夫装入鱼篓，接着再去捕下一条鱼。野生的鸬鹚则为自己而捕食，它们的捕食效率很高，捕个两次就够一天吃的了。鱼是鸬鹚最主要的食物，但除了吃鱼外，鸬鹚也不会放弃捕食两栖类和甲壳类食物的机会。一旦喂饱自己，它们就会找一块岩石，一动不动地休息，让吃下的食物完全消化。

鸬鹚没有尾脂腺，没法给羽毛上防水油，所以每次潜水捕鱼后，都要把湿答答的羽毛晒干。为了晒干晒透，鸬鹚们会张开翅膀。鸬鹚本来就是一种大鸟，展开翅膀后更显大，这成了看鸬鹚时给人印象比较深刻的一点。

南美鸬鹚　和其他鸟类一起密布于鸟岛上

小斑鸬鹚　鸬鹚常常晒翅膀

小黑鸬鹚（右）和小斑鸬鹚（左）

褐耳鹰/赤腹鹰/凤头鹰

鹰形目/鹰科/鹰属

　　初见褐耳鹰时，它从远处飞来，停留在农田边缘的一棵高大乔木的树冠上。它很给面子，在那里停留了好几分钟，还发出叫声。这只褐耳鹰看起来小巧玲珑（褐耳鹰体长31～44厘米），一副人畜无害的可爱的样子。过了一会儿，它振翅起飞，振翅短促而敏捷，从林中穿过后，滑翔于空中。别看它小，眼力却极好，地面上的鼠类、蜥蜴等被它发现后难逃一击。褐耳鹰也会从栖息处的树冠发动攻击，追逐小鸟。褐耳鹰数量较少，在中国并不多见。它的英文名字简短而好记，叫作Shikra。

　　照片中的这只赤腹鹰见于上海新江湾城的林带。赤腹鹰的体长才26～28厘米，比上海常见的珠颈斑鸠和乌鸫还小上那么一点点。可它却是一只鹰，属于鹰形目、鹰科、鹰属，是不折不扣的猛禽。见到它时，我在江湾河道的一侧，而它在河道的另一侧。彼时我正坐着看书，它飞过河停落。河道狭窄，我们距离并不远。大约它并没有注意到树荫下的我，在枝条上停留了许久，让我看了个够。我从包里取出相机，从容地拉动变焦镜头，由远及近地给它录了视频，记录下发现它时的生境。镜头里的这只赤腹鹰左右摆动着头颈，搜寻着猎物。赤腹鹰属于小型鹰类，捕食两爬类和小鸟，也吃很多昆虫，其中蝉是它们很喜欢吃的，捕食效率很高。不过，春天时河边的食物并不多，蜻蜓和蝶蛾都还很少，更没有蝉。过了一会儿，它终于振翅飞走。赤腹鹰是迁徙的候鸟，有很强的长途迁徙能力，在上海4—10月有记录，但数量不多。

褐耳鹰　拍摄于泰国清迈　　　　　　　　赤腹鹰　拍摄于上海新江湾城林带

能在上海市的中心区域,看到野生的赤腹鹰,实在不能不让人高兴!

凤头鹰是唯一一种我在上海市区看到过繁殖行为的鹰。建园有100多年历史的中山公园位于上海市中心,公园面积不大,而且紧挨着地铁站和周围的高楼,市民们每天都在公园里跳舞唱歌,播放着音乐,可就在这样的环境里,两只凤头鹰在公园的树上筑了巢。说起来不能让人相信,连我自己都觉得惊讶。

2019年2月下旬,一个周末的早上,我走进公园,在经常有各种小鸟出没的水潭边的树下走走,耳畔只听得画眉好听的叫声,原来树枝上挂着十多个笼养画眉的鸟笼。我走着走着,不时抬头观望,忽然一只体型较壮硕的鸟飞落在前上方的杉树枝头,我举起望远镜一看,它长着尖端弯钩的鹰喙、黄色的腿爪,爪尖黑色而尖利,胸腹部褐色的斑纹为上纵下横,有着明显的喉中线,它低头时我还见到了它后枕的短羽冠(凤头),这是一只凤头鹰!我看了它一小会儿,它倒挺安稳,一点儿也没有

凤头鹰　站在刚发芽的柳树上　拍摄于上海中山公园　　　　凤头鹰　谁说我不"凶"

急着飞走的样子。我远远绕着它走,想换个位置给它拍张照,走到另一处,却听见画眉的养鸟人在树下对它发出吓唬的声音,想把它赶走,以免惊着正在笼中歌唱的画眉。这时竟然又飞来一只凤头鹰,停落在不远处,这只体型略小,它们可能是一对!这下我更惊讶了,这两只凤头鹰就在这一小块区域的树上飞来飞去,我观察了许久,发现它们曾同时飞落到同一棵香樟树的顶部。

我来到这棵香樟树的树下,抬头观望,看到了用树枝搭起的鹰巢!在进一步的观察中,我看到其中一只从不远处的杉树上咬断树枝后衔回巢,并且将巢边的香樟树叶咬下放入巢中,再次飞出巢时发出轻柔的啸声,又去找另一根树枝。这次飞落在一棵大柳树上,先是咬断一根树枝,却嫌太短,松口扔了再咬另一根长的。它在树上扑扇着翅膀往后退,使劲把这根长的咬断,衔着飞回巢,原来它对筑巢用的材料还挺讲究!

除了在树上站立,这对凤头鹰也时不时地盘旋在空中,双翼和尾羽完全打开。猛禽因为体型较大,所以除了在起飞时振翅,一般会利用晴天时的上升气流飞到高空,在空中则会利用它们较大的翅翼展开时和风与气流之间产生的浮力,进行滑翔,这样比较省力。

飞行中的凤头鹰的翅翼短圆,张开的尾羽为圆尾,次级飞羽后缘的缘突明显,翼指6根(翼指是指翅翼最外侧,特别长的初级飞羽如手指般岔开,是猛禽辨认中的重要特征之一)。还有一个深刻的印象是能看到蓬松的白色尾下覆羽(臀部有几簇白色毛茸茸的羽毛),被鸟友们戏称为穿着"白色纸尿裤"。不过,也并不是每一只凤头鹰都穿这样的"白色纸尿裤"。

观看猛禽,常常要在它们飞行时来辨识鸟种。很多情况下,站立的猛禽反而没有飞在空中的猛禽容易看到,因为鹰科鹰属的鸟长着鹰眼,大多数都对于人类比较

凤头鹰　看到厉害的鹰嘴了吧

凤头鹰　看到"白色纸尿裤"了吗

敏感，不愿被直视，而会选择立刻飞离，飞在高空中的鹰则顾忌小一些。

虽然凤头鹰辨别不难，但其实很多猛禽是鸟类识别中的难点。原因在于猛禽从幼鸟到亚成鸟再到成鸟，历时数年，中间经历每年一次的完全换羽，换羽后往往羽色大变。作为大型鸟类，猛禽无法像雀形目小鸟那样快速地完成换羽，得一点儿一点儿换，所以其实一年中不间断地在换羽，这也是为什么我们常常会看到猛禽的翅翼上出现"缺口"。很多猛禽的幼鸟、亚成鸟、成鸟羽色各不相同，雌雄也不同，而飞行中的猛禽，在空中经过的时间可能较短，并且受光线和观察角度的影响，所以实际上并不能确保在野外准确辨认每一只飞过空中的猛禽。能够把飞行的猛禽拍摄下来是最好的，有利于进一步正确辨认。

识别飞行中的猛禽有以下几个要点：（1）观察外形轮廓和体型大小，也就是我们通常说的剪影；（2）观察极为重要的翅翼的形状，比如鹰属的翅翼短圆、隼科的翅翼尖；（3）观察身体比例，包括尾长和头身长的比例，翼长和身长的比例；（4）观察翼指有几根，翼指突出的程度，次级飞羽的后缘是平整还是突出；（5）观察尾羽，是方尾、圆尾，还是叉尾，有无横斑，横斑有几条；（6）注意下体有无斑纹，是纵纹还是横纹（通常仰视，所以是翼下和喉、胸、腹的斑纹）；（7）观察飞行时的行为特征，比如普通鵟、黑翅鸢、红隼等会振翅悬空，凤头鹰飞行时常抖翅膀，白腹鹞喜滑翔，并举翅成V形。看多了，并了解每种猛禽的主要特征，就能首先区分出鹰、雕、鵟、鹞、鸢、隼等大类，然后细分到具体的种。

说回凤头鹰，凤头鹰在上海是留鸟，在世纪公园、植物园、共青森林公园等大型公园都有目击记录，而中山公园位于上海市的中心城区，面积不大，就在这对凤头鹰选择筑巢的树边不远处，每天有许多市民来游园活动，而水潭边的同一片树林中，远东山雀、黄腰柳莺、白头鹎、珠颈斑鸠和各种鸫飞来飞去。

这对凤头鹰选择此处的理由可能在于中山公园里有较多的野生赤腹松鼠生活，凤头鹰可是抓赤腹松鼠的能手。据多位鸟友观察，这对凤头鹰在公园内常常抓获赤腹松鼠，有一次还抓到了特别大的一只。除了松鼠，田鼠等也没少抓获。凤头鹰抓捕到松鼠和在树上撕肉吃的照片都被拍摄记录了下来。凤头鹰抓到松鼠后，也并不一次吃完，而是会将吃剩的藏于公园中的某一棵杉树上，作为备粮。

遗憾的是，由于未知的原因，中山公园的这一对凤头鹰最终未能繁殖成功，没有雏鹰出巢。春天过去后，那棵香樟树上只余下个空巢，而这对凤头鹰也散了，其中一只还偶尔会在中山公园露脸，而另一只则去往了别处。我们知道，鸟类的巢不是用来每天回巢睡觉的，而是仅在繁殖期时作生卵、孵卵和育雏用。鸟类四处为家，野外

凤头鹰 上海闵体公园的巢和雏鸟

露宿,它们不怕夜寒,不怕下雨,并不像人类那样得有个遮风挡雨的居室,晚上睡觉还得盖被子。而且,很多鸟类的雌雄鸟,也仅在繁殖期时在一起,过了繁殖期,就各自生活。

令人欣慰的是,这一年,我还观察到了另一对凤头鹰在闵行体育公园繁殖成功。闵体公园的这一对凤头鹰,也选择在香樟树上筑巢。凤头鹰平时缄默,但繁殖期经常发出鸣叫声,叫声较轻柔而尖细。五一节过后的一天,雌鸟在巢中发出兴奋的呼唤,告诉雄鸟有雏鸟孵化了。一般凤头鹰产卵两枚,养育两只雏鹰,孵卵由雌鸟负责,雏鸟孵出后,雌雄鸟均参与捕食和喂养,有时会看到两只亲鸟和两只雏鸟于巢中在一起的幸福画面。凤头鹰孵卵期一般为38天,哺育期为44天。

5月初刚孵化时,由于巢位很高,透过层层树叶,几乎看不到雏鸟。5月中旬,能感知雏鸟在巢底活动。等到了5月底,我再看到的时候,头部白色、眼睛大而乌黑、非常可爱的两只雏鸟,已经时不时站起来从巢中好奇地探出脑袋,并张开黑白相间的两翼,扇动翅膀。两只雏鸟在亲鸟们出巢捕食时,在巢中很和睦。一只转身时,伸翅碰了另一只的头,另一只也不恼。并排蹲坐时,还不时互相啄啄小嘴,一副很友爱的样子。雏鹰虽小,但已经长着带钩的鹰嘴,脚也很壮实,胫部覆盖着厚厚的白色羽毛。在6月中旬时,雏鸟初长成,顺利振翅出巢。

除了中山公园、闵体公园、世纪公园、共青森林公园等处,也有凤头鹰的繁殖对。在上海,身为国家二级保护动物的猛禽——凤头鹰家族繁衍存续,作为都市中的猛禽翱翔在城市上空。

鹗

鹰形目/鹗科/鹗属

鸬鹚善于捕鱼,猛禽中的鹗也是,鹗的主要食物就是鱼,它的另一个中文名就叫鱼鹰。当然,鹗的捕鱼方式和鸬鹚完全不同。鹗会在高空盘旋和翱翔,寻找浮上水面的鱼,凭借良好的视力和尖利的四爪,从空中猛扑入水,将不走运的鱼擒至空中,然后脚爪上抓着鱼继续飞行,停落到某一个高处慢慢享用。

仰视盘旋于高空中的鹗,鹗的胸腹部,除胸部有深色斑块外,几乎全白,连同一样白的翼下的覆羽(飞羽翼下深色),形成了一个很大的白色三角形区域,这是飞行中的鹗的最主要的特征,另外也显而易见的是,鹗的翼展长而宽,体型很大。鹗的飞行速度不快,经常在高空盘旋,并将翅翼折起成M形。

鹗属于鹰形目鹗科鹗属,该科原来只有鹗一种,但经拆分,将生活在澳大利亚不迁徙的鹗和广布于世界其他地方的鹗拆分成了两种(澳大利亚的鹗称为东方鹗)。上海南汇的鱼塘附近,冬季的时候有鹗出没。夏天时,鹗迁徙到北方繁殖。

鹗　注意着白色三角形区域

鹗　折翼成M形

白腹鹞/白尾鹞

鹰形目/鹰科/鹞属

白腹鹞的鸟名按英文直译是"东部泽鹞"(Eastern Marsh Harrier),有别于在中文里被称为白头鹞的"西部泽鹞"。和红隼一样,白腹鹞是上海南汇空中最

白腹鹞　雌鸟

易见到的猛禽，因为有野生繁殖，所以雄成鸟、雌成鸟和亚成鸟都曾看到过。白腹鹞分大陆型和日本型，雄成鸟、雌成鸟和亚成鸟的羽色多样，由于鹰科鸟类和鸥科鸟类一样，从幼鸟到成鸟，会换几种不同的羽毛，因此需要对比图鉴和照片一一确认。

秋天的时候，白腹鹞的两只亚成鸟初长成，紧跟迁徙的鸭子来到上海，每天在南汇湿地上空上演追鸭大战，几乎成了定时演出。白腹鹞张开两翼，就像一架战斗机在低空掠过，眼神冷峻。只要白腹鹞出现，湿地中的各种野鸭，包括斑嘴鸭、绿翅鸭、白眉鸭等都会被惊得满天飞，如同被狂风吹动着，在水面上空形成鸭浪，让白腹鹞无从下手。对于白腹鹞来说，要想捕捉成年健康的野鸭难度很大，所以专挑鸭群中老弱病残的个体下手，但难度系数也不低。我曾连续数天观察，可惜并没能观察到白腹鹞成功地捕捉到野鸭。除了鸭子和其他小水鸟，白腹鹞还在芦苇丛和旷野上捕食其他陆栖鸟类，包括初生的雉鸡、鹌鹑，以及湿地和农田里的蛙类、鼠类和大型昆虫。

白腹鹞　亚成鸟　停立休息

白腹鹞　惊起许多鸭子

白腹鹞　低空巡视

白腹鹞　抓捕猎物

白尾鹞　雌鸟　猫头鹰似的圆盘脸,翅下花纹明显　　　白尾鹞　雌鸟　明显的白腰,喙较短小

　　不仅经常看到飞在空中的白腹鹞,我也曾看到停立在芦苇上休息的白腹鹞,它们和其他鸟一样整理羽毛、舒展两翅,并将尾脂腺的分泌物涂抹在身上的各处羽毛上。猛禽虽猛,一样惧怕人类,因为有数倍于人类的敏锐视力,从很远处就能发现人,一旦感觉到不安全,立刻起飞。

　　除了白腹鹞,还有一种鹞子也能在南汇经常见到,那就是白尾鹞。白腹鹞在上海,整年都有记录,而白尾鹞在5—8月的四个月中见不到或少见。白尾鹞的雌鸟和白腹鹞的雌鸟相似,翼指5根,辨识点在于白尾鹞飞行时,腰部白(雄鸟亦然)、飞羽腹面的黑色条斑明显(白腹鹞雌鸟的相应部分偏白),并且白尾鹞长着一张类似猫头鹰的圆盘脸,喙较短小(白腹鹞的喙更大而强壮)。白尾鹞和白腹鹞一样,喜欢在南汇开阔的农田上空低飞,搜寻猎物。我曾观察过一只在南汇过冬的白尾鹞雌鸟,它在较固定的区域活动,于海堤内外巡视荒野,休息时栖息于荒野上一处芦苇和灌木丛生的所在。

凤头蜂鹰

鹰形目/鹰科/蜂鹰属

　　凤头蜂鹰(东方蜂鹰)体型不小,翼展宽大(翼指6根),有利于盘旋和滑翔,但比起和它差不多体型的猛禽来,脚小且趾爪不尖利,喙浅短(凤头蜂鹰色型较多,浅短的喙为重要特征),因此战斗力不强。如同它的名字提示的那样,蜂鹰捕食胡蜂及其他昆虫,它们跟踪胡蜂,发现蜂巢后就疯狂取食巢中的幼虫。为此,蜂鹰的

凤头蜂鹰 喙浅短,战斗力不强

头部小而细长,喙基部和脸颊的羽毛进化成了鳞状、短而硬的被羽,并不惧怕胡蜂的反扑。

凤头蜂鹰为长途迁徙的猛禽,秋迁时10月中下旬过境上海南汇时可以见到,1月的时候,我在泰国清迈的郊外也看到过它们。它们繁殖于俄罗斯外贝加尔到远东地区,过冬则在菲律宾和印尼等东南亚等国。

凤头蜂鹰的羽色多变,分辨时抓住它"头部细长、翅翼宽大、尾长、六根翼指"的主要特征即可。

普通鵟

鹰形目/鹰科/鵟属

"鵟"字念作"狂",而"普通"两字是指这种鸟是鵟的代表性鸟类(另外还有大鵟、毛脚鵟等),"普通"并非对应"特殊"。同样,普通翠鸟、普通鸬鹚都是指各种翠鸟和鸬鹚里的代表性鸟类。

普通鵟体型不小,翼展很宽,翼指5根、翼下白色,左右两翼各有一块黑色的"腕斑"(即靠近初级飞羽P8—P10的腕骨处的暗色斑块——鸟的翅膀张开时,长在离躯

普通鵟 光脚杆无覆羽

普通鵟 飞行中张开两翼,腕斑明显

体最远端的飞羽称为初级飞羽,一般10枚,即P1—P10),亚成鸟的腹面羽色较淡,尾羽有细横带(成鸟不明显)。普通鵟的战斗力不强,小型猛禽中的红隼、雀形目中的"鸦科黑社会"喜鹊、"小猛"伯劳都能轻易将其驱赶,普通鵟往往稍作抵抗即撤离。不过,这种性情懦弱的猛禽,上海南汇的荒野也总有它待的地方。沿着南汇海岸线前后二三十千米的范围,我在一个冬季的不同的日子里看到过同一只普通鵟。

秋冬季,在南汇观察普通鵟,既可以在海堤上、铁塔上,也可以在杉树顶上见到。有时候,一只普通鵟停留在一棵杉树的顶部,好长时间不挪地方。再隔几个小时来看它,望远镜里的它居然还在老地方,就只头部前后左右地转动着,偶尔低低头看看身下;它大多数时间都在休息,优哉游哉地抬起脚来挠挠颈部,或用喙叼啄一下胸部的羽毛。别看它如此休闲,若是有鼠、兔、斑鸠等猎物接近,它会迅猛地从树上扑下,这其实是普通鵟采取的一种节省能量的捕食策略。

日照好的中午,有热气流上升时,普通鵟也会在旷野上空翱翔。普通鵟的振翅速度不快,缓慢而有力,有时甚至翅翼不动。它们也会飞出海堤,在滩涂上绕一圈后再飞进来。有意思的是,它和南汇冬天时的常住客黑翅鸢和红隼一样,都喜欢在空中定点振翅做悬停的动作,悬停时搜寻地面的猎物。普通鵟的主要食物是鼠类,南汇荒野中灭鼠药用得少,老鼠也够吃,总之每年都能看到有普通鵟在这里愉快地过冬。

初春时,人们还有机会看到普通鵟的求偶表演,雄鸟在空中进行展示飞行,做一些特技般的特殊动作,比如收起翅膀突然下落,然后急速上升,再平飞,如此反复几次。雌雄鸟还会在空中共舞,甚至互相握爪,其实这些都是在更进一步检验对方的素质和能力。此时飞在空中的两只,体型更大一号的是普通鵟的雌鸟,而非雄鸟。

普通鵟　背部正脸

普通鵟　腹部侧脸

这是鹰科鸟类的普遍特征，即"雌大雄小"，与其他大多数鸟类"雄大雌小"的情形刚好相反。

棕翅鵟鹰

鹰形目/鹰科/鵟鹰属

我初次见到棕翅鵟鹰是在清迈的素贴山脚下，它停栖在离我较远的一棵大树的树顶，远远望到，让我小激动了一番。然而和大多数的鹰科鸟类一样，它十分警觉，我试着向前走了十几步，长着锐利鹰眼的它便警觉地飞离了。第二次见到它是在清迈大学农学院的试验农田里，空旷田野的远处一棵树的树上，我竟然见到了

棕翅鵟鹰

棕翅鹰鵟　树上一对

一对！这次我不敢冒失，原地不动地远远观察了这种稀有动物好一会儿，这次看久了，它们竟然还振翅起飞，绕着试验田盘旋了两圈。棕翅鵟鹰体长可达40厘米，和其他林栖小型鹰类一样，以鼠类、小鸟、蜥蜴、蛙类和大型昆虫为食。

黑冠鹃隼

鹰形目/鹰科/鹃隼属

黑冠鹃隼　看到头上竖起的小辫子了吧

　　黑冠鹃隼的鸟名里有隼字，但其实这种鸟是鹰科下的一种小型猛禽。黑冠鹃隼体羽以黑色为主色调，最醒目的特征是头上竖着的冠羽，凭着这一点，它就是绝不会被错认的鸟种。1月的时候，我在清迈的郊外见到过一小群黑冠鹃隼，它们在树上停立时，头上的小辫子十分显眼，而飞翔时翼下黑白相间，胸腹部还有横纹。只是它们十分警觉，稍有动静便振翅飞走，拍得的照片总有林中的树枝遮挡。借助锋利的喙，黑冠鹃隼能吃到鼠类、两栖类和爬行类（简称"两爬"），但主要食物仍是大型昆虫，同时食谱中还包括蝙蝠。作为一种小型猛禽，迁徙季来到中国的黑冠鹃隼，常常会受到喜鹊等鸦科鸟类的欺负。

黑鸢

鹰形目/鹰科/鸢属

黑鸢　拍摄于新疆喀纳斯禾木村

　　黑鸢（黑耳鸢）是世界分布范围广泛、数量众多的猛禽，在中国也是最常见的猛禽之一。在新疆阿勒泰山区，著名的禾木村的村后，我见到不少野生的黑鸢。大美无边的秋色中，黑鸢或站立

黑鸢 飞行

黑鸢 幼鸟

在金黄色的白桦林枝头，或在湛蓝的天空中滑翔、盘旋，它们振翅缓慢，飞得不快，飞行高度也并不高，可以让你慢慢看个够。黑鸢盘旋在空中寻找猎物，一有机会就俯冲而下，吃各种小型动物，并有食腐的习性。世界上黑鸢最多的国家是印度，黑鸢成群地乘着热气流盘旋在城市上空，随时准备分享人类的食物，哪怕是从垃圾堆里翻出的腐肉。

在辨识上，黑鸢体型较大，翼指6根，初级飞羽的基部有白斑。成鸟体羽褐色，腿灰白色，爪尖黑色。幼鸟的头颈部、胸腹部、背部密布淡色纵纹。

黑翅鸢

鹰形目/鹰科/黑翅鸢属

别看黑翅鸢和黑鸢就差一个字，但这两种鸟名中有"鸢"的鸟不同属，且外形截然不同。黑翅鸢的体型小，和隼差不多大，比黑鸢小多了，停立时上体灰色，肩羽和翼上覆羽的黑色很明显，飞行时仰视着看，下体白，初级飞羽为黑色。

在上海南汇有黑翅鸢过冬，有时候长时间地站在电线上，不时低头，搜寻地面上农田里的猎物。黑翅鸢的面相有点儿凶，深凹的眼眶中，一双红色的眼睛，眼前还有黑眼斑，小嘴带钩，爪子尖利，体型虽小，但看起来很凶猛。

常常可以看到黑翅鸢和红隼一样在空中振翅悬停，一次悬停的时间约10秒，然后短距离飞上数米，继续悬停，反复多次。若是发现猎物，便猛扑而下。这一幕

黑翅鸢 肩羽和翅上覆羽黑色　　　　　黑翅鸢 站在树枝高处

经常在南汇海堤外的沼泽上空上演。相距三五千米之外的白尾鹞则采取不同的捕食方式，从不悬停，而是在沼泽上的低空翻飞。

乌雕

鹰形目/鹰科/乌雕属

　　鹰科鸟类如按捕猎能力分几个档次，黑鸢等食腐的实力较弱，主吃昆虫和两爬的赤腹鹰和蜂鹰等实力也不算太强，乌雕则为中等猛禽，比前两档都强，仅次于雕属中的大型猛禽（如茶色雕）。乌雕的分布地域为亚非欧，但为全球性濒危动物，在中国被见到的亦数量较少。上海在75年前曾有目睹乌雕的记录，这以后再不见踪影，直到2018年的秋天，在南汇嘴才出现了一只乌雕。

　　那天早上，这只乌雕的成鸟在海边农田的上空盘旋，我有幸见到，而且距离较近，拍得了成像较好的照片。乌雕浑身乌黑，翼下初级飞羽基部发白，脚趾和蜡膜（蜡膜是猛禽上嘴到鼻孔前后的蜡状组织，也是猛禽的特征之一）为黄色，腰部白色。照片中的这只乌雕大鹏展翅，姿态威武，可是眼神却很可爱，在我拍得的猛禽照片中，是我非常喜欢的一张。

乌雕 拍摄于上海南汇

茶色雕

鹰形目/鹰科/雕属

雕属的鸟类是鹰科中体型最大、实力最强的猛禽，茶色雕就是雕属的鸟类之一。茶色雕又叫非洲草原雕，覆羽棕色，而飞羽和尾羽近黑色，有明显的对比。我在肯尼亚的马赛马拉大草原拍摄到一对茶色雕，两只停栖在同一棵树上。如同大多数猛禽那样，体型大的是茶色雕的雌鸟。

茶色雕在非洲大草原上是威风凛凛的空中霸王，捕食各种动物，小的如蜥蜴、蛙类、鸟类，稍大一点儿的有野兔、旱獭，甚至连羚羊的幼崽也捕食，奇妙的是它们还吃白蚁，在白蚁大量出现的时候，茶色雕会用石块掷向白蚁群，将白蚁砸死后大吃一顿。

茶色雕　拍摄于肯尼亚

蛇雕

鹰形目/鹰科/蛇雕属

蛇雕，捕蛇能手。见到这只蛇雕时，它在泰国北部开阔地带的上空滑翔盘旋。蛇雕是大型猛禽，翼展很宽，飞在很高的高空中，也很显眼。蛇雕飞行时，缺刻明显（缺刻是指猛禽飞羽尖端到基部突然窄缩，形成正羽远端窄、身体近端宽的形态，有利于稳定飞行），翼指7根，下体飞羽上的白色宽横带十分明显，且密布白色斑点。大多数种类的猛禽并不会边飞边叫，而是在飞行中保持缄默，蛇雕有点儿特殊，经常边盘旋、边发出叫声。这也是为什么人们比较容易注意到空中有蛇雕飞过。

这个开阔地靠近林缘，时而有蛇类出没。有一次一条长着三角头、体色鲜艳的毒蛇竟然敢在白天的土路中间晒太阳，害得我骑车经过时吓了一大跳。蛇雕找的就是它。尽管蛇雕以无毒蛇为主要食物,却也不怕毒蛇的进攻,它的脚趾上有坚硬而细密的鳞片,能够抵挡毒蛇毒牙的进攻。

蛇雕视觉敏锐,它的眼睛就像是长焦相机的变焦镜头能拉近拉远那样,可以调节屈光度,在高空时是远视眼,到了地面就能把远视调整为近视,非常神奇。蛇雕不总是在天空翱翔搜寻猎物,它们也会节省体力,在树冠中埋伏、偷袭出击的方式。尽管主要食物是蛇,蛇雕也不会放过它们能捕到的两爬和啮齿类动物。

蛇雕　拍摄于泰国清迈

草原鸡鵟/大黑鸡鵟/阔嘴鵟/黑领鹰

鹰形目/鹰科

这四种鹰科鸟类,分布仅限于拉丁美洲,我都是在巴西潘塔纳尔湿地看到它们的。它们有的盘旋在湿地上方的低空,比如大黑鸡鵟;有的不盘旋,只是在高空中滑翔着飞来飞去,比如阔嘴鵟。这几种猛禽,我拍到的都是它们停立时的照片,除了大黑鸡鵟的亚成鸟和阔嘴鵟的幼鸟须对照图鉴确认,成鸟都很好辨认,比如草原鸡鵟体色棕色,下体有紧凑的黑横斑,一双黄色的长脚;黑领鹰白头,棕色的身体,黑色的半领圈。

草原鸡鵟

这些生活于湿地的猛禽普遍眼光尖锐,能看清很远处的猎物,它们各有最爱的食物,比如黑领鹰主要吃鱼,大黑鸡鵟主要捕食蜥蜴,草原鸡鵟爱吃蟹虾等甲虫纲动物,但食谱也都有重叠,基本都会捕食小型哺乳动物、鼠类、蛇、蜗牛、水生昆虫等。湿地养育了众多生物,也养育了这些猛禽。在湿地里,猛禽甚至比其他鸟类更容易见到。

大黑鸡鵟 亚成鸟

阔嘴鵟 棕色型成鸟

阔嘴鵟 亚成鸟

黑领鹰

蛇鹫

鹰形目/蛇鹫科

蛇鹫又叫鹭鹰、秘书鸟，它单独成科，一个科里就它一种鸟，并且仅生活在非洲撒哈拉以南的开阔大草原上。我在肯尼亚马赛马拉见到过正在走路的蛇鹫，第一眼看蛇鹫就感觉它的形象奇特。蛇鹫是一种长腿长颈的猛禽，外形上实在异类，而且不同于鹰形目其他几个科（鹰科、鹗科、美洲鹫科）的猛禽，蛇鹫是唯一通过步行捕食的种。

当然，蛇鹫拥有和其他猛禽一样的特征：腿粗壮有力、喙下弯带钩。蛇鹫飞翔时，将长颈和长脚完全伸直，竟然和我们熟悉的琵鹭的姿势相同，但蛇鹫极少飞，绝大多数时间都在地面上行走，边走边找吃的。蛇鹫用脚踩踏蛇、野兔、鼠类，也包括蜥蜴和昆虫，其中蛇是主要食物，一旦发现，迅速以双脚蹬踹往往就能成功，这也是蛇鹫鸟名的来历。蛇鹫为全球性濒危物种，属于易危（VU）。

蛇鹫　拍摄于肯尼亚

黑头美洲鹫/红头美洲鹫/安第斯神鹫

鹰形目/美洲鹫科

　　美洲鹫虽然和亚非欧的秃鹫相似，但和秃鹫（鹰科）并没有密切的亲缘关系，它们自成一科：美洲鹫科。黑头美洲鹫又叫作黑美洲鹫，从美国东南部到南美洲大陆都有分布，是美洲数量最多的猛禽。在巴西的潘塔纳尔湿地，黑头美洲鹫几乎遍地都是，它们群居，总是一群群地出没，在河边，在树上，在土路上总能见到它们。黑头美洲鹫食腐，我好几次见到它们正在吃凯门鳄的残尸，三四只在一起，堂而皇之地占据着车辆前方的土路。吃饱后，张开大翅膀，一副心满意足的样子。实际上，

黑头美洲鹫　舒展筋骨

黑头美洲鹫　食腐（凯门鳄）

红头美洲鹫

黑头美洲鹫在潘塔纳尔扮演着大自然清道夫的角色,帮助清除腐尸,湿地里光凯门鳄就有上千万头,所以再多的黑头美洲鹫也不用愁没吃的。

红头美洲鹫见于秘鲁的太平洋海岸线上,它们更喜欢海边的生境,在海面上空展翅翱翔时,两翼显得特别宽大。红头美洲鹫是"翼荷重"很小的鸟类,因此能借助空中气流获得并保持上升力,长时间翱翔也无须拍打翅膀,从而节省能量。红头美洲鹫食腐,不仅有着良好的视觉,而且拥有比大多数其他鸟类更为敏锐的嗅觉,能够在空中从很远就闻到腐肉的气味。红头美洲鹫和同属的其他种美洲鹫一样,头部裸露,红头是它们最鲜明的特征。

安第斯神鹫也属于美洲鹫科,这种鸟是世界上最大的飞鸟,翼展可达3米。安第斯神鹫的雄鸟有高高的羽冠,南美当地原住民将其奉为神鹰,象征着拥有至高无上权利的上界统治者。安第斯神鹫还是好几个南美国家的国鸟。

我在南美旅行时,两次见到安第斯神鹫,都在海拔近4 000米处。第一次见是在阿根廷北部山区的伊鲁莎,那时正是日落时分,两只神鹫正栖坐在高高的悬崖之上,黑色的体羽,颈部的白色领环十分显眼。

安第斯神鹫　拍摄于秘鲁科尔卡峡谷

安第斯神鹫　翱翔

第二次见是在秘鲁，安第斯神鹫喜欢栖息于有强气流的开阔峡谷，秘鲁的科尔卡峡谷就是那么一个所在。这个峡谷十分开阔，并且有深度，山谷最深处足有3 400米深。早上9—10点是比较容易看到它们的时间段，此时太阳辐射的热量使得地面的温度快速升高，神鹫利用由此产生的上升热气流顺利升空。在空中，神鹫伸展着宽阔的翅膀，巨大的翼指舒展着，几乎不用拍打翅膀就轻松地翱翔在山谷中。不同于嗅觉较好的红头美洲鹫，安第斯神鹫主要依靠视觉觅食。它们的食量极大，似乎吃再多也吃得下。

黑水鸡/暗色水鸡

鹤形目/秧鸡科/水鸡属

黑水鸡常见常闻，它们外表易认，额头连着喙为大红色，喙尖黄色；体羽黑色，侧腹有明显的白色横斑；在岸上翘尾时，时常会露出尾巴下方的两块醒目的白色。它们的叫声清脆，为人所熟悉。黑水鸡杂食，水生植物的各个部位都吃，吃得最多的是水草，我也好多次见到它们走到岸上，吃陆地上的植物，边走边吃，举止就像是一只家鸡。我也曾惊讶地发现黑水鸡还会极偶然地在陆地上双脚蹦跳以代替快走，以及在莲塘上，为了追逐昆虫，以振翅助力的方式快跑。除了素食，各种水生昆虫和鱼虾等能吃到的"荤菜"，黑水鸡也都爱吃。总之，黑水鸡是一只会游水的"鸡"（不过，不要误会，黑水鸡是一种秧鸡，属于鹤形目）。

黑水鸡　成鸟

黑水鸡　幼鸟

　　4月的时候，上海松江的湖泊上曾有一群黑水鸡在浮游，我观察了一会儿，看到了一场追逐。水上助跑一段距离后，一只黑水鸡起飞驱逐另一只，两只飞得都不远，在湖面上低飞一段后即又重新降落到水面上。这是黑水鸡在繁殖季中为了捍卫巢区而驱逐同类入侵者的行为，捍卫者在水面直起身子，张开翅膀扑打，而入侵者则后退并举起了长长的趾爪，短暂交锋后入侵者便乖乖地退开了。

　　几次见到黑水鸡交配的场景，雄鸟踩在雌鸟的背上，尾部贴合，雄鸟授精给雌鸟。交配通常在水岸边发生，雌鸟的头有时埋在浅水中，而雄鸟在雌鸟背上时会扇动几下翅膀，以保持踩在雌鸟身上时的身体平衡。整个交配过程很短，仅数秒，或许一天会进行好几次。有一次，两只黑水鸡在白眉鸭、林鹬、骨顶鸡、扇尾沙锥的"围观"下交配，交配完了，若无其事地走开，继续觅食。

　　黑水鸡因为太常见了，在水草中抱窝的情形也并不难看到，而到了4月下旬的时候，上海杨浦的内河河道上已经有黑水鸡妈妈带着刚出生的黑水鸡幼鸟在荷叶间穿梭，刚出生一两天的幼鸟可爱得像个小玩具；5月中旬，在世纪公园我看到一只黑水鸡成鸟带着4只体型已经和成鸟一样大的亚成鸟；一直到10月，在上海嘉定的古猗园里还见得到刚刚出生的黑水鸡幼鸟（以3～4只居多，但也有5～8只的）。这说明，至少从4月到10月，都是黑水鸡的繁殖期。黑水鸡在上海是留鸟，它们通常选择在池塘里最隐蔽的地方，用喙咬断蒲叶、芦苇和草茎，在浮水植物上筑起杯形或碟形的巢。产的卵为淡黄棕色，由雌鸟和雄鸟轮流孵卵。

　　孵化卵大约需要三周左右的时间。幼鸟出壳后，和小鸭、小鸡一样为早成性，长有黑色的绒毛，出壳当天，就会自己走、自己游，具备基本的生存能力，但仍然需要亲鸟的喂食和照看。亲鸟会把啄到的小食物嘴对嘴地喂给幼鸟吃。我还拍到过

黑水鸡　亚成鸟

黑水鸡　岸上、脚黄绿色、长脚趾

黑水鸡　驱逐

没有紧跟亲鸟，又不好好吃饭的幼鸟被亲鸟啄了一下脑袋的视频。不跟紧亲鸟，会有危险，而不好好吃饭，又怎么能快快长大呢？

　　黑水鸡的幼鸟和亚成鸟有各种羽色，不要被它们骗了。有一次，我在南汇见到一只鬼鬼祟祟的小水鸟，体型比边上的小䴙䴘还小一半，行踪非常隐秘。一开始在杂草的掩映下我没有看清，略带惊喜地期盼着这会不会是一只"稀罕鸟"。良久后它才又现身，结果却是一只灰白色体羽的黑水鸡的亚成鸟。还有一次，一只黑水鸡的亚成鸟竟然飞上了树枝，和边上的池鹭一个高度。黑水鸡的亚成鸟背部偏褐色，和黑水鸡的幼鸟和成鸟（体羽均为黑色）完全不是一个样子，有的亚成鸟长得比边上的亲鸟体型都大（不过这符合不少鸟类的亚成鸟都长得比较肥胖的特点）。黑水鸡的成长，就像小鸡慢慢长大，体型不断变大，而且羽色有很大的变化。在我看来，刚出生没多久的黑水鸡幼鸟是各个成长阶段中最可爱的。

黑水鸡　打斗

和黑水鸡相似的还有一种暗色水鸡,去到澳大利亚,看到暗色水鸡就像在国内看到黑水鸡一样常见。暗色水鸡和黑水鸡在外表上的区别仅在于暗色水鸡没有黑水鸡两肋上的白色羽毛,并且体型略大。随便在澳大利亚的城市公园里走走,就能看到暗色水鸡,不仅在池塘里,也在草坪上,可以非常近距离地接近。

暗色水鸡　拍摄于澳大利亚

骨顶鸡

鹤形目/秧鸡科/骨顶属

在上海,另一种易见的秧鸡科鸟类是骨顶鸡。不同于黑水鸡是上海的留鸟,大多数骨顶鸡是上海的冬候鸟,秋风刮起时,大批大批的骨顶鸡从北方飞来。

骨顶鸡和黑水鸡很好分辨,其实黑水鸡又叫红骨顶,前额和喙是红色(喙尖黄),而骨顶鸡又叫白骨顶,前额和喙是白色,喙向下倾斜;并且体型上骨顶鸡大很多,显得敦实;骨顶鸡翅膀全黑,而黑水鸡的翅翼有白色斑块;若是在岸上,还可以看到骨顶鸡的脚是明显的瓣蹼足,而黑水鸡不是。

骨顶鸡遇到危险逃避时,采取踏水而行的方式,以爆发力下压双翅,使身躯离开水面,然后大力拍打翅膀,贴着水面急速前行,飞行时双脚下垂。所以观察骨顶鸡时,若是离得太近,它们会纷纷施展开水面奔跑的绝技快速逃离,往往会惊飞一群。

骨顶鸡大多数时间在水面上游水,但我也常常看到它们上岸,并且用走路的方式经由陆地走到被隔开的湿地的另一边,我看它们实在是比较懒得飞。

骨顶鸡　前额和喙白色,喙明显向下倾斜

骨顶鸡　上岸活动

　　比起黑水鸡,骨顶鸡更喜欢群居。冬天的上海滴水湖,数百只骨顶鸡在湖面上聚群,算是水面上数量第一多的水鸟群体。趁没人的时候,它们中的一些会大着胆子跳上滴水湖岸边,啃食草坪上的青草,而在湖上觅食时,它们常常和身边的潜鸭们一样,一个猛子扎下去,潜入湖水中,大约10秒之后再在湖面露头,运气好的嘴上已经叼着一条小鱼。骨顶鸡潜水的本领高强,既吃素也吃荤。抓到个头大的食物,会咬一口后,从嘴里扔到水里再潜下去叼起来吃,如此反复多次,直到全部吃下。在浅水区域,骨顶鸡则和戏水鸭一样,不潜水,而仅仅翘起屁股,头埋入水中吃水底的植物和浮游生物。等到了春天,这么多的骨顶鸡就差不多都消失了,滴水湖上一下子变得空空荡荡。

紫水鸡

鹤形目/秧鸡科/青水鸡属

　　照片中的是紫水鸡的澳洲亚种,我拍摄于新西兰北岛罗托鲁瓦湖的湖边。紫水鸡在中国国内的两广和云南也有分布,但较为少见。

紫水鸡　拍摄于新西兰北岛　　　　　　　紫水鸡　幼鸟

当地毛利人称紫水鸡为Pukeko，1月时正是繁殖季，两只初生的紫水鸡幼鸟跟在父母后面，追着要父母喂食。紫水鸡成鸟的进食方式和鹦鹉相似，单脚站立，伸出另一只脚，喙从爪子上啄食，喂幼鸟时也是用同样的方式，一只腿抓着食物让幼鸟啄取。

在湖边的草丛里，另有一只在巢中趴窝的紫水鸡，可能正在孵卵。草丛非常浓密，轻易还不能发现它。紫水鸡奔跑迅速，和其他秧鸡科鸟类一样，它们轻易不飞，只有在最急迫的时候才起飞躲避。一般凭借奔跑就能躲入水边茂密的植丛中。

湖边有一位70多岁的白人老人，他长年观察这群紫水鸡，他告诉我新西兰的Pukeko数量不多，而且栖息地有限。罗托鲁瓦湖边的这群紫水鸡，相互有亲缘关系，繁殖期时交配关系混乱，进入繁殖期的雄鸟往往比雌鸟多，不仅有近亲交配，而且有乱伦交配。交配后，雌鸟把卵全部产在一个巢里，整个繁殖群体都会去孵卵，卵孵化后，一起照看幼鸟。

白胸苦恶鸟

鹤形目/秧鸡科/苦恶鸟属

白胸苦恶鸟的英文名White-breasted Waterhen，直译是"白胸秧鸡"，它的胸腹部白色，而苦恶两字是其雄鸟繁殖期鸣叫声的中文谐音，春季到秋季的晨昏和晚上常常连续鸣叫。在泰国北部比在上海更容易见到白胸苦恶鸟，我在稻田里，

白胸苦恶鸟　难得完全暴露在外　　　　　白胸苦恶鸟　在稻田中觅食

在池塘边都看到过,它以谷物和昆虫为食。白胸苦恶鸟普遍十分警觉,如果发现你在注意它,它会很快溜走。白胸苦恶鸟长着长长的脚趾,既可以和水雉一样在水生植物上行走,还可以在旱地上双脚交替着快速奔跑。受惊躲避的时候,它大多数情况下不飞,而是快速跑开,一旦隐入到灌木丛中,你就休想再看见它。

在泰国北部,白胸苦恶鸟终年可见,而在上海,一些池塘的水边也会有白胸苦恶鸟出没。大多数白胸苦恶鸟为当地留鸟,小部分也做季节性迁徙,它们的飞行能力偏弱,因此选择在夜间低空飞行,这样更安全。

白枕鹤

鹤形目/鹤科/鹤属

鹤是从古代开始,就为人喜欢的鸟,它们的形象很特别,但现代人不太容易在野外观察到鹤。鹤从外观上给我最直观的感受主要有两点:一个是尾羽很长,而且悬垂着;另一个是长而直的喙,看起来十分有力。

2018年的11月,两只白枕鹤飞来杭州市的余杭南湖边,并在那里度过整个冬天。这两只白枕鹤的生活很有规律,也让观鸟人能够较为轻松地观察和拍摄它们。

清晨的时候,气温在0℃左右,麦田里一片白霜,太阳刚升起,白枕鹤就开始吃饭了,一直到早上10点多都是它们的早餐时间。它们用有力的喙在麦子的根

白枕鹤 飞行

部啄食,因为喙很长,能挖到土的很深处,所以它们还经常用喙向脚的方向直线扒拉,将土刨开,土壤下有好吃的根茎和种子,偶尔还能吃到虫子。两只白枕鹤始终保持着警觉,低头啄食几次后就抬头看看四周,周围安静而无异样就接着吃。曾有观鸟者试图接近,两只鹤立刻扑扇起翅膀飞离,这之后这种行为都会被周围的人喝止,大家都自觉地远观。有时还会有惹事的狗,一次,有三只狗在农田中闲逛,一样也惊扰到了白枕鹤,它们起飞,脖子和腿都伸直,飞到引水渠另一侧的农田继续吃早餐。吃得差不多后,白枕鹤迈步走向水沟,走下去喝几口水再出来。

吃饱早饭后,两只白枕鹤会理理毛,用脚挠挠颈部,伸展伸展翅膀。中午的时候,它们会飞到南湖中的湖心岛上休息。傍晚日落前,还会飞到湖边的芦苇附近,散散步,找找吃的。白枕鹤也会在浅水域捕食鱼虾和蛙类。

白枕鹤身材高大、举止优雅,给人以十分温顺的感觉。白枕鹤的体羽以深灰色为主色调,颈的前部是灰黑色,后部则是白色,一直白到头顶,因此得名白枕,中文名和英文名的意思相同。白枕鹤长着一张红脸,眼睛四周为红色斑块,红色斑块的下部和喙基有黑色斑纹,耳羽处有深灰色圆斑,因此又被称为红脸鹤。

白枕鹤为世界性濒危物种,属于易危(VU),总数约5 000多只。和这种珍稀鸟类的相见令人愉快。

白枕鹤 拍摄于杭州余杭

白枕鹤 脸部特写

剑鸻/环颈鸻/金眶鸻/铁嘴沙鸻/蒙古沙鸻/灰斑鸻/金斑鸻/东方鸻

鸻形目/鸻科

　　鸻形目包括许多种鸻鹬类水鸟,由于鸻鹬类水鸟中的大多数种类在一年中进行两次换羽,除了进行一次繁殖期后的完全换羽(包括飞羽),还会进行一次繁殖期前的不完全换羽(局部换羽,羽毛并不一次性全部脱换),因此会有繁殖羽(夏羽)和非繁殖羽(冬羽)的不同,以及不完全换羽时过渡期的羽色,可谓变化颇多。尤其有些种,繁殖羽的羽色和非繁殖羽的羽色看上去几乎完全不同。因此,尽管羽色也同样是一个鸻鹬类的重要的识别特征,但我辨认鸻鹬类水鸟,第一看体型大小、外形的轮廓、总体的感觉(气质),第二看喙和腿,这包括喙的长度、形状和颜色,腿的颜色和长度,喙和腿的特征非常重要,第三看行为特征,行走觅食时的鸻和鹬在行为上有明显的不同。

　　鸻鹬的种类很多,辨识上有一定的难度,但看多了会很有感觉,我在本书中总结了不少自己在观察中的识别体会。本书中鸻鹬类的介绍顺序,除了按科,还根据鸻鹬的脚和喙的重要特征,做了一些分组。

　　首先介绍鸻科。剑鸻是上海常见鸻中的稀罕货,记录偏少。剑鸻的腿色是好看的橙红色,比起环颈鸻来,胸带粗且完整,比起金眶鸻来,剑鸻没有金眼圈,而有醒目的白眉毛,前额也白,成鸟的喙基黄色(幼鸟全黑),并且剑鸻的体型比环颈鸻和金眶鸻大不少。这一年的上半年,我在众多红颈滨鹬中找到了一只小滨鹬,下半

剑鸻　繁殖羽

剑鸻　幼鸟　白额白眉橙红腿

年在众多环颈鸻和金眶鸻中找到了两只剑鸻的幼鸟，记录到国内较少的鸟种，让我欢喜不已。到了来年春天，我又在诸多鸻中找到了一只剑鸻成鸟繁殖羽（夏羽）。找稀有鸟是观鸟的乐趣之一，我用望远镜在广阔的泥滩上搜索，不放过每一寸土地上的每一只小鸟，在数百只"常见鸟"中找出一只"稀有鸟"，就像觅到了宝贝！

比起喙较长的鹬，剑鸻，以及下面写到的环颈鸻、金眶鸻等小型鸻，喙都十分短小，通常总是在滩涂上跑跑停停，啄食地表上的食物，无法像鹬那样啄到泥滩的深处。鸻也无法像鹬那样视觉和触觉并用，主要依靠视觉来觅食。鸻的大眼睛让它们有广阔的视野和敏锐的视力，停立时，周边的食物能够尽收眼底。所以在泥滩上，剑鸻、环颈鸻、金眶鸻等都到处乱窜，猛跑一阵后，急停、啄食，然后再重复这一套程序，跑起来时能跑得飞快。

环颈鸻是不起眼的小不点儿，土黄色的羽色和泥地颜色混为一体，在泥滩上若是停立在远处，不细看就会被忽略。三月初穿上繁殖羽南来的，更是喜欢刨个小浅坑趴进去，与土色合为一体。遇险时，它们也常常会蹲下来，伏在地面上，藏起白肚皮，用背部的颜色隐蔽。但它们若是飞起来，白色的腹部和翅翼上的白色条纹非常明显。环颈鸻数量众多，总是成群迁徙，环颈鸻不仅飞行迅速，而且能够快速灵活地变换队形，由此来迷惑游隼等捕鸟的猛禽。在南汇嘴群飞的环颈鸻遮天蔽日，降落时几乎铺满河滩。有一天，一大群环颈鸻飞来，降落滩涂，我用长焦相机给它们拍视频，画面扫了很久才把它们这个群体拍全。长途迁徙而来的它们或站或趴，在河滩上休息，被农用车惊动再次飞起的时候，仍然有几个小家伙趴在地上不愿挪窝，它们可能已经累坏了。环颈鸻休息时单脚站立，这些小家伙还不时单脚跳，一蹦一蹦的，十分可爱。

环颈鸻　雄鸟　繁殖羽

环颈鸻　雌鸟

环颈鸻 初夏时的雏鸟

环颈鸻 春天时雌雄鸟混群

环颈鸻 秋季时的非繁殖羽

环颈鸻在上海有繁殖，我们有机会在上海看到环颈鸻小宝宝的诞生。环颈鸻的非繁殖羽（秋冬季时）雌雄相似，但作为小型鸻中的特例，环颈鸻的繁殖羽（春夏季时）可以分辨雌雄。春天时的环颈鸻雄鸟的眼先，也就是喙到眼睛之间的细纹为黑色，额头有黑色的横纹，枕部栗红色，胸侧的断开的颈环也是黑色，春天时不具备这些特征的环颈鸻则为雌鸟。环颈鸻在南汇的鱼塘和河滩上求偶配对，雌雄鸟共同筑巢，它们在地面刨个小坑，然后捡拾来小石子，做成极为简陋的巢。雌鸟在巢内产卵，一般每次产3枚，然后雌雄鸟轮流孵卵。观鸟者理应不惊扰繁殖期中的环颈鸻，在孵卵中的环颈鸻亲鸟一旦受惊，会装作受伤的样子，假装瘸腿折翼，扑腾着离开巢，希望将"坏人"的注意力引开，从而不去注意它的巢。等到了大概五一假期的时候，我们就能看到环颈鸻幼鸟满地跑了。环颈鸻幼鸟为早成鸟，出壳后就能跑。它们羽翼未丰、羽色未显，一个个还像小泥球似的，但脚已经长得很长，显得脚长身子小。与生俱来的行为习惯让它们和亲鸟一样"走、停、走"，自己独立觅食。尽管幼鸟还不会飞，但走起来速度极快，环颈鸻的亲鸟则在一边看护。我们很高兴地看到三只小幼鸟个个顺利成长。

　　金眶鸻长着好看的金黄色眼眶，体型和环颈鸻一般大，成鸟体长约16厘米，但显得更壮硕、站姿稍挺，且眼睛看起来比环颈鸻更大。这两种鸻很容易区分，除了金眶鸻有金黄色的眼眶之外，环颈鸻的脚黑色，而金眶鸻的脚黄色；环颈鸻的领环是断开的（环颈鸻其实不环颈），而金眶鸻的领环却是完整的。数量上，我没见过像环颈鸻那样大群大群的金眶鸻，但常见到金眶鸻的单个和小群的个体，金眶鸻很活跃，还喜欢鸣叫，我还经常看到它们在泥滩上啄出一条红色的蠕虫吃。在上海，金眶鸻也有繁殖，我观察到一只雄鸟为了维护领地而半鼓起双翼，发出尖利的叫声疾走而驱赶别的雄鸟；巢就在泥滩上的隐蔽之处，卵产出后的24～26天。幼鸟被孵化，一般一窝4只居多，初生时一副毛茸茸可爱的样子。

　　铁嘴沙鸻和蒙古沙鸻，单只和一群环颈鸻混在一起时，在望远镜里能够明显地感觉比环颈鸻等小型鸻站得高、显得体型大。它们属于中型的鸻，常在南

金眶鸻　金色的眼眶、领环不断开

铁嘴沙鸻　繁殖羽

铁嘴沙鸻　非繁殖羽　喙长明显大于眼先长

蒙古沙鸻　繁殖羽

蒙古沙鸻　非繁殖羽　喙短、喙长约等于眼先长

灰斑鸻　非繁殖羽

汇嘴上的环颈鸻同种间再争闹，却从不敢惹这两种迁徙过境的沙鸻，而"大个子"的铁嘴沙鸻反倒要恐吓一下打扰到它们休息的体型小的鸻或滨鹬。这两种沙鸻，按它们的英文名的提示，铁嘴沙鸻是大沙鸻，蒙古沙鸻是小沙鸻；铁嘴沙鸻的体长23厘米，蒙古沙鸻体长20厘米。这两种沙鸻一起站在海滩上，铁嘴沙鸻显得比蒙古沙鸻稍大。精确地辨认这两种沙鸻的方式是看喙的长短和粗细。按中文名的提示，铁嘴沙鸻的喙（铁嘴铁嘴！）比蒙古沙鸻的喙要来得长，具体来说，铁嘴沙鸻的喙长明显大于眼先长（眼先长为眼到喙基部的长度）、喙粗厚，而蒙古沙鸻的喙长约等于眼先长、喙纤细。另外，铁嘴沙鸻的脚比蒙古沙鸻的脚显得长，尤其胫部（腿的上半部）显得长。这两种沙鸻很相似，而且喜欢混群，分辨时，要注意看清喙和脚的特征。

　　灰斑鸻是鸻科中体型最大的水鸟，体长28厘米。灰斑鸻的繁殖羽在上海较难看到：脸部和胸腹部有大块的黑色、背部黑色且有明显的白色斑点。非繁殖羽的灰斑鸻看到的比较多：背部灰白相间，腹部偏白。灰斑鸻飞在上海南汇河道的上空，阳光的照耀下，飞羽下部的黑色"腋毛"非常明显，是重要的特征之一。灰斑鸻在中国的南方也有越冬的群体，而有些群体做超长距离的迁徙，从最南位于澳大利亚的越冬地一口气飞到中国海岸线，稍作停留后，继续北飞到位于北冰洋沿岸的繁殖地。我挺喜欢灰斑鸻的，体型刚刚好，眼睛大、特别黑而且明亮。

　　金斑鸻（上海看到的为"太平洋金斑鸻"——英文直译，另外还有美洲金鸻和欧金鸻两种）和灰斑鸻的区别在于：金斑鸻体型小一号（体长25厘米），头部也显小，繁殖羽时上体杂有金黄色的斑点，成鸟尤为明显，而幼鸟的背部也明显比灰斑鸻幼

灰斑鸻（右）和黑尾塍鹬（左）
"我灰斑鸻个子也不小！"

灰斑鸻和红脚鹬
比较一下嘴

金斑鸻

东方鸻　雄鸟

鸟显得偏金黄色(金斑鸻幼鸟没有成鸟繁殖羽脸颊上的黑色)。金斑鸻行动十分迟缓，尽管也像鸻科其他鸟类一样喙短眼大，"走、停、走"，依靠视觉觅食，看到食物后走过去吃掉，但步伐要慢得多，简直有些木讷。而且金斑鸻看起来性格上十分谨慎，不停地东张西望，生怕有危险，远没有灰斑鸻那么安然自若。

　　春天时看到的东方鸻雄鸟繁殖羽，有一条黑色的胸带，胸带上方是渐变的栗红色，给人以"日出东方"的意境，在绿色的草地映衬下显得更加好看，黄色或偏粉色的腿显得修长。东方鸻和金斑鸻都喜欢草地的生境，金斑鸻还偶尔见于南汇海堤内的河道里，东方鸻则几乎总在草地上。东方鸻过境上海时出现的个体数量不多，记录偏少，我个人见过的次数也不多。

　　所有的这些鸻都有上面已经提到过的鸻科鸟类的共同特点，总结起来，鸻类的喙比起鹬类来得短，并不将喙深插入泥中依靠触觉觅食，而是停立时以视觉观察，然后慢走、疾走乃至猛跑着前往,捕食表层的食物。休息时往往单腿站立,时不时还会单脚或双脚蹦跳,我看了开心一笑。

灰头麦鸡/肉垂麦鸡/白颈麦鸡/凤头距翅麦鸡/凤头麦鸡

鸻形目/鸻科/麦鸡属

　　冬天时在泰国北部,清道山的山脚下的稻田里,我见到了灰头麦鸡。它们在稻田中不紧不慢地觅食,找食蚯蚓、螺和各种昆虫,同时也吃一些植物。吃饱了,就站在田埂上一动不动地休息;偶尔起飞,飞得并不快。一派安静祥和中,它们安然度日。灰头麦鸡是泰国北部的冬候鸟,每年必来此过冬,在春秋季,上海也有迁徙而来的少量个体的灰头麦鸡出现,但警惕性很高。外形上,灰头麦鸡很好辨认,头部灰白色,因此得名灰头,修长的黄脚,黄色的喙,喙尖黑色。飞行时,初级飞羽黑色,次级飞羽白色。

灰头麦鸡　灰头黄腿,
喙黄色、喙尖黑

灰头麦鸡　喜欢群
体在稻田中活动

肉垂麦鸡　红色肉垂

肉垂麦鸡　修长、挺拔

在清迈城的郊外，肉垂麦鸡比灰头麦鸡更多，草地和农田中经常可见，它们爱吃虫。肉垂麦鸡的喙，四分之三红色，前端的四分之一黑色，和灰头麦鸡一样长着黄色的大长腿，身姿挺立。头部、颈部、胸部黑色，腹部白色，脸颊白色，鸟名中的肉垂两字则得名于眼睛和嘴之间的短小的红色肉垂，是一种绝不会让人错认的鸟。肉垂麦鸡没有灰头麦鸡那么安静，经常能听到它们尖锐的叫声，而且很多时候边飞边叫。通常，在稻田中的肉垂麦鸡飞得并不高，展翅时翅膀上的黑色和褐色形成鲜明的对比。

白颈麦鸡在澳大利亚相当常见，湿地、海边都有见到，也不躲人。白颈麦鸡的喙是好看的嫩黄色，前额黄色，眼圈黄色，嘴边还长着一个黄色肉垂。这个黄色肉垂比起肉垂麦鸡的红色肉垂来，要显眼得多。白颈麦鸡的长相，在我看来有点儿滑稽。

凤头距翅麦鸡的英文名字叫作Southern Lapwing，直译为"南方麦鸡"，是南美

白颈麦鸡　拍摄于澳大利亚

凤头距翅麦鸡　拍摄于阿根廷

洲的一种优势物种。它们头后长有醒目的小辫子"凤头",距翅则是指翅膀上有距,而距的意思是刺,类似于前面鸡型目里的南非鹧鸪雄鸟腿上的腿刺,只是长在了翅膀的翼角上,为肉红色骨状物,平时并不得见,只在恐吓和防御猎食者露出。凤头距翅麦鸡在南美各国的开阔地非常常见,捕食各种昆虫,也吃草籽和植物嫩叶。这种鸟被乌拉圭选为了国鸟,我在巴西和阿根廷的郊野随意走走,也很容易看到凤头距翅麦鸡。

对应南方麦鸡,凤头麦鸡的英文名直译为"北方麦鸡"。两种麦鸡外表并不相似,凤头麦鸡的背部并非为灰色,而为绿黑色并带金属光泽。凤头麦鸡当然有凤头小辫子,可是在上海见到的凤头麦鸡非常惧人,看到一群鸣叫着从头顶飞过的凤头麦鸡比在地面上看到它们的机会更大。当它们飞在空中时,抬头看,凤头麦鸡的翼下一大半黑色,翼下的另一半和胸腹部则是白色,尾黑色,可谓黑白分明。处于求偶期时,凤头麦鸡的雄鸟以一种不规则的、翻滚式的炫耀飞行吸引雌鸟,并且一边飞行一边鸣叫。

凤头麦鸡　在上海空中飞过

普通燕鸻

鸻形目/燕鸻科

普通燕鸻属于鸻形目,在地面觅食时和鸻相似,但却有燕的特征。燕鸻飞行时速度很快,翅长而尖、尾羽叉状,还能够像燕子一样敏捷地在空中捕食昆虫。它们喜欢开阔地带,近水。

普通燕鸻体长25厘米,羽色和泥土颜色相似,单个出现时,需用望远镜仔细搜索时才能发现。而且普通燕鸻比较警觉,一般观察距离很远,我对于其下弯的嘴尖和叉状的尾羽印象较深。它们群体出现,或敏捷地飞在空中时更容易发现。

普通燕鸻　喙短、喙尖下弯,尾羽叉状　　　　普通燕鸻　亚成鸟　羽色和泥土颜色相似

水雉

鸻形目/水雉科

冬季12月—次年2月时,我在清迈郊外的莲塘见到了水雉。水雉在莲叶上轻巧自如,步伐飘忽,就像是在走"凌波微步",姿态优美,因此水雉也被称为"凌波仙子"。水雉的脚趾极为细长,比起其他鸟类来,后趾尤其长而直,这使得它们能够在睡莲的叶子上轻盈地走动。它们翅膀短,飞行能力不强,一般在池塘上低飞不久就降落,但能像个鸭子似的浮游在水面上,尽管它们比较少这么做。

要真正理解水雉名字的来历,得在春夏季时看水雉。这时候,会看到水雉的成鸟,无论是雄鸟还是雌鸟,都长出了长长的尾羽,极像雄鸡的长尾羽。这根尾羽春夏季时长出,秋冬季时脱落,长出时,长度几乎和冬天非繁殖期时的体长相仿,有的雌鸟的尾长甚至超过身体的长度很多。"水雉"正是由此得名,意为水中的雄鸡,水雉英文名中的前半部分Pheasant-tailed,直译就是"雄尾"。当然水雉不是鸡行目,而是鸻行目的物种,属于鸻鹬类中的一种。

水雉　繁殖羽　注意观察它的长脚趾

繁殖期时的水雉,额头上的黑色消失,脸上的黑色过眼纹消失,头部和脸部变得全白,腹部则由白变黑。对比一下我在清迈拍的非繁殖羽和在上海拍的繁殖羽的照片,长长的雄尾有和无,这是一个最主要的区别,而前述的其他体羽特征的变化也很明显。另外,水雉两翼白色,飞起来时尤其明显(尽管初级飞羽的外侧黑,但不影响两翼整体为白色的观感)。

水雉　非繁殖羽　比较一下和繁殖羽的不同

水雉在南亚至东南亚是当地留鸟,而在中国则多为夏候鸟,是冬天时会向南迁徙过冬的种群。从4、5月的春末夏初开始,上海青浦的青西郊野公园的大莲湖、苏州相城的荷塘月色湿地公园就能看到水雉出现,并能观察到它们的繁殖。其他有菱角和芡实等大浮叶植物生长的湖泊和池塘也是水雉喜欢的生境。

夏天时,莲塘里食物丰富,莲叶间和水面上有许多虫子可供水雉捕食。它们在莲叶上边行走边觅食时,姿势前倾,低

水雉　觅食莲叶间的昆虫

着头、翘着屁股，长长的尾羽的中后部自然下垂。水雉啄食竖起着的莲叶叶面上的小虫时，竟然让我联想到柳莺；疾行几步追逐平铺的叶面上的昆虫时，又让我联想到鸻和鹬鸰。当然，它们除了肉食，也植食，比如芡实、睡莲及其他一些水生植物的嫩茎也是它们爱吃的食物。

水雉是比瓣蹼鹬更为人知晓的一妻多夫制鸟种，雌鸟比雄鸟羽色更艳丽，个子更大。繁殖期时，雌鸟占域，并可能为占域而发生打斗，雄鸟向占有领域的雌鸟求偶，并由雄鸟用蒲草等在大浮叶上筑起简单的盘状巢穴，交配后，雌鸟在巢中产卵（一般多为4枚卵）。这之后，雌鸟还会接受其他雄鸟的求爱，并与其他雄鸟交配后产卵，两次产卵的最短间隔只需一星期到十天。一只"厉害"的雌鸟在一个繁殖期内（产卵期为5—7月期间），能产下七八窝卵，当然两三窝是比较正常的，只有一窝也不奇怪，每一只雌鸟个体之间有差异。

雌鸟的多位"丈夫"们都在雌鸟所拥有的领域中找地筑巢，越健壮、拥有领域越大的雌鸟当然能吸引到越多的雄鸟来向它求偶，并与它看中的雄鸟交配。我曾几次看到过水雉的交配过程：雌鸟蹲伏着，长长的雉尾翘得很高，臀部抬起，将泄殖腔与雄鸟的贴合，而踩在雌鸟背上的雄鸟为了保持平衡，不停地扇动两翼白色的翅膀。

"一妻多夫"的水雉雌鸟与每一只雄鸟交配产卵后，孵卵和育雏都由雄鸟各自完成。因此，我们人类看到正在孵卵的、和孵化后的水雉幼鸟在一起的都是水雉爸爸。雄鸟孵卵约三个半星期左右，孵卵期间，凭借比同一水域的黑水鸡和小鸊鷉等体型更大的优势，会驱赶那些体型较小的水鸟，甚至升空和喜鹊等战斗，以保护自己的卵不受伤害。

孵化后的水雉幼鸟为早成性，出生没多久的它们就长有超长的脚趾，能自己行动觅食，而在一旁看护的水雉爸爸十分尽责，一有危险就带领幼鸟们躲入密集的莲叶或菱角叶中。幼鸟需要两个月的时间成长，才能拥有飞行能力，于秋季来临时南飞过冬。

彩鹬

鸻形目/彩鹬科

每年夏季，彩鹬在上海南汇的稻田里都有繁殖。初见时，一块稻田里仅一只雌鸟和一只雄鸟，看起来十分恩爱，但后续，还会有其他雄鸟与这只雌鸟热恋并生育。

彩鹬和水雉一样,繁殖期时也是一妻多夫制,雄鸟负责筑巢,雌鸟产卵后,孵卵和带娃的工作全由雄鸟完成,而同一只雌鸟还会和其他雄鸟交配并产卵。

彩鹬的性子,安静而谨慎,行动非常隐秘。大多数时间趴伏在稻田中,6月初夏的秧苗虽然还不高,但已经足够为它们提供掩护。尽管它们不飞,尽管我十分确定它们就在眼前50米的有限范围内,可是用望远镜仔细一遍又一遍地扫视,很多时候还是找不见。它们走动时,也是一步步小心翼翼地、轻手轻脚,并且总在水稻的秧苗中行走。它们腿的胫部很短,通常俯身走动,身形几乎不会高出秧苗。休息时,它们会选择在稻田中的土块边伏下身子,由于体色和土色十分接近,因之对于自己的隐蔽能力十分自信。事实是,彩鹬的确很难被发现。

和普遍的情形相反,彩鹬不是雄鸟好看,而是雌鸟更艳丽,雌鸟头胸部栗红色,雄鸟土黄色而色暗(谁孵卵谁羽色暗)。我常常是先看到雌鸟,雌鸟就是比雄鸟来得更醒目一些。一开始我没找见雄鸟,直到雌鸟走着走着,走到雄鸟身边时,我才发现了雄鸟。我心想,若不是雌鸟引领了我的视线,我还真找不到土黄色的雄鸟呢。

同一片稻田里,数只黑水鸡十分活跃,而彩鹬却不然。彩鹬有点偏夜行,晨昏和夜晚时活跃一些,白天很多时间在休息,只偶尔走动或是打理羽毛,黄昏时才能见到它们在稻田中觅食。观察它们的行为可以发现,比较有特点的是,雌鸟会打开翅膀,展现翼上的美丽金色斑点,这是雌鸟用以吸引雄鸟的行为之一(雌鸟也会通过叫声吸引雄鸟),而雄鸟喜欢经常性地上下摇动尾部(这一点在雌鸟身上没有看到)。

彩鹬的雌鸟和雄鸟,都长着明眸大眼,炯炯有神,并且,雌鸟的眼周和眼后的白色,和它深栗色的头部对比很显眼。彩鹬的嘴较长,雌鸟的嘴显得更偏粉红色,像

彩鹬 雌鸟 更艳丽

彩鹬 雄鸟 负责孵卵,羽色朴实

是涂了点儿口红,比雄鸟的嘴色更好看而醒目。也因着这更粉的嘴,我们才更容易发现隐蔽着的彩鹬雄鸟。

新西兰蛎鹬

鸻形目/蛎鹬科

　　新西兰南岛的西北角海岸线上,一群新西兰蛎鹬就像是海岸巡逻队在巡逻。中国国内海岸线上的蛎鹬(欧亚蛎鹬)羽色为黑白两色,而新西兰蛎鹬通体黑色。蛎鹬科下一共11种,共同特征为:喙、腿、眼圈都为红色,粗而短的脚只有三个前趾,没有后趾,但这11种之间羽色有差异,且分布地不同。不用说,蛎鹬科鸟类,最鲜明的特征就是它们直而红的喙,比如中国的蛎鹬的喙大多呈胡萝卜色,因此被戏称为涂了口红的"胡萝卜嘴鹬"。当然,各种蛎鹬的喙的"口红色号"略有不同,就算同一种蛎鹬也有"口红"深浅的个体差异。

　　蛎鹬科的鸟类广布于世界各地,生活在沿海地带,除了繁殖期,总是群居。它们的名字中既有"鹬蚌相争"的鹬字,又有牡蛎的蛎字,是因为它们长而直的鸟喙像鹬类,又偏爱吃牡蛎、蚌,以及贻贝等海边的软体动物。蛎鹬擅长用前端很尖的喙把牡蛎的壳撬开,然后插入壳中取食,也能用喙衔着贝类锤击岩石块,把外壳敲碎而吃到里面的肉。当然,它们也不会排斥伸嘴就能吃到的蟹、虾和沙蚕及其他食物。

新西兰蛎鹬 "胡萝卜嘴鹬"

新西兰蛎鹬 "海岸巡逻小分队"

红颈瓣蹼鹬

鸻形目/丘鹬科/瓣蹼鹬属

　　说到瓣蹼鹬,再来说说不同类型的蹼。蹼生长在水鸟游禽的脚上,以方便划水。按类型分,有蹼足、凹蹼足、全蹼足、半蹼足和瓣蹼足等。蹼足以雁、鸭、天鹅为代表,凹蹼足以鸥类为代表,鸬鹚和鹈鹕的脚上长着的是全蹼足,而鹭、鹤、鹳和一些鸻鹬类的脚上则长有半蹼足。

　　再有一种就是瓣蹼足,瓣蹼足的发音和半蹼足一样,但形态完全不同。丘鹬科下有一个瓣蹼鹬属,该属的三种鸟(红颈瓣蹼鹬、灰瓣蹼鹬、细嘴瓣蹼鹬),以及我们熟悉的各种䴙䴘和骨顶鸡等长的都是瓣蹼足,特点是前三趾的蹼是瓣膜状的。

　　我第一次看到瓣蹼鹬是在春天的时候,在上海南汇嘴海堤内的淡水河渠里,我见到了一只红颈瓣蹼鹬。那天在观察中,一小群长趾滨鹬里忽然出现了一只不一样的水鸟,一只长趾滨鹬迎上去,试图驱赶它:这是我们长趾滨鹬的地盘,你这小怪物快离开! 飞来的正是一只红颈瓣蹼鹬。

　　红颈瓣蹼鹬的确与众不同,它不像长趾滨鹬那样把脚踩在浅水里,而更像一只小鸭子似的浮在水面上。它浮在水面上快速打转,不仅啄食空中的小飞虫,也借助打转时漩涡产生的吸力卷起水底的食物。

红颈瓣蹼鹬　春天,向繁殖羽过渡,颈部变红

红颈瓣蹼鹬　和长趾滨鹬面对面,谁更大

红颈瓣蹼鹬　浮水打转　　　　　红颈瓣蹼鹬　秋季时看到的非繁殖羽和亚成鸟

　　望远镜里的这只红颈瓣蹼鹬的羽色正在向繁殖羽过渡（繁殖期前的不完全换羽），颈部如它名字中的"红颈"两字那样开始变红，换婚装的它这是在赶往北方繁殖地的路上呢。现在还看不出它是雌还是雄，但换成完全繁殖羽后，雌鸟的羽色比雄鸟更艳丽，就明显了。红颈瓣蹼鹬也是为数不多的一妻多夫婚配制的鸟类之一，雌鸟比雄鸟体型大，求偶时，雌鸟与雌鸟之间进行占区争斗，并对雄鸟采取主动，交配产卵后则由雄鸟负责孵卵和育雏，而雌鸟自己却去找又一个郎君。据鸟类学家统计，在所有鸟类中，只有0.4%的鸟类一妻多夫。

　　这只红颈瓣蹼鹬并不久待，不一会儿就原地起飞，飞速极快，飞落到河道的另一侧。那儿正有一群红颈滨鹬在一边快走一边觅食，它跟随红颈滨鹬们一起前行，然而却是游水跟进，显得十分异类，我拍下了这段有趣的视频。

　　又过了一会儿，那群红颈滨鹬受惊，率先飞起，这只红颈瓣蹼鹬也一同飞走，消失在了视野中。单个的红颈瓣蹼鹬在迁徙途中选择和其他水鸟混群，目的就在于提高安全系数，遇到危险及时逃飞。混群是大多数水鸟共有的习惯，不仅可以一起躲避危险，也能够提高觅食的效率。

　　当年秋天，我又见到了红颈瓣蹼鹬，不是一只，而是两只。此时的红颈瓣蹼鹬已经脱下婚装，颈部的红色消失了。同一年，春季看到它们的繁殖羽，秋季看到非繁殖羽，在印象中有了鲜明的对比。它们还是像鸭子似的游水，可长着的不是鸭科鸟类的扁平的喙，而是细细长长的红颈瓣蹼鹬的喙，啄食时点头的频率更快。

　　红颈瓣蹼鹬在我国迁徙过境时一般在海面上和沿海滩涂觅食，也光顾沿海农田、河渠和湿地；既有单只和数只的小群，也会有数十只到上百只的大群出现。后来我还见过也有在浅水中边走路边觅食的，尤其在稻田的浅水中。

翻石鹬

丘鹬科/翻石鹬属

翻石鹬喜欢用喙在海滩上翻开石头找寻藏身于沙石间的食物（比如沙蚕和小螃蟹等），因此英文名和中文名都用"翻石"命名，它的英文名 Turnstone 前面还有一个 Ruddy，是指它的繁殖羽的主羽色为棕红色。翻石鹬的体型矮胖，我觉得英语里的 chubby 形容的就是它。

丘鹬科的鸟类大多长着长长的喙，翻石鹬却是一个例外，它的喙短，而且呈锥子型、先端很尖，但很粗壮，正好适合它翻石找食的觅食方式。

春天的时候，在上海南汇的海滩上，我见到数十只翻石鹬在过境停留时出现，4月底时都已经穿上了棕红色的繁殖羽，它们迁徙的目的地是北极圈内高纬度地区的繁殖地。在上海，滩涂上小石块不多，我见到它们更多的是翻动海滩边海堤石床上的水草，或是干脆和其他鸻鹬类一起在潮线边啄食。

翻石鹬　特征明显、无相似种

翻石鹬　觅食，注意背部华丽的花纹

反嘴鹬

鸻形目/反嘴鹬科/反嘴鹬属

反嘴鹬体长42～45厘米，在纳米比亚的海边看大红鹳（大火烈鸟）的时候，我见到反嘴鹬和大红鹳站一起，它在大红鹳身边实在显得太小了。可在上海南汇看

反嘴鹬　体羽黑白两色、腿灰蓝色

反嘴鹬　喙上翘幅度大

反嘴鹬,它们却又成了众多鸻鹬类水鸟里的大个子。

　　反嘴鹬长着半蹼足,可以稳健地在水底柔软的泥土上行走,它们的腿长,走在较深的水中毫无压力,在海边潮线上走起来很快,可以健步如飞。反嘴鹬的名字来自细长而上翘的喙,这个名字再恰当不过了。它们觅食时,翘起有点儿尖的屁股,把黑色的额头没入水中,一边向前行走,一边小幅度地左右横扫,用“反嘴”觅食水中的软体动物和甲壳类动物。还有一种觅食方式则不横扫,边慢走、边低头将喙埋入水中,撅一次,吃点儿河床上的底栖生物,然后又抬起头来。反嘴鹬进食主要依靠触觉,无论是横扫,还是撅食,一旦触碰到猎物,就能立刻捉住吞下。

反嘴鹬　成群活动

反嘴鹬和黑翅长脚鹬　同科鸟类

反嘴鹬体色为黑白两色,身形丰满,脖颈柔软(在用颈部揉蹭背部时尤为明显),比起其他以灰色为主色调的鸻鹬类鸟来,是一种我十分喜欢的美丽的水鸟,连灰蓝色的腿我都觉得特别好看。

黑翅长脚鹬

鸻形目/反嘴鹬科/长脚鹬属

上海南汇东海大桥附近的海面上,60多只黑翅长脚鹬在高空飞翔,边飞边叫,叫声悠远。它们拍打着长而尖、全黑的翅膀,尾羽全白,长腿伸直着,露出在体外,就像是长长的飘带。

黑翅长脚鹬的红色的腿极长,按身体比例,是鸟类中腿最长的鸟。它们的脚不仅长,而且纤细。但早上还趴着睡觉或正在孵卵的黑翅长脚鹬,就看不到长脚了,只露出白腰。在其他情况下,长脚、大高个、黑白配色的体羽、细长的黑喙、头部小,奇异而显著的外形使得它们在野外极易辨识。

鸻形目下,大多数的鹬、滨鹬、塍鹬和杓鹬,包括和黑翅长脚鹬同科的反嘴鹬,无法从外表上分辨雌雄,但黑翅长脚鹬的非繁殖羽,雄鸟背黑色、雌鸟背褐色,而繁殖羽的雄鸟后颈也是黑色的。早春时可以看到一群黑翅长脚鹬中,有的雄鸟已经早早地换好繁殖羽,准备娶老婆了。

黑翅长脚鹬举止优雅,在浅水中一步一步地前行,不紧不慢。有些单只或成对

黑翅长脚鹬　雄鸟　繁殖羽

黑翅长脚鹬　雄鸟　非繁殖羽

黑翅长脚鹬　群体中白头的为雌鸟

活动,也成小群,或是散开站立,或是依次前行。黑翅长脚鹬既有良好的视力,会通过奔跑追捕小鱼,也依靠触觉觅食,在行走时,时不时地将细长的嘴戳入水底,行为并不和同科的反嘴鹬一样。啄食时屁股翘起,飞羽形成的剪刀状非常明显。

黑翅长脚鹬在上海有度夏繁殖的种群。有些黑翅长脚鹬就在南汇小树林后的河道里筑巢,巢与巢之间相距不远,并驱赶地主黑水鸡。可惜筑巢时水浅,不久就因为放水养鱼养虾,深水一下子就将黑翅长脚鹬的巢淹没,无奈的黑翅长脚鹬只得另选浅水的湿地作为巢址。我看到过黑翅长脚鹬孵卵的景象,初生的黑翅长脚鹬毛茸茸的,身体虽小,脚和喙都长。

黑翅长脚鹬　群体中
后颈沾灰的为幼鸟

矶鹬

鸻形目/丘鹬科/矶鹬属

矶鹬在英文里叫Common Sandpiper，直译为"普通鹬"。中文的"矶"字则指水中的岩石或卵石滩，尽管矶鹬通常出现在泥滩上。在上海南汇出现的鸻鹬类水鸟中，矶鹬很常见，南汇既是矶鹬的过冬地，也是在更南方过冬的矶鹬迁徙过境时经过的地方。在清迈，矶鹬也是最常见的，和金眶鸻、白腰草鹬、黑翅长脚鹬等一起在泰国北部内陆的湿地中过冬。矶鹬有一个显著的特点，就是比较孤僻，它基本上都是单个出现，最多也就是个位数的小群，迁徙时不会大群一起行动。我感觉，矶鹬更喜欢淡水的环境，每次我都是在南汇的海堤内的河道和鱼塘边见到矶鹬的，印象中很少在南汇的海滩上见到。

矶鹬很容易辨别，胸侧有着明显的灰白色斑块，被称为白色肩斑，因此不会让人认错。若是由于

矶鹬　胸侧白色斑块

矶鹬　站姿头部低,频繁翘动尾羽

角度问题，没有看到白肩斑，比如背对着，也可以从它的飞羽几乎等长于尾羽、喙型特点等判断出来。矶鹬的繁殖羽和非繁殖羽相差不大，繁殖羽偏褐色，非繁殖羽偏淡灰色。

矶鹬的身姿较水平，会习惯性地点头并翘动尾羽，总是积极地四处跑动觅食，有时候跑得很快。矶鹬飞起来时，可以看到明显的白色翼带；飞得不快，喜欢贴着水面飞行，并且时不时发出细而高的管笛音。

白腰草鹬/青脚鹬/小青脚鹬/泽鹬/林鹬

鸻形目/丘鹬科/鹬属

　　在上海南汇和泰国北部，看到矶鹬的地方往往能看到白腰草鹬。这两种水鸟都有点儿矮胖，站姿较低，略有前倾。羽色上，两种都腹白，白腰草鹬的夏羽背部颜色较深，有明显的白斑点，冬羽则是淡灰褐色，白斑点变淡或消失。行为上，矶鹬和白腰草鹬都喜欢不停地上下摆动尾羽。虽然相似，但其实白腰草鹬和矶鹬很容易分辨，因为矶鹬有明显的胸侧白斑，并且矶鹬的黑色眼线一直延伸到眼后部。白腰草鹬飞起时，或是趴下睡觉时，会把白腰露出来，我们可以同时看到尾羽上的黑白横斑。

　　春秋两季的迁徙季时，青脚鹬在上海南汇数量众多，非常常见。它们睡觉的时候趴在地上，布满海堤内塘的岸边，往往将近中午才起身吃东西。青脚鹬背部灰褐色，繁殖羽时，羽缘白色，秋冬季时羽缘的白色变淡或消失。它们长着黄绿色的腿，喙粗而略为上翘（有些个体上翘不明显，与观察角度也有关系）。吃东西时，除了啄，也会像翘嘴鹬一样地"推"，把嘴贴在滩涂上，边跑边推。青脚鹬常常飞在南汇的空中，飞起来时，露出白色的腰部，腰部的白色一直延伸到上背，飞行中往往发出"啾啾啾"三声或更长的叫声（在站立时也这么叫）。叫声清脆、响亮而好听。

　　相比之下，小青脚鹬的数量要少得多，属于濒危（EN）物种，据以前的统计，全世界的数量不超过2 000只。辨认小青脚鹬，看它的气质就好了，小青脚鹬比青脚鹬明显来得低矮，腿的胫部短（重要的细部特征）、颈短、头大，并且喙基黄色、喙较粗大。

白腰草鹬

白腰草鹬　对比一下这两只白腰草鹬，繁殖羽时白点深

青脚鹬　鸻鹬类喙和腿的特征比羽色更重要

青脚鹬　向繁殖羽过渡

那天我在南汇的内河河滩上,一群混群的鸻鹬类鸟中,发现了两只稀有的小青脚鹬,使我眼睛一亮,赶忙用相机拍下。比起忙忙碌碌的青脚鹬来,小青脚鹬显得很安稳,疏于走动。

腿同样是偏绿的丘鹬科类鸟中,还有林鹬和泽鹬。林鹬的"林"字来源于泰加林,它们在亚欧大陆北方的泰加林附近的湿地里繁殖,在非洲、东南亚和澳大利亚过冬。林鹬的背部有

青脚鹬　喙略上翘,腿淡绿,背部褐色,羽缘白色

小青脚鹬　头大颈短,喙基黄色

小青脚鹬　和青脚鹬比较,主要"看气质",腿短(胫部短)、矮壮

林鹬　背部许多大白斑点，白眉纹长，腿长　　　　泽鹬　背部无斑点，喙细、直、尖

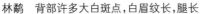

许多白斑点，并且有一道白色的长眉纹。泽鹬的泽字，在中、英文名和拉丁学名中都一致，意为沼泽，在我国中东部地区出现的数量较多。泽鹬的额部白，眉纹短且不明显，喙细（细细细，重要的说三遍）、直、尖（远着看，青脚鹬和泽鹬也相似，但青脚鹬的喙比泽鹬的喙长一些，而且略厚），泽鹬的背部灰褐色无斑点，而以黑白相间的横斑代之（非繁殖期色浅）。另外，林鹬和白腰草鹬也较为相似，但林鹬的背部的白斑点比白腰草鹬的大而且多（因此林鹬可以从"斑点鹬"上去理解），且林鹬站姿更挺拔，腿长，白眉纹长。

　　林鹬、泽鹬、白腰草鹬、青脚鹬，在上海南汇都常见，而且都喜欢进海堤内的内塘休息觅食。唯有小青脚鹬比较稀少，但也仍有机会见到。

灰尾漂鹬

鸻形目/丘鹬科/鹬属

　　灰尾漂鹬的体型矮胖，体色暗灰，喙基粗且笔直，脚是鲜明的黄色。春迁时，见过一群灰尾漂鹬列队在南汇嘴的潮线上，和中杓鹬一起静立。它们身着繁殖羽，从下颈部到臀部的两侧有明显的灰纹。到了秋天时，两肋的波纹状细灰纹消失，而且背部的颜色从深灰变淡，但依然可以从它的体型、中等长度的喙以及较短的黄脚轻松辨认出来。灰尾漂鹬的"灰尾"两字，当然来自它灰色的尾羽，但是它的飞羽很长，初级飞羽几乎和尾羽等长，站立时只露出一点儿灰尾，只在飞行时灰尾才更明显。

灰尾漂鹬　繁殖羽　　　　　　　　　　　灰尾漂鹬　喜欢站在海边石头上

　　灰尾漂鹬更喜欢海水的生境,据我个人的观察,我从没有在南汇海堤内的内塘里见过它们,每次见到都是在海堤外。它们站在海滩上,边走边觅食,行走迅速;或是站在海边防波堤的大石头上。它们在石头缝中叼起水草,但并不吃下,而是吃各种底栖生物。若是能吃到爱吃的螃蟹,那就是大餐了。

鹤鹬/红脚鹬

鸻形目/丘鹬科/鹬属

　　鹤鹬和红脚鹬是两种脚为红色的鹬,两种鸟的非繁殖羽略有相似,但两者的喙明显不同:相对于各自的头长,鹤鹬的喙长比红脚鹬的喙长来得更长,再仔细看,鹤鹬仅下喙基部为红色,上下喙的其余部分为黑色;而红脚鹬的上下喙的基部(后端)均为红色,端部(前端)均为黑色。其实,这两种红色脚的鹬,通常不用看喙就能确认,鹤鹬和红脚鹬的面相不同,体型也不同:红脚鹬的体型小,羽色更偏褐色,春夏繁殖期时,头部色深,下体有黑褐色斑点(非繁殖期时体色浅)。鹤鹬体型大,有明显的过眼纹。若是繁殖羽,那就更好认,没有哪一种鹬有像鹤鹬这样的体型而又浑身乌黑的。只是在上海很难看到鹤鹬的繁殖羽,一般都是秋天看到鹤鹬的非繁殖羽。

　　在上海南汇,总的来说,鹤鹬比起红脚鹬更多见。鹤鹬吃起饭来,边走边左右横扫,横扫的范围很大。鹤鹬的胃口好,甚至看起来有点贪吃,不停地扫、不停地吃,吃的时间好像比起别的鹬来都要长。我还看到过鹤鹬像鸭子似的整个腹部贴在水面上,看起来就像在快速游动,用喙在泥中推土取食。

红脚鹬的喙比起鹤鹬来相对较短,吃食时,只能吃到泥滩中较浅层的食物。在南汇,春天时过境或短暂停留的红脚鹬比秋天时更易见,且数量多一些,可能红脚鹬的春迁和秋迁的路线和落脚点并不完全相同。春天时,我曾近距离见到红嘴鹬和黑尾塍鹬、灰斑鸻、反嘴鹬等在一起,红脚鹬的体型显小,若是换了同样是红脚的鹤鹬,感觉就会很不同。

鹤鹬　红腿,喙基仅下喙红、喙相对长

红脚鹬　喙基上下喙都红、喙相对短

红脚鹬　体型较小

阔嘴鹬

鸻形目/丘鹬科/阔嘴鹬属

阔嘴鹬 喙尖明显下弯

阔嘴鹬自成一属,该属下仅单种。没见到阔嘴鹬时,想着它长什么样。我所见过的鸻鹬类水鸟,几乎百分之一百都见于上海南汇。阔嘴鹬虽不稀罕,但因为以前没有见过,它曾一度成为我在南汇的目标鸟种。等见到了才知道,原来它的嘴并不那么阔,只是喙基部略显粗壮。秋天时,阔嘴鹬就像是稍小一号的黑腹滨鹬。它的辨识点主要有两个:一个是喙的尖端突然明显下弯,另一个是它的白色的双眉纹。记住这两点特征,就能从一众鸻鹬类水鸟里轻松地找出阔嘴鹬来。

阔嘴鹬 双眉纹

阔嘴鹬 找一找阔嘴鹬

翘嘴鹬

鸻形目/丘鹬科/翘嘴鹬属

　　翘嘴鹬当然长着向上翘起的嘴,而且嘴很长,脚是独特的橙红色(或橙黄色)。描述一下我看到翘嘴鹬时的初印象:哇,这种鹬的脚的颜色真醒目!长长的嘴好翘,略显矮胖,姿势前倾。在上海南汇,翘嘴鹬过境时,数量不算少,一个个翘着长嘴,在海滩和内塘上行走、觅食。上海海滩上的黄泥螺常常成为它们可口的食物。

　　我观察过翘嘴鹬的觅食方式,除了在滩涂上快啄一下、或在海边滩涂上连续猛戳,它们也会用它上翘的喙像铲子似的在滩涂上推进(也观察到过青脚鹬同样的行为),通常步伐较快。

翘嘴鹬　上翘的喙　　　　　　　　　　　翘嘴鹬　橙红色腿

扇尾沙锥/大沙锥

鸻形目/丘鹬科/沙锥属

　　丘鹬科里的沙锥,最大的特点是长而直的喙和黄褐色的羽色。我初见沙锥时,曾在心里发出疑问,沙锥为什么长这么长的嘴呢?后来看多了,觉得长嘴有长嘴的好处,我看到过它们从土里啄出很粗的虫子,吃到很大的蛙。沙锥也是水鸟,它们一般出现在湿地和农田,在浅水或旱地里像一只鸡似的不停啄食。沙锥生性胆怯,警惕性高,身上的羽色和杂草枯枝颜色几乎完全一致,有着天然的保护色,用望远镜仔细扫视时才会被发现。我也没少在稻田里惊飞沙锥,每每沙锥飞起,急促地发出叫声,我却根本没有意识到它曾经藏身的所在。

扇尾沙锥、针尾沙锥和大沙锥这三种沙锥,外形相似。分辨起来先看喙长,扇尾沙锥的喙长差不多是头长的2倍,而另两种差不多为1.5倍。因此根据喙长,首先能判断是否是扇尾沙锥。扇尾沙锥按英文名直译是"普通沙锥",是三种沙锥中相对容易见到的一种。

在清迈郊外的稻田里,早上10点多的时候,一只扇尾沙锥在插满绿色秧苗的稻田中行走,繁密的秧苗给它提供了掩护。我躲在稻田边的一棵大树后给它拍视频,它的身影不时被秧苗遮挡,但露出身子时,黄褐色的羽毛和绿色的秧苗对比明显。镜头中,一只白腰草鹬也出现在了稻田中,这两只同为丘鹬科的鸟类打了个照面,各自愣了一小会儿,然后又分散开,各自找食去了。

在上海南汇看到的扇尾沙锥不少,它们有时候成五六只小群,在水位不高的水塘边出现,觅食时既在水中也在旱地上。群体中也会争闹,扇尾沙锥会像公鸡一样扑扇翅膀,原地跳起后再落下,若真是受到了惊吓,一俯身,马上起飞,即刻逃离。它们毕竟还是十分胆小的。

大沙锥和针尾沙锥的喙长和头长比同为约1.5,确认这两种鸟的身份很困难。尽管大沙锥体型略大,体长约28厘米,而针尾沙锥体长约24厘米,两者之间差了4厘米(大沙锥28厘米、扇尾沙锥26厘米、针尾沙锥24厘米,偶有混群在一起时可以比较);大沙锥的腿比针尾沙锥的腿略粗壮,而且两者的羽色略有差异。然而这几条,在野外现场观察时,并不容易依此判断。需要拍下来,仔细对照肩羽的羽缘。

扇尾沙锥　喙长约为头长的2倍

扇尾沙锥　活动于稻田中,也喜泥滩湿地

大沙锥　喙长约为头长的1.5倍

大沙锥　从正面看

大沙锥　抓拍到了打开尾羽的瞬间,中央尾羽宽
外侧尾羽窄

大沙锥　尾羽特征的特写

区分大沙锥和针尾沙锥,还有一条金标准是比较打开的尾羽,针尾沙锥的外侧尾羽很细,而且根数更多(扇尾沙锥7对尾羽T1—T7,大沙锥10对尾羽T1—T10,针尾沙锥13对尾羽T1—T13)。

　　然而,在野外看到沙锥自己把尾羽打开却是非常难得的,我曾看到过一次。那次我正停车在上海南汇的路边,一只飞入稻田的林鹬吸引了我。我用望远镜继续在这个区域巡视,忽然一只沙锥出现在我的视野中。这时是清晨6点半,它大约刚醒来,呆立了足足有七八分钟,一动不动。它在观察周围的情况,确认是否安全,在感到放心后,才开始在杂草枯枝中走动,将长长的喙插入松软的土中觅食。沙锥的体型不大,常常隐没在草堆中。半小时之内,我一共看到了三只沙锥,它们没一个注意到躲在车里的我,都很安心地吃饭。

　　我也很安稳地一直看着它们,并且很开心地看到其中一只吃到了大餐,那只沙锥从小水塘的枯枝边用长嘴啄起了一只蛙！只见它举起一只脚，把青蛙的腿塞进嘴里，然后换另一只脚帮忙，连续几次后，心满意足地将整只蛙吞了下去。洋洋自得的它，在吃完美食后，竟然翘起了一只脚，打开了正对我这一侧的翅膀，并且还打开了尾羽。它就像是在对我说，你看了那么久，不就是想知道我是大沙锥还是针尾沙锥吗？我就自己表明身份吧。

我眼明手快地用相机拍了下来，它的这一举动，让我能够百分之一百地确认它是大沙锥，因为我拍下了最可靠的判断依据。拍下的照片显示：它左侧的尾羽一共10根，中间黄色的中央尾羽5根，黑白相间的外侧尾羽5根，外侧尾羽相比中央尾羽只是略微狭窄。如果是针尾沙锥的话，外侧尾羽比起中央尾羽来，要狭窄得多得多，这正是针尾沙锥名字的来历：外侧的尾羽像针一样细窄。可惜，沙锥很少会自己打开尾羽，野外观察中，大多数的情况下，沙锥根本就不会自己打开尾羽。还有一次，两只扇尾沙锥被一只大沙锥赶跑，这只大沙锥喙短，比起另两只扇尾沙锥（喙长）明显体型大，所以排除体型应该小的针尾沙锥，能够确定那只喙短的是大沙锥。在观鸟中，我能确定我看到过大沙锥，但因为还没有目睹过针尾沙锥打开尾羽，所以并不确定在自己看到的沙锥中有没有针尾沙锥。

白腰杓鹬/大杓鹬/中杓鹬/小杓鹬

鸻形目/丘鹬科/杓鹬属

杓鹬属中，中国有四种可见到的杓鹬，如果"鸟运"好的话，春秋迁徙季里，能够一天里在上海南汇全看齐。

在上海最常见的是中杓鹬，数量较多，以前上海动物园曾将中杓鹬作为鸻鹬类鸟类的代表饲养展出过。看野生的中杓鹬，去南汇海边就好了，春秋两季可以看到数十只的群体，并且停留时间较长。

中杓鹬偏好海边的生境，较少进入海堤内。有一天，涨潮时，一群中杓鹬和一群三趾滨鹬一起站立在防波堤的斜坡上，显得"鹤立鸡群"。海水漫卷，体型小的三趾滨鹬赶忙快速跑开，而脚长的中杓鹬并不惊慌，不慌不忙地挪动步子走开。

我还曾在一群中杓鹬中，看到过一只单腿残疾的。中杓鹬是边双腿交替行走边觅食的，但这只单腿的蹦跳着觅食，神态却十分平和。飞行时，它虽是单腿，却也毫无障碍,并不掉队。这让我印象深刻。

中杓鹬既有群体活动的,也有单独活动的。在暂住上海期间,有些个体之间也有领域之争,我看到过一只入侵,另一只立马从栖息处升空驱赶,直到入侵者撤离。中杓鹬飞起来时白腰非常明显,边飞边发出轻快的哨音。在中杓鹬守卫的领域中,我看见过中杓鹬捕捉螃蟹吃,它把螃蟹甩摔到岩石上,砸零碎了,一块块地吃掉。

在识别上,中杓鹬有一个标志性的"瓜皮头",有深褐色的侧冠纹和过眼线。在杓鹬中,中杓鹬体型中等,而大杓鹬和白腰杓鹬体型更大,在海边和中杓鹬待在一起时,很明显地就把中杓鹬的个头给比下去了。大杓鹬和白腰杓鹬的喙也比中杓鹬的更长,更下弯,这两种杓鹬的喙长都约等于头长的3倍,而中杓鹬的喙长约为头长的2倍。两种体型大的杓鹬的区分点在于:白腰杓鹬的羽色比大杓鹬来得浅,并且下体白、腰白,背对着人时,常常把白腰露出来,"特意"表明身份。

白腰杓鹬　停立　腰和下体白

白腰杓鹬　飞行　腰和下体白

　　还有一种小杓鹬,比起另三种杓鹬来,体型显得太矮小了,完全不是一个量级上的。小杓鹬的喙也短,喙长约为头长的1.5倍,并且下弯得不明显。相比之下,白腰、大、中杓鹬的喙都特别长并且下弯。我在南汇海堤内的湿地见到过小杓鹬,但其实小杓鹬更喜欢草地的生境,在上海会和东方鸻等混群出现在南汇的无人的草坪上,而在内蒙古呼伦贝尔大草原上会有大群的小杓鹬出现。

　　白腰、大、小,这三种杓鹬都有机会在南汇海堤内的内塘看到。9月秋季迁徙季的一天,我在内塘看到了25只大杓鹬、2只小杓鹬和1只白腰杓鹬,另外在海堤外看到3只中杓鹬,所以一天里看齐了四种杓鹬。

　　那天,在内塘里那只白腰杓鹬一副爱管闲事的样子,而一群大杓鹬都是一副胆怯的神情。小杓鹬因为体型小,又离得远,突然的发现,让我一阵惊喜。所有这些杓鹬都非常胆小,一旦察觉危险即刻飞走,尽管大杓鹬和白腰杓鹬体型大,但起飞极快,扇几下翅膀就能腾空而起。

大杓鹬　停立　腰部和下体都不白

大杓鹬　飞行　腰和下体都不白

中杓鹬　喙长约为头长的2倍　瓜皮头

中杓鹬　和大杓鹬在一起,比一比喙长和体型

小杓鹬　这四种杓鹬中体型最小的

　　25只大杓鹬飞来时分成两个小群,那时海堤外正是高潮位,它们飞入内塘,分在两处休息,有的干脆转过头,将头埋在翅膀中睡觉,那么长的喙插在翅膀里后,却一点儿也看不到了;有的则用长喙整理羽毛,并用脚抓挠颈部。内塘中的各种水鸟,比如黑尾塍鹬、鹤鹬、青脚鹬、扇尾沙锥、鸥嘴噪鸥、白眉鸭等站在大杓鹬边上,一概显小。飞离时,两群大杓鹬之间相互联络,小群变大群,25只一起飞走,还包括那只白腰杓鹬。

　　在海堤内的内塘时,它们几乎没吃什么东西,大杓鹬和白腰杓鹬更经常在低潮时的海堤外的滩涂上觅食。在南汇嘴的海滩上,我曾观察过一只大杓鹬很久,从它还在睡觉时开始,到醒后觅食、喝水、整理羽毛,一直到涨潮后飞走。

　　低潮时,在不被海水淹没的泥滩上,这只大杓鹬走几步就用长长的喙在滩涂上啄几下,它并不每次都深挖,有时只是轻点几下,但真要深挖起来,可以将喙全部插到滩涂里,只剩脸在外面。它会90度角垂直挖,斜着各种角度挖,甚至会反转过脸,将下弯的喙转而向上挖。滩涂里有大杓鹬爱吃的食物。有一次,我看到一只大杓鹬挖到一条弹涂鱼,叼了几口后吃掉。我觉得它一定有特别好的感知力,能依靠视力和听力大致知道弹涂鱼等猎物的藏身的所在，每次挖掘探寻并不盲目。除了小鱼，它们还吃沙蚕、蠕虫、虾、蛙类和昆虫等。

和前面写到的中杓鹬吃螃蟹一样，捉螃蟹也是大杓鹬的拿手好戏，它的喙长而弯，刚好能将喙伸入螃蟹的弯曲的洞穴中将螃蟹捉出来。大杓鹬能够比中杓鹬挖掘更深的蟹洞，就算不总能吃到螃蟹，挖个螺出来吃吃也挺好。所以，千万别以为大杓鹬和白腰杓鹬长而弯的嘴笨重，它们自己运用起来，可灵活好使呢。

12月快下旬的时候，在南汇嘴的上空，飞过一群共27只长嘴巴的杓鹬，个个腰部白、下体和翼下都白，它们全部都是白腰杓鹬。我赶忙举起相机，拍下照片。还有一次，更是看到了60多只的大杓鹬的大群，在南汇嘴海边觅食。看到这些景象，我十分高兴，因为四种杓鹬中，大杓鹬是濒危(EN)物种，白腰杓鹬是近危(NT)物种。衷心希望它们的种群数，在人类的重视和保护下，逐渐得到恢复，回到无危的状态。

黑尾塍鹬/斑尾塍鹬
鸻形目/丘鹬科/塍鹬属

塍这个字在汉语里是田间的土埂、小堤的意思。塍鹬既出现在水稻田，也出现在湖泊的附近、湿地和海滨滩涂。

塍鹬属中，在中国能见到的有黑尾塍鹬和斑尾塍鹬两种，都属于近危（NT）。就我个人而言，这两种塍鹬的繁殖羽和非繁殖羽在上海南汇都看到过，但是黑尾塍鹬见得更多，其中包括秋季时选择以南汇作为中途停留地的数百只的黑尾塍鹬的群体，而相比之下，在上海见到斑尾塍鹬的次数较少，

黑尾塍鹬　繁殖羽

黑尾塍鹬　向繁殖羽过渡　喙长而直、喙基橙黄色

黑尾塍鹬　飞行中的辨识

个体数量也寥寥无几。这和两种塍鹬的迁徙路线有关。

斑尾塍鹬的迁徙距离很长，人类研究过在阿拉斯加繁殖的种群，并据此得出一个结论：斑尾塍鹬是人类已知的不停歇迁徙距离最长的鸟类，创下鸟类（不停歇飞行）纪录。具体来说，秋季南迁时，它们从繁殖地阿拉斯加出发，中间不经停，连续飞行，直接飞到新西兰；春季北迁时，从越冬地新西兰出发，也是一路不停歇，直接飞到中国的黄海海滨，在中途停留地休整几星期到一个半月后，再一口气飞回阿拉斯加。带有GPS卫星跟踪器的斑尾塍鹬在大约9天的时间里连续不停地飞行了11 000多千米（每小时平均时速约50～60千米），真的是超级有耐力的"马拉松"型选手，让人折服。其他斑尾塍鹬种群的繁殖地还包括亚欧大陆的北冰洋沿岸。非洲、东南亚，以及中国的东南海岸线等也是它们的越冬地。

查阅已发表的GPS跟踪结果可知，黑尾塍鹬的迁徙路线之一为往返于俄罗斯和泰国，在俄罗斯远东地区繁殖，在泰国的水稻田过冬。繁殖地和过冬地之间的迁徙距离约为7 000千米，其间穿越中国，中间以贝加尔湖、呼伦湖、渤海湾、洞庭湖等为中途停留地，停留时间从2、4、6、20～60天不等。迁徙飞行平均时速约为40～70千米，连续飞行24小时即可从洞庭湖到泰国越冬地。迁徙经过上海停留的黑尾塍鹬种群则走的是另一条路线，并且在上海停留时间较长。它们更喜欢淡水的环境，在上海时更喜欢在海堤内的鱼塘里觅食和栖息。

　　塍鹬在外形上的特征是喙的长度长于鹬的喙,更长于滨鹬的喙,塍鹬的喙长大约为头长的1.5倍。凭借长而直的喙,黑尾塍鹬和斑尾塍鹬都能将喙深插入泥中找食。黑尾塍鹬有时候还干脆闭起白色的瞬膜(瞬膜为鸟类的第三眼睑,半透明,闭起时可以遮住角膜、保护眼球,但不影响视线,是人类所不具有的),把头都埋入水中;还看过斑尾塍鹬一边进食一边在原地打转,用喙搅动水底沉淀物,趁机"浑水摸鱼";当然,除了原地不动,这两种塍鹬也会像鸻、鹬、滨鹬一样,边走边觅食,食物包括蠕虫、贝类、沙蚕和虾、蟹。黑尾塍鹬比起斑尾塍鹬来,更能在深水中行走和觅食(脚比较长)。

　　这两种塍鹬外貌上有点儿相似,要区分它们,黑色的尾羽(黑尾)和有斑点的灰褐色尾羽(斑尾)并不是主要辨识点,因为尾羽为飞羽所遮盖,而且斑尾塍鹬的尾羽在很多时候也显得黑,距离较远时并不能看清,所以一般不从尾羽上的差别去辨识。

　　斑尾塍鹬和黑尾塍鹬的区分点有以下几个:斑尾塍鹬在体型上矮胖一些,脚也比黑尾塍鹬的短。反过来说,黑尾塍鹬站立时显得高挑一些;在飞行时,黑尾塍鹬的脚露出尾部也更多,并且两翼的翼上有长且明显的白横斑(斑尾塍鹬飞行时翼上无白斑)。这两种塍鹬,春季繁殖羽时,头、颈、胸、腹都显棕红色(黑尾塍鹬的栗红色仅至上腹,斑尾塍鹬的栗红色可至下腹),黑尾塍鹬的下体有明显的黑色横纹,斑尾塍鹬无横斑(秋冬季时的非繁殖羽,两种塍鹬的体色都变成淡灰色,下体均无横纹)。另外,这两种塍鹬的喙型有差异:黑尾塍鹬的喙比较直(喙基偏橙黄色,但有个体差异,也有喙基偏粉红色的),而斑尾塍鹬的喙略上翘,喙基偏粉红色。

斑尾塍鹬　喙明显上翘、喙基粉红色(中)

斑尾塍鹬　繁殖羽　下体橙黄色

半蹼鹬

鸻形目/丘鹬科/半蹼鹬属

　　春天的时候，大大小小的鹬类都向繁殖羽转变，不少转变为棕红色的体色，体型小的如红颈滨鹬，中等的如弯嘴滨鹬，大的如黑尾塍鹬。这其中还有半蹼鹬，半蹼鹬的体型和黑尾塍鹬差不多，腿没有黑尾塍鹬长，但是喙要比黑尾塍鹬长，而且更笔直。最重要的是，喙全黑、先端膨出，这才是半蹼鹬。

　　半蹼鹬是一种全球性近危（NT）物种，在上海的记录也相对较少。这年春迁的时候，五一节前的一天，来了一对半蹼鹬。这一对半蹼鹬胆子比较大，消防的直升机在天空中飞过，别的水鸟都被惊飞了，它们却原地不动，抬头看了看，很快又继续吃。这天，鱼塘里的水位刚好，它们的喙长，将喙插入泥中，脸刚好到水面。它们的喙插入泥中较深，一次又一次，探测下面的情况。在观察中，我几次看到它们吃到蠕虫等食物。

　　半蹼鹬属里还有一种在华东可见到的鸟，叫长嘴鹬（长嘴半蹼鹬）。半蹼鹬的脚是黑色的，而长嘴鹬的脚是黄绿色的，且长嘴鹬的体型偏小。

半蹼鹬　繁殖羽

半蹼鹬　看看它的脚

黑腹滨鹬/弯嘴滨鹬

鸻形目/丘鹬科/滨鹬属

鸻形目的鸻鹬类种类众多,上面写了鸻、瓣蹼鹬、鹬、沙锥、杓鹬、塍鹬、半蹼鹬等,另外还有一个丘鹬科下面的一个大的属,就是滨鹬属。滨鹬的滨字,指向海滨,它们喜欢集群在潮线边的海滩上结伴觅食。

滨鹬的体型也有大有小,但普遍不能算太大,喙也没有鹬那么长。滨鹬的体型和外形同鸻有点儿相似。将常见的红颈滨鹬和环颈鸻相比较,这两种鸟体型接近,跑起来一样飞跑、乱窜,数量众多。滨鹬的吃食方式,是喜欢将喙尖插入泥中探测。滨鹬的喙尖敏感度很高,插入湿泥沙后会引起水的流动,灵敏的喙尖能感知水流压力的变化,并据此判断猎物方位予以捕捉。当然,如果直接触碰到了,则能更轻易地捕捉。滨鹬的视力也不错,鸻能做到的以视力发现地表猎物,滨鹬也能做到,但一般更多地采取前一种方式,即将喙尖插入泥滩觅食。

黑腹滨鹬和环颈鸻有得一比,是我在上海南汇看到的最大群的鸻鹬类水鸟之一。它们的飞行队伍和降落后在浅滩上密密麻麻站立的壮观景象总让我惊叹不已。秋天它们从北方而来的时候,腹部是白色的,和它们名字中

黑腹滨鹬　*sakhalina*亚种　繁殖羽

黑腹滨鹬　非繁殖羽　腹白

黑腹滨鹬　*arcticola*亚种　繁殖羽

的黑腹毫不沾边。春天南来的时候，群体中的不少黑腹滨鹬已经迫不及待地换上了求偶时穿的繁殖羽，这时我才看清了它们的黑肚子。黑腹滨鹬经历了长时间的迁徙飞行，消耗了不少能量，急迫地觅食。黑腹滨鹬吃起东西来会在一处连着啄，而环颈鸻在一处只啄几下。它们吃了一阵子后纷纷趴下休息，有的转过头，把喙插入后背（并缩起一只脚），打起盹来。当然，群体中仍留有精力充沛的、强壮的鸟儿放哨，鸻鹬类通常拥有良好的视力，一有异常情况，比如猛禽出现，便会立刻全体起飞。黑腹滨鹬数百只快速地飞在空中，就像是一阵旋风刮过。它们会飞到另一处安全的所在，继续觅食、打盹，或洗上一个澡。

　　弯嘴滨鹬的数量要比黑腹滨鹬少得多。秋天的时候，两种鸟羽色相似，分辨黑腹滨鹬和弯嘴滨鹬要看喙的长度和厚度，弯嘴滨鹬的略细长。具体点儿说，看喙长相对于头长的比例，弯嘴滨鹬的要略长，并且弯嘴滨鹬的喙要来得纤细一些，喙中部到尖端的下弯程度更大（黑腹滨鹬的喙只是前端下弯）。等到了春天，弯嘴滨鹬穿上繁殖羽就好认多了，此时弯嘴滨鹬的头部和胸腹部的羽色变为棕红色，和黑腹滨鹬的腹部变黑的繁殖羽大不相同。不过，也因此，有鸟友把弯嘴滨鹬的繁殖羽错

黑腹滨鹬　群体活动，常集成成百上千只的大群

弯嘴滨鹬　繁殖羽

弯嘴滨鹬　两只换羽程度不同

认为红腹滨鹬，如果看过红腹滨鹬，那就不会搞错。这两种滨鹬的繁殖羽，除了胸腹部都红，喙型和体态都是不同的。

　　站在南汇滩涂上的弯嘴滨鹬用它下弯的嘴在泥滩上觅食，啄出沙蚕来吃。它们往往将喙插得很深，一插到底，只露出喙的基部，弯嘴不见了！它们有时候也在海堤内的鱼塘中，将头完全埋在深水中觅食。春天时的弯嘴滨鹬的群体中有的是繁殖羽，有的还尚且是非繁殖羽。不吃饭时，站在一起，非繁殖羽的弯嘴滨鹬也显得十分好认，因为嘴长得一模一样吗？什么鸟都是这样，多看看，感觉就来了。

红颈滨鹬/三趾滨鹬/小滨鹬

鸻形目/丘鹬科/滨鹬属

　　在上海见到的脚为黑色的滨鹬中，黑腹滨鹬和弯嘴滨鹬的喙长略等于头长，而红颈滨鹬、三趾滨鹬、小滨鹬的喙长短于头长。滨鹬一年换两次羽，繁殖羽、非繁殖羽，还有中间换羽未完成时的羽色各不相同，喙和脚是重要的识别特征。

　　春天的时候，红颈滨鹬占满上海南汇的堤内的河滩，同样也常在海滩上出现，是出现在上海南汇的鸻鹬类水鸟中数量最多、停留时间最久的鸟种之一，至少排名前三。它们太小了，才15厘米长，是水鸟中的小个子，但看起来充满活力。红颈滨鹬总是集群行动，分散在浅滩上觅食，群体中若是有一只发现敌情，呼啦一下，它们就全都飞走了。然后在不远的、它们认为安全的地方又会降落，继续觅食。红颈滨

红颈滨鹬　繁殖羽　　　　　　　　　　　红颈滨鹬　非繁殖羽

鹬食欲旺盛,总是不停地在吃。它们边跑边啄食,在泥土里探寻软体动物、昆虫幼虫等食物。因为红颈滨鹬体型小、腿短,所以不能在较深的水面上活动,在较低的水面上,它们也常常将头埋入水中觅食。

　　天气变热之后,这些温顺的小精灵就都会消失,飞向北方繁殖地。夏末秋初的时候,它们还会返回,只是颈部的红色渐渐消失,从繁殖羽变为非繁殖羽。

　　因为红颈滨鹬数量多,而且过境的时间很长,所以我观察得比较多,比如我曾多次看到它们洗澡,并拍下视频。涉禽虽然常常脚泡在水里,但身子不泡在水里,所以也很爱洗澡。和见过的黄腹山雀、白腹蓝鹟等林鸟相比,红颈滨鹬、黑腹滨鹬等水鸟的洗浴时间更长、更悠闲,它们在水中蓬松羽毛,用鸟喙啄毛,用脚爪挠弄喉部、颈部和尾部,各种动作使得洗浴更细致。另外,除了把腹部浸泡于水中,鼓翅让水花溅湿全身等相同动作之外,它们还常常在洗浴过程中拍翅飞离水面,在空中抖落一下水分。洗完澡后的红颈滨鹬就近上岸,悠闲自在地整理羽毛。红颈滨鹬和黑腹滨鹬等都是群栖性水鸟,通常会有群体中的成员在同伴洗浴时负责警戒。

　　三趾滨鹬也是脚为黑色的滨鹬,这种滨鹬最特别的一点在于只有三趾。三趾滨鹬也和红颈滨鹬混群,但三趾滨鹬比较执着于海水的生境,我几乎没在上海南汇的海堤内见过,每次见都是在海滩上,涨潮了它们也不和红颈滨鹬一起飞进内塘。9月中旬的一天,早上6点多,我就见到几只三趾滨鹬在退潮的滩涂上觅食,正午满潮时,则和两只中杓鹬一起,站在丁字防波堤上躲避潮水,这时看得更清楚:21只三趾滨鹬哪一只都没有后趾,一概只有三个前趾。三趾滨鹬在北极圈内的苔原地带繁殖,最南飞到澳大利亚和新西兰过冬,是长途迁徙的水鸟。春天的时候,三趾

三趾滨鹬

三趾滨鹬　注意看,都只有三个脚趾

滨鹬也一群群地过境上海,脚浸没在海水里看不到三趾也没有关系,凭着三趾滨鹬的体型、喙型,以及体色(非繁殖羽要比其他滨鹬都要来得白,繁殖羽似红颈滨鹬,颈部和背部等处棕红色,但体型比红颈滨鹬大得多),是可以轻松确定鸟种的。

　　小滨鹬和剑鸻一样,是我在上海南汇比较值得自豪的水鸟记录之一。小滨鹬在中国海岸线上的数量较少,而且它和红颈滨鹬太相似了,又常常喜欢单只混在一大群的红颈滨鹬里,这给寻找和分辨小滨鹬带来了难度。

　　鸟类的辨认,其实像极了小时候看图找不同。仔细看图鉴,小滨鹬和红颈滨

小滨鹬　非繁殖羽

小滨鹬　腿长(胫部长)

鹬虽然相似,但还是能够找到不少不同的。比起红颈滨鹬,小滨鹬的飞羽和覆羽的羽缘为红棕色(这是很重要的一点),背部有乳白色的V形白斑,小滨鹬的腿长,特别是胫部(鸟的腿的上半部分为胫部,下半部分为跗跖)比红颈滨鹬来得长,另外,繁殖羽的小滨鹬,额白、喉白,而红颈滨鹬的繁殖羽,这些部分都是红的。知道辨识的关键点后,再到一群群上百只的红颈滨鹬中找,如果有小滨鹬,是能够分辨出的。

小滨鹬　背部特写　飞羽羽缘红棕色

小滨鹬　繁殖羽　背部的白色V形

小滨鹬(左)和红颈滨鹬(右)　比较一下胫部和喉部

这一年的春季,我看了许多群红颈滨鹬。一天下午,我在一群红颈滨鹬中找到了一只有那么一点不合群的小水鸟,类似红颈滨鹬,但在镜头里符合上述的小滨鹬的所有特征,"众里寻他千百度",我终于见到了一只小滨鹬,立马欣喜地给它拍下照片。几个月后的秋天,我竟然再次发现了小滨鹬,这次不是一只,而是两只。难道是春天经过南汇的那只小滨鹬在北方繁殖地带了一只同伴下来吗?

大滨鹬/红腹滨鹬

鸻形目/丘鹬科/滨鹬属

大滨鹬是濒危(EN)物种,我在通往小洋山的东海大桥附近的海边滩涂上见过,却从没有在南汇海堤内见到过,它们应该更喜欢海水的生境。大滨鹬的确体型大,而且喙长、喙基厚,在滨鹬里是大个子。春天时看到的大滨鹬,胸部和颈部有密集的大点斑。熟知这几个特征,就不难把它们从一大群鸻鹬中辨认出来。

大滨鹬一般群体活动,有时候成十多只的小群出现,也有上百只的大群,它们在滩涂上和小小的红颈滨鹬一样,在潮线边总是忙忙碌碌地低头吃食,大多数时候慢走着在滩涂上用嘴往前"犁地",有时候也会疾步快行,只不过肯定不会像小不点儿红颈滨鹬那样"哧溜哧溜"地快跑。因为它们总是忙着吃东西,我想等它们站定、抬起头来时,拍张标准照却也不那么容易。大滨鹬的嘴比红颈滨鹬的长,能吃的东西不一样,大滨鹬用长嘴在滩涂上挖得比较深,我见过它们吃到小的蛤蜊。看

大滨鹬　喙长,体型大,胸前黑斑

大滨鹬　和红颈滨鹬进行体型比较

红腹滨鹬

红腹滨鹬　和大滨鹬比较

到濒危鸟类的大滨鹬的大群出现，自然十分欣喜。欣喜之余，更要保持距离地远观，好让这些长途迁徙而来的水鸟好好地歇息觅食，以继续下一段迁徙之旅。

　　红腹滨鹬和大滨鹬在外形轮廓上相仿，但要稍微小那么一号。春天时看到的红腹滨鹬，鸟如其名，头侧和下体为栗红色，而且越接近完全繁殖羽，下体栗红色的面积越大，很好判断。到了秋天，下体又是白色的了，这时候要结合其喙长等于头长的特征并综合体型来判断。

　　红腹滨鹬的繁殖地在环北极地带，也是一种长途迁徙的水鸟。红腹滨鹬和大滨鹬一样，也是受胁物种，濒危程度为近危（NT），我每次在南汇嘴看到的红腹滨鹬的数量都不多。红腹滨鹬喜欢和大滨鹬混在一起，两种鸟的英文名都叫Knot，红腹滨鹬为Red Knot，大滨鹬为Great Knot，脚均为暗绿灰色。有一次，一只红腹滨鹬低头吃东西，吃着吃着，和另一小群大滨鹬离得远了，赶忙停下觅食，快步追上那群大滨鹬。红腹滨鹬进食时，将不太长的喙插入泥滩中，能感知水波的变动，以此判断底栖生物的存在并将其捕获。

青脚滨鹬/长趾滨鹬/尖尾滨鹬

鸻形目/丘鹬科/滨鹬属

　　脚为黄绿色的滨鹬中，我见过青脚滨鹬、长趾滨鹬和尖尾滨鹬。青脚滨鹬的主要特征是胸部的灰褐色和腹部的白色之间的界限非常分明，且腿短，略显矮胖。在同为喙短、脚为黄绿色的滨鹬中,青脚滨鹬最易于辨认。我第一次见到的青脚滨鹬,是一个过境南汇的4只的小群,它们飞过水面,边飞边叫,叫声轻快而独特,飞速极快。后来又见到几次青脚滨鹬,基本都单个或成小群独自活动,在南汇一般不与其他鸻鹬类水鸟在内塘里混群,属于独来独往的鸟种,且比较胆小。

长趾滨鹬在南汇比较常见,在春天相当长的时间里,可以一直看到它们。尽管它们的个头和红颈滨鹬差不多,体长14厘米,属于小型滨鹬,但长趾滨鹬中的个体似乎普遍比较胆大,当红颈滨鹬齐刷刷被惊飞时,长趾滨鹬还是自顾自地待在原地,不怎么爱挪地方。长趾滨鹬得名于它中趾特别长的脚趾,这个在望远镜里看是能体会到的。

尖尾滨鹬在春夏季的时候,和长趾滨鹬一样,羽色也为棕红色,"瓜皮头",但是体型比长趾滨鹬大不少。鸻鹬类看多了,你会对体型大小很有概念,尤其它俩站在

青脚滨鹬 青脚、体小、矮壮

青脚滨鹬 胸腹部界限明显

长趾滨鹬 繁殖羽 两肋白、无箭头状竖纹

长趾滨鹬 非繁殖羽 注意一下它的脚趾,中趾特别长

长趾滨鹬、红颈滨鹬、林鹬（由下至上）
比较一下

一起时，更能明显地分出大小来；就算不
在一起，看多了也能一眼看出谁是谁。其
实，这两种滨鹬外表上尽管相似，但是仍
然有很明显的分辨点：尖尾滨鹬两肋有箭
头状纵纹，而长趾滨鹬的体侧无斑纹。

尖尾滨鹬　两肋的箭头状纵纹

尖尾滨鹬　非繁殖羽　这只腿上还戴着环志

尖尾滨鹬、长趾滨鹬、红颈滨鹬　（由上至下）
比较一下

流苏鹬

鸻形目/丘鹬科/流苏鹬属

流苏鹬在上海不多见，偶有过境鸟出现，一般仅单只。流苏鹬的主要特征就两点：体型大，喙却很短。我在上海南汇，于数百只鸻鹬的混群中，找到一只流苏鹬，即依据了这两个重要的辨识点。这再一次说明了在鸻鹬的识别中，体型和喙型（以及脚）的重要性。

流苏鹬很独特，被称为"性四态"，繁殖季时聚集在求偶场，除了雌鸟之外，雄鸟有三种形态，羽色华丽且项圈为黑色或栗色的"独立型"雄鸟占有领域，而项圈黑白相间或是一身纯白的"卫星型"雄鸟四处游荡，并会进入"独立型"雄鸟的领域伺机与雌鸟交配。有意思的是，"独立型"雄鸟不会允许其他"独立型"雄鸟进入自己的领域，却会默许"卫星型"雄鸟进入（因为雌鸟更喜欢有两种不同型雄鸟

流苏鹬　左边体大喙短的那只

存在的领域）。另外还有一种"拟雌型"雄鸟，以雄性之身拟成雌鸟的羽色，伺机"浑水摸鱼"与雌鸟交配。

　　流苏鹬的繁殖地在北方，所以在上海无缘得见雄鸟繁殖羽，但能见到稀罕的流苏鹬已经很令人开心了。在上海南汇，我看到了绝大多数在上海有记录的鸻鹬的种类，海边滩涂上、浅水的河道中、稻田中，大大小小、喙型不同、脚色不同的鸻鹬候鸟混在一起，却能一个个分辨，是很有挑战和乐趣的。鸟的各个大类中，鸻鹬是我非常喜欢的。

大凤头燕鸥

鸻形目/鸥科/凤头燕鸥属

　　我徒步在南非好望角附近的海岸线上时，见到一群大凤头燕鸥栖息于海边的岩石上。南大西洋的海风猛烈地吹着，它们岿然不动，枕部的羽毛被吹成"朋克风"，都竖立了起来，是名副其实的凤头。彼时天色已近傍晚，它们正准备休息。白天的时候，大凤头燕鸥飞翔于海面上空，就像海面上的燕子，以敏锐的目光注视水面，一旦发现有鱼靠近水面，马上以惊人的速度一个猛子扎下去，就能轻松吃上海鲜大餐，捕捉到鱼儿的成功率极高。

　　在中国东南部海岸，也有大凤头燕鸥分布，但数量较少。更加稀少的是一种也有凤头、喙黄色，但喙尖为黑色的中华凤头燕鸥（因为喙尖黑色，所以也叫黑嘴端凤头燕鸥，并且体羽比大凤头燕鸥来得浅，是独立种）。我虽然从来没有看到过中华凤头燕鸥，却听过它们的传奇。

　　中华凤头燕鸥于1863年命名定种，然而1937年之后的60多年内几乎无人得见，直到2000年6月，一位中国台湾的鸟类摄影师在福建马祖列岛拍摄大凤头燕鸥，事后细看照片，才无意间发现了黑嘴端的中华凤头燕鸥，一度成为重大新闻！

大凤头燕鸥　看我的朋克头帅不帅

大凤头燕鸥　喜欢过集体生活

　　稀少的原因之一，可能与从前被大量捡拾鸟蛋有关，而如今在中华凤头燕鸥和大凤头燕鸥的繁殖地，已经建立起了国家级自然保护区。据估计，目前全球中华凤头燕鸥的数量超过了100只，虽然仍少得可怜，但已比前几年有了令人可喜的增长。

印加燕鸥

鸻形目/鸥科/印加燕鸥属

　　印加燕鸥太有特点了，差不多是燕鸥中外形最异类的一种。它的体色以蓝黑色为主色，而不是燕鸥通常的白色体羽加黑色头顶那样的标配。更不一样的是嘴裂的黄色和脸颊上末端突出在外的白色卷毛，就像是它的一簇白色的大胡子。再配上红喙和红脚,印加燕鸥算得上是色彩丰富的燕鸥。

在秘鲁的鸟岛,印加燕鸥栖息于陡峭的岩石上。鸟岛既是上百万只秘鲁鲣鸟的繁殖地,也是印加燕鸥的繁殖地。印加燕鸥的巢筑在岩石缝隙中,有时也会借用鸟岛上秘鲁企鹅的旧巢。印加燕鸥和秘鲁鲣鸟一样,也采用扎入式的方式捕鱼。从空中往下俯冲时的高度越高,就能扎入得越深,但是它们不能像秘鲁鲣鸟那样扎入水后继续往深海潜,所以得看准了扎。印加燕鸥大概平均每三次扎入海面,有一次能成功地捕捉到鱼。幼鸟要练成这种捕鱼本领,则需要一个过程,最开始的三四个月得由亲鸟喂食,大概一两年后才能熟练地自己捕鱼。印加燕鸥也喜欢在座头鲸、海狮和海豹觅食时,成群地在海面上空冲入水中,啄食大型海洋哺乳动物吃剩的食物残渣。

印加燕鸥的种群数不大,并且分布地仅限于洪堡洋流流经的海域,它们也是全球性濒危物种之一,属于近危(NT)物种。

印加燕鸥

粉红燕鸥

鸻形目/鸥科/燕鸥属

粉红燕鸥是一种体型中等的燕鸥
(33 ～ 43厘米)，夏季时细长的嘴变为红
色(嘴尖可能仍留有一点儿黑)，像涂了口
红的嘴，色彩鲜艳而惹人喜爱(冬季时嘴变
为黑色)，下体呈现粉红色调(但冬季时粉红
消失)。粉红燕鸥的翅翼下方、下体和尾羽都是
雪白的颜色，尾羽打开时深叉形很明显。黑头罩
在冬季时，前额部分的黑色消失。

粉红燕鸥 夏季繁殖羽

粉红燕鸥是海洋性燕鸥，出现在海岸线
上、海岛和开阔的大洋上。它们爱叫，叫声尖
利刺耳。边飞边叫，飞行时振翅很快，时常俯冲捕食海中小鱼。

燕鸥属鸟类拥有流线形的身体，身形和翅膀比鸥来得狭长和优雅，尾比较长，
通常呈深叉形。长尖形的翅膀让燕鸥拥有极强的飞行能力，能够适应数千千米的
长途迁徙。长途迁徙的鸟类，双翼较尖；而不迁徙的留鸟，或者不怎么爱飞的鸟(典
型的如鸡型目鸟类)，则翅形较圆而短。同是燕鸥属的北极燕鸥，在北极和南极之
间迁徙，往返距离超过3万千米，是动物中已知迁徙距离最长的一种，其迁徙距离
之长，令人惊叹！燕鸥们在迁徙飞行时，往往在飞到一定的高度后，就利用上升气
流进行滑翔，并且顺应风势，以此来节省体力。

普通燕鸥/鸥嘴噪鸥/白翅浮鸥/须浮鸥/白额燕鸥

鸻形目/鸥科

在宁夏银川的鸣翠湖湿地里，我拍下了这张捕鱼成功、正在吞咽的普通燕鸥的
照片，拍摄时间为7月。这是一只幼鸟，刚在繁殖地出生不久，它的下喙的基部为
黄色，背部有暗褐色的斑纹。不同于前文的印加燕鸥、大凤头燕鸥和粉红燕鸥，那

普通燕鸥 *minussensis*亚种 嘴红色、尖部黑色

普通燕鸥 *longipenis*亚种 嘴黑色

普通燕鸥 幼鸟 注意看喙基部的颜色和背部的暗褐色斑纹

几种我都在海水生境里看到，普通燕鸥既出现于海边，也出现在内陆的湖泊和沼泽地，这里放在一起的其他4种也是这样。普通燕鸥在上海是旅鸟，秋季过境停留的时间比春季长，更容易看到。

普通燕鸥，不同的亚种的喙有黑色和红色（尖部黑色）的不同，脚也有黑色和红色的不同。普通燕鸥的喙型纤细、体型中等（比如与鸥嘴噪鸥站在一起时显小，与白额燕鸥站在一起显大），显得修长优美。繁殖羽从前额至后枕全部为黑色，非繁殖羽前额变为白色，头顶至后枕的黑色区域也缩小。停栖时的普通燕鸥，腿短，初级飞羽翅尖和尾尖等长，或飞羽长于尾尖（粉红燕鸥的翅尖短于尾尖）。另外，飞行时，可注意到普通燕鸥的尾羽的最外侧为黑色或灰黑色。

鸥嘴噪鸥的喙和普通燕鸥的喙比起来，鸥嘴噪鸥的喙明显粗壮且短，因此得名"鸥嘴"。但鸥嘴噪鸥的身形、翅翼、深叉尾则是燕鸥的，所以英文名叫做Gull-billed Tern，Gull-billed指鸥嘴，Tern指燕鸥。鸥嘴噪鸥的一个重要特点是脚和喙都为黑色。繁殖期时前额、头顶和后颈也是黑色的，而成鸟非繁殖期时头白，仅眼周和眼后留有一块黑斑，幼鸟的下喙的喙基则是黄色的。鸥嘴噪鸥的腿长，和普通燕鸥站一起，不仅喙比普通燕鸥粗壮，而且腿明显更长。

　　白翅浮鸥（23～27厘米）的体型要比鸥嘴噪鸥（33～43厘米）和普通燕鸥（32～39厘米）来得小，春夏季的繁殖羽几乎通体乌黑色，仅翅翼上的覆羽是白色的（飞羽为灰黑色），白翅的名字由此而来。繁殖羽时因为头部全黑，眼睛也是黑色，怎么拍都感觉拍不出眼睛似的。尾羽倒是雪白的，比翅翼上的白（白翅）更明显，身上唯一鲜艳的颜色是橘黄色或者深红色的脚。秋天时的非繁殖羽，整体的黑色几乎消失殆尽，背部和翅翼为灰白色，头部变白，仅剩一个类似头戴式耳机的灰黑色斑块，也就是说耳羽的灰黑色斑块和头顶部的相连。幼鸟和非繁殖羽相似，背部和两翼的覆羽有黑褐色斑块。白翅浮鸥飞翔时非常轻灵，飞行高度离开水面不高，成群地活跃于鱼塘的上空。白翅浮鸥的繁殖羽的照片，我拍摄于上海，但它们在上海通常是旅鸟，春季停留的时间短于秋季。白翅浮鸥在中国的繁殖地是东北和华北的省份。

鸥嘴噪鸥　繁殖羽　注意看它的腿较长

鸥嘴噪鸥　非繁殖羽　它的嘴是不是特别厚？

鸥嘴噪鸥　吃大虾　喙基部的黄色显示它是一只幼鸟

白翅浮鸥　繁殖羽　这只的脚橘黄色

　　须浮鸥和白翅浮鸥的体型差不多,繁殖期时喙为暗红色。须浮鸥中的"须"字,意为胡须,春夏季繁殖期的须浮鸥,头罩黑色,而胸腹部深灰色(灰黑色),夹在中间的脸颊和喉部是白色,好似白胡须。而"须"字后的"浮鸥"两字,乃是因为它们通常将巢建在由芦苇遮蔽的水面上,巢浮于水面上。秋冬季非繁殖期时,须浮鸥和白翅鸥一样,喙的颜色会由红变黑,头罩的黑色亦逐渐消失不见,仅在眼后耳羽处还有黑色区域,这和头顶还留有黑色的白翅浮鸥的非繁殖羽不同。另外,须浮鸥和白翅浮鸥的喙短(相对要比普通燕鸥的短),翅翼长,停栖时,这两种浮鸥的初级飞羽的翅尖都超过尾羽。须浮鸥的脚比起其他燕鸥来都要长一些。

　　白额燕鸥在英语里叫Little Tern,意为小燕鸥,是体型很小的燕鸥,当几种不同的燕鸥一起排队站立时,白额燕鸥几乎是一个不显眼的小不点儿。白额燕鸥的中文名取其繁殖羽时前额的白色,而头部除了这一点白外,和其他燕鸥一样,头顶和

白翅浮鸥　飞行中白翅明显　这只的脚深红色

白翅浮鸥　繁殖羽(上)和非繁殖羽(下)

须浮鸥　成鸟　秋天时黑色的头罩正在消失,喙由暗红变为黑色

须浮鸥　幼鸟　背部和翅翼覆羽有褐色斑块,眼后黑斑

白额燕鸥　繁殖期　喙黄色、喙尖黑色　　　　白额燕鸥　和鸥嘴噪鸥体型比较

后颈的余部为黑色,并有一条明显的黑色眼纹。白额燕鸥的喙,繁殖期为黄色,喙尖黑色,在望远镜里很明显,但冬季非繁殖期时喙的颜色由黄变黑,头顶和后颈的黑色部分减少。白额燕鸥,无论成幼,脚均为明显的橘黄色。

　　这5种燕鸥或浮鸥,迁徙季时均在上海可见,其中须浮鸥和鸥嘴噪鸥在上海或上海附近有繁殖,所以夏秋季时能见到不少幼鸟。须浮鸥幼鸟的体羽和成鸟的非繁殖羽相似,但背部和翅翼覆羽有褐色斑块。它们会快乐地在鱼塘和虾塘里俯冲捕食,姿态轻灵,吃鱼时往往一口还吞不下,要吃老半天。等到了10月初的时候,天气变冷,鱼虾渐少,而幼鸟的羽翼也已长成,于是燕鸥们纷纷南飞,飞往更温暖的南方过冬。

澳洲红嘴鸥/新西兰黑嘴鸥/红嘴鸥/哈氏鸥

鸻形目/鸥科/彩头鸥属

　　澳洲红嘴鸥,红喙红脚,淡灰色的翅膀,身材小巧。澳洲红嘴鸥是新西兰的优势物种,广为分布,不仅出现在沿海,也出现在内陆水域,还有很多生活在新西兰的城市里。它们吵闹而敢于亲近人,在城市中争抢食物,相比之下,海岸线上没有人喂食的澳洲红嘴鸥看起来要比城市里的文静多了。另一种喙黑色的新西兰黑嘴鸥却是濒危(EN)物种,自然分布仅限新西兰。黑色的喙长而且细,脚黑红色,眼睛浅色。南岛皇后镇的湖边,新西兰黑嘴鸥停留在游客的胳膊上、手上,几十只群飞以争抢食物,简直闹得不像话。

　　中国的红嘴鸥和澳洲红嘴鸥不同种,眼睛虹膜褐色或黑色,而澳洲红嘴鸥的眼睛虹膜白色、眼圈红色。中国最广为人们所熟悉的是冬季在昆明的翠湖公园里聚群的红嘴鸥。红嘴鸥在英文里叫 Black-headed Gull,即黑头鸥,指红嘴鸥成鸟的繁殖羽头部有黑棕色的头罩。在英国,红嘴鸥也司空见惯,我在很多英国城市里都见过,那儿的红嘴鸥们一点儿都不怕人。但在上海,红嘴鸥并不比体型大得多的银鸥常见。11月下旬的时候,一只孤零零的红嘴鸥出现在南汇嘴,在我拍下的照片中,它和白鹭、青脚鹬同框。这是一只第一年冬羽的红嘴鸥,喙橙色而非红色,喙尖黑色,尾羽上有褐色斑,眼后一块黑色点斑。一个在其他地方司空见惯的鸟种,在一个不那么常出现的地方现身,反倒给人一份惊喜。后来我还

澳洲红嘴鸥

新西兰黑嘴鸥

红嘴鸥　繁殖羽

红嘴鸥　亚成鸟

在黄浦江上看到过红嘴鸥，也仅一只（第二年冬羽），比起它身边数量多得多的银鸥来体型要小得多。红嘴鸥飞起时，翼下的初级飞羽黑，外侧白。

　　同属于彩头鸥属的哈氏鸥远在南部非洲，我在南非和纳米比亚的海岸线上见过。哈氏鸥的命名是为了纪念一位德国物理学家和动物学家。外貌上，哈氏鸥的喙和脚都是暗红色，只不过比红嘴鸥的颜色暗；性格上，和红嘴鸥相

哈氏鸥　拍摄于南非

仿，它们习惯于和人类相处，温顺却有些吵闹。哈氏鸥是诸多鸥类中数量较少的一种，为当地留鸟，并不长途迁徙。

黑背鸥/斑尾鸥/西美鸥/蒙古银鸥/西伯利亚银鸥/乌灰银鸥/海鸥/黑尾鸥

鸻形目/鸥科/鸥属

　　我在南非的海岸线、澳大利亚和新西兰的海岸线，都看到过黑背鸥，这种鸥是赤道以南分布最广的鸥。黑背鸥的成鸟背部和两翼均为黑色，头部、腹部和尾部则

为白色,有一个黄色的大喙,下喙的前端有红点;但黑背鸥的幼鸟完全不同于成鸟,从喙和脚的颜色,到整个身体的体色,无一相像。这是鸥类的一个重要特点:亚成鸟会换好几种不同羽色的羽毛,直到成熟,并且根据种类的不同,这一阶段可能需要好几年,比如黑背鸥幼鸟要花上3年的时间,才能长出丝滑光亮的白羽毛,而在第4年才有生育能力。黑背鸥的喙很长、特别厚,能够用来捕鱼,甚至用来袭击其他鸟以抢夺食物。黑背鸥相当杂食,在南非海域的大西洋上,它们捕捉被南露脊鲸惊起的无脊椎动物,啄食南露脊鲸背上的溃疡,偷吃大凤头燕鸥的食物,杀死小型鸟类,吃成群的白蚁。在纳米比亚的鲸湾,我也曾见过黑背鸥,它们出没在鱼类加工厂附近,伺机捡拾鱼。

斑尾鸥也分布在南半球,见于南美洲西岸的太平洋海岸线上。斑尾鸥的上喙和下喙的喙尖都有红色和黑色的斑点,成鸟的繁殖羽也和黑背鸥一样是黑背黑翅,

黑背鸥 拍摄于南非

黑背鸥 亚成鸟

斑尾鸥 拍摄于秘鲁

斑尾鸥 亚成鸟

白头白腹,白尾上有一条黑色横带,故称为斑尾。有意思的是,斑尾鸥的非繁殖羽,头部是黑色的,进入繁殖期,头部才变白,另外幼鸟的长相也和成鸟大不相同。我在秘鲁只见过非繁殖期的成鸟和幼鸟。

西美鸥在英文里叫作Western Gull,意为"西部鸥",它们生活于北美洲西部的太平洋海岸线上,能在加州海岸线上经常见到。西美鸥停留在加州各个沿海小镇的海边栈桥上,压根儿不怕人,就算你离它们再近,它们也懒得挪动地方。

在上海,鸥属里体型大的银鸥常见的有蒙古银鸥、西伯利亚银鸥、乌灰银鸥(也被称为小黑背银鸥或灰林银鸥)和较为少见的灰背鸥(越冬地一般在上海的更北方,比如辽东半岛),而其中大部分是蒙古银鸥。这4种体型相似的大型银鸥的成鸟,均为初级飞羽黑色有白斑,我自己总结,分辨起来,一看背部灰色的程度,二看脚的颜色。蒙古银鸥和西伯利亚银鸥的背部灰色较浅,脚都是粉红色但蒙古银鸥

西美鸥 拍摄于美国

西美鸥 亚成鸟

蒙古银鸥 2月初浮水于上海黄浦江面上

蒙古银鸥 成鸟 飞行

蒙古银鸥 亚成鸟 背景为上海东方明珠电视塔

西伯利亚银鸥 拍摄于上海吴淞口

蒙古银鸥 水面上举翅的成鸟7枚黑色初级飞羽

西伯利亚银鸥 浮水于黄浦江上 背部灰色浅、头颈部多竖纹

成鸟的头部白、没有深色斑纹或很少，而西伯利亚银鸥成鸟的颈部/头部有明显的纵纹，且喙不似蒙古银鸥那么厚。乌灰银鸥和灰背鸥的背部的灰色较前两种来得深，且以灰背鸥的背色最深（并且体型也更大）。乌灰银鸥的脚是较明显的鲜黄色的（蒙古银鸥的少数个体也有黄色的脚，但不如乌灰银鸥的脚那么鲜黄，且背部灰色较浅），而灰背鸥的脚为深粉红色，即灰背鸥不仅背部颜

西伯利亚银鸥(右)和蒙古银鸥(左)

乌灰银鸥(小黑背银鸥) 拍摄于上海吴淞口

色深,脚的粉红色也更深。对于背部灰度的把握,最好是在一群不同种的银鸥中进行比较,并且在天气的选择上,阴天或多云的天气反而可能较少受到阳光强烈时因为光线而引起偏差的影响,比较能看清是"五十度灰"还是"八十度灰"。有时候,实在把握不准,拍下来再判断不失为一个好方法。不过要注意,在强烈的阳光下,银鸥的图像非常容易过曝。

　　每年冬天,上海的黄浦江中,必有银鸥的身影,它们是来上海过冬的老朋友。银鸥大多在江面上休息,对于往来频繁的船只就在身边驶过也毫不在意;也经常在或低或高的空中盘旋,银鸥翅翼狭长、身形较大,飞行姿态令人赏心悦目。它们也在炮台湾湿地的滩涂上栖息、捕捉小鱼、快乐地洗澡(边洗澡边不停地点头)。

　　这些银鸥还会深入到外白渡桥到四川路桥一带的苏州河上空,飞行的速度不

乌灰银鸥　浮水于黄浦江上,背部灰色深、脚黄色

快且经常悬停,因此,站在被摄影爱好者称为"法师桥"的乍浦路桥上,往往可以拍得在苏州河面上飞翔的银鸥的照片,背景则是东方明珠电视塔或是外白渡桥。也许照片里的银鸥脚上还抓着刚从苏州河里捕捉上来的鱼。

上面的笔记只对银鸥的成鸟做了区分,然而如同第一段中提到的黑背鸥一样,银鸥(以及其他一些鸥)也是一年换两次羽,一年中换羽的累计时间可长达3～4个月,而且同种银鸥的不同个体的换羽的时间早晚还各不相同,所以实际上没有两只银鸥的羽色看起来是完全一样的。在第4年成年之前,在上海看到的银鸥有幼羽、第一年冬羽、第二年冬羽、第三年冬羽(有些如灰背鸥还有第四年冬羽)之分,同一种鸟的羽毛会有好几种不同的羽色,具体的要根据图鉴一一对比,要看得很熟才好。因为变化实在太多,往往等到了又一年冬天还是需要对照图鉴,再复习一遍。相对来说,冬天时同样易见的鸭子要比银鸥容易分辨得多了,都能轻松分清,而银鸥的各个阶段的特征的确比较费脑筋。如果单就幼羽而言,因为在上海见到蒙古银鸥的数量最多,蒙古银鸥的幼羽和第一年冬羽,尤其是1—3月时,明显发白。

顺便一提的是,观察和分辨银鸥,在地点的选择上,黄浦江上的银鸥多半浮在江中,而宝山和南汇海滩边的银鸥在低潮时则站在滩涂或浅水中,能看清脚。

体型中等的是海鸥和黑尾鸥,比银鸥体型小,比红嘴鸥略大一点儿。海鸥英文名叫Mew Gull,Mew是叫声的谐音,中文标准名中的海鸥则特指这一种,而非大众对所有鸥的统称。在上海,冬季时出现的海鸥,远没有银鸥的数量多,并与银鸥混群。但在一大群银鸥中并不难找到少数的几只海鸥,因为海鸥站在银鸥身边时,明显体型偏小,并且海鸥的黄色的喙明显要来得细和短,喙上也没有红色的斑点,脚则是黄色的。因此依据体型、喙和脚这三点,并不难找见海鸥。要注意的是,海鸥的第一年冬羽时,腿是偏粉色的(并非像成鸟那样腿黄色),喙黄色,喙尖黑色。

比起海鸥的纯白尾羽,黑尾鸥的尾端有黑色的宽斑(黑尾鸥名字的由来),成鸟头部白色,腿为黄色。喙是黑尾鸥的另外一个重要特征:黑尾鸥的喙尖,最尖部

海鸥　成鸟

海鸥(右)的第一年冬羽,蒙古银鸥(左)

哪一只是海鸥? 另外4只为蒙古银鸥

黑尾鸥　成鸟

有红色斑,次尖部有黑色斑,其余黄色。黑尾鸥出现在上海的南汇较多,5月初的海滩上我曾看到过黑尾鸥交配。黑尾鸥雌雄难分,但一对在一起时,踩在雌鸟背上的雄鸟明显体型大一号。它们在交配前卿卿我我,有"亲嘴"的行为。在北方的黄渤海海域,黑尾鸥更是很容易见到的一种鸥。如果去威海的海驴岛,或者是坐上烟台的渡轮去长岛,见到最多的鸥就是黑尾鸥。在日本和朝鲜半岛的沿海,黑尾鸥也很多见,被称为"海猫"和"猫鸥",它们喜欢跟着船飞翔。我曾经从吉林延吉出发,去过一次朝鲜,从朝鲜西海岸出海去看海豹,一群黑尾鸥跟随着我们乘坐的朝鲜渔船,不时地俯冲叼取游客抛向空中的食物。黑尾鸥自己也捕食海面上的小鱼,并有抢劫其他鸥类食物的习性。

珠颈斑鸠/山斑鸠/火斑鸠/棕斑鸠/粉头斑鸠/红地鸠/斑姬地鸠/冠鸠/铜翅鸠/新西兰鸠

鸽形目/鸠鸽科

　　城市上空常有一群人类家养的家鸽飞过,而从观野鸟的角度来说,会更着重于看各种"野鸽子"。在上海,珠颈斑鸠就是最常见的一种野鸽子,也是最常见的野生鸟类之一,在哪儿都能看到,比如居民楼的屋顶上、树林的树枝上、公园的地面上。它们在地上吃饭,吃各种植物的种子和果实,基本上素食,哪怕是一些极碎小的食物碎屑也吃,但很少吃虫;珠颈斑鸠不喜群居,喜欢独处,但性格温顺,说不上

珠颈斑鸠

珠颈斑鸠　筑巢

孤僻。繁殖时成对（有的也喜欢一直成对活动），但繁殖期不固定，全年的任意一段时间都有可能，它们在树上休息和筑窝，巢材用的是小树枝，巢比较简陋；有的珠颈斑鸠甚至把巢筑在了居民住房的阳台上，人类能看着雌鸟产下两枚白色的卵（不多不少就是两枚），然后雌鸟和雄鸟轮流孵卵，两星期后雏鸟孵化，接着还是雌鸟和雄鸟一起，轮流用"鸽乳"哺育小斑鸠（"鸽乳"是亲鸟从嗉囊中反刍出来的液体，以此哺育雏鸟是鸠鸽科鸟类共同的行为特征），孵化后到雏鸟离巢大约也是两星期。然而，尽管珠颈斑鸠与我们人类是如此相近，它们可还是自由自在的野鸟，自己觅食、自己繁衍，并且和人类保持一定距离。在野外时，最近的观察距离也就5米左右吧，再接近，人家珠颈斑鸠就飞走不给看了。

泰国北部的清迈城里，珠颈斑鸠的数量也特别多，爱叫，边叫边点头。求偶时雄鸟站在体型稍小一些的雌鸟的边上，倾斜身子，将颈部的羽毛拱起、点头、鼓喉、鸣叫，或是在雌鸟身边展翅绕圈飞行，并打开尾羽，以歌喉、体型、羽毛来打动雌鸟。清晨和傍晚，清迈城里到处都是许许多多珠颈斑鸠发出的"咕咕"的叫声。我时常在所住的楼房的三楼顶层闲坐，楼顶就有一对珠颈斑鸠，雄鸟比雌鸟羽色光亮一些，它们经常用嘴相互梳理羽毛，看起来夫妻之间情意绵绵。

珠颈斑鸠酒红色的肚子肥嘟嘟的，颈侧有黑白点斑，犹如白色的珍珠散落在黑色的地毯上，所以得名"珠颈"（幼鸟没有"珠颈"）；飞起来速度很快，路线笔直；尾羽很长，飞行时，尾羽扇形打开，可以看到尾部白色和黑色的两道羽缘，然而停立时尾羽收拢，就见不到黑白色了。珠颈斑鸠喝水也很特别，乌鸦和其他鸟儿喝水时需要仰头，而珠颈斑鸠却不仰头（鸠鸽科鸟类用舌头吸水）。这些都是我刚开始观鸟时最早的观察记录。

在上海南汇，迁徙季时，山斑鸠也总能见到。在南汇过境的山斑鸠看上去一只只都太肥胖了，我猜想是不是迁徙开始前大量"进补"造成的结果。比起珠颈斑鸠在上海占绝对多数的情形，山斑鸠在国内很多其他地方和珠颈斑鸠一样常见，在我拍过的山斑鸠视频中，它们用喙向左一下、向右一下，拨开地上的落叶，找寻落在地上的浆果吃。山斑鸠和珠颈

山斑鸠

斑鸠很好区分,珠颈斑鸠在颈侧的块斑是黑白点斑,而山斑鸠相同部位的块斑则是黑白斜纹,颈侧块斑就是两种鸟的"身份二维码"。并且,山斑鸠上体扇贝状斑纹、羽缘红褐色的翅膀和珠颈斑鸠有明显差异。

火斑鸠在南方地区,部分是留鸟,我是在清迈时见到它们的。有些火斑鸠则迁徙,在北方繁殖,南方过冬。在上海南汇也能见到火斑鸠,成群过境时,数十只停留在电线上,为旅鸟;但也有火斑鸠作为夏候鸟,夏天时在上海的郊区,雌雄成对活动。火斑鸠体型小,才23厘米,后颈有一道黑色半颈环。雄鸟背部和翼羽的红褐色比起胸腹部来更深,能看到清晰的界限,而雌鸟通体灰褐色。一对火斑鸠在一起时,雌雄明显不同,这一点,与雌雄同色的珠颈斑鸠和山斑鸠是不同的。

鸠鸽科的鸟(斑鸠和鸽)是鸟类中生存最成功的鸟类之一。旅行到世界各地时,无论是在城市还是在郊野,总能见到鸠鸽科鸟类。

火斑鸠　雄鸟

火斑鸠　雌鸟

棕斑鸠　拍摄于土耳其

粉头斑鸠　拍摄于肯尼亚

红地鸠生活在拉丁美洲，灰头灰颈，背部酒红色，翅膀上有黑色斑点。我在巴西里约的城市街道上观察过它们，红地鸠体型比火斑鸠更小，体长只有17厘米，比麻雀大不了多少。东南亚的斑姬地鸠和拉丁美洲的红地鸠一样，在城市地面行走觅食，斑姬地鸠的体型也小，体长20～23厘米。在清迈古城内外的城市街道路面上，每天都看到它们，偶尔在郊野的树上看到，反倒要惊讶一下子。

澳大利亚的铜翅鸠比较好看，胸部酒红色，前额淡黄色，眼上眼下都有白纹，翅翼上还有红蓝绿的色彩，是我喜欢的一种鸽鸠。相比之下，同样生活在澳大利亚，头上总顶着一簇毛、长着红眼睛的冠鸠的样子就没有那么讨喜。只是，冠鸠更容易见到，铜翅鸠却不那么容易接近。

鸠鸽科鸟类中，我看过的最大的当属新西兰鸠。在新西兰南岛福克斯冰川脚下的镜湖（马瑟森湖）湖畔，我在树林中徒步，一抬头，看到一只新西兰鸠端坐在树

红地鸠　拍摄于巴西

斑姬地鸠　拍摄于泰国

铜翅鸠　拍摄于澳大利亚

冠鸠　拍摄于澳大利亚

新西兰鸠

上，白色肚子，灰绿色的胸，这些还不是最主要的印象，我的第一印象是，天啊，它太大、太肥了！新西兰鸠体长有51厘米，体重600～850克，在鸽鸠中绝对是个大块头！我还从来没有看过比它更肥的鸽鸠。

新西兰鸠是当地原生种，毛利人称之为Kekeru，现今的种群数量不多，属于近危（NT）。新西兰鸠生活在森林中，爱吃浆果，新西兰特有的几种乔木的大果子只有它们能吞食。它们飞来飞去，果实未消化的部分在粪便中排出，就此帮助这几种乔木传播了种子。反过来说，如果新西兰鸠灭绝了，那几种新西兰特有乔木的物种繁衍也会变得岌岌可危。生态是一个完整而复杂的系统，在每一个链条上的生物都缺一不可。

大杜鹃/北方中杜鹃/中杜鹃/小杜鹃/四声杜鹃

鹃形目/杜鹃科/杜鹃属

大杜鹃是春天的使者，每年4月的时候，上海南汇就会响起大杜鹃"布谷、布谷"的叫声，布谷鸟来报春了呢。说起来，杜鹃科的鸟类普遍行踪诡秘，轻易不得见，然而来到南汇的大杜鹃们却落落大方，端坐在杉树上甚至海堤上。春季时往往能见到好多只大杜鹃，它们并非路过，而是在这里作为夏候鸟，求偶繁殖。

大杜鹃看起来胖乎乎的，一副温和善良的样子，可是它们表里不一，其实骨子里"品行不端"。大杜鹃交配后，自己不哺育孩子，却由雌鸟在别种鸟的产卵周期里，趁巢主不在或干脆将巢主惊吓走后，产一个卵在别人家的巢里，并把巢主的鸟卵叼走扔掉一个。这一偷梁换柱的过程极快，因为大杜鹃比别的鸟都快的产卵速度，仅需10秒（别的鸟需要数十分钟），而且产下的卵在颜色、大小和斑点上，和宿主的卵相似，几可乱真。产卵之后，大杜鹃的亲鸟一走了之，就什么都不管了，可谓"不良父母"。大杜鹃的雏鸟则很有"自救能力"，通常在寄养的巢中都会第一个出壳，以

大杜鹃

大杜鹃

最快的速度发育成长，并把巢内其他所有尚未孵化的卵，或已孵化的寄生巢户主的亲生雏鸟全部推出巢，只留它自己一个。在上海南汇，寄生巢的户主多数为东方大苇莺（偶有震旦鸦雀等）。奇怪的是，大概是大杜鹃雏鸟乞食的样子太可怜了，东方大苇莺竟然心甘情愿地将它养大，成为实质上的义父义母，一次又一次地找来食物喂它，以至于大杜鹃的雏鸟长得比东方大苇莺都个子大了，它们还接着喂，大杜鹃的雏鸟却从没有见过自己的亲生父母。

不仅大杜鹃的繁衍方式为上面说的"巢寄生"，同属里的北方中杜鹃、中杜鹃、小杜鹃、四声杜鹃，乃至杜鹃科除鸦鹃、地鹃外的其他种杜鹃都采取这种方式。秋天时，出现在上海南汇的杜鹃更多，不仅有大杜鹃（32～36厘米），还有北方中杜鹃（30～34厘米）、中杜鹃（29厘米）和小杜鹃（22～27厘米），有灰色型、棕色型，再加上当年出生的幼鸟，羽色各不相同。这样一来，分辨各种杜鹃就不那么简单了。其实除了大杜鹃的成鸟之外，各种杜鹃的辨识难度并不亚于柳莺、鸲鹟等，甚至更难。

北方中杜鹃（棕色型）

中杜鹃（棕色型）

春天时的大杜鹃成鸟最好判断,眼睛虹膜黄色,然而秋天时,大杜鹃的幼鸟的虹膜却和中杜鹃、小杜鹃虹膜的褐色一样偏暗。尽管从体型上看,大、中、小杜鹃各有差异,但在野外并不好判断,还需要依靠一些特征,比如小杜鹃亚成鸟的头枕部的白斑、北方中杜鹃(棕色型)和中杜鹃(棕色型)的腰部的横纹等。如能拍下质量高的照片,亦可以比较翼缘和虹膜。例如:大杜鹃的翼缘白色、有褐色横斑,中杜鹃的翼缘白色无横斑,小杜鹃的翼缘灰色无横斑;眼睛虹膜的区别则是大杜鹃成鸟的最黄,北方中杜鹃和中杜鹃成鸟的虹膜为浅黄褐色,瞳孔更清晰,而小杜鹃的虹膜为褐色,与瞳孔的颜色相近。

上面的所有这些杜鹃都在上海拍到。上海还有一种常常听到,却也较难看到的四声杜鹃。四声杜鹃的叫声为四音节,响亮而很有穿透力,且持久。四声杜鹃在

小杜鹃 亚成鸟

小杜鹃 幼鸟

四声杜鹃

四声杜鹃

春末夏初的时候来，此时已经枝繁叶茂，所以往往只能听得到叫声，身姿却为浓密的树叶所遮挡。四声杜鹃在外貌上区别于其他杜鹃的辨识点主要在于：尾深灰色，尾羽有黑色的、较宽的次端斑。

我只有一次，在世纪公园拍到过一只四声杜鹃。杜鹃科鸟类以昆虫为主食，这天这只四声杜鹃停留在远处鸟岛的地面上，吃到虫后还鸣叫了几声。我拍到了它的正面和侧背面，可惜尾羽为草丛所遮挡。它的叫声响亮，为四声杜鹃所特有的"磨镰割麦"的四音节，这种情况下，不需要看到它的尾羽特征，我也能百分百断定它是四声杜鹃，而不是其他种的杜鹃。它很快又飞上了树，在近处叫了会儿，可我怎么也无法从浓密的杨树树叶中找到它。又过了一会儿，它飞到了另一处，叫声离得远了。四声杜鹃常常到处飞，这儿叫上一会儿，又换个地方接着叫。

四声杜鹃的巢寄生对象主要是鸦科的喜鹊和灰喜鹊等，在世纪公园可有不少灰喜鹊，四声杜鹃肯定不受灰喜鹊的待见。

八声杜鹃/栗斑杜鹃

鹃形目/杜鹃科/八声杜鹃属

八声杜鹃和栗斑杜鹃，我都是在泰国北部见到的，是体型小的杜鹃，体长都是21厘米，比起大杜鹃的32厘米要小得多。

八声杜鹃的成鸟头部灰色，胸腹部橙褐色，而亚成鸟的背部和腹部都有很多横

八声杜鹃　成鸟

八声杜鹃　亚成鸟

栗斑杜鹃

斑。繁殖期时，八声杜鹃的鸣叫声开始时慢，音调低，最后快而音调高，八个音节为一组，因此得名八声。

栗斑杜鹃和八声杜鹃同属，长得和八声杜鹃的亚成鸟极为相像，只多了一条过眼纹，不注意看会疏忽。栗斑杜鹃隐藏得极好，总是小心翼翼，我在树冠的浓密树叶中偶然发现它，而且仅有一次，算是很难得！

紫金鹃

鹃形目/杜鹃科/金鹃属

紫金娟的雄鸟很好看，有着紫罗兰色的羽色，华丽而璀璨。雌鸟就大不一样，头部褐色，背部是铜绿色。雄鸟和雌鸟的腹部都是白色，且有横条纹。

紫金娟比八声杜鹃和栗斑杜鹃更小，才16厘米。在中国国内，紫金鹃只在云南的西南角有分布，而且比较罕见。虽然紫金鹃也是怯生生的鸟，但在泰国北部我幸运地不止一次见到过雄鸟和雌鸟，还曾目睹雄鸟在树枝上欢快地鸣叫。

紫金鹃

紫金鹃

绿嘴地鹃

鹃形目/杜鹃科/地鹃属

    绿嘴地鹃虽然行踪隐蔽，但由于长着超长的尾巴，它还是很容易被我注意到。不过，正因为它是大个子，藏身于浓密的树叶中，所以每次见到它时，它的身体总被枝叶遮挡。好不容易才有一次赏脸让我拍到全身，让我窃喜不已。

    绿嘴地鹃别看它体长有55厘米，却毫无大鸟的风范，最多是个"傻大鸟"，总是一脸胆小怕事的神情，估计林子中什么鸟它都不敢得罪。

    绿嘴地鹃是杜鹃科鸟类，却没有坏名声，它们自己养育雏鸟，从不把鸟蛋生在别种鸟的鸟巢里。

绿嘴地鹃　胆小而谨慎

绿嘴地鹃　超长的尾巴

褐翅鸦鹃/小鸦鹃

鹃形目/杜鹃科/鸦鹃属

    褐翅鸦鹃在中国南方被称为红毛鸡，以前曾被大肆猎杀，数量大幅减少，因此被列为中国国家二级保护动物，再有猎者，以《中华人民共和国刑法》处之。我倒是在泰国见到过许多次褐翅鸦鹃，觉得并不稀罕。褐翅鸦鹃会出现在清迈素贴山脚下的农田里，池塘对岸的树梢上，甚至于邻家的院墙上，数量并不少，目击次数多。

褐翅鸦鹃　红眼睛

小鸦鹃　黑眼睛

小鸦鹃　亚成鸟

褐翅鸦鹃英文名叫Greater Coucal，直译是"大鸦鹃"，而另一种小鸦鹃（Lesser Coucal），顾名思义就是体型更小的鸦鹃，要比褐翅鸦鹃小一半。小鸦鹃的眼睛虹膜近黑色，褐翅鸦鹃的眼睛虹膜为红色。小鸦鹃也是国家二级保护动物，和褐翅鸦鹃同属鸦鹃属。

春天的清晨，小鸦鹃站在南汇的杉树枝头鸣叫，叫声类似"落果珂"，短促而清脆，是雄鸟在求偶呢。在夏天里，我也见过数次，有时小鸦鹃就停留在海堤上，透过车窗，远远就能看到。初秋时，我也见过小鸦鹃的成鸟飞入远处的稻田。一直到10月初，小鸦鹃在上海都有被观测到的记录。

褐翅鸦鹃会选择在四五米高的树上筑巢，巢较大，易见。但小鸦鹃却常常选择在离地十几厘米的灌木丛中筑巢。我猜想在上海一定有小鸦鹃的繁殖，但我本人没有在上海见到过亚成鸟，好像也没看到过别人拍到的照片。我在清迈时，倒是拍到过小鸦鹃的亚成鸟。小鸦鹃亚成鸟身上有许多白色纵纹，而成鸟为黑色和褐色两色，小时候的样子和长大后相比，太不一样了，因此印象特别深刻。

杜鹃科里，鸦鹃属和地鹃属的鸟类自己孵卵、自己育雏，褐翅鸦鹃和小鸦鹃都是亲力亲为、不搞"巢寄生"的好父母。

噪鹃

鹃形目/杜鹃科/噪鹃属

　　总说噪鹃行动隐密，只闻其声，不见其形，但那或许是指中国国内的夏季繁殖鸟。在泰国清迈城，噪鹃可以看个够，在我住所庭院的正中央有一棵光秃秃的大树，噪鹃的雌鸟和雄鸟都在这棵树上出现过，甚至有两只雄鸟出现在同一根树枝上，挨得很近，让我观察了很长时间。

　　这两只雄鸟中的一只爱惹事，经常跳跃至另一只雄鸟身旁，压低身子，挺直着喙注视着另一只，而另一只则闪躲到另一根树枝上。奇怪的是，这两只雄鸟谁也不飞走，竟然在同一棵树上和平共处了一下午。鸟类社会中，也有同性恋行为，我看这两只噪鹃雄鸟有可能就是。

　　噪鹃雌雄异色，雄鸟有着闪亮的黑色羽毛，而雌鸟体羽则是灰褐色，而且布满白色斑点。在我看来，噪鹃既然不自己养育雏鸟，而是和其他的杜鹃一样，把鸟蛋生到别种鸟的巢里，雌鸟的羽色就完全没有必要搞得那么低调，干脆和雄鸟一样来个一身黑得了。

　　还有一阵子，噪鹃流连在笔管榕的树冠里，那时正是笔管榕结满果子的时候，各种鸟儿都被吸引来取食。可是噪鹃行事专横，不愿与其他鸟儿分享，凭着它的大个头，在树冠上跳来跳去，四处驱赶体型小的小鸟。

　　噪鹃爱叫，名字中的噪字就是形容它的鸣叫声。它鼓起喉，发出清脆响亮的叫声，往往后一声比前一声叫得更响，音量和声调不断提高，声音的穿透力极强。噪

噪鹃　雄鸟

噪鹃　雌鸟

噪鹃　两只雄鸟很亲近

鹃的叫声,声动八方,而且几乎从早到晚,昼夜不停,以至于满城都是它的鸣叫声。然而,这在东南亚的城市里却是再平常不过的了。

圭拉鹃

鹃形目/杜鹃科/圭拉鹃属

圭拉鹃的照片,我拍摄于南美巴西、巴拉纳河的河畔。一只圭拉鹃蹲坐在一艘铁皮小船上。圭拉鹃的外形特征明显,从背面看,它的背部黑褐色,夹杂着白色细纵纹,尾羽上也有显眼的白斑;而从正面看,正好相反,白色为胸腹部的主色调,胸部夹杂褐色的细纹。无论是从背面还是正面,都能看到它长长的羽冠,羽冠橘黄色中带着棕色。

圭拉鹃是杜鹃科鸟的一种。杜鹃科一共有6个亚科,在亚非欧有3个亚科,分别是以大杜鹃为代表的全部行巢寄生的杜鹃亚科,以褐翅鸦鹃和小鸦鹃为代表的鸦鹃亚科,以及地鹃(如绿嘴地鹃)和岛鹃组成的地鹃亚科。而在美洲也有3个亚科,这种

圭拉鹃

圭拉鹃和另外三种犀鹃组成了一个亚科。圭拉鹃看起来并不像多数杜鹃科鸟类那样刻意隐藏自己,除了在树上,我还曾在开阔区域的地上看到过圭拉鹃。

长耳鸮/短耳鸮

鸮形目/鸱鸮科/长耳鸮属

　　2017年秋天的一天,一只长耳枭出现在了南汇嘴的小树林里。我刚见到它时身边还只有一个人,等消息传开,这一天来拍这只长耳鸮的足有数十人之多。一位长住上海的德国鸟友,家住嘉定,爱鸟几近疯狂,几乎每天都来南汇嘴。他前两天就在寻找长耳鸮的踪迹,这天早上刚巧没来,一听到消息,马上开车100多千米,纵穿上海,来观赏和拍摄长耳鸮。在上海附近的南京山区和盐城海边有长耳鸮的冬候鸟,但在上海,作为旅鸟经过的长耳鸮并不总能看见。

　　这只长耳鸮在树上停栖,身体直立,竖着它的两个长长的耳羽簇,好奇地低头看着一个个仰头围观它的人们。猫头鹰有良好的视觉,眼睛长在正前方,拥有"双眼视觉",而大多数鸟类的眼睛长在两侧,不能聚焦双眼的视线。它的脚很强健,爪子弯曲,是那么尖锐而锋利,似乎可以刺穿任何东西;短喙下弯,带有钩。尖利的爪子和喙是它捕杀鼠类等猎物的重要武器。

　　这只长耳鸮出奇地友好,一点儿也不怕人,在树上待了整整一个白天。每个人都心满意足地看到了它,并拍下了它的影像。

长耳鸮

短耳鸮

短耳鸮和长耳鸮属于同一个属，我看到了短耳鸮，但没看到它长着"耳朵"。那天我正在南汇嘴的路上开车，突然发现前方的路边蹲着一只"猫"！我赶忙踩刹车，从车窗伸出镜头，躲在镜头后观察它。

这是一只"大猫"，脑袋圆滚滚的，不停地转动着，转速时快时慢。我算是看明白猫头鹰的头颈有多灵活了，它真的可以转足270度，我仔细确认过了！身为人类，试着转转自己的头颈，觉得那么转简直匪夷所思。

我和这只短耳鸮温柔以对了足足5分钟，直到后面有一辆车驶过，将它惊飞了，我无可奈何。其间，一只白鹡鸰飞到短耳鸮身边，距离约50厘米，居然好奇地看了这只短耳鸮一小会儿，冲着短耳鸮叫嚷几声后，还若无其事地在边上蹦跳。真是一只不知天高地厚的小鸟！耳边响起童谣："一只懒猫，有啥可怕，老鼠怕猫，这是谣传。"难道小鸟怕猫头鹰也是谣传？要知道，那几天林子里出现了无头小鸟的尸体，估计就是猫头鹰干的。不过，那是在林中的角鸮，短耳鸮更喜欢草地等开阔的环境，主要的食物是田鼠。难不成小鸟就根本不在短耳鸮的菜单上，以至于它对白鹡鸰无动于衷？

短耳鸮和长耳鸮不同：短耳鸮翅翼狭长，适合在开阔地带飞行，顶风也不怕；而长耳鸮翅翼短圆并带消音结构，适合在夜晚于林中捕食时悄悄飞行；长耳鸮晚间活动，短耳鸮白天活动。短耳鸮在上海并不容易见到，这只出现在路边的短耳鸮算是让爱鸟的我饱足了眼福，它的那双黄黑相间的大眼睛是那么的迷人，可以把人萌翻。

北领角鸮/红角鸮

鸮形目/鸱鸮科/角鸮属

北领角鸮

2017年的11月，连着两天时间里出现了三种不同的猫头鹰。和长耳鸮同一天出现的还有一只北领角鸮（又名日本角鸮），它没待在树上，而是待在河边的芦苇荡里休息。这只鸮从北方而来，在迁徙途中路过上海。和长耳鸮一样，被发现后也遭到了围观。它看起来有些累，眯缝着红眼睛（北

红角鸮

红角鸮 背部（头转了180度）

领角鸮的眼睛虹膜是独特的红色），对眼前的人类爱理不理。

　　再前一天，一只红角鸮也在树上被发现。比起长耳鸮和短耳鸮来，红角鸮显得实在太小了，体长才19厘米，差不多只有长耳鸮的一半大。红角鸮也有耳羽簇，但耳羽簇很短。其实"长耳"也好，"短耳"也好，猫头鹰的耳簇压根儿不是什么耳朵，只是看起来像耳朵的羽毛，它们真正的耳朵长在脑袋两侧的耳洞里。猫头鹰的听觉异常敏锐，并且左右耳的高低不对称，高低位置的不同使得它们能利用双耳听声定位。红角鸮白天休息，夜晚捕食，它们转动灵活的头部，以听觉完成对猎物的定位，然后迅速出击。它们捕捉鼠类、小鸟和昆虫。红角鸮是上海南汇嘴最常见的猫头鹰，迁徙季时几乎每天可见，多的时候一次可有五六只同时出现！不过，"猫猫"们各有个性，有的红角鸮大大方方让你看，有的见人就躲，才瞥见一眼就再也找不见。

北鹰鸮

鸮形目/鸱鸮科/鹰鸮属

　　北鹰鸮也是猫头鹰里的乖宝宝，只要你和它保持安全距离，不惊扰它，它可以在树枝上的同一个位置站上一整个白天。你看它，它看你，相看两不厌，直到你看了两个小时，到了中午饭点肚子饿了，它还一点儿不饿。反正它到了夜晚才开饭。

　　北鹰鸮的眼睛有着特别明亮的黄色的虹膜，并且亮黄色的圈圈能变大变小，黄色的外圈（虹膜）大了，中心的褐色部分（瞳孔）就小了。短耳鸮和红角鸮的明

北鹰鸮

北鹰鸮　喙下弯、带钩

黄眼睛也给我留下深刻印象，但北鹰鸮没有短耳鸮的圆脸盘，而且头颈远不如短耳鸮的来得灵活。我看过短耳鸮转头270度，可是北鹰鸮连像红角鸮那样转个180度都不转给我看，两个小时里，每次扭头，也就最多120度多一些而已，不如短耳鸮那么好玩。

　　北鹰鸮每年10月下旬总在上海南汇出现，会待上一小阵子，几乎天天都能看到一只或几只"懒猫"北鹰鸮。长耳鸮、短耳鸮、北领角鸮、红角鸮、北鹰鸮，以及其他所有的鸮（猫头鹰），在中国都属于国家二级保护动物。鸮的生存面临着各种威胁，它们的栖息地无可避免地因人类的扩张而正在受到不同程度的破坏，赖以捕食的地域缩减。因为鸮也袭击家禽，在以前曾被人类捕杀。如今人们改变观念，意识到鸮消灭了大量啮齿目的鼠类，从这一点上来说，鸮应该被划为益鸟之列。

斑头鸺鹠

鸮形目/鸱鸮科/鸺鹠属

　　鸺鹠被俗称为小猫头鹰，或者"小猫"。实际上斑头鸺鹠要比红角鸮还要大一些，体长24厘米。另一种领鸺鹠才更小，只有14～16厘米。鸺鹠比起角鸮来，没有耳羽簇，脑袋圆滚滚的。日语里鸺鹠和鸮也是两个不同的词，鸺鹠谐音"不苦劳"，是个吉利的词。

　　斑头鸺鹠属于小型猛禽，小小的身材，却长着尖锐的脚趾和下弯带钩的喙，标

斑头鸺鹠

斑头鸺鹠　转头180度

识着它的猛禽身份。斑头鸺鹠爱在白天活动,吃鼠类、两爬和昆虫,也捕食小鸟。正因为此,雀形目小鸟很不待见它,鸺鹠有时会遭遇一群小鸟的围攻,就像一个强盗在城市里被发现而遭到人们的大声谩骂,遇到这种情形鸺鹠也是招架不住的。

鸺鹠爱藏身于隐秘的常绿植物的树冠里。这只斑头鸺鹠拍摄于清迈大学,地点就在清迈大学校内观光车湖边停靠点的大树上。那天傍晚,太阳就要落山,我坐在湖边看日落,忽见一只斑头鸺鹠飞入树冠,尽管光线有些暗,我还是拍得了可爱的斑头鸺鹠的照片和视频。对比两张照片,可以看到这只斑头鸺鹠的头转了180度。

普通夜鹰

夜鹰目/夜鹰科

普通夜鹰名字中的一个“夜”字,指明了这种鸟晚上活动,白天睡觉。它们睡觉时伏贴在树上(因此被俗称为“贴树皮”),通体灰褐色,和树皮的颜色极为相像。有些夜鹰,堂而皇之地大白天睡在上海市中心公园的树杈上,而那根树杈伸手就能够着。夜鹰的确很难被发现,有一只被发现后,观鸟者拍下一张现场照片,让没有观鸟经验的人在照片上找,大家找半天也没找见。其实就算是观鸟者,发现它也并不容易,可见夜鹰的天生保护色有多强!更有的夜鹰,睡在市区公园、学校、小区里樟树的高高的树冠上,那就更难以发现。除了上海市区,南汇也有过境的夜鹰,有的很傻呆地睡在小树林里,任人看几个小时也不动;有的就很警觉,大白天也绕着树林飞来

普通夜鹰

飞去。飞起来的夜鹰就显得很大,且能看到打开的飞羽上有明显的白斑。

白天观察夜鹰,大多数夜鹰总闭着眼睡觉,最多偶尔眯缝着睁开一会儿,实在太能睡了,有些睡眠不好的人类肯定羡慕得不行。外表上,除了感觉它的体色灰不溜秋的,我看它长而岔开的翅翼就像两把利刃,像极了松雀鹰等猛禽的飞羽,无愧于它名字中的"鹰"字。不懂鸟的时候,我心想,哈哈,这大概也是它用来吓唬别的猛禽的吧,好不打扰它白天睡觉(万一被发现了呢)。再看脚和嘴,因为总是伏着,夜鹰的脚藏在肚子下面,大多数情况下根本看不到,以至于有的鸟类手册上连夜鹰的脚都不画,实际上夜鹰的脚趾呈灰色,且粗壮;而夜鹰的嘴也出奇小,实在是太不起眼了,它以吃蚊子而出名,这么小的嘴也够用了。因为吃大量蚊子,夜鹰别名"蚊母鹰",其实夜鹰也吃苍蝇等别的飞虫,以及一些夜间活动的蛾子,而捕食时间是黄昏和夜晚,这是夜鹰名字中"夜"字的另一个来历。在人类眼里,帮助消灭蚊蝇的夜鹰是大益鸟。

不过,真想在漆黑一片的夜晚看到捕虫的夜鹰,绝不容易,有人拿着手电筒照才偶尔发现。但夜鹰在夜晚的鸣叫声却被人们常常听到,求偶期的夜鹰的歌唱就像是开机关枪似的,"chuck、chuck……"地来上一梭子,稍停后,再次"开枪",重复而频次固定,听起来很有节奏感。

凤头树燕

雨燕目/树燕科

凤头树燕在中国仅分布于云南的一小块区域,较少见,但在泰国清迈城的城郊常能见到它们。它们相隔不远地栖坐在电线上,或是背对着我,或是正对着我,泰然自若。

凤头树燕身披灰色外衣,头上长着醒目的羽冠,尾羽长,尖端变细,分辨雌雄鸟

凤头树燕　雄鸟

凤头树燕　尾羽开叉时的抓拍

就看脸上有没有棕红斑（雄鸟有）。凤头树燕也叫凤头雨燕，属于雨燕目，体型比清迈常见的棕雨燕大得多。棕雨燕总在空中捕食，飞行速度快，且"走位"飘忽，不容易拍好。凤头树燕更喜欢在高处栖坐着，等待昆虫在附近出现后进行突袭，当然它们也能在空中灵巧地飞翔，不停地打开和闭合它们长长的尾羽，就像用剪刀在剪东西。

　　对凤头树燕最奇妙的一次观察是我见到了凤头树燕的交尾，那时一只雌鸟站在电线上，正背对着我，而一只雄鸟飞来，骑在了雌鸟的背上，进行了交配。交配过程中，雌鸟主动配合，调整姿势，使雄鸟尾部下方的泄殖腔和自己尾部下方的泄殖腔相接触，雄鸟快速摆动，将精液排入雌鸟体内。我用相机拍下了视频，从雄鸟在雌鸟背上站稳到交配完成后雄鸟飞离，大约7秒钟。

金红嘴蜂鸟

雨燕目/蜂鸟科

　　蜂鸟和太阳鸟都以花蜜为主食，并帮助植物搬运花粉到不同的花朵里，成为授粉的鸟媒。非洲和亚洲的太阳鸟科在生态地位上对应到美洲是蜂鸟科，但是这两个科之间并无亲缘关系，相反却有许多不同。比如，太阳鸟科的鸟栖在枝头取食花蜜，而蜂鸟科的鸟飞在空中取食花蜜，为此蜂鸟的拍翅速度要比花蜜鸟快得多。

　　蜂鸟生有细长的喙，大多数种类的喙是黑色的，而这只金红嘴蜂鸟的喙却是少有的红色，仅喙尖部分是黑色的。照片上的它在树冠中停歇，其实它更多的时候像

金红嘴蜂鸟

个直升机似的上下、前后、左右飞行、悬停滞空,将细长的喙插入乔木上盛开的花朵中吸食花蜜。只不过它在空中飞行和悬停时,拍翅的动作实在太快,我的便携相机的快门速度根本无法拍到它飞行时的完美影像。

蜂鸟90%的食物是流质花蜜,几乎完全依靠花蜜过活。小小的身体新陈代谢率极高,需要不停地吸蜜,将花蜜中的糖分转化为能量。这只蜂鸟时不时倒飞一下,调整鸟喙对准花心的角度和方位——蜂鸟是唯一能够向后飞行的鸟类。蜂鸟飞行时运动强度大、节奏快,心率也高,它们每分钟的心率高达1 000次,是鸟类之冠。到了晚上,蜂鸟的心跳和代谢会变慢,但白天却得不停地进食,即使吃下几百朵花的花蜜仍然会觉得饿。蜂鸟在访花时,还有超强的记忆力,凭着才一粒米大的大脑,可以记得哪些花已经吃过了,哪些还没有,不会重复劳动。

这只金红嘴蜂鸟拍摄于巴西的潘塔纳尔,体型娇小。世界上最小的鸟就是一种生活在古巴的吸蜜蜂鸟,身长只有6厘米,体重不超过2克。

白背鼠鸟

鼠鸟目/鼠鸟科

鼠鸟目是鸟纲中的一个小目,这个目下面只有1个科、2个属、6个种。因为鼠鸟和其他任何鸟类都没有很近的亲缘关系,所以自成一目。

鼠鸟的头部长得像老鼠,身上的羽毛也与老鼠毛的颜色和质地相仿。不仅是外形,鼠鸟跑动时的姿态也和老鼠的行为高度相似,命名它们为鼠鸟恰如其分。鼠鸟食性植食,吃嫩芽、花朵和果实。

鼠鸟仅分布于非洲,白背鼠鸟是我见过的唯一一种。白背鼠鸟是IUCN红色目录中的濒危物种,见到却不难。我是在城市的行道树上看到它的,地点在纳米比亚的首都温得和克市。

白背鼠鸟　　　　　　　　　　　白背鼠鸟　拍摄于纳米比亚

　　见到白背鼠鸟时，它在树冠里，叉开着腿，敞着肚子对着我。它长有鲜艳的红色小脚，两脚趾向前，两脚趾向后，紧紧抓握着树枝上。它的鸟尾太长了，足足是身长的两倍，尾羽一根根分叉得很开。看起来鼠鸟实在有点儿邋遢，大大咧咧，不修边幅。鼠鸟并不惧人，我在树上仰头看了许久，4只鼠鸟才一只接一只地飞走，边飞还边发出叫声。

绿鱼狗/棕腹鱼狗

佛法僧目/翠鸟科/鱼狗亚科

　　翠鸟科下一共有三个亚科，分别是翠鸟亚科（普通翠鸟等）、翡翠亚科（白胸翡翠等）和鱼狗亚科（绿鱼狗等）。

　　鱼狗亚科中的绿鱼狗广泛分布于美洲，从北美的最北部一直到南美的最南端，棕腹鱼狗分布于中美洲和南美洲。绿鱼狗和棕腹鱼狗的照片，我都拍摄于巴西的潘塔纳尔湿地，一个在雨林中，一个在河边的树上。

　　鱼狗亚科的鸟类比起另两个亚科来，羽色相对朴素，不具有鲜艳的多种颜色，而具有明显的羽冠。棕腹鱼狗要比绿鱼狗体型大不少。

　　绿鱼狗和棕腹鱼狗与翠鸟科其他食鱼种类的习性相似，喜欢独居，喜欢站立在枝头观察，高速俯冲至水下至多两三米处抓鱼，喜欢在河岸边的泥土壁上打个深深

绿鱼狗

棕腹鱼狗

的隧道,将巢筑在隧道的深处。全世界一共有9种鱼狗,美洲有6种,数量最多。亚洲有斑鱼狗和冠鱼狗两种。

鱼狗、翡翠和翠鸟,在英语里都用kingfisher一个词来表示,但在中文里分得比较细。狗一般是不吃鱼的,而猫才喜欢吃鱼,那为什么不叫鱼猫,而叫鱼狗呢?这个问题,我一直没有搞得太明白,有一种说法是说鱼狗捕鱼时像大狗一样迅猛,由此得名。

普通翠鸟

佛法僧目/翠鸟科/翠鸟亚科

尽管很多人反对喂食诱拍各种鸟类,然而普通翠鸟在上海各城市公园里被不少摄影爱好者宠爱呵护着,却是不争的事实。摄影者们拍摄翠鸟的地方被称为"翠塘",每天都有小鱼被放置在定点的鱼缸中,人们等待翠鸟出现在鱼缸上方人工安置的枝头。翠鸟的各种神态——停栖、观察浅水中鱼缸里的鱼儿、急速下跃捕鱼、将在肠胃里消化不掉的鱼骨等形成的小球吐出("翠鸟吐珠")、繁殖期时雄鸟捉鱼献给雌鸟求爱(被接受的过程并不容易)、求爱成功后雌雄鸟卿卿我我地对嘴、"踩背"交配等,都被一一摄入镜头。大家亲切地称普通翠鸟为小翠,新生的幼鸟为小小翠。

普通翠鸟的背部,蓝绿色的中间有一长条天鹅蓝,如同瀑布般地流淌,胸腹部是好看的橙棕色，翠绿色的头顶上有很多天蓝色斑点。翠鸟拥有如此多彩的羽色，难怪摄影爱好者们喜欢。从观鸟者的角度看，我常常因为翠鸟的身体比例而发笑。翠鸟的头出奇大，这在幼鸟的身上体现得尤为明显。翠鸟的喙出奇长，偏偏脚又生得那么短。看着翠鸟，我常常会产生疑问：头有必要生得那么大吗？为什么以这么短的脚来支撑这么敦实的身体呢？

普通翠鸟　幼鸟
身体瘦、脑袋大

翠鸟的雌雄容易分辨，雌鸟的上喙黑、下喙橘黄色，雄鸟上下喙都是黑色。其实除了繁殖期，普通翠鸟性孤僻，不喜群居，连结束哺育期的小小翠也不例外。

在野外观察时，翠鸟的出现总是给我带来惊喜，比如在南汇的河岸观察普通翠鸟，会看到它独自安静地蹲坐在一个枝头，又能看到它在河道上疾飞。翠鸟的飞速极快，犹如一道亮丽的蓝绿色闪电贴着水面迅速划过，非常帅气！它站上枝头的时候，若是正对着我，却又成了一只橙黄色的鸟。

又比如，在上海的炮台湾湿地公园，一处寂静的水塘（并非"翠塘"，没有人为设置的鱼缸），白头鹎、珠颈斑鸠、乌鸫等经常来喝水洗澡，忽然一只鸟儿飞来停在远处的枝头，正脸对着我，给我的第一印象也是胸腹部橙黄色，它转头时，我看到它的长喙，原来是只翠鸟，上下喙全黑，是雄性。翠鸟也洗澡，但不会像上述那些鸟那样在水里扑腾一小阵子，而是一个猛子扎入水中，马上出来，重复两三次就算水浴过了，然后找个枝头整理羽毛。休息时，总是习惯性地缩头的同时翘尾。

普通翠鸟　雄鸟　上下喙全黑

普通翠鸟　雌鸟　上喙黑下喙黄

翠鸟在照片上看着大,其实体型偏小,它在池塘的四周,换点停留,怎么看都是一只小小鸟。翠鸟的视力极好,从10米远处,身手敏捷地疾速下扑,就捕捉到了一条小鱼。10分钟内一共捕鱼3次,3次全部成功,其中一次还振翅悬空。吃饱了,便就此消失不见。此时离日落还有1个小时,它已经迅速搞定了晚餐,真是高效的捕猎者。

普通翠鸟的繁殖期最早始于3月,雄鸟踩在雌鸟的背上,两只鸟尾部的泄殖腔重合,在短暂的几秒钟内完成授精。每天的不同时段,交配会多次发生,有的一天要交配七八次,并持续一星期。这让普通翠鸟成了最容易被观鸟者观察到交配行为的野鸟之一,这尽管侵犯了翠鸟的隐私权,却满足了人类的好奇心。不过没关系,翠鸟也没太在意,你们人类要看就看呗,就是巢不能让你们轻易找见。翠鸟的巢通常筑在有浓密植物遮盖的河岸上,它们用长而强壮的喙,挖出一个泥洞来,穴道向上倾斜。养育雏鸟时,亲鸟将鱼虾等组成的"食丸"吐出,喂给雏鸟,直到雏鸟能够振翅出巢。

白胸翡翠/蓝翡翠

佛法僧目/翠鸟科/翡翠亚科

在泰国清迈的稻田边,几乎每天都能见到白胸翡翠,它们出现在大树的树枝上、电线上、茅屋的屋顶上,一动不动地停栖着,等待小鱼、青蛙、水生昆虫的出现,一旦有猎物出现在可捕猎范围,立刻俯冲出击。白胸翡翠还吃到过小螃蟹,螃蟹没有小鱼等那么好下口,就叼着螃蟹,往石头上砸,砸细碎了后吃下。有机会的话,白胸翡翠还会抓陆生的小型蜥蜴。

白胸翡翠的头部褐色,背部蓝色。背部的蓝色会因光线的强弱而变化,在太阳刚升起来的那一段时间,在望远镜中呈现出青绿色,太阳升高之后,青绿色又变为蓝色。

白胸翡翠对人的接近并不太在意,有一次我距离它只三五米,它也不惊慌飞走。白胸翡翠在清迈数量较多,还多次见到白胸翡翠捕捉到猎物。白胸翡翠雌雄同色,从外表上不能分辨雌雄,我也没见过它们的交配行为。

蓝翡翠在上海不算常见,迁徙时会经过,但每年春天,都会有蓝翡翠出现在南

白胸翡翠

蓝翡翠

汇。不同于普通翠鸟,附近有水源的树林也是蓝翡翠喜欢的生境。蓝翡翠刚来时,一般都喜欢先藏身于小树林,在林中很难捕捉到它的身影。过几天后才逐渐来到林外,有的胆子大的个体,甚至会站在显眼的海堤上。

蓝翡翠有着超大的喙,颜色深红,脚却小巧,脚的颜色还和喙一模一样的红。它身上的色彩是如此的美,美得令人不敢相信。大色块的白黑蓝红棕,夺人眼球。这样简洁而绚丽的色彩搭配,时装设计师肯定构思不来,只能是造物主的神来之笔。

蓝翡翠爱吃小螃蟹和蛙,南汇湿地边水泥柱子下的引水渠和田地中就有小螃蟹出没。有一年春天,连着好几天,有一只蓝翡翠必然会在水泥柱上出现,观鸟者们总能看到它美丽而文静的样子,惊呼大饱了眼福,其实它是在坐等猎物的出现。几天后,吃饱喝足,休整够了,这只美丽的蓝翡翠飞离了上海。

绿喉蜂虎

佛法僧目/蜂虎科

在清迈时,我常常见到绿喉蜂虎,它们出现在清迈大学农学院的电线上,试验农田的低矮的植茎上,素贴山山脚下的大树树枝上。我还在清迈见到过绿喉蜂虎一屁股坐在无人经过的土路上,样子有些滑稽。

绿喉蜂虎体型不大,体长20厘米,以绿色为主羽色,中央尾羽比两侧尾羽长。

绿喉蜂虎

绿喉蜂虎　注意一下它的喙型

黑色的喙细长而下弯，一条醒目的黑眼线，和喙成一直线。它们总是伏在树枝上，腿看起来短而柔弱。我时常看到它们短距离飞翔，飞起的时候，会有翻身的动作，飞行时张开的绿色翅膀，光泽艳丽。

　　清迈有另一种栗喉蜂虎，为长途迁徙的候鸟，只有特定时间段可以看到，而绿喉蜂虎为当地留鸟，总在那里。它们有时候小群出没，觅食时像燕子一样集群在空中飞来飞去；有时候也独站枝头，每隔一段时间就换个地方等候猎物。蜂虎的英文名叫Bee Eater，意为"吃蜜蜂者"，只要捕得到蜜蜂、熊蜂、胡蜂等各种蜂类，总是优先选择，但其实它们也捕捉各种各样的飞虫，捕获蜻蜓等也不在话下。它们于停栖处，不停地转动头部环顾四周，一旦发现昆虫，就会迅速飞起捕捉，得手后叼着虫子飞回原处。若是捕到蜜蜂，会先在树枝上狠砸几下，再通过来回摩擦，把毒刺和毒囊去除，最后一口吞下。繁殖期时，雄鸟还会把捕捉到的飞虫作为吸引雌鸟的求偶工具。

棕胸佛法僧/三宝鸟

佛法僧目/佛法僧科

　　在泰国清迈，我数次见到过棕胸佛法僧，它们是喜欢"久站"的鸟类，站在视野开阔的水泥柱子上、电线上、大树的高处的树枝上，一停就是很久。它们占据着有利位置，注意着四周的动静，伺机捕捉昆虫。棕胸佛法僧更喜欢吃个子大的昆虫，

棕胸佛法僧

三宝鸟　幼鸟

比如直翅目的蚱蜢和蟋蟀,甚至会吃哺乳动物小田鼠,属于肉食性鸟类。

棕胸佛法僧胸部红棕色,而头顶和两翼有着绚丽的蓝青色组合,细细端详,这也是一种羽色奇幻的鸟儿。

我在上海南汇好多次见到三宝鸟,成鸟的羽色和佛法僧目其他的鸟儿一样艳丽。然而,三宝鸟太警觉了,又视力极佳,即使还在离得很远的地方,往往我刚举起相机它就已经飞走了。只有一次,下着瓢泼大雨,一只幼鸟独自待在一棵杉树的顶端发呆,任凭雨水从身上滑落。幼鸟懵懵懂懂不懂事,这才让我有机会拍到。

三宝鸟幼鸟的喙是黑色的,长大了才变红,脚短而细小,长大了也会变成好看的红色。幼鸟身材圆滚(小脚支撑着大身子),羽色暗黑,成长为成鸟后,身材变修长,羽色变为梦幻的蓝绿色。

三宝鸟英文为Dollar Bird,直译为"美元鸟"或"钱币鸟",飞翔时两翼会各露出一块白斑,像钱币。停栖时总喜欢站在高处,然而易观不易拍。

绿眉翠鴗

佛法僧目/翠鴗科

翠鴗科和翠鸟科同属于佛法僧目下的翠鸟亚目,不过翠鴗和捕鱼的翠鸟不一样,它们吃虫。我在墨西哥尤卡坦拍到的这只绿眉翠鴗的嘴上就叼着一只刚抓到的虫。

绿眉翠鴗　中央尾羽长、末端像一个蓝色的球拍

绿眉翠鴗生活于拉丁美洲的热带森林边缘的开阔地带，喙长而结实。它们羽色艳丽，腹部和背部棕红色，翅翼蓝绿色，这样的身体配色让我联想到在清迈见到的棕胸佛法僧。它们的眉毛并非绿色，而是亮蓝色，另外一个显著的特征是蓝色的球拍状的尾羽末端，由长长的中央尾羽和身体连接。绿眉翠鴗不时地摆动尾羽，就像是在打球似的。延长的中央尾羽和尾羽末端的形状让我联想到同样在清迈见到的大盘尾和小盘尾。

绿眉翠鴗被中美洲的两个国家选为了国鸟，它们分别是萨尔瓦多和尼加拉瓜。

戴胜

犀鸟目/戴胜科

戴胜的中文名字，字面上的意思是头上戴着首饰的鸟，"胜"在古代是一种首饰。它的"头饰"一般收拢着，我见过它们在舒展筋骨、兴奋或受惊时打开，打开时像一把折扇，发型时髦。戴胜英文名为Hoopoe，取自其"呼呼呼"的三音节的歌唱声。

戴胜分布广泛，在上海南汇、威海山大、泰国清迈都能经常看到。戴胜在树上栖息时一般不隐藏，而是站在显眼的树枝上，但它们更喜欢在地面活动，用略下弯的细长的喙（让我看起来觉得有点儿像杓鹬）起劲地啄土，找食昆虫。冬天的时候，南汇的一个小树林里，我见到三只戴胜，它们一会儿从土中挖出一个蛴螬，将蛴螬啄几下后一口吞掉，然后又挖出一

戴胜

戴胜　吃蛴螬

戴胜　打开头顶羽冠

个,效率极高。蛴螬是鞘翅目(金龟子)的幼虫,白白的身子富含蛋白质,还没等天暖变为成虫就被戴胜一只只吃到了肚子里。我也见过戴胜叼起一只田螺,往上一抛,张口吞入喉咙中。

戴胜的飞行速度不快,通常慢悠悠地沿曲线飞行,飞得不远就停落。戴胜喜欢沙浴,我几次见到戴胜趴在沙土中扭动身体,将沙粒和尘土甩到身体各处羽毛上再抖落,以此保养羽毛并驱除跳蚤和螨虫等寄生虫。

每年五六月是戴胜的繁殖季,它们会选择在天然树洞里筑巢。在上海的共青森林公园里就有戴胜育雏,吸引了很多摄影爱好者去树下拍摄,戴胜当然并不喜欢被围观。其实它们的巢里很臭,雌鸟和雄鸟都会从尾脂腺分泌一种臭而黏稠的液体,将之涂在巢中,以此令捕食者生厌。戴胜育雏时会捕捉比平时更多的昆虫,是人类眼中的益鸟。

黑嘴弯嘴犀鸟

犀鸟目/犀鸟科

黑嘴弯嘴犀鸟,鸟嘴下弯,雄鸟的嘴黑色,所以中文名字为"黑嘴弯嘴"。按英文名直译则叫作"非洲灰犀鸟",因为它的体羽灰色。再仔细看嘴,上部长有一个盔,这是犀鸟科的共同特征之一。盔其实是一个充满空气的骨质腔,可以使鸣声更响,对于雄鸟来说可以更吸引雌鸟。

黑嘴弯嘴犀鸟体长45厘米，在犀鸟科里只能算是小个子。犀鸟科的鸟许多都分布在南亚和东南亚，比如生活在我国云南西南部的几种犀鸟体长都超过70厘米，双角犀鸟更是超过120厘米。非洲是除了亚洲之外另一个有犀鸟分布的大洲，非洲的犀鸟大大咧咧，在开阔的平原上随便就能见到。它们杂食，不仅吃果实，还爱吃蜥蜴。

作为犀鸟的共性之一，黑嘴弯嘴犀鸟的巢穴比较脏臭，雌鸟在育雏时会用泥浆和自己的粪便堵塞巢穴的洞口，孵卵和育雏时在巢中长待不出，由雄鸟在洞口递送食物。这样做，可以免受蛇、猛禽和兽类的侵害，代价是雄鸟需要为寻找食物而付出辛勤的劳动。犀鸟一夫一妻，相伴终生，如其中一只死亡，另一只既不另找新欢也不继续独自生活，而是选择绝食而亡。

黑嘴弯嘴犀鸟　拍摄于南非

红脸地犀鸟

犀鸟目/地犀鸟科

红脸地犀鸟是一种地犀鸟，体长1米，除了上树筑巢繁殖，大多数时间生活在地面。我在肯尼亚马赛马拉大草原上，看到它们堂而皇之地行走在群狮环伺的稀疏草原。地犀鸟肉食，捕食蜥蜴、蛙、蜗牛、昆虫。它们的叫声洪亮，老远就能听到。

红脸地犀鸟是地犀鸟科中体型最大的鸟种，除了脸颊和喉部的肉垂为红色，全身体羽黑色，飞行时，可以看到飞羽上的白斑。

红脸地犀鸟　肯尼亚

赤胸拟啄木鸟/斑头绿拟啄木鸟/蓝喉拟啄木鸟

鴷形目/拟啄木鸟科

在泰国的清迈几乎每天都可以见到赤胸拟啄木鸟,或至少听到它的叫声。赤胸拟啄木鸟的羽毛色彩明艳,背部墨绿色,头顶和胸前的半月形环鲜红,喉部和耳羽黄色。它的叫声更让人不会忘记。赤胸拟啄木鸟发出的叫声十分嘹亮,并且间隔一致,我刚到清迈的时候,还以为是和尚敲击木鱼发出的声音。

每天清晨和傍晚,都会有一只赤胸拟啄木鸟来到我住的院子里的大树上鸣叫,它总是"突突突"地持续叫上好几分钟,边叫还边点头。它爱吃榕果,经常能看到它在嘴上叼着一颗。

赤胸拟啄木鸟

斑头绿拟啄木鸟的头部和胸腹部有许多纵纹,所以又叫纹拟啄木鸟。这种拟啄木鸟也爱吃榕果,是笔管榕树上的常客。它看起来处事平和,笔管榕树上许多种鸟儿抢着吃果实,斑头绿拟啄木鸟却很淡定,不慌不忙。这树上的榕果一时三刻是吃不完的,早吃一会儿晚吃一会儿又有什么关系?

我见到蓝喉拟啄木鸟的次数不多,但印象深刻。那天在清迈植物园,快日落的时候,从远处飞来一只蓝喉拟啄木鸟,停落枝头。蓝喉拟啄木鸟色彩明快,喉部和脸部有大块的亮丽天蓝色,顶冠由一根黑色横带将红色分为前后两块。

斑头绿拟啄木鸟

斑头绿拟啄木鸟　攀在树干上

蓝喉拟啄木鸟

　　清迈地区的这三种拟啄木鸟普遍羽色好看，喙基长有一簇黑毛，像胡子似的。我见到这些拟啄木鸟时，它们几乎都是停栖在树枝上，用脚趾抓住细枝。只有一次，在清迈大学的校园里，那棵发现斑头鵺鹛的树上，一只斑头绿拟啄木鸟采用和啄木鸟一样的姿势，攀爬在大树的树干上，体现了"拟"啄木鸟中的"拟"字。

大斑啄木鸟/星头啄木鸟/棕腹啄木鸟/灰头绿啄木鸟/斑姬啄木鸟/朱冠啄木鸟/蚁䴕/草原扑翅䴕

鴷形目/啄木鸟科

　　大斑啄木鸟是中国分布最广泛的啄木鸟之一，在上海的城市公园，比如世纪公园里就有机会见到。叫它大斑啄木鸟是因为它翅膀上的那块大白斑，它另一个显著的特征则是大红色的臀部。

　　啄木鸟长有强劲的喙，脚却柔弱，4个脚趾呈对趾状，1、4趾向后，2、3趾向前，第4趾还可侧弯，因此适于在树干上攀爬。尾羽坚硬并呈楔形，就像它的第三只脚，帮助它在树干上支撑。

　　啄木鸟不仅长有凿子般的喙，还生有长长的舌头。舌头极富弹性，顶端还有许多钩，并且会分泌像胶水一样的黏液。这些都使得啄木鸟能够方便地取食树干里面的昆虫。啄木鸟被称为森林的医生，帮助树木去除"害虫"。比如天牛的幼虫在树干上挖出一条条孔道，在孔道中藏身并啃食树木，而啄木鸟能用喙啄开树干的

大斑啄木鸟

木质,并用特别长的舌头从缝隙里把它们勾出来吃掉。

啄木鸟使劲地啄木,却并不会脑震荡,这是因为它的头骨有许多空隙,就像人类安全帽里面那层中空的结构,起到了缓冲的作用。啄木鸟的喙不仅被用来觅食、筑巢,也被用来敲打空心的树干发出声响以捍卫领地、吸引配偶。

啄木鸟吃大量的昆虫,是勤劳的林中工人。啄木鸟也爱吃球果和坚果,在树上有自己的厨房,它们会将球果嵌入厨房所在的洞里,然后啄出球果里的种子,有时候还将种子保存起来,以备后用。大斑啄木鸟一般为留鸟,具有领域性,在同一个地方可能生活上好几年,但如果球果变得匮乏,也会进行迁徙。

在杭州江洋畔湿地公园,一对大斑啄木鸟在水潭正中央的枯木筑巢。选择这里,一方面是因为枯木的树皮更柔软而易于凿孔,同时枯木四周环水,能免受人类和松鼠的打扰。大斑啄木鸟每年都换巢,新找一根枯木凿一个洞,并不如家燕那样使用旧巢。大斑啄木鸟的巢洞开口圆形,标准尺寸为直径4.5厘米。

大斑啄木鸟的雌雄很容易分辨,雄鸟在枕部有红色斑块,而雌鸟则没有。育雏时,亲鸟频繁地捕食,轮流给雏鸟喂食虫子。

同样在杭州江洋畔,我还看到过星头啄木鸟。星头啄木鸟要比大斑啄木鸟小得多,大斑啄木鸟体长20～24厘米,星头啄木鸟才14～16厘米。星头啄木鸟不比大斑啄木鸟那样的胸腹部一抹白,而是有很多黑色纵纹。星头啄木鸟的雄鸟头部有红色条纹,雌鸟则无。

棕腹啄木鸟是一种特别好看的啄木鸟,而且比较罕见,它的指名亚种在中国西南地区为当地留鸟,而普通亚种在中国东南部过冬、在黑龙江和俄罗斯远东地区繁殖。有一只棕腹啄木鸟每年的2月底都会去常州,去繁殖地之前在那里停留两个

星头啄木鸟

棕腹啄木鸟

月。我曾去观察过几次，棕腹啄木鸟的头侧和胸腹部都是好看的红棕色，而这只是雄鸟，头顶大红色（雌鸟头顶黑色有白斑点），体型和大斑啄木鸟相仿。每一年它都总在固定的几棵树上飞来飞去，大多数时间在树上不停地啄木，啄得木屑飞溅，树上留有许许多多它啄出来的洞。看过它吃到虫子，让我十分开心。啄木时，它的"第三只脚"——尾羽始终紧贴树干，而飞羽随着啄木的动作不时翘动。它在树上向上攀爬、横向攀爬，也往下攀爬，啄木鸟往下攀爬时，头部总是向上，而不能像鳾那样头下脚上地往下走，它有时还贴着树枝下侧行走，反正四趾能牢牢抓住树干，不用担心掉落。

背部为绿色的灰头绿啄木鸟是另一种中国国内分布较广泛的啄木鸟，观察记录较多。它们除了攀在树上，也站在树上，我还经常见到它们飞落在地上，对着土壤猛啄一通找食吃。雌雄的分辨也是看头上有没有红色，有红色的为雄鸟。灰头绿啄木鸟和其他很多种啄木鸟一样，在林间和开阔地带，采取波浪式飞行，连续振翅几次后上升，收拢翅膀后下落，然后再次连续振翅。

在上海，斑姬啄木鸟是除了大斑啄木鸟以外，有机会见到的另一种啄木鸟，但它们在一处的活动范围很大，很难见到踪影。春夏繁殖季时，循着它们的叫声寻找比较靠谱，可是它们身形小，又实在太活跃了，就算看到了，也比较难拍摄。我甚至觉得这种啄木鸟比起柳莺来更活跃而难以拍摄。终于有一次，在上海植物园中，尽管树林中光线阴暗，我总算拍到了。斑姬啄木鸟的嘴短小且纤细，作为啄木鸟"第三只脚"的尾好短，光这两点就颠覆了我从大斑、棕腹、灰头绿等啄木鸟那里得来的印象。体羽上，它背部橄榄绿色，头冠和后颈棕褐色，脸上有两道长白纹，白色的下体有很多明显的黑斑点。斑姬啄木鸟的名字，要分成"斑"和"姬啄木鸟"来解读，"斑"是

灰头绿啄木鸟

斑姬啄木鸟

指下体的黑斑点，而"姬啄木鸟"则是体型小的啄木鸟的统称。斑姬啄木鸟实在太小了，身长才10厘米，比有些柳莺更小。它们有啄木的习惯，如果有运气见到这种四处游荡的小啄木鸟停留在某棵树上啄木，乃至啄洞育雏时，才是能最安稳地好好看看它们的时候。

在巴西的雨林中我见到了朱冠啄木鸟，它长有醒目的红色头冠，头颈很细。朱冠啄木鸟是一种大型啄木鸟，体长33～38厘米，生活于森林之中，它们在枯木上啄的巢穴的洞口直径足有45～50厘米，是大斑啄木鸟的巢洞洞口的10倍。

朱冠啄木鸟　巴西

蚁䴕鸟名中的蚁是指这种鸟爱吃的食物是蚂蚁，䴕就是啄木鸟，合起来就是爱吃蚂蚁的啄木鸟。蚁䴕不像其他啄木鸟那样在树上啄木，它的食物——蚂蚁主要生活在地面。蚁䴕长着鸟类中最长的舌头，足有8厘米长，非常适合用来掏蚁窝。

蚁䴕

我在上海南汇看到一只蚁䴕时，它正从树上跃下吃早饭。它找到一个蚁窝，在地面枯枝秆的掩护下吃蚂蚁。大概吃了足足有3分钟，其间不停地抬头观望四周，看看有没有危险，直到吃得心满意足才重又飞上树枝。蚁䴕的体色与地面的枯枝和沙土颜色极为相似，身材又小，体长17厘米，若不是看到它从树上飞下，在地面上是很难发现的。

后来再见到几次，才看到了它像个

蚁䴕　在地面上吃蚂蚁

草原扑翅䴕　拍摄于巴西

啄木鸟的样子——攀在树干上。蚁
䴕的颈部和头部据说都可以旋转360
度，比有的能转270度的猫头鹰还要
厉害。可我从来没见过它转上360度，
只看到它的头部，比起别的鸟来，更
能上下扭动。一次，一只蚁䴕攀在树
干上，扭动脖子，摆出了一个古怪的
姿势。总之，头颈很灵活就是了。

　　在巴西看到的草原扑翅䴕，长着
锥子形状的喙，同属啄木鸟科。和蚁
䴕一样，草原扑翅䴕长时间待在地上，也是以蚂蚁为主食，但体型要比蚁䴕大得多，
而且体羽鲜艳。扑翅䴕的名字来源于它经常在地上扑扇翅膀，该属一共有10种鸟，
分布在美洲大陆。

巨嘴鸟/栗耳簇舌巨嘴鸟

䴕形目/巨嘴鸟科

　　在巴西潘塔纳尔，我总在追寻巨嘴鸟的踪影。巨嘴鸟在中文里又叫鵎鵼，这
两个字也不难读，"秀才只读半边音"就好了（妥空），它在巴西的葡萄牙语里则叫
Tucanao，发音多少有点儿相似。

　　我很喜欢巨嘴鸟，它的模样独特
而可爱。巨嘴鸟长着黄色的大嘴，上
嘴的前端黑色，醒目而好看。巨嘴鸟
的鸟嘴长度足有19厘米，这个长度
几乎是小型柳莺类鸟的体长的两倍。
这么大的嘴，因为不仅薄而且中空，
其实并不重，不然长着这么一个大嘴
难免头重脚轻，影响飞行。然而，为
什么长这么大的嘴，人们却说不出几

巨嘴鸟　拍摄于巴西

栗耳簇舌巨嘴鸟 拍摄于巴西

条理由来。其中的一条居然是能够吓到别的小鸟，然后入巢劫掠人家的雏鸟当食物。其实，巨嘴鸟的主食还是果子，它的长嘴的嘴尖能够帮助它够到较远的果实，不然远端的细枝无法承受它的体重。它们叼起果实后，迅速地甩头将食物向后抛，把大嘴一张，果实就直接落入喉中。我几次在雨林中见到停栖在树上的巨嘴鸟，每次都很欣喜，也看过巨嘴鸟展翅飞翔。巨嘴鸟飞起来时，时而滑翔时而拍翅，如波浪般地上下起伏，潇洒自在。

同样在潘塔纳尔，我还见到了另外一种和巨嘴鸟同科但不同属的栗耳簇舌巨嘴鸟，它的习性和巨嘴鸟相同，但没有巨嘴鸟那么好看。栗耳簇舌巨嘴鸟也长着大而长的嘴，嘴的颜色包含黑色、黄色和橙色多种颜色，并且嘴尖的边缘呈锯齿形。那天拍它的时候逆光，而且拍到的是它的背部，只能大致看到它黄色的胸腹部，以及下腹部的红色羽带。

凤头巨隼/叫隼/美洲隼/红隼/阿穆尔隼/游隼

隼形目/隼科

　　隼形目隼科，一共10个属，其中7个属的鸟类分布在南半球，包括卡拉卡拉鹰属和叫隼属。卡拉卡拉鹰就是凤头巨隼，常见于南美洲，喜欢待在低地的开阔地带，也出没于人类的生活环境。初见凤头巨隼是在巴西的巴拉纳河河边，一只大鸟扇动翅膀，飞姿敏捷，扑向河面捕到一条鱼。没想到凤头巨隼竟然是这等做派，不过这也符合凤头巨隼是"猛禽中最原始、也最不像猛禽"的说法。后来，我又看到凤头巨隼站在一群黑头美洲鹫之中，它根本不怕美洲鹫，而且经常偷吃黑头美洲鹫的食物。凤头巨隼和黑头美

凤头巨隼 飞翔

凤头巨隼　成鸟

凤头巨隼　亚成鸟

凤头巨隼　附蹠上羽毛覆盖

洲鹫一样都食腐，属于猛禽中的懒家伙。在一群黑头美洲鹫之中，单个的凤头巨隼显得有点儿突兀，其实凤头巨隼本就喜欢独居，很少像黑头美洲鹫那样抱团。更多的时候，它们独自静立在树上，或是站立在河岸边的草地上。在我看来，凤头巨隼总是一副温和的表情。

叫隼仅分布于南美洲，4月下旬的深秋季节，我和我在阿根廷结识的当地小伙伴一起坐在美丽的纳韦尔瓦皮湖畔看日落，一只叫隼就在不远的树上站着，看起来很帅气。去到巴里洛切周边的山区小镇，叫隼就更容易看见了。居民房屋的屋顶上，汽车的车顶上，街道的马路上，我都看到过叫隼，而且数量很多。叫隼在当地被叫做Chimango，被认为是卡拉卡拉鹰中最小的一种，而我觉得这种小型猛禽的中文名字叫隼，更体现了它们爱鸣叫的特征。我在小镇上生活的那几天，总能听到叫隼的叫声，循着叫声一抬头，便能见到它们的身影。

美洲隼和中国最常见的红隼同科同属，外形、鸣声和习性都很相似。在秘鲁的科尔卡峡谷，也就是看安第斯神鹫的同一地点，我见到一只悬停在空中的美洲隼。它的尾羽和两翼都完全打开，大约有1分钟时间一直停留在同一个位置，低着头观察着身下的地域，寻找鼠类和蜥蜴等猎物的踪迹。美洲隼属于小型隼，只有19～21厘米大，比红隼还稍小。美洲隼视力敏锐，一旦发

叫隼

叫隼 阿根廷山区城市里数量众多

叫隼 利爪

叫隼 脚下抓到猎物

美洲隼 拍摄于秘鲁科尔卡大峡谷

美洲隼 经常在空中悬停

红隼 雄鸟

红隼 雄鸟 可爱的正脸

红隼 利爪和下弯的喙

红隼 爪子上抓着毛毛虫

现猎物,即刻收拢翅膀高速俯冲而下,获取猎物后叼起,飞到安全地方后再一口口撕裂享用。

红隼是上海南汇最常见的猛禽,清晨的时候,总能见到它们在荒野上空巡视。红隼翅翼长而狭窄、尾羽特别长,尾羽可是猛禽飞行中的方向舵,更是平衡器。红隼飞在空中时,常常使用连续振翅而悬停在半空中的特技,低着头仔细搜寻猎物。在南汇,红隼常常飞得离人很近,才离开几米远,不仅能仰视看到腹下,还常有平视甚至俯视它的机会,看到红隼飞行时的背部,就能体会它的"红"了。不在空中时,它们哪儿都呆,在杉树上、大堤上、房顶上、交通指示牌上、土堆上,我都见到过红隼,而路灯和大堤好像是它们的最爱。反正,所有的猛禽中,红隼是我见过的离我最近的:它在大堤上,我在它身边的路上站着,距离只有3米,它只顾着低头看食物。红隼是吃虫子和两爬的小猛,也能捕食啮齿目的鼠类,南汇的荒野食物充足,它们过得很舒坦。我和它近距离待了良久，就算有车从它身边开过，它也毫不理会，直到有3个海塘所的工人骑着助动车接近，它才振翅起飞。

阿穆尔隼其实就是原来的红脚隼，因为东部和西部的红脚隼分家，生活在东部的红脚隼就改名叫阿穆尔隼。阿穆尔是地名，黑龙江又被称为阿穆尔河，而黑龙江流域正是东部红脚隼的繁殖地。比起红隼的黄色

阿穆尔隼　腹部"有爱心"的雌鸟

脚来，阿穆尔隼长着红色脚，雌鸟的白色腹部上有心形的黑色纵纹，就像是在胸腹部上盖上了一颗颗爱心的图章，而雄鸟没有这一特征。阿穆尔隼的过冬地在非洲南部，从黑龙江流域出发，单程的路途接近1万千米，是这个世界上迁徙距离最远的猛禽之一。阿穆尔隼在上海仅为过境鸟，并不多见，照片中的这只"有爱心"的雌鸟站在南汇嘴的杉树顶上，任凭大风吹得它左右摇晃，只管用脚趾牢牢抓住树枝。空中飞机飞过，它只侧过头看看，也并不挪动。长途迁徙途中的它需要好好休息，恢复体能。

游隼在隼科鸟类中很出名，这是因为它们的飞速在所有鸟类中数一数二，至少短距离的飞行速度肯定排名第一：接近每小时400千米，比高铁还快。电视新闻中曾播出在沙特，游隼和方程赛车手驾驶的赛车比赛，游隼毫不示弱，连续振翅，高速飞行。在上海南汇看到的游隼，掠过滴水湖地铁站上空时，明显比红隼的飞速快得

游隼

游隼　大型隼，体格强健

多。游隼的食物主要是鸟,飞速超快的游隼,在空中追到鸟后,用它的脚猛力一击,多半能将猎物直接打晕。这猛力一击的力道来自从高空俯冲而下的动力,所以游隼锁定猎物后,先飞高再俯冲,反正它的速度快。凭这一招,游隼能够捕获比它体型更大的野鸭,因此别号"鸭鹰"。在南汇荒野上我发现过绿翅鸭的残翅,猜想多半就是游隼吃剩的,而城市里的鸽子也是游隼的主要食物。热爱猛禽的观鸟者们啊,可曾想过喜欢鸭和鸽子的人们的感受? 不过,这一切都是自然法则。

游隼在全世界广泛分布,我在别地也见过,在上海拍到过一张满意的游隼成鸟的标准照:脸颊和头顶黑色,上体深灰,下体布满黑色横斑。那一天,在南汇的电线上,我发现了一只体格健壮的成鸟。我躲在车里观察了它良久,其间有几只树鹨在它的近处翻飞,还有两只竟然停落在游隼身后不远处的同一根电线上,难不成它们还想大着胆子围攻游隼? 大概这只游隼刚吃饱,也可能树鹨这样的小鸟根本不入游隼法眼,游隼和树鹨们相安无事。游隼在南汇的湿地上空也上演过求偶表演,雄鸟在空中急速转弯、加速俯冲,向雌鸟展示飞翔的速度和技巧,以博取雌鸟的芳心。

啄羊鹦鹉

啄形目/鸮鹦鹉科/啄羊鹦鹉属

在新西兰南岛,福克斯冰川小镇,我见到了啄羊鹦鹉。那时天色已暗,一只啄羊鹦鹉从高高的树梢上飞落到餐厅边的一个垃圾桶上,当地人告诉我它叫Kea,喜欢每天这个时候来翻动垃圾桶,看看有什么吃的。Kea正是啄羊鹦鹉的叫声,也是它的英文名。啄羊鹦鹉的体型很大,长着比其他鹦鹉更加长的喙,并且下弯而锋利。这种鹦鹉在新西兰袭击绵羊群,用锋利的喙把绵羊的羊皮啄穿、啄食羊肉,由此得名啄羊鹦鹉。啄羊鹦鹉并不惧怕人类,人类可以很靠近它。它的食性很杂,几乎什么都吃,而且很乐意接受人类馈赠的食物。

啄羊鹦鹉 锋利的喙

啄羊鹦鹉属于鸮鹦鹉科,该科在与其他大洲隔绝的大洋洲,进化轨迹与鹦鹉科大不相同。鸮鹦鹉科一共两属四种,其中诺福克啄羊鹦鹉由于人类入侵诺福克岛并进行猎杀,已在150多年前灭绝。现存的三种也都属于濒危鸟类,其中有一种很著名的鸮鹦鹉,和啄羊鹦鹉进化自同一个祖先,比啄羊鹦鹉数量更少,属于极危(CR)。尽管新西兰当地土著毛利人

啄羊鹦鹉　习惯于翻找垃圾桶中的食物

有捕杀鸮鹦鹉,并佩戴鸮鹦鹉的羽毛作为装饰的习惯,但直到欧洲人大量来到新西兰之前,鸮鹦鹉的数量还很多。鸮鹦鹉居住在树根洞穴里,习惯夜间爬行觅食,欧洲人带来了大量的猫、狗和老鼠,正是这些新来的动物给不会飞的鸮鹦鹉带来了灭顶之灾。新西兰人已经行动了起来,尽最大的可能保护鸮鹦鹉和啄羊鹦鹉。啄羊鹦鹉的濒危等级为濒危(EN),比鸮鹦鹉只差一级。

粉红凤头鹦鹉/澳东玫瑰鹦鹉

鹦形目/鹦鹉科

在澳大利亚,粉红凤头鹦鹉十分常见,墨尔本、阿德莱德等大城市的随便一处草坪上就能看到。这种鹦鹉聪明伶俐,活泼而招人喜爱,因而很多被人养来做宠物鹦鹉。然而,它们在澳大利亚仍有大量野生存在,自由自在地生活在天空下。

在澳大利亚看到野生鹦鹉并不是难事,南美的鹦鹉多见于树上,而澳大利亚的鹦鹉却多见于地上。我

粉红凤头鹦鹉　拍摄于澳大利亚

澳东玫瑰鹦鹉　背部玫瑰花瓣纹

澳东玫瑰鹦鹉　猩红色的头部和胸部,白色的脸颊,黄色的腹部

在阿德莱德还观察了一对澳东玫瑰鹦鹉,它们在林中的地面上觅食杂草种子,走走停停,偶尔短飞一小段距离。它们的飞行明显呈波浪形,眼看着要降落了,却又向上飞一小段后才落地,飞速很快,落地后继续觅食。它们的主要食物是草地和低矮灌木的种子,也捕食一些昆虫。

比起粉红凤头鹦鹉,澳东玫瑰鹦鹉有着更多彩的羽色:猩红色的头部和胸部,白色的脸颊,腹部的黄色与头部的红色形成鲜明的对比。玫瑰鹦鹉,多么好听的名字! 它们的背羽以黑色为底色,扇形的花纹细看如一片片玫瑰花瓣;另外,翅膀和长尾巴都有蓝色镶边。这些都是玫瑰鹦鹉属8种鸟的共同特征。

黄翅斑鹦哥/灰胸鹦哥/南鹦哥/白眼鹦哥/紫蓝金刚鹦鹉

鹦形目/鹦鹉科

一对黄翅斑鹦哥并肩站在巴西潘塔纳尔林中的枝条上,我在树下仰望它们。这是一对多么令人喜爱的鹦哥呀! 它们长着肉粉色的脚,肉粉色的喙,通体亮绿色的羽毛,翅膀合拢时翼缘有黄色的斑纹,这是它名字的来历。

黄翅斑鹦哥属于纯色鹦鹉属,除了翅斑的黄色,基本一抹纯绿色。在南美洲见到的另外三种鹦鹉也是绿色的体色,它们分属不同的属。

南鹦哥(南方锥尾鹦哥)见于阿根廷南部巴塔哥尼亚的一个湖边。南鹦哥是分布上最靠南的一种鹦鹉,一直分布到南美洲的最南端。南鹦哥体色的绿更暗,从

黄翅斑鹦哥 巴西

黄翅斑鹦哥 翅翼黄斑

照片上就可以看到它们的羽色和树上的绿叶太相似了，只在下腹侧部、眼先和上喙基部有红色的斑块，若不是它还有一个暗红色的长尾巴，还真不容易发现。我曾看到过近三十只的一群，它们挤满了一棵树的树冠，开心地吃着浆果。吃饱后，一起飞越湖面，并发出欢快的鸣叫声。这个场景，让人看着愉快。

白眼鹦哥拍摄于巴西的中部，它体色的绿要比南鹦哥明亮一点儿，特征在于头部和颈部的红斑点，在翅翼的初级飞羽上也有。鸟如其名，还有一个醒目的白眼圈。白眼鹦哥属于卡拉锥尾鹦鹉属。

灰胸鹦哥属于和尚鹦哥属，这种鸟的别名就是和尚鹦哥，它的前额淡灰色，有一根绿色的长尾巴，背部暗绿，下腹嫩绿，而胸部和上腹部是白色的。

灰胸鹦哥被作为宠物鹦鹉为世界各地的人们驯化和饲养，它们有着很高的智商，会学人类说话。如果人类从小教它们，灰胸鹦哥可以有相当大的词汇量。灰胸

南鹦哥 暗红色长尾巴

白眼鹦哥 红斑点、白眼圈

灰胸鹦哥

灰胸鹦哥　背后的巢十分巨大

鹦哥的原生地在南美洲,而在美国南部和西班牙巴塞罗那都有野化的种群,并已适应当地的野外生活。

第二张灰胸鹦哥的照片拍摄于巴西的潘塔纳尔湿地,从照片中可以看到灰胸鹦哥的巢,它们的巢建在高高的大树上,看起来非常坚固,绝不可能坠落。灰胸鹦哥勤快地衔来树枝建造巢,巢很大,略呈圆形的入口大约可以让三四只灰胸鹦哥同时进出。这种大型的巢,一个巢里面有好多个"单元间",可以供好几对灰胸鹦哥同时孵卵和育雏。据说灰胸鹦哥是唯一不利用树洞做巢穴的鹦鹉,这让我想到了在非洲见到的群织雀织造的大巢。

紫蓝金刚鹦鹉在体型上完全不同于上面4种鹦哥,属于琉璃金刚鹦鹉属,是世界上最大的一种鹦鹉。我在巴西的潘塔纳尔多次见到过紫蓝金刚鹦鹉,第一次是在树林中,林中光线较暗,但是它们身长1米的体型着实惊艳到了我。

还有一次,我骑马刚走出雨林,就见到林缘附近的一棵大树上站着一小群紫蓝金刚鹦鹉。美妙的光线下,它们太引人注目了。我翻身下马,在另一棵树上把马系好,慢慢走近那棵树的树下。金刚鹦鹉体型很大,但是飞起来的话,却能飞得很快。这群紫蓝金刚鹦鹉对我很友好,对于我的靠近,一点儿不慌张。我就在它们身下不远处,欣赏它们一身华丽的紫蓝色羽毛,颌部和眼圈鲜黄好看的色斑。我不禁赞叹这世上竟有这么漂亮的大鹦鹉!它们好奇地低头看了我几眼,然后就不再那么注意我。其中的一只,举起了它的左脚,放在喙边,就像人类用手托腮一样,像是陷入了沉思。

观察到这些鹦鹉的地点都是在南美洲,尽管灰胸鹦哥体长只有30厘米,而紫蓝金刚鹦鹉体长1米,个头差异很大,但它们全部属于鹦形目下的鹦鹉科,有相同

紫蓝金刚鹦鹉　拍摄于巴西潘塔纳尔　　　　　　　　紫蓝金刚鹦鹉　帅！

的特点。鹦鹉科的鸟类，鸟喙的上喙下弯，并具有一个小钩，下喙较小，略有上弯。这种形状的喙可以轻易地咬碎坚硬的坚果等种子，还可以起到像啄木鸟尾巴那样的第三只脚的作用，用来协助两只脚一起攀缘。鹦鹉的脚也与众不同，两个外趾后向，两个内趾前向，这样的结构可以让鹦鹉把脚当作手一样来使用，不仅抓握枝干时十分有力，还可以用脚把东西抓到喙边。这就是为什么紫蓝金刚鹦鹉会有托腮那样的动作。鹦鹉科的鸟类素食性。迁徙习性上，鹦鹉不会像候鸟那样长途迁徙，一般定居。

仙八色鸫

雀形目/八色鸫科

　　每年春秋迁徙季的时候，每个上海观鸟人的口中都会念叨着"仙八"，所有人都期待一睹"仙八"（仙八色鸫）的芳容。仙八色鸫羽色绚丽，身上至少有8种颜色，亮丽的颜色包括并不仅限于：背部温润的绿松石色，翅翼上艳丽的天蓝色，下腹到臀部隐藏着的鲜艳的猩红色。第一次见到它，我不禁为它的羽色所吸引，除了出彩的羽色，另一个深刻的印象是它圆圆的肚子，它的身材可真够丰满的！

　　仙八色鸫行踪隐秘，喜欢在灌木丛的底层活动，翻树叶找食，而且生性警惕，一被惊动就飞走。第一次见是在上海南汇的小树林中，我正在停立观察，突然飞来一只仙八色鸫，停落在不远处的地面，我一激动，赶紧将望远镜换成相机，按了

仙八色鸫

仙八色鸫　下腹还有好看的红色

几下才意识到焦点对在了仙八色鸫前面的树叶上，刚想调整，它却振翅飞走了。检查自己拍下的照片，仙八色鸫留在了镜头中，但是影像跑焦，这让我多少有点儿懊丧。

后来终于有一天，在前后相隔四五千米的几个小树林里，一共出现了4只仙八色鸫。喙基的红点表明它们都是当年出生的幼鸟。这次我终于拍得了其中一只的完美的影像，除了图片，我还拍得了视频。视频中的仙八色鸫双脚蹦跳，虽然跳得不是很高，但看起来弹跳力很好。它偶尔会停下来侧耳倾听，这是它们的天性：听声找寻猎物。虽是幼鸟，但与生俱来的习性早已经写在了基因里。

八色鸫科一共32种，其中仅8种八色鸫进行迁徙，仙八色鸫是其中的1种，属于易危鸟类。仙八色鸫的足迹北至日本、韩国，南至马来西亚、印度尼西亚，上海只是它们迁徙路线上的一个临时落脚点，能目睹它们的风采是观鸟人的幸事。

热带王霸鹟/大食蝇霸鹟

雀形目/霸鹟科

热带王霸鹟的鸟名和黑枕王鹟相比，在王鹟中间多了一个霸字，两者属于两个完全不同的科。前者属于霸鹟科，霸鹟科的鸟类仅分布于美洲，但却是鸟纲中最大的科之一，种类的数目超过400多种。亚非欧见到的大多数雀形目的鸟都是鸣禽，而霸鹟科的鸟类属于雀形目下的另一个亚目——亚鸣禽亚目。

这两种霸鹟广布于拉丁美洲,最南到阿根廷的中部,而霸鹟科的鸟类在这一区域占比非常高。对比我在巴西拍的热带王霸鹟和大食蝇霸鹟,外表上,这两种霸鹟都有着浅黄色的下体,上体颜色不同;神情上,大食蝇霸鹟神情温柔,而热带王霸鹟长着一张凶巴巴的脸。

事实上,霸鹟科中就属王霸鹟最有攻击性。看看它的鸟名,又有王,又有霸,作为体长26厘米的雀形目鸟,热带王霸鹟竟敢于攻击凤头巨隼(卡拉卡拉鹰)、翼展达2米的华丽军舰鸟,甚至一些鹰类!

热带王霸鹟的食物以昆虫为主,和亚洲的鹟一样,热带王霸鹟长着三角形的扁喙,喙基宽,它的脚短、翅长,在空中追捕昆虫的能力强,偶尔也入水如翠鸟般捕食小鱼和蝌蚪。

大食蝇霸鹟则除了在空中捕食,也会沿着地面飞行追捕猎物。它们的脚更强

热带王霸鹟

热带王霸鹟　看上去有点儿凶巴巴的

大食蝇霸鹟

大食蝇霸鹟　它看着温柔点儿

健，能站得很稳。大食蝇霸鹟的背部褐色，眼部上方有黑白相间的条纹，比起热带王霸鹟的灰脑袋来要好看得多。实际上大食蝇霸鹟的头顶还有一个黄色冠斑。霸鹟科的不少种都具有各种颜色的冠斑，以黄色为最常见，但冠斑只有在炫耀时才露出来。

棕灶鸟

雀形目/灶鸟科

棕灶鸟是阿根廷的国鸟，而我在巴西时比在阿根廷时见到棕灶鸟的次数更多，它们出现在林中的树枝上，地面的草丛中，也喜欢在河流边的开阔地带活动。

棕灶鸟最显著的特征是它们的泥巢，第一次看到这种泥巢时我真的很惊讶，这不就是一个小灶头吗？很像我见过的秘鲁印第安人用来烤比萨的泥制烤炉。棕灶鸟的这种巢很坚硬，坚硬得需要大锤子才能把泥土砸开。一个泥巢建好后，可维持数年不坏。

棕灶鸟的羽色和灶鸟科的大多数鸟的羽色相似，为棕褐色，还有一个醒目的白色的喉部。灶鸟科的鸟类分布于墨西哥南部以南的拉丁美洲，不过，该科的200多种鸟，并非都能如棕灶鸟一样筑造烤炉似的泥巢，科内能造这种坚固泥巢的种类只是很小一部分。

棕灶鸟

棕灶鸟　像烤炉似的泥巢

灰燕鵙

雀形目/燕鵙科

　　灰燕鵙给我印象最深刻的是它们在树枝上挨在一起排成一排的样子,先是两三个,接着又飞来几个,越排越多。一般后来的会飞落在队伍的两端,但如果中间有空隙,也会有一只调皮的灰燕鵙把空位补上。这种情形往往出现在清迈冬天的清晨或傍晚,那时气温较低,它们抱团取暖,挨在一起更暖和。鸟和哺乳动物一样,也是温血的恒温动物,它们的体温保持在38～43℃,当外界气温低时,鸟会抖松羽毛形成隔热层来保温,而灰燕鵙则采取"抱团取暖"的方式。据研究,2只鸟挤在一起时,可减少四分之一的热量损失,3只鸟挤在一起时,则可减少三分之一的热量损失。

　　灰燕鵙依偎在一起的时候,还会相互整理羽毛,一只小鸟用它的喙啄另一只,被啄的那只一副很享受的样子,这些小鸟因此而显得亲热无比。

　　灰燕鵙似燕而非燕,它们模仿燕子的飞行姿态,然而较平的尾端和较宽的两翼,还是暴露它们的燕鵙的身份。灰燕鵙个子不大但胆子大,敢于集群向比它个大的鸟,甚至于猛禽主动发起进攻。有一次在同一根树枝上,一只珠颈斑鸠离着它们不远,灰燕鵙歪着脑袋盯着珠颈斑斑鸠看,似乎不欢迎大个子斑鸠的到来。性子平和的珠颈斑鸠晓得这些小家伙不是善茬,主动离远了。

　　灰燕鵙在空中捕捉昆虫为食。有一次我正在观察一只停立的灰眼短脚鹎,却见它斜眼看着左上方,一副很羡慕的样子,原来一只灰燕鵙刚捕捉到一只大蜻蜓,叼在嘴中,那可是一顿美餐。

灰燕鵙

灰燕鵙　喜欢排排站

黑翅雀鹎

雀形目/雀鹎科

　　黑翅雀鹎又叫普通雀鹎,在我清迈住处的庭院中的大树树冠里出现过。它身形小巧(14厘米),活泼好动,在浓密的绿叶中移动极快,而且它不像黄腹花蜜鸟和朱背啄花鸟那样,每天都在这棵树上出现,大概隔个一星期十天的才能见到它一次。因为不常来且好动,好久之后,我才拍得较好的照片。

　　黑翅雀鹎的体羽以黄绿色为主基调,鸟如其名地长着一对黑翅膀,翅膀上有两道明显的白斑。繁殖期的雄鸟还会换羽成一个黑色头顶。让我印象深刻的是它的喙型,看上去就像一个小尖锥,尖利无比。后来,我在素贴山的山脚下又见到过几次黑翅雀鹎,它们每次都是单个出现,在繁茂的大树上快速跳跃,捕捉昆虫。雀鹎科仅有一属四种,仅分布于东南亚的中南半岛和我国的云南省。

黑翅雀鹎　雄鸟

黑翅雀鹎　雌鸟

粉红山椒鸟/赤红山椒鸟/灰喉山椒鸟/灰山椒鸟/暗灰鹃鵙

雀形目/鹃鵙科

　　山椒鸟是林中的一道风景,在清迈常常能遇见它们,每次都让我欣喜不已。粉红山椒鸟总是成小群出现,它们从林子的一个方向飞过来,红色的雄鸟、黄色的雌

粉红山椒鸟　雄鸟

粉红山椒鸟　雄鸟

鸟在每一棵不同的树上做短暂停留,在树上找寻它们喜爱的昆虫吃。

在清迈植物园所在的山腰,总有一对赤红山椒鸟在林间飞来飞去。赤红山椒鸟和粉红山椒鸟,鸟名上差一个字,但赤红山椒鸟的雄鸟的红色、雌鸟的黄色,要比粉红山椒鸟的色泽浓烈得多。这一对赤红山椒鸟,通常黄色的雌鸟在前领飞,红色的雄鸟在后跟飞,它俩总是在相隔不远的地方,形影不离。

看到灰喉山椒鸟是在培山(Doi Pui)的山顶上,一小群从远处飞来觅食,其中有一只抓到一只大毛毛虫,用喙猛甩着虫子,然后心满意足地吃了下去。山椒鸟是吃虫大王,可以吃掉大量昆虫以及它们的幼虫。

这些被称为"彩椒"的山椒鸟在南方更有机会见到,一般为当地留鸟。而羽色相对朴素的灰山椒鸟也有一部分迁徙,春迁时在上海也能看到。有些同一鸟种,部分种群为留鸟,部分种群为候鸟。作为候鸟向北迁徙到温带的种群,在繁殖季时,

粉红山椒鸟　雌鸟

粉红山椒鸟　雌鸟

赤红山椒鸟 雄鸟　　　　　　　　　赤红山椒鸟 雄鸟

赤红山椒鸟 雌鸟　　　　　　　　　赤红山椒鸟 雌鸟

因为北方地区的夏季有更长的日照时间（捕食时间）和充足的食物供应，能减少由于食物不足而引起的竞争。秋季时北方的日照时间变短、昆虫的数量减少，它们仍将为食物而迁徙回到南方地区。之所以同一种鸟，既有作为留鸟不迁徙的种群，也有作为候鸟每年迁徙的种群，主要是各个种群传承的习惯不同。

　　山椒鸟种类不少，"彩椒"还有长尾山椒鸟、短嘴山椒鸟等，"灰椒"还有小灰山椒鸟。各种山椒鸟相似，但均能从外观上分辨。例如，赤红山椒鸟雄鸟的喉部黑色，粉红山椒鸟雄鸟的喉部白色，而灰喉山椒鸟雄鸟的喉部为灰色；又如，小灰山椒鸟的腰和尾上覆羽为黄褐色、胸腹部的颜色也偏黄偏灰，看起来"略脏"（小灰山椒鸟因体型比灰山椒鸟稍小而得名，但野外很难判断体型）。看图找不同，每一种山椒鸟的雌雄鸟都有不止一个辨识点，分辨起来不难，在此不一一详述。

　　我仍然不很明白的是为什么山椒鸟在中文里叫山椒（英文叫Minivet），有的说

灰喉山椒鸟　雄鸟

灰山椒鸟

灰山椒鸟

暗灰鹃鵙　雄鸟

山椒鸟瘦长的体型像植物山椒，又有的说山椒是西南地区山中栖息的树木之精，而那里正是山椒鸟的主要分布和生活之地。

　　各种山椒鸟都属于鹃鵙科，和暗灰鹃鵙同科，这一科鸟具有共同特点：喙形短且粗壮，身形瘦长，栖息在山林中，喜欢捕食昆虫。暗灰鹃鵙的雄鸟头背部灰色，两翼和尾羽黑色，形成对比。暗灰鹃鵙的英文名 Black-winged Cuckooshrike 中的"黑翅"指的是雄鸟的特征，而雌鸟的整体为灰色，两翼不那么黑，与头背部没有非常明显的反差，且臀部有横纹。另外，雌雄鸟的尾下都有明显的

暗灰鹃鵙　雌鸟

大白斑,雄鸟的大白斑与黑色的尾下覆羽对比更明显。冬天的时候,我在泰国北部见到了暗灰鹃鵙,时近黄昏,它大大方方地站在树冠的顶部,边上并无枝叶遮掩,一站就是很久。等到了春天,迁徙而来的暗灰鹃鵙会出现在上海南汇,有些个体会在林中连着待上几天,让观鸟者看个够。

红尾伯劳/牛头伯劳/虎纹伯劳/楔尾伯劳/灰背伯劳/棕背伯劳

雀形目/伯劳科

　　伯劳的种类不少,有一定的地区分布性,就上海而言,有记录的有6种。在上海看到伯劳,只要把这6种分清即可。

　　先说春秋迁徙季见到的伯劳。体型较小的红尾伯劳在春季迁徙季很常见,春天里的一段时期,在上海南汇的海边,几乎每隔五米的杉树上就有一只红尾伯劳栖坐着,但秋天时的数量不及春天时那么多,冬天时在清迈的水塘边我也多次见过红尾伯劳,那里是它们的越冬地之一。红尾伯劳有3个亚种,其中普通亚种的前额和头冠灰色,雌雄相似,而指名亚种的雌雄鸟头顶至背为红褐色,黑色过眼纹上的白色眉纹比普通亚种明显,雌鸟的肋部有淡黑色鳞纹。

　　长着大头的牛头伯劳,数量没有红尾伯劳那么多,但秋天的时候,总有一两只喜欢流连在南汇小树林里。我常常见到的一只牛头伯劳雌鸟文静乖巧,以至于对它很有亲切感。有一天它表演了捕捉螳螂给我看。红尾伯劳和牛头伯劳并不易混

红尾伯劳　指名亚种　雄鸟　　　　　　红尾伯劳　指名亚种　雌鸟　注意肋部鳞纹

淆，红尾的雄鸟背褐色，牛头的雄鸟背灰色，两种伯劳的雌鸟的背都是褐色；红尾的雌鸟耳斑黑色，牛头的雌鸟耳斑棕色。牛头伯劳的雄鸟尾黑色。

虎纹伯劳的体型和红尾伯劳、牛头伯劳差不多，属于20厘米左右的小体型伯劳。虎纹伯劳的背部有虎皮纹（肩背部的褐色底色上有黑褐色鳞状纹），不易与其他伯劳混淆。雌雄的分辨在于雌鸟两肋有黑色鳞纹且黑色眼罩不

红尾伯劳 普通亚种 前额和头冠灰色、雌雄相似

及雄鸟的宽。春天的时候，出现在上海南汇的虎纹伯劳的数量没有红尾伯劳那么

牛头伯劳 雌鸟 棕色耳斑

牛头伯劳 雌鸟 下体细鳞纹

虎纹伯劳 雄鸟

虎纹伯劳 幼鸟

多，甚至还会受到红尾伯劳的排挤。秋天时，一只虎纹伯劳的幼鸟躲在林子里，坐着一动不动，偶有飞机飞过，它就歪一下脑袋仰望；有时微微翘动尾巴，幅度不大，打开时的尾羽像一把扇子；虎纹伯劳的喙较为厚实。

　　楔尾伯劳，英文名直译为"中国灰伯劳"，头背部一袭灰色、眼罩黑色、翅翼黑色具白斑、下体全白，中央尾羽黑色。中文名取其尾巴的楔状而命名（楔状的意思是中央尾羽最长，两侧的尾羽依次变短），而在中文鸟名中另外还有灰伯劳、西方灰伯劳等不同种伯劳，都有地域性。在上海见到的楔尾伯劳和在北方见到的灰伯劳主要的区别为楔尾伯劳的腰灰色，灰伯劳的腰白色且尾羽为圆尾（尾羽各羽毛等长，非楔状）。

　　灰背伯劳和棕背伯劳体型相仿，一样都是25厘米，但背部是暗灰色。灰背伯劳在上海虽有记录，但我个人没有在上海见过。我见到其他的伯劳都在平地，

楔尾伯劳

楔尾伯劳　楔状尾羽

灰背伯劳

灰背伯劳

棕背伯劳

棕背伯劳　长尾

而灰背伯劳是在泰国北部1 600米海拔的山顶上看到的。那时正是1月,山上樱花盛开。

再来好好说说我们的地主伯劳,大名鼎鼎的棕背伯劳。棕背伯劳的英文名叫Long-tailed Shrike,直译为"长尾伯劳",比起别的伯劳来,棕背伯劳的尾巴明显更长,在视野前平飞时,长尾巴特别显眼。如果看到它时是逆光,看看身形大小和长尾巴,不用看羽色就知道是它。不过我也喜欢它的中文名,喜欢看棕背伯劳大大咧咧站在树上时棕红色的背和两肋,无论静立着还是飞起,它就是一个棕红色的家伙。棕背和长尾,中英文名各自说出了它的主要特点。另外,在上海的棕背伯劳成鸟清一色的灰色头部,宽阔的黑眼罩,这一特征十分明显;而在泰国清迈,我还看到过西南亚种的棕背伯劳,头部全黑。

再细看棕背伯劳的细节,它长着鹰、雕、隼、鹗等猛禽才具有的尖端带钩的钩型喙,它可是雀形目鸟类中的"战斗机",喙是它有利的武器。它们站立在高处搜寻猎物,一有机会就迅猛俯扑,用尖利的喙可以轻易刺穿小动物。棕背伯劳拥有捕杀小鸟的技能,比如偷袭暗绿绣眼鸟,或白头鹎的幼鸟,所以小鸟们尽量躲着它。有一次,20只家燕停栖在一根电线上,一只棕背伯劳飞来,将它们全部惊飞。当然,小鸟在棕背伯劳的食物占比中极低,它的主要食物还是昆虫。因为棕背伯劳太常见了,我看过很多次它们捕捉到食蚜蝇、蜻蜓、螳螂、蜂、蛾等各种昆虫的景象。

上海有"四大金刚"常见鸟(白头鹎、树麻雀、珠颈斑鸠、乌鸫),无论在市区还是大多数的郊区,这四种基本都有,而且数量较多。照我看,棕背伯劳抢个老五老六的座次绝对没问题。它们太常见了,会出现在任何绿化带附近,停栖在市区和市郊的空旷之地的突出物上。长久共处,棕背伯劳已经习惯了人类,似乎并不太在乎

棕背伯劳　捕捉到食蚜蝇　以各种昆虫为主要
食物

棕背伯劳　西南亚种、头部黑色、宽阔的黑眼罩的
特征不见了

人类就在附近。在市中心的人民广场、上海博物馆馆外草坪的低矮灯球上，棕背伯劳蹲坐其上，等待捕食的机会，而人民大道上的行人就在不远处。在南汇海边，棕背伯劳蹲在防波堤的大石头上低头找食，人走几步，它飞几下、停下、继续低头，人再走，它再飞再停，和人始终相距不远，并不会惊慌失措地飞远。站防洪墙大堤的棕背伯劳也多得是，车子开得很近了，才屁股一撅，尾羽翘起，跳下堤岸。

棕背伯劳在南汇嘴，是真正的地主，若再排座次，去掉乌鸫，加上八哥，棕背伯劳也有资格争前三。沿海十多千米的杉树林里，每隔几十米就是一只棕背伯劳。春天的早上，到处是棕背伯劳的叫声，它们就像春秋战国时的各个诸侯，各自划分好领地，清晨时鸣叫一番，宣示对领地的所有权，未婚的雄鸟也通过歌声吸引雌鸟。它们喜欢站在杉树的顶上，凛然一副领主的派头。任何其他的伯劳都没有棕背伯劳这么招摇，比如红尾伯劳喜欢坐在树的中端，但虎纹伯劳和牛头伯劳常隐伏在小树林里。外来的伯劳相对比较低调，反正也是来此借住一段时间就走，犯不着和当地山大王较劲。

或者为了领地，或者为了争偶，棕背伯劳的雄鸟之间也会发生战争，从树上厮打到地面，你压我，我压你，还用喙啄几下，好在一般并不给对方造成伤害。

繁殖期时，棕背伯劳较多地安巢于树上，也有筑巢于灌木之中的。初夏时，在南汇的东海大道附近，我看见一只棕背伯劳老往灌木深处里飞，这和它们总喜欢站在暴露处的习性不同，我猜是有巢安在了隐秘的灌木之中，巢中或许已有雏鸟嗷嗷待哺。出巢后的棕背伯劳幼鸟，体羽色淡，棕背和黑眼罩皆不明显。幼鸟出巢后再由亲鸟照看一段时间，就会告别父母，自己去建立领地、独立生活。

黑枕黄鹂

雀形目/黄鹂科

"两只黄鹂鸣翠柳",黄鹂的鸟声清脆,如笛声,在很远的地方就能听到。它们生活在树冠的上层,大多数时候害羞不愿见人,而隐身在光影重叠的叶片中。黄鹂以美貌著称,体羽除了头部和两翼有黑色,几乎通身金黄色,在林中飞起时,一团黄色,一眼就能认出。

黄鹂食性偏肉食,"螳螂捕蝉,黄雀在后",这里的黄雀其实也包括黄鹂。黄鹂爱捕食螳螂,同时也捕捉鳞翅目的幼虫(毛毛虫)、膜翅目的蜜蜂,甚至于其他鸟类的雏鸟。

黑枕黄鹂冬天在东南亚过冬,在国内是夏候鸟,有些在华东地区筑巢繁殖。它们爱将巢筑于高大乔木之上,亲鸟中的一方负责在巢中照看雏鸟,而另一方在外捕食后将食物交接给巢中亲鸟。

黑枕黄鹂并不那么容易找见和拍摄,我在泰国北部拍得的成鸟大部分被树叶遮掩。而秋季在上海南汇,有不少当年出生的懵懂幼鸟飞来,黑枕和过眼纹都还没有变得像成鸟那样漆黑,喙色也非成鸟那种艳丽的红色。它们不懂得躲藏,站在杉树上,啄食杉树叶子,长时间把身子暴露在外,一阵风吹过,差点儿从摇晃的树枝上跌落。这些亚成鸟还在磨炼捕虫的技能,眼见其中一只在林中捉到一条绿色的大毛毛虫,真让人为之高兴。

黑枕黄鹂 成鸟

黑枕黄鹂 亚成鸟

褐背鹟鵙

雀形目/钩嘴鵙科

据《说文解字》，鵙，伯劳也，鵙前面还有一个鹟字，褐背鹟鵙的英文名为Bar-winged Flycatcher-shrike，Flycatcher是鹟，shrike是伯劳，中文和英文一致，这种鸟兼具鹟和伯劳的特征。英文名中Bar-winged强调翅翼上的大白斑，而中文名则强调褐色的背部（雄鸟上体黑色、雌鸟的上体偏褐色）。褐背鹟鵙的喙比较细，上喙喙尖有一个小钩，只是没有伯劳的钩那么大而明显，属于钩嘴鵙科。

我在泰国北部山区的树林中见到了褐背鹟鵙，同时见到的还有绒额䴓、灰腹绣眼鸟和黑枕王鹟，它们形成了一个小鸟浪。褐背鹟鵙有和其他林鸟混群的习性，捕食时通过空中突袭的方式，以及用飞行惊吓树冠中叶片间的小昆虫，并加以捕食。

褐背鹟鵙

红翅鵙鹛

雀形目/莺雀科

莺雀科我见过红翅鵙鹛，那是在清迈的培山山顶，一只红翅鵙鹛在高高的乔木的树冠层活动，时而露出身形，时而又隐入树叶中。有那么一小会儿，它完全露出，在一根树枝上侧过身，仔细搜寻树皮和枝叶间的虫子，在它再次隐身不见前，我拍得了它的照片：黑色的头部有一道好看的白眉，粉白色的腿。但因为是仰拍，我并没能拍到它飞羽上的"红翅"和灰色的背部。

看到鸟比拍到鸟要容易一些，用相机记录鸟，尤其是拍好一种鸟，比起仅仅看到要来得难。不过，仅凭这张腹部的照片也可以定种了。观鸟定种是一件很有趣的事情。鸟儿的体型、喙型,喙是什么颜色、脚是什么颜色,各处的羽毛是什么颜色,都是重要的识别特点。鸟儿又有分布范围,这个地区、这个点、这个时间段出现过什么鸟,都是有记录的。所以在没有相似种的情况下,哪怕仅凭头部、腹部、尾、脚和喙的特征,一张仰拍照也能定种。

红翅鵙鹛

黑卷尾/灰卷尾/发冠卷尾/古铜色卷尾/大盘尾/小盘尾

雀形目/卷尾科

黑卷尾

黑卷尾是单色鸟,不仅体羽乌黑,而且喙和脚也是黑色,可谓一身黑。黑卷尾的尾羽很长、分叉,且尾端垂直折起上翘,易于识别。冬季12月到次年1月,在泰国清迈的时候,我见到许多黑卷尾,它们停栖在水面的挺水植物上,或是开阔田地的低矮植物上,所处的位置通常不高。我还经常在牛背上看到黑卷尾。黑卷尾的喙粗短,喜欢和鹟一样在空中掠食昆虫,从一处起飞,捕捉到猎物后又回到原处大快朵颐。

黑卷尾　尾略卷起

黑卷尾　在牛背上

等到了春天3、4月的时候，黑卷尾又会出现在上海南汇，南汇沿海岸的一棵棵小杉树上几乎隔个十几米就能看到一只黑卷尾，再见到它们很有亲切感。世纪公园里的黑卷尾则在初夏的荷花池中的荷叶间翻飞、觅食，池塘是它们喜欢的生境。

灰卷尾

灰卷尾是黑卷尾的灰色版，但也并不是全灰的，在翼尖和尾羽上有黑色的点缀，喙基部和眼先也有黑色。上体又比下体更灰，如果下体是五十度灰，那么上体就是七十度灰。在我看来，比起其他几种卷尾来，灰卷尾更特别的是它的红眼睛。

在清迈，在平地能看到黑卷尾的地方看不到灰卷尾，几次看到灰卷尾都是在1 000米海拔以上的山里。黑卷尾喜欢站在低处的枝头，而灰卷尾不仅所处的海拔高，而且站立的位置也比黑卷尾高得多，所以我更多的是在山上仰视它们。唯一一次对灰卷尾的俯视，是我站在比它更高的高空步道上。

包括上海在内的很多地方也能看到灰卷尾，但因为有不同的亚种，灰色的程度相差很大。

灰卷尾　尾羽和翼尖上有黑色

灰卷尾　红眼睛　尾羽大分叉

发冠卷尾

这只发冠卷尾于迁徙途中在上海南汇嘴的假日酒店外的树梢上歇息。发冠卷尾比起黑卷尾来，前额上有个卷起的小羽冠（不知道是哪个高级发型师给它梳烫出来的），尾羽的"卷起"更明显，而且比黑卷尾体型大一号，体羽有明显的铜绿色金属光泽。

发冠卷尾喜独行，而且活动的高度比黑卷尾高一些，一般在树冠活动，爱吃各

发冠卷尾

发冠卷尾　注意"小发冠"和尾尖的卷起

种昆虫。这只在上海南汇出现的发冠卷尾看上去一点儿不疲倦,时不时地向上疾飞,又迅速降落枝头,飞姿优雅。

古铜色卷尾

　　古铜色卷尾和黑卷尾的生境不同,古铜色卷尾喜欢山林的生境。我发现它时,它正在清迈植物园的半山腰的树林中玩耍。

　　古铜色卷尾这个名字是从英文名直译过来的,它的体羽虽是黑色,却带有着亮绿的辉光。古铜色卷尾体型小,比黑卷尾小很多,所以又被叫做小卷尾。卷尾科的几种卷尾,古铜色卷尾身长23厘米,小盘尾26厘米(不计飘带尾羽),灰卷尾28厘米,黑卷尾30厘米,发冠卷尾32厘米,大盘尾35厘米(不计飘带尾羽)。这几种中,古铜色卷尾并不易见。

古铜色卷尾　体型小

古铜色卷尾　金属光泽

大盘尾

泰国清迈素帖山脚下有大盘尾常住，我看到好多次之后，才拍到较好的照片。大盘尾的尾羽太长了，外侧尾羽比中央尾羽长了近20厘米，大多数情况下会被枝叶遮挡，不容易拍全。

尽管有超长的外侧尾羽，大盘尾和卷尾科的其他鸟类并无根本的不同，它的喙和脚，以及整个身体结构，都表明它是卷尾的一种。大盘尾头上还长着一个帅气的羽冠，是所有卷尾中最突出的。

大盘尾拖着长尾在林间波浪式地飞行，姿态飘逸优雅。在林中穿飞，要保护好这么长的尾羽颇为不易，我就看到过一只折断了一侧长尾羽的大盘尾。不过漂亮的长尾羽断了固然可惜，但并不影响它的正常生活。

大盘尾　波浪卷曲状尾端　　　　　　　　大盘尾　尾形剪影

小盘尾

我仅在泰国培山的山顶看见过一次小盘尾，它先是出现在一棵高大的树的树冠中间，背对着我呆立着，然后做几次短距离飞行，在几棵不同的树上短暂停留，最后飞向山谷，消失在视野里。它的长尾羽给我留下深刻的印象，1 600米海拔的山顶上山风阵阵，小盘尾的尾羽随风飘荡，荡得老高，飘来飘去。

小盘尾比大盘尾来得体小，没有大盘尾那样漂亮的羽冠，而且两者的尾形不同，小盘尾外侧尾羽的尾端是球拍形的，而大盘尾的尾端呈波浪卷曲的形状。两种鸟的生境也不同，大盘尾生活在山脚下，而小盘尾生活在山顶上，重叠的海拔区段很小。

小盘尾

小盘尾　尾形剪影

寿带/紫寿带

雀形目/王鹟科/寿带属

　　在泰国清道山，我偶遇一只寿带。通往山上寺庙的台阶路边有栏杆，我正在台阶上走着，突然见到一只长尾巴鸟飞落前方的栏杆。我立刻停下脚步，远远地观察起它来。这是一只寿带雄鸟，它的尾羽极长，却生性活泼，随着它在栏杆上跳跃，长尾巴卷起、伸直，再打开，就像小孩子玩的彩色吹卷纸。它像是在炫耀它的尾羽，嘴里还轻轻地发出鸣叫声。它停留在栏杆上的时间够长，让我有足够的时间给它拍照拍视频。

　　接着它短距离飞行，飞到了稍远处的一棵树的树枝上，在那儿吃到了虫子，吃完虫子理理毛。我把长焦相机换成望远镜，8倍望远镜里，这只寿带雄鸟的身姿占满了整个画面。它背对着我，这时不再伸展尾羽，而是静悬着。很明显，它的极长尾羽是它的两根中央尾羽，而外侧尾羽则是正常的尾羽长度。这两根中央尾羽的长度差不多是身长的两倍，中央尾羽越长的寿带雄鸟代表着拥有更好的基因，因此也更能吸引到雌鸟。

　　寿带长着一个醒目的大眼圈，淡蓝色，并且是好宽的一个眼圈！我还在望远镜里注意观察了它头部的色泽，它头冠的浓黑色和头部的淡灰色形成了鲜明的对比，这是寿带的又一个主要特征。

　　寿带并不那么易见，它们更喜欢隐藏在深山密林中。寿带雄鸟的极长尾羽也

寿带　雄鸟　繁殖羽　中央尾羽极长

寿带　雄鸟　黑色头冠和头部灰色对比明显

紫寿带　雄鸟　蓝紫色眼圈十分明显，上背到腰部带金属光泽的紫色

紫寿带　雌鸟　背部至尾羽褐色，头部色泽一致，眼圈不明显

并不总长着，过了繁殖期后就会脱落，变得和雌鸟相似，不再那么光彩照人。和这只繁殖期的寿带雄鸟的相见是难得的际遇，我静静地欣赏，直到它终于飞入山林深处，消失不见。

比起寿带，在上海，另一种紫寿带更易见。每年的迁徙季，紫寿带总会经过上海的南汇嘴，秋天的时候特别多，很多当年的亚成鸟一起飞来，十多只满树林地飞来飞去。紫寿带和寿带一样，生性活泼，喜欢在林间四处游荡。三四个"青年"紫寿带之间还会偶尔发生争吵，嘎地叫上一声。争吵既发生在同性之间，也发生在异性之间。

紫寿带的雄鸟体色明显，上体从上背到腰部是紫色，且紫寿带雄鸟的眼圈偏紫色，寿带雄鸟的眼圈偏蓝色（都宽而明显）。然而紫寿带雌鸟的体羽和寿带的雌鸟以及掉了极长中央尾羽的寿带雄鸟相似，都是上体红褐色、腹部白色。紫寿带雌鸟的头部黑色，整体上相对较一致，而寿带的头冠部黑色更深，头冠的黑色则和头部其余部分的黑灰色有着更为显著的色差。

虽然有时并不那么明显,紫寿带和寿带其实都是有羽冠的。紫寿带我看得最多,从后面看,它低头时羽冠张开,就像头戴着一顶乌纱官帽,让我看了不禁会心一笑。它们还喜欢经常性地打开尾羽,就像官老爷打开一把褐色的扇子。

在林子里看久了紫寿带,发现它的飞行、停栖和捕食方式和姬鹟的习性差不太多,我心里想,紫寿带就是一种体型较大的鹟罢了。它们停立枝头时,两脚不动,左顾右盼。拿林子里同时期出现的白腹蓝鹟和紫寿带比较,紫寿带头部的转动动作更迅速、更多动,而白腹蓝鹟显得安静沉稳。

这些美丽的鸟儿究竟都是过客,在上海南汇的林子里游荡玩耍一阵子,待上个一到两个白天,终会离开,继续它们迁徙的旅程。

黑枕王鹟

雀形目/王鹟科/黑枕王鹟属

黑枕王鹟和寿带同科,都属于王鹟科。在清迈的植物园,随着一阵鸟浪的到来,一对黑枕王鹟出现在十米高的高大乔木的枝杈上,这时我正走在高空步道上,它们出现在我正对面,让我格外惊喜。先是雄鸟飞来,接着是雌鸟,雌鸟看起来要比活泼好动的雄鸟来得娇弱文静。它们在我面前停留的时间不长,随着鸟浪的离去,它俩很快飞走了。

黑枕王鹟 雄鸟　　　　　　　　　　黑枕王鹟 雌鸟

虽然我只看了这一对黑枕王鹟一小会儿，它们却在我的脑海里留下了深刻的印象。我很喜欢为它们拍下的这两张照片，照片中的它们歪着脑袋看我，一脸好奇。对比黑枕王鹟的雌鸟和雄鸟，雌鸟胸腹皆白，而雄鸟的胸部有和头部一致的天蓝色的延续。雄鸟的正脸照上有三处黑条纹——黑色的领圈、黑色的"上嘴唇"，天蓝色的脑袋后枕部还有一簇黑毛，形成"黑枕"，这正是黑枕王鹟名字的来历。

鹊鹩

雀形目/王鹟科/鹊鹩属

鹊鹩　澳大利亚

在澳大利亚的墨尔本，抬头会看到在树上叫的鹊鹩，低头会看到在地上跑的鹊鹩。鹊鹩很常见，黑白配的羽色十分引人注目。鹊鹩的英文名很简单，叫做Magpie-lark，前面再无其他形容词。Magpie在中文里就是喜鹊的鹊，而lark在中文里是百灵鸟、云雀的意思，当初欧洲人刚来到澳大利亚时，到处看到这种鸟，观察后就将欧洲常见的"鹊"加上"百灵"予以命名。

鹊鹩的体型比鹊鸲大，比灰喜鹊小，有很强的领域性，为了保护领地，敢于进攻比它们体型大的雀形目鸟，甚至猛禽。它们还会通过鸣叫，在同类之中宣示领地不可侵犯。鹊鹩是为数不多的能二重唱的鸟类，一对在一起时，雌雄两鸟会以二重唱来保卫领地。鹊鹩的食物是各种昆虫。现代DNA的分析显示，这种广泛生活于大洋洲的鸟和王鹟科的鸟类在亲缘关系上更接近。

灰喜鹊

雀形目/鸦科/灰喜鹊属

灰喜鹊是上海城市中的留鸟，在很多地方，比如杨浦、徐汇、宝山、长宁、浦东等各区的很多城市公园里，都能见到它们的身影。灰喜鹊在上海的种群数有增长的趋势，虽绝不会像白头鹎那么多，却已能时不时见到灰喜鹊在树上"欺负"一下白头鹎的场面。

灰喜鹊一般为当地留鸟，不迁徙。在世界范围的分布上，灰喜鹊呈现隔绝分布的形态，它们生活于亚欧大陆的两端，一块区域是东亚，另一块区域则是西欧的西班牙和葡萄牙（近年已提升为种，称为伊比利亚灰喜鹊），两块区域相隔遥远，中间的广阔地带也曾有过灰喜鹊的广泛分布，但都已消失。

灰喜鹊是我最喜欢的鸟之一，在上海，去城市公园时，看到它们，我就很开心。而在山东大学威海校区，我曾短住过一段时间，每天都见到灰喜鹊，它们满校园飞来飞去。山大威海校区里多的是黑松林，松林是灰喜鹊喜欢的生境之一，因为灰喜鹊爱吃松毛虫和松子。

中午吃过饭后，我会在校园的林中长椅上坐坐，"松香鸟语"，黑松散发着好闻的味道，满树林都是灰喜鹊的叫声。七八月正是当年的幼鸟成长的时候，听它们的叫声就觉得像是一群课堂上不安分的学生在提古怪的问题。我一转头，只见一根树枝上停落四只灰喜鹊，并排而站。这哪儿像灰喜鹊那么大个子的鸟儿的做派呀，嗷嗷待哺的小燕子们才这样。仔细看，原来都是灰喜鹊的亚成鸟。再早一些的时候，曾有一只还不会飞的幼鸟掉落地面，好心的同学用树枝把它送回树干上，它自己使劲地向上爬去。幼鸟的亲鸟就在附近，它很快得到了亲鸟的照料。顺便科普一下，路边的小鸟请不要捡回家照料，请保持原状，亲鸟们会救它们、哺育它们。我们人类肯定不如亲鸟哺育得那么专业，在绝大多数的情况下，捡回家，很难养活它们的，反而是害了小鸟。

灰喜鹊　成鸟

灰喜鹊　枝杈上四只亚成鸟

灰喜鹊　喝水

我虽没有在山大观察过灰喜鹊的孵卵和哺育，但晓得大致的巢区位置，灰喜鹊们喜欢把巢安在相近之处，七八家灰喜鹊离得不远。

灰喜鹊的亚成鸟，头部羽色发灰，远没有成鸟头顶的黑色乌黑光亮，而且胸部的毛色发污，并不如成鸟那样纯白。这些初长成的小家伙们会飞，会自己觅食，可它们还调皮着呢。并排站在树枝上，时不时有一只用喙啄了另一只的喙，被啄的也不生气，坦然受之；或者半打开着翅膀，在树枝上彼此顶撞嬉闹，直到其中一只认输飞离。

长大后的灰喜鹊成鸟也一样吵嚷，在树上停栖时、在林中飞行时都不停地鸣叫，既发出连续而清脆的叫声，也发出鸦科鸟类特有的粗哑叫声。

黑松林的地上有不少灰喜鹊的羽毛，有些是因为损伤而脱落，有些则是灰喜鹊自己啄下来的。除了吃饭，灰喜鹊花费大量时间整理羽毛，它们时不时地将羽毛抖松，很耐心地用喙将羽毛上的羽丝整理得整齐和平顺，如果发现有羽毛的羽丝缺失严重，会果断地将这根羽毛整根拔出扔掉，去旧换新，新的羽毛会在原处长出。

中午炎热，林中有一个方坑，坑中总有些积水，不时有灰喜鹊飞来饮水。成鸟前来喝水时总是小心翼翼，先在近处枝头观望，见无危险，方才飞落，仰起脖子喝水，喝水时会露出喙里面的红色。成鸟通常喝上几口就飞走，从不久留。紧接着又一只会飞来喝水，它们很有秩序，极少发生争闹。亚成鸟就比较粗枝大叶，通常径直飞过来就喝。我曾见到5只灰喜鹊亚成鸟围成一圈一起喝水，也不争吵。只有一次，一只亚成鸟竟然与一只成鸟争闹了起来，结果还赶跑了那只成鸟和另一只亚成鸟，独霸水坑。看来就像人类一样，灰喜鹊中也既有守规矩的好孩子，也有不懂礼让、生性霸道的"不良青年"。

中午喝水，而清晨和傍晚的时候，是它们吃饭的时间。灰喜鹊喜欢在树上啄食松毛虫，夏日里时常看到它们在不远处的黑松上摇晃着脑袋，将虫子在树枝上先甩几下，像是它在磨嘴，其实是在先把蛾子幼虫身上的毒毛蹭掉，然后才吞入口中。灰喜鹊也喜欢下地找食，在地上时，它们拖着天蓝色的长尾巴，蹦跳着行进，双脚同起同落，也是一副可爱的样子。

喜鹊

雀形目/鸦科/鹊属

　　喜鹊在上海,远没有灰喜鹊那么多,算不上很常见,但这两年,数量正在逐渐增加。在北方,喜鹊是常见鸟,它们广泛分布在亚欧大陆乃至北美大陆的温带地区。

　　在山东大学威海校区的校园里也有喜鹊生活,图书馆前的草坪,喜鹊和灰喜鹊常常会来觅食,可以看到两种鸟的差异:喜鹊的羽色以黑色和蓝色为主色调,并带有金属色泽,体型上明显比灰喜鹊大很多,而且显得矮胖。这片草坪上还会有树麻雀、白头鹎和戴胜出现,然而灰喜鹊和喜鹊却比麻雀和白头鹎更常见。

　　山大的喜鹊叫声婉转,不像灰喜鹊那样吵嚷。见到喜鹊时,它们总在地上走着,喜鹊既会和灰喜鹊一样双足蹦跳,也会双脚交替行走前进。喜鹊走起路来,一副大摇大摆的样子,还扭动着屁股。

　　有一天,两只喜鹊挨在一起,都张大着嘴,我好奇它们在干什么。一只低着身侧着头,另一只则站直着,一只脚还按着人们丢弃的一大块面包。哦,原来一只找到了食物,另一只也想吃却得不到。喜鹊雌雄同色,雌鸟略小一些,这两只看上去是一对。喜鹊在居留地繁殖,它们的巢从外表看,总显得有点儿乱糟糟的,很大且不隐蔽,一般由较大的树枝构成,但上有屋顶、外有围墙,可以为雏鸟遮风挡雨。在北方的铁路沿线有很多的喜鹊的巢,由于巢大,很远就能看见。喜鹊有利用旧巢的习惯,每年都修修补补,加添一些新树枝,以至于巢越建越大。

　　喜鹊个大,看到小型猛禽一点儿不怵,还能赶跑猛禽。红隼也是威海的常住居

喜鹊

喜鹊　争食

民，可是这种小型猛禽在喜鹊面前显得个小。红隼身长33厘米，喜鹊有45厘米，明显喜鹊大了一号。一天早上6点天刚亮的时候，三只红隼从哈尔滨工业大学威海校区教学楼的楼顶飞过，其中一只红隼停落在屋檐，爪子上抓着刚抓到的猎物。这只红隼停落后，开始享用它的早餐。待要快吃完的时候，一只喜鹊出现了。喜鹊来到红隼的身边，保持半米的距离。两只鸟僵持了一小会儿，谁都不动，然后红隼向喜鹊跳跃了几步就停了下来，而喜鹊还是一步不动。再过一会儿，这只喜鹊从红隼的右边飞到了红隼的左边，仍然相距半米左右。短暂的僵持后，红隼选择了撤退，飞到了更高一层的楼顶，但并未飞远。接着又来了两只喜鹊，形成了三只喜鹊对一只红隼的局面，终于，红隼还是飞走了。

喜鹊作风强悍，号称"鸦科黑社会"，对于红隼这样的小猛，并不放在眼里。但红隼也有报复喜鹊的时候，红隼通常懒得自己筑巢，"鸠占鹊巢"中的"鸠"也要算上红隼一份。红隼夫妇联手起来，会强行霸占喜鹊辛辛苦苦搭建完的巢，并由之爆发一场夺巢之战，红隼夫妇往往能够胜出，而喜鹊只能再另建一个巢。

西丛鸦

雀形目/鸦科/丛鸦属

加利福尼亚海岸线上，沿着加州一号公路，一路上都是小镇。镇上居民的住宅大多有个花园，而西丛鸦就是花园里常来的一个访客。我拍下一只停落在晾衣架上的西丛鸦的照片给主人看，她告诉我西丛鸦是一种很聪明的鸟类，它们不仅有像松鼠那样贮存食物的习性，还提防着别的鸟类窥视它们的贮食，一旦发现被盯上了，它们会记住偷窥者，并趁没鸟时转移走贮藏的食物。

西丛鸦长着鸦科鸟类坚实而强大的喙，背部天蓝色和灰色相间，丛鸦属一共5种鸟，都有天蓝色和白

西丛鸦

色的羽色。这一属的鸟类是北美洲和中美洲的留鸟，为当地人民所熟悉。在英文里，它们被叫做Jay，Jay不仅聪明，而且比起鸦科的Crow（乌鸦）和Raven（渡鸦）来，通常羽色来得更有色彩，比如美丽的松鸦的英文名用的也是Jay。

松鸦

雀形目/鸦科/松鸦属

2017年的秋天，上海南汇出现了一只松鸦，这在上海成了新鸟种记录。第二天我也见到了它。这只松鸦在林中行踪诡秘，胆小得很，从不下到地上，总是在树冠里躲着，不愿让人看到。

松鸦

松鸦的大小和灰喜鹊差不多，但整体呈现鲜丽的粉棕色，在翅翼上还有好看的天蓝色横斑，是一种美丽的鸟儿。松鸦在北方并不罕见，为当地留鸟。松鸦和上文的西丛鸦一样，有贮藏能够长期存放的种子的习性，冬天食物匮乏时再找出来充饥。但有时候也会忘了自己把种子藏哪儿了，就此帮助植物进行了种子的传播。

大嘴乌鸦/小嘴乌鸦/非洲白颈鸦

雀形目/鸦科/鸦属

乌鸦人人都知道，可是上海人真正见过乌鸦的没几个，因为乌鸦在上海是稀罕货，难得才能在迁徙季的郊区农田里见到一只。乍一见到时，我愣了一下，黑黑的一团，居然是只鸟，是一只"天下乌鸦一般黑"的乌鸦！

大嘴乌鸦　额突明显，喙大、上喙弧度大

小嘴乌鸦　平头，额弓低，喙小

　　在上海南汇的农田中我见到过大嘴乌鸦和小嘴乌鸦，两者需要分辨一下。大嘴乌鸦的喙大且肥厚，额突明显、上喙弧度大；小嘴乌鸦的喙显得细小，平头、额弓低、上喙基本无弧度。这是一只大嘴乌鸦，它并没有叫唤，而是在田里短距离地飞了几段，寻找食物。来到南汇的大嘴乌鸦吃什么呢？只见它在土里翻找到一只早已不动弹的蟹，津津有味地吃了起来。这让我想起在日本电影《步履不停》里的台词：乌鸦可什么都吃，收厨余垃圾的日子个个虎视眈眈。在日本，乌鸦很多，小嘴乌鸦生活在人类的城市，它们聪明，会把核桃扔到路上让人类开车时帮着轧破。当然，在中国北方，各种乌鸦也并不少见。

　　在非洲时，我见过非洲白颈鸦。非洲白颈鸦的羽毛呈黑白两色，白色部分环绕颈部，并在胸腹部展开，其余部分的羽毛则都是黑色的，喙和脚也是黑色的。在纳米比亚的苏丝斯黎，经常可以见到它们的身影。它们食腐。那天清晨，我爬上纳米布沙漠中的45号红沙丘，向下俯视时，见到七八只非洲白颈鸦正在啄食一头倒毙的角马。鸦科鸟类的喙普遍强健，能撕裂各种食物。

非洲白颈鸦

棕腹树鹊/灰树鹊

雀形目/鸦科/树鹊属

　　棕腹树鹊属于鸦科,但和鸦科的其他的"鹊"一样,有着超长的尾,长长的中央尾羽的末端呈圆形,并且尾尖黑色。

　　棕腹树鹊并不常见,我只在泰国清迈见到过三次。它们鬼鬼祟祟,来去匆匆,在树枝上藏身于树叶间,只偶尔露出身躯,通常稍停即飞。棕腹树鹊的喙很强健,上喙明显有个向下的弯钩,它们会做坏事,偷吃别种鸟鸟巢里的雏鸟和鸟卵。棕腹树鹊树栖、杂食,果实、种子、小蜥蜴都是它们的食物。

　　我是在杭州植物园见到灰树鹊的。早春时节,灰树鹊在高高的枝头发出鸣叫声,

棕腹树鹊

棕腹树鹊

灰树鹊

灰树鹊

循着它的叫声走近,抬头就能看到。灰树鹊的胸腹部灰色,与棕腹树鹊的棕色腹部不同,长尾羽的长度则和棕腹树鹊的相仿。叫一会儿,它会飞到另一棵树上接着叫,然后再飞向下一棵树。它到处转悠,站在高枝鸣叫,自然是为了吸引雌鸟。春天的睾酮素的分泌,使得雄鸟在地面上、在灌丛中也不忘叫上几声。灰树鹊的繁殖期最早在3月就开始,并持续整个春夏季;秋冬季则成群活动,也在地面上觅食,但比起在同一处地面活动的乌鸫、灰背鸫等来得更为警觉,见人就飞,飞入树冠,让你找不见。

红嘴蓝鹊

雀形目/鸦科/蓝鹊属

在杭州满觉陇的高高的乔木的顶冠上,栖坐着一只红嘴蓝鹊。红嘴蓝鹊体型大,体背蓝紫色,红喙红脚,超长的尾巴,即便在十几米的高树上,依然容易分辨。杭州植物园和西湖边的孤山公园里我见到过很多红嘴蓝鹊,它们飞落到地面吃香樟树的果实。旅行到浙中山区的磐安县尖山镇的乡村时,我看见农民的房舍附近也有一小群红嘴蓝鹊,它们停留在农舍前的菜田。大约是因为红嘴蓝鹊发出的鸦科鸟类的嘶哑嘈杂的叫声,当地农民并不待见它们,甚而要驱赶它们远离房舍。其实求偶季时,红嘴蓝雀的歌唱很动听,听着让人喜欢,而且它们外形好看,不仅长尾引人注目,红色的眼睛虹膜也格外明亮,给它们拍照,不用担心拍到没神采的眼睛。

我在泰国清迈也多次见到过红嘴蓝鹊,成小群。有一次,四只红嘴蓝鹊排着队去

红嘴蓝鹊

红嘴蓝鹊 也经常下到地面

吃成熟的木瓜,它们并不争先恐后,而是很有秩序地,一个吃了几口后飞离,另一只再飞上去吃。木瓜的体积很小,只容一只红嘴蓝鹊用脚趾抓住。先吃过的红嘴蓝鹊在不远处的树冠上等待,等四只鸟都吃了几口后,先是第一只振翅飞离,第二只鸟儿紧随,接着是第三只、第四只,鱼贯而出。它们飞翔时伸直双翅,只需轻轻拍打翅膀,便能优雅地滑翔。那引人注目的长尾,在空中滑翔时更显飘逸。

红嘴蓝鹊　排队吃木瓜

绒冠蓝鸦/尤卡蓝鸦

雀形目/鸦科/蓝鸦属

　　绒冠蓝鸦是我在南美洲见到的鸦科鸟类,蓝鸦属,见于巴西的潘塔纳尔。这是一种很漂亮的鸟儿,有着黑色的"绒冠",背部的青蓝色在阳光下是那种很迷人的色彩。它还有一个精致的脸庞,金色的眼圈就够漂亮的了,眼睛上方还有一个半月形的斑块,色彩是由深渐淡的水蓝色。

　　尤卡蓝鸦见于墨西哥南部的尤卡坦半岛。玛雅人留下的城邦遗迹,比如奇琴

绒冠蓝鸦　巴西

尤卡蓝鸦　墨西哥

伊察、乌斯马尔，以及加勒比海边的图鲁姆等附近都有它们的踪影。尤卡蓝鸦的翅翼蓝色，亚成鸟的喙黄色，成鸟时喙变黑，这是长大的标志。

蓝鸦喜欢栖息于亚热带和热带的森林环境，吃浆果、坚果、草籽、昆虫、小蜥蜴等各种食物，性情活泼，通常并不惧人。

黄腹扇尾鹟/方尾鹟

雀形目/仙莺科

黄腹扇尾鹟是娇小、可爱、活泼的小鸟。它喜欢不停地把尾羽打开，形成一把扇子。下体全是嫩黄色，戴着一个黑色的眼罩。每次去泰国最高峰因他侬山的山顶，我总能见到它们的身影。

方尾鹟按英文鸟名直译为"灰头仙鹟"，在我看来，中文名容易引起歧义。首先，它不是鹟，不属于鹟科，而属于仙莺科；其次，无论如何，灰头这个特征比起方尾来说更显著。当然，关于鸟名这一点，各种鸟，有的中文名和英文名完全一致，但不同的也很多，中文名、英文名各有各的好，只是约定成俗，不轻易改动。

在因他侬山上，我既见过黄腹扇尾鹟也见过方尾鹟，但前者见于2 600米的山顶上，而后者见于1 600米左右的山腰，不会去到山顶，分布的海拔还是不同的。爱动而不停地在树枝上跳跃，这一点，两种鸟的习性相同。方尾鹟也会将尾扇打开，但可没有黄腹扇尾鹟那样勤快。

黄腹扇尾鹟

方尾鹟

大山雀/远东山雀/黄腹山雀/沼泽山雀

雀形目/山雀科

　　远在俄罗斯的大山雀，生活于针叶林和阔叶林中，爱吃松毛虫等鳞翅目的幼虫，而且食量很大。3—6月是大山雀的繁殖季，那时松毛虫的供给充足。山雀科鸟类的喙型，普遍较尖，既不长也不厚。冬天时，虫子少了，它们吃树皮下的虫卵，也吃植物种子。聪明的大山雀还会将植物种子提前埋藏好，需要时会凭着出色的空间记忆力找回后取食。

　　大山雀体长约14～15厘米，比其他的山雀都要来得大，所以称其为大山雀。在俄罗斯圣彼得堡，我看到的大山雀是黄肚皮，而在上海的远东山雀是白肚皮。远东山雀原本是大山雀的一个亚种，现和大山雀并列为两个不同的种。远东山雀雌雄相似，穿过胸腹部的黑色纵带，雄鸟的比雌鸟的来得宽，并且一直延伸到尾下覆羽，纵带越宽的雄鸟越有"男子气概"，容易得到雌鸟的青睐。

　　在上海的各个城市公园的树林中，乃至城市街道的行道树上，到处都有远东山雀的身影。它们性子十分活泼，几乎少有安静的时候，在树枝上跳个不停，又喜鸣叫，常常能听到它们好听的"吱吱吖……"的3音节、4音节或5音节的清脆叫声，跳飞到一处就叫上一串。远东山雀的歌声是平时叫声的不断重复，雄鸟的歌唱从冬天开始就在树上响起，早春2、3月变得更为频繁。

　　山雀爱在树洞里筑巢，梧桐树等树木的树洞常常成为远东山雀做巢时的选择。它们从别处叼来青苔和细小的树枝铺在树洞中，哺育期时抓捕大量毛毛虫来喂食

大山雀　拍摄于俄罗斯圣彼得堡

远东山雀　拍摄于上海

远东山雀　比起大山雀来腹部偏白

给雏鸟，据统计，每养一窝幼鸟，就要捕捉1万多条虫子。它们在上海养很多宝宝，种群数量相当丰富。远东山雀一个个长着大头，成鸟有十分明显而洁净的白色脸颊，小眼睛乌黑明亮，小小的身形，十分可爱。远东山雀春夏季繁殖季时吃大量虫子，冬天时吃点儿素食，我见过它们大冬天吃栾树上干枯还没掉完的卵形果实（蒴果），边吃边掉，还调皮地用短小的喙啄得蒴果的碎片纷纷落下。

山雀一般在树上活动，但人迹较少的林中地面上也经常看到远东山雀的成鸟，它们像麻雀一般蹦跳，也像噪鹛、鸫、斑鸠一样地找食地面的食，常常用嘴叼起树叶翻找。在树上时的远东山雀，脸上的大白斑再醒目不过了，而在地面时，脑袋后面的白斑也会引起我的注意。不善飞行的远东山雀的幼鸟也会落在地上，幼鸟的羽色较灰暗，一般4、5月间出巢的较多。

小小的黄腹山雀才10厘米大，比大山雀的14厘米小多了，也不穿大山雀的黑色纵纹肚兜，整个肚子都是嫩黄色，小巧可爱，让人喜欢极了。它们喙很短，仰望在头顶上的它时，这一点更明显；小脚细细的，但是却很强健。在上海南汇，我常常见到它们倒挂在纤细的杉树叶上，有着杂技演员般的平衡特技。和其他山雀科鸟儿的喙一样，黄腹山雀的短而细的喙是为易于啄虫而"设计"的，身材虽小却是捕虫高手。

秋天的时候，上海南汇海边的小树林里，总会有一群群黄腹山雀出现，让人惊喜不已。它们中有当年在北方繁殖地刚出生的小鸟，第一次南下，压根儿不懂得怕

远东山雀　喜欢利用天然树洞做巢

远东山雀　也经常在地面活动，脑后的白斑更易见

人，哪怕你离它只有半个胳膊的距离它都不躲。我常开玩笑地说黄腹山雀是我的"初恋情人"，在小树林里，我看它，它看我，相互凝视。

上海北部的炮台湾湿地公园，也有黄腹山雀的种群出没。到了中午的时候，小家伙们会来到小山顶的小水潭里洗浴，它们把腹部浸没在水中，泡上一小会儿，然后摇动身体让水花溅上背部，直到把全身打湿。

鸟儿们都很喜欢洗澡，洗浴有助于清洗保护羽毛，还能驱除羽蚤、蜱虫和螨虫。我见过许多种鸟儿洗澡，单个活动的鸟类洗澡时也悄悄的，比如乌鸫，而黄腹山雀干什么都喜欢成群，包括洗澡在内。我在杭州九溪目睹过黄腹山雀和暗绿绣眼鸟混群混浴，这两种都是喜欢群栖的鸟类，一个个排着队，每一只鸟洗澡的时间都不长，浸湿肚皮、振翅几次后马上跃出，让出空位给同伴，自己则到边上的灌丛里去整理羽毛，很懂得谦让。

黄腹山雀　雄鸟

黄腹山雀　雌鸟

黄腹山雀　除了吃虫也啄食树叶

黄腹山雀　一起洗澡

沼泽山雀 呼伦贝尔

春天时的黄腹山雀雄鸟，在无锡锡惠公园的树林中唱歌，我听到过它们唱好几种不同的歌曲。它们虽然和远东山雀混群，但人们也能分辨出叫声的不同来。不同于远东山雀雌雄同色（除了黑肚兜），黄腹山雀雌雄异色，雄鸟头部黑色，而雌鸟头部灰绿色，很容易分辨。

沼泽山雀的名字是从英文名直译过来的，广布于亚欧大陆，比如，我旅行到英国和呼伦贝尔时都见过，多见于林区。沼泽山雀的头冠黑色，脸颊白色，黑色和白色的分界线刚好从眼睛中央水平穿过，真是让人感叹这条线怎么画得这么精确。另外还有一种褐头山雀，和沼泽山雀在外貌上极其相似，但褐头山雀通常有浅色翼斑，上嘴基部无浅色点斑。沼泽山雀大多为留鸟，出生后基本不"远行"，在居留地春夏季时吃昆虫和蜘蛛，秋冬季吃种子，和大山雀一样有贮藏种子的习惯。据研究，为了防止被偷，沼泽山雀会飞来飞去，认真选择"仓库"的地点（地面落叶层、苔藓、树根处）。

中华攀雀

雀形目/攀雀科

冬天，当我拿着望远镜在上海南汇的芦苇荡里看鸭子的时候，常常能在芦苇秆上发现中华攀雀的身影，它们双脚攀在苇秆上，体型很小（9～12厘米）。中华攀雀爱鸣叫，叫声轻柔，通过听它们的叫声确定方位后再用望远镜扫视，也是容易找到攀雀的方法。它们通常成小群，而早春时节，几个小群加起来，多的时候，数量上百，开车经过它们栖息的芦苇边时，它们一起起

中华攀雀 雄鸟

飞,漫天飞舞,场面壮观。

同时出现在同一片芦苇上的还有苇鸦、棕头鸦雀、麻雀、纯色山鹪莺等,风一吹,一个个都会在芦苇上荡秋千。但它们外表各不相同,中华攀雀的喙尤其特别,喙短,外形为圆锥体,像一个小锥子。这个喙被中华攀雀用来在芦苇秆上打洞啄食苇秆里的小虫。

中华攀雀　雄鸟　黑眼罩　尖锥嘴

中华攀雀顾名思义是一种攀禽,噌噌噌地在苇秆上下攀爬十分灵活,攀在苇秆上时通常一只脚在上,另一只脚在下,有时并拢,有时两脚分得很开。它们啄芦苇吃虫的时候就很安稳,常常待在一处的时间较久,而且还时不时地攀在枝条上左顾右盼着鸣叫一阵子,比就在附近的棕头鸦雀的性子要来得沉稳。除了竖着的苇秆,中华攀雀也会在低处的灌丛中,像抓单杠似的横着挂在细杆子上啄食。在杉树上也发现过和其他雀鸟一样站着的中

中华攀雀　雌鸟

华攀雀在啄杉树的果实,它们站着而不是攀着,攀雀不攀,乍一看,也会愣一下子呢。

中华攀雀雌雄异色,雄鸟的头顶灰色,背部棕色,有一个类似于棕背伯劳的很明显的黑眼罩,而雌鸟的眼罩为深棕色,又因为头部和背部颜色也是相似的棕色,眼罩并不如雄鸟那么显眼。再加上独特的喙,就算不是攀在苇秆或柳枝上,也能一眼把它们认出来。

印支歌百灵/小云雀/云雀（欧亚云雀）

雀形目/百灵科

印支歌百灵分布于中南半岛上的缅甸、老挝、泰国、越南、柬埔寨五国,印支也

印支歌百灵

印支歌百灵　在树上歌唱

就是印度支那,指明了它的分布地。它们是留鸟,并不迁徙。印支歌百灵喜欢开阔的生境,我是在清迈的稻田里发现它们的。这些百灵鸟体型矮壮,体羽棕褐色,并且带有斑纹,为它们经常下地活动提供了保护色。

印支歌百灵在地面奔跑迅速,取食各种草芽、草籽、昆虫,我还见过它们在地面沙浴,爱沙浴的雀形目鸟类不多,百灵科的鸟类有这个习性。印支歌百灵飞起来时,并不像直线飞行的鸟类那样规律地拍打翅膀,而是拍动翅膀让身体上升,然后收起翅膀向下落一段距离,作短距离波浪状飞行。作波浪状飞行的鸟类,典型的有鹡鸰和䴕。

作波浪状飞行时,印支歌百灵通常飞得不远就降落,而最特别的是能像直升机似的直上直下飞行,高飞时直入云霄,然后垂直下降。雄鸟边飞翔边高声鸣唱,唱出悦耳好听的曲调,以此吸引伴侣或维护领地。1月份在清迈时我目睹了好几次印支歌百灵的空中歌唱。

百灵科鸟类中,在上海能看到的既有云雀(欧亚云雀),也有小云雀。秋天的时候,一对在南汇土路上出现的小云雀一点儿不怕人,我的车离它们只有几米远,它们也不躲避,反而在地上蜷伏,一副像是要洗沙浴的样子。大概是我离得比较近,它们没好意思,起身去草丛中觅食了。我耐心地在原地不动,看着它们。不一会它们再次现身,堂而皇之地在土路上行走。阳光下,小云雀背部的褐色羽衣展现着华丽的花纹,头顶上有个小羽冠,时而翘起。小云雀的脚长,并且后爪特别长,在地面上站得很稳。

待等到早春三月,南汇滴水湖边的草坪上,3只小云雀,我猜是两只雄的一只雌的(小云雀雌雄同色,外表上并不好分辨),它们奔跑着(双脚交替,而不是蹦跳),一只雄鸟驱赶另一只,然后在草地上就开始鸣叫,接着直飞上天,越飞越高,始终停

小云雀　　　　　　　　　　　小云雀　尾羽羽缘淡黄色

留在我的头顶区域,不停地扇动着双翼,发出连续而急促的叫声,歌唱着进行炫耀飞行。它滞留在空中的时间很长,足有五六分钟,终于降落时,垂直而急速地落到地面上,然后飞到躲在绿色草丛中的一只雌鸟的身边,像是在说:"怎么样,我令你满意吗?"它的表演打动了雌鸟,并且配对成功,因为以后这片草坪上只见两只小云雀,而没有见到第三只。

　　在相当长的一段时间里,小云雀的歌唱声经常在南汇荒野的上空响起。配对成功后,旱地灌木丛边的杂草地是小云雀选来做巢的地点之一。我看到一对小云雀经常飞落在一个点,但我没有去找巢,让它们不受干扰地哺育后代吧。

　　上面描述了观察到的小云雀,其实上海也有云雀(英文名直译为"欧亚云雀"),只是感觉相比小云雀来说少一些。云雀和小云雀极为相像,不仅外貌上、炫耀飞行的行为上相像,甚至连鸣叫声也所差无几,因此在野外比较难以区分。事实上,云

云雀　　　　　　　　　　　　云雀　尾羽羽缘白色

雀和小云雀在野外是可以区分的,前提是观察的距离够近,并最好能拍清照片。我拍的云雀的照片,显示了云雀与小云雀不同的以下特征:云雀的初级飞羽的突出较长(初级飞羽长出三级飞羽的部分较多),P8—P10不重叠(小云雀的初飞突出较短、P8—P10重叠较多),云雀的尾羽和飞羽后缘的边缘为白色(小云雀的尾羽和飞羽后缘的边缘为淡黄色)。另外,云雀的体型比小云雀大,上体毛色略深,喙比小云雀的短,且略厚(小云雀的喙稍长、稍纤细),但这几点在没有参照、观察距离较远时很难判断。

印支歌百灵、小云雀、云雀同属百灵科,都喜欢开阔地带,在求偶期都通过炫耀飞行吸引雌性。但印支歌百灵还常常出现在树上,在南汇见到的小云雀和云雀却总在地上,印象中我从没有见到过它们停留在树上。

白头鹎

雀形目/鹎科/鹎属

观鸟从身边的鸟看起,白头鹎是最好的观察对象。在上海,白头鹎数量多,不太怕人,容易见到,而且比起同样常见的树麻雀来,羽色丰富多了。拿着双筒望远镜好好看看白头鹎吧,它们是如此真实地呈现在我们面前。

白头鹎一共四个亚种,下面的2 000多字笔记写的都是指名亚种,上海见到的都是指名亚种,指名亚种同时也是中国最常见的亚种(两广亚种等其他亚种的外貌各有不同)。

白头鹎的体型不大不小刚刚好。观察时要想一下鸟身体的各个部位在哪儿,比如哪里是额,哪里是颏和喉,哪里是枕部。白头鹎停栖时经常会打开一侧的翅膀,用喙整理翅膀下的翼下覆羽,或是双翅同时打开舒展筋骨,这时你可以对着张开的翅膀在脑海中确认一下鸟的各级飞羽和大中小覆羽的位置。然后仔细观察一下关键部位的颜色,喙是什么颜色,脚是什么颜色?白头鹎在枝头跳来跳去,一会儿背部对着你,一会儿腹部对着你,看看它们上体的颜色和下体的颜色,翅膀上黄绿色分布到哪儿?仔细地看一阵子,你会发现白头鹎的"白头"其实是白在眼后的区域,而额和头顶其实是黑的,它的颏是白的,喉是白的,喙和脚都是黑的,尾羽由黄绿色和黑色两种颜色共同组成。

　　再来观察一下白头鹎的生活,先看看白头鹎吃什么,你会有机会观察到它们捕捉到各种昆虫,它们既在树冠中捉,也一飞冲天捕捉空中的,捉到蜜蜂并不怕被蜇,先把蜜蜂咬死了,然后磨掉螯针,再一口吞下,吃完后在树枝上低头磨磨嘴;也会看到它们啄食绿色的嫩叶片和成熟的浆果,比如柳树的嫩芽、合欢树的叶子、女贞的浆果。它们也在树枝上访花,比如蜡梅、梅花和红叶李,还有油菜花,世纪公园3号门附近的油菜花花开时,会挤满白头鹎。樱花季时也少不了它们的身影,樱花刚开的那几天,还没自然凋谢就掉花瓣,那可能是树冠中有白头鹎呢。调皮的白头鹎并不对樱花的花瓣和花蜜感兴趣,而喜欢吃鲜嫩的花托,因此难免会啄得花瓣儿纷纷飘落。它们也在池塘的植茎上访花,比如再力花。白头鹎蹭蹭一跳,就从植茎的中上部跳到了再力花的花上,一啄即走,尽管再力花被白头鹎压弯了腰,纤细的植茎还是支撑起了白头鹎的重量。

白头鹎　头部白色越多越成熟

白头鹎　爱吃樱花的花托

白头鹎　捕捉昆虫

白头鹎　找巢材

　　白头鹎并不总在树上，它们也下地。在上海市区最中心的人民公园，白头鹎会在离开游客只有一米远的地方，和树麻雀一起在地面上蹦跳着，寻找人类掉下的食物碎屑；在北边的江湾生态林，我看到白头鹎除了在地面蹦跳，竟然还钻入不锈钢垃圾箱里找食，这些都是它们适应城市生活的又一证明。在繁殖筑巢期，它们也会飞到地面，和麻雀一样在地面寻找巢材。

　　盛夏的时候，白头鹎更爱待在浓密树冠里的阴凉处，压紧羽毛排出空气帮助散热，若是在大太阳下的柳树枝条上，多半会张大着嘴降温；也会找一个僻静无人的所在，集体洗澡（洗澡时留有哨兵张望），凉快凉快。洗完澡后，飞回树上整理羽毛。观察白头鹎，会很经常地看到白头鹎啄毛，啄毛不仅是为了养护自己身上的羽毛，也是为了啄去虱子等寄生虫。

　　秋冬季的白头鹎成群活动、集体觅食，秋天时火红的柿子是白头鹎的心头爱，而上海的城市公园和绿地里最多的是樟树，樟树结的果子油脂丰富，是秋冬时白头鹎"贴膘"的主要食物。寒风吹起的冬季，白头鹎经常在枝头让羽毛散开鼓起，抵挡寒气、保持体温。

　　春天来临的时候，白头鹎的群体就暂时解散了，春夏季见到的多是成双成对的白头鹎。白头鹎并不"白头到老"，而是每年都重新寻找伴侣。3—8月是白头鹎的繁殖期，求偶阶段雄鸟会频繁鸣唱，有的雄鸟还会馈赠雌鸟食物，雌鸟也会撒娇般地乞食。定情之后，筑巢安窝，可以观察到白头鹎既在树上折咬树枝和植物性纤维，也在地上寻找掉落在地上的小树枝，将它们作为筑巢的材料。白头鹎建一个巢一般要3～7天，由雌鸟独立完成，老鸟建的巢更结实，因为更有经验。白头鹎将巢筑在离我们并不远的地方，只是大多数时候不被察觉而已。

白头鹎　巢和雏鸟

白头鹎　哺育雏鸟

在上海植物园,我曾无意中看到一个白头鹎的巢,彼时正是5月中旬。巢位于一棵不高的鸡爪槭的树杈间,为典型的碗形巢,由枯草茎、细枝等构成,外观细密而结实。我发现时3只雏鸟已经孵化,亲鸟外出捕虫未归时,雏鸟全都藏身于巢底,亲鸟一回巢,就嗖的一下全都伸直了细弱的脖颈,将头露出巢口,拼命摇晃着,张开粉红的小嘴,争着乞食。白头鹎的成鸟较难区分雌雄,但一对在一起时,可以看出雌鸟的羽色相对黯淡一些,而且看起来更谨慎,每次捕虫归来,雌鸟都会在边上乔木的树枝上停留观察一会儿才回巢,而羽色鲜亮的雄鸟则每次都是毫无忌惮地径直飞回巢边,将虫子喂给雏鸟,转身又飞出去捕虫,勤劳倒也是勤劳,就是没有雌鸟那么细腻。相比之下,眼神似乎也更慈祥的雌鸟喂完虫后,会停留在巢边低头看看它的宝宝们,还会用腹部盖住巢口,捂上一会儿。宝宝们虽已孵化,但羽毛尚未长好,需要保温,并由亲鸟为它们遮风挡雨。巢中的雏鸟几乎一天一个样,迅速长大,在巢10天左右,羽翼渐丰后便出巢,出巢后仍由亲鸟喂养一小段时间。

要注意的是,繁殖期的鸟类不应打扰,不然有可能使得亲鸟觉得不安全,而引发"弃巢",放弃孵化已经产下的卵,甚至放弃喂养已经孵化的雏鸟。我观察白头鹎的育雏行为时,躲在一棵树后,并且距离很远,透过树叶看上一小会儿就转身离开。

到盛夏时,已有不少白头鹎的幼鸟在树枝上跳跃,自己觅食。上海的白头鹎一年可产卵两次,养两窝小鸟,每一窝2～6枚卵,所以生育率还是较高的。当年的幼鸟羽色黯淡,并且是见不到"白头"的,换一次羽后才有"白头"。"白头"更是成熟的标志,年龄越大,眼后的白色羽毛越多,并且以繁殖期时,"白头"部分最多。一对繁殖鸟,雄鸟的"白头"更比雌鸟的"白头"部分多。

除了看,白头鹎更可以听,分辨一下它的叫声(call)和鸣唱(song)的区别。白头鹎的叫声(call)短促,而它们又爱大声鸣唱(song),以至于白头鹎的四声节的鸣唱声是如此地为人所熟悉。鸟语花香,上海城市里的"鸟语"首推白头鹎。白头鹎看多了,听多了,我觉得这种观鸟圈的"大菜鸟"其实就是我们身边最可爱的鸟儿。年复一年,白头鹎在我们的城市里世代繁衍,和人类共生共居,是我们的好朋友。

白头鹎 幼鸟无白头

领雀嘴鹎

雀形目/鹎科/雀嘴鹎属

　　领雀嘴鹎的头及喉部黑色,其余的羽色为青绿色,所以也被称为青雀。但别忘了它的白领圈,这是它名字中"领"字的来历,它的白领圈只有半圈,从正面看比从侧面看更明显,我特意选了一张正对着我时拍下的照片。领雀嘴鹎和人类共生,出现在村庄附近的竹林、常绿阔叶林,有时甚至在人类庭院的树枝上跳跃。

　　浙江南部的庆元县是廊桥之乡,选取的领雀嘴鹎的正面照,拍摄于举水乡月山村,地点就在有着400多年历史的古廊桥——如龙桥的不远处。此地是浙南山区,浙江省第二高峰百山祖海拔1 856米,就在庆元县境内。领雀嘴鹎长年生活在山区的村落附近。

　　领雀嘴鹎在中国分布广,从东南和西南地区一直到陕西都有分布,并且数量不少,但在上海却难得一见,春季时偶有一两只来到南汇海边的杉树林,见到时也会有一份别样的惊喜。

　　鹎科的雀嘴鹎属一共只有两种,还有一种凤头雀嘴鹎生活在更西面,两者在头部和颈部上有差异。

领雀嘴鹎

领雀嘴鹎　白领圈

绿翅短脚鹎/栗背短脚鹎/栗耳短脚鹎/黑短脚鹎（黑鹎）/灰眼短脚鹎

雀形目/鹎科

　　杭州植物园里茶花开放的时候，绿翅短脚鹎把喙伸入花朵里，每一只鸟的喙上沾的都是黄色的蜜。其实绿翅短脚鹎的喙基和喉部都没有黄色，只不过这是它们身为"采花大盗"的证据。它们时不时为吃花蜜而表演杂技，振翅悬空，抑或倒挂金钟，而大多数的时候都不用踮脚就能轻松吃到花蜜，它们的体型较大，在鹎科里算是大个头。吃得高兴了，就鸣叫几声，叫声清脆。绿翅短脚鹎，顾名思义，翅绿色、尾羽也是绿色的，头、脸、枕部为棕色，并且有明显羽冠。绿翅短脚鹎英文名很简单，叫作Mountain Bulbul，直译为山鹎，一般出现在海拔1 000米以上，我在泰国清迈的山区也见到过，不过亚种不同。

　　栗背短脚鹎我也在杭州植物园看过，同样的一棵茶树上，栗背短脚鹎比绿翅短脚鹎来得害羞，三只一起躲在树冠的最里面吃茶花的花瓣，不露身于外。栗背短脚鹎也是通常生活在山里的鸟儿，可是我第一次见到栗背短脚鹎却是在上海的南汇嘴。春天的一个清晨，我在南汇观海公园的一棵树上看到三只栗背短脚鹎。我先在车里看了它们一小会儿，然后打开车门，蹑手蹑脚地走了几步想更接近它们一些，可是它们太警觉了，马上振翅飞走。我正懊悔着，没想到半个小时后，当我走进

绿翅短脚鹎

绿翅短脚鹎　爱吃茶花花蜜

栗背短脚鹎

栗背短脚鹎

栗耳短脚鹎

栗耳短脚鹎

小树林里的时候，三只中的一只竟然也飞了进来，飞进了低矮的灌木丛里，捕捉了一只虫子后又立刻飞走。这次我抓住机会，拍下了较好的照片。后来，春天时还在小树林里见过几次，它们也躲在树冠的深处，而且从不久留，都很快穿林而过，不知去向，可谓每每是惊鸿一瞥。栗背短脚鹎太漂亮了，上背栗色，下体白色，还有一个明显的羽冠，用一个字来形容：帅！

栗耳短脚鹎在日本很常见，在上海却是难得一见，曾有那么一只，来到南汇的小树林待了近一星期的时间。它在小树林里躲躲藏藏，却又爱叫，往往听到它的叫声，循声而去，却不见踪影。不过，既然在林子里，来回走几遍，总有机会撞见它，我就看到过三次。栗耳短脚鹎长着灰白头，耳侧栗色（因此得名栗耳），下体有鳞状斑，体型较大，比白头鹎大多了。

黑短脚鹎简称黑鹎，初见是在杭州西湖边的太子湾公园，那是一只白头的黑

黑短脚鹎 全黑型

黑短脚鹎 白头型

黑短脚鹎 白头型 短而红色的脚

灰眼短脚鹎

鹎,单独一只,站在枝头。再见是在上海南汇嘴,早晨的时候,三只黑鹎在树梢上停留,鸣叫了一阵子后飞走。黑鹎有多种叫声,其中一种怎么听都像羊羔"咩咩"的叫声,特别轻柔。南汇见到的这三只中,两只白头,一只的头偏灰,我在中国见到的黑鹎都是外表为白头白喉的亚种,而在泰国清道山上见过纯色的黑鹎,黑头黑喉。它们在1 000多米高的山谷里疾飞,在树冠上停留的时间也不长。无论白头黑头,黑短脚鹎的喙和脚都是鲜艳的大红色,很好看。

灰眼短脚鹎见的次数少,照片上的这只见于清迈山区海拔800米处。灰眼短脚鹎背部橄榄色,胸腹部颜色偏黄。印象深刻的是臀部附近尾下覆羽的大面积黄褐色,还有好看的肉粉色的脚和粉灰色的喙。它眼睛的虹膜灰白色,眼神时而温柔,也时而凶悍。

需要说明的是,这5种名字里有"短脚鹎"的同科但并不同属。

白喉冠鹎

雀形目/鹎科/冠鹎属

白喉冠鹎我在清迈植物园和清道山看见过,见到过单个的,山谷中只它一只,在树冠中隐藏;也见到过小群的,三只一起在寺庙门口养花的大水缸里悄悄地喝水。

白喉冠羽在外形上有两大特点,一是棕褐色的显而易见的羽冠,二是白色喉羽膨出带髭须,这两点在鹎科中是与众不同的。

白喉冠鹎

白喉冠鹎　显著的羽冠,白色喉羽膨出

红耳鹎/白喉红臀鹎/黑冠黄鹎/黑头鹎/纹耳鹎/纹喉鹎/黄绿鹎

雀形目/鹎科/鹎属

尽管不如上海的白头鹎那么多,清迈城里的红耳鹎也是种群数量丰富。它们特征显著,有着高而尖的羽冠,像是被发型师专门设计的;耳羽处有红白斑块,因此被称为红耳鹎;而通常我们仰视着看,肯定会注意到它的红屁股。红耳鹎虽然也常常成小群活动,但我总见到它们成双成对。一雄一雌停栖时,并排挨着站,抑或上下而站,时而亲嘴亲热。有时候两只鸟离得稍远,一只飞走,另一只也会紧跟,原来也是一对。红耳鹎叫声清脆婉转,时常边飞边叫。

清迈城里还有一种常见鹎,中文名是白喉红臀鹎,也有红屁股,但红色区域小,

红耳鹎

红耳鹎 红耳红屁股,高耸的羽冠

白喉红臀鹎

白喉红臀鹎 红屁股无红耳,羽冠不明显

没有红耳鹎的红屁股来得那么显眼易见,而且头上没有明显的羽冠和红耳,所以两者并不难分辨。我见到的白喉红臀鹎,一般都是小群,数量3～10只。相比之下,我感觉红耳鹎的性子更温和一些,我曾看到过红耳鹎遭同体型的白喉红臀鹎驱赶。

黑冠黄鹎在泰国北部常见,尽管它们有点儿羞涩,但数量多,出现的地点也多,我在郊外平原和1 000米左右的山地都曾见到过。另一种黑头鹎却不常见,见十次黑冠黄鹎才见得一次黑头鹎,黑头鹎总喜欢躲藏在高大乔木的浓密树叶中。这两种鹎的羽色大致相同,头部黑色,上下体黄绿色,两者最明显的区别在于黑冠黄鹎有高而尖的羽冠,而黑头鹎则没有。另外,黑头鹎的两翼翼缘和翼尖深黑色,尾端黄色,这两点和黑冠黄鹎亦不相同。

纹耳鹎在泰国北部也常见,清迈城里就很多,它们喜欢在树冠里晃头晃脑。纹喉鹎不常见,数量比较少,而且闪得快,我在清道山上见过。纹耳鹎的耳部有波纹状斑,整体羽色灰褐色,而纹喉鹎羽色偏绿,喉部、脸颊和前额有黄色条纹,特征十分明

黑冠黄鹎

黑冠黄鹎　有羽冠，黄眼圈

黑头鹎

黑头鹎　无羽冠，眼圈色深

纹耳鹎

显。纹耳鹎在中国国内没有分布，而纹喉鹎在云南南部有罕见记录。

黄绿鹎我见过几次，都是在海拔1 000米左右的山区，它们总是三五只成小群出现，一起飞来一起飞走，是活泼喜人的鹎。出现时，它们并不匆忙，或是在树上访花吃浆果，或是停栖在枝头，总之留足时间让我看个够。

这些鹎都可以在泰国北部观察到。它们都属于鹎科鹎属，外表各异，但体型和习性相似，爱吃果实，我也常常看到它们嘴上叼着刚捕捉到的各种昆虫。

纹喉鹎

纹喉鹎　喉部、脸颊和前额黄色条纹

黄绿鹎

黄绿鹎　顾名思义，以黄绿色为主色调

南非鹎/红眼鹎

雀形目/鹎科/鹎属

　　南非鹎是开普敦地区的常住居民，它的英文名Cape Bulbul 直译到中文就是"开普敦鹎"。南非鹎长着一个显眼的白眼圈，上体土褐色、下体灰黑色，而尾下覆羽却是好看的柠檬黄色，在当地也被叫做黄臀鸟。南非鹎爱吃浆果和昆虫，水果是它们的最爱。这张南非鹎的照片，我拍自开普敦的克斯腾伯斯植物园。

南非鹎

南非鹎　白眼圈、柠檬黄屁股

红眼鹎

红眼鹎　红眼圈、柠檬黄屁股

　　我是在纳米比亚首都温得和克的行道树上见到红眼鹎的,红眼鹎和南非鹎一样长着一个黄屁股,但红眼睛、红眼圈,胸腹部比南非鹎白。

　　这两种鹎同在非洲南部地区生活。观看这两种鹎,总觉得白眼圈的南非鹎一脸坏样,相比之下,红眼圈的红眼鹎显得乖巧温柔。

家燕

雀形目/燕科/燕属

　　家燕是我们每个人都熟知的燕子,我曾在山东大学威海校区观察过一对。山大荟园餐厅门口的摄像头上有一个燕巢,每年5—7月,都会有一对家燕来这里繁殖育雏。前一年一巢4只小家燕，而第二年，我初见时才见到3只，心想今年怎么少产了一枚卵，第二天见到了4只，原来前一天有一只小家伙睡懒觉。

小家燕在巢里孵化后由亲鸟哺育，只见亲鸟在校园的林荫道和校门口附近的湖面上疾飞，忽上忽下、时左时右，有时候还做大于90度的急转弯和掉头，在空中勤劳地捕捉飞虫。很多时候，亲鸟会一次捕捉几只虫子，一起衔在嘴里带回巢。据统计，为养育一窝雏燕，燕子的父母要捕捉将近1万只飞虫（比如苍蝇、蚊子，以及其他以双翅目昆虫为主的小飞虫），每天约500只，分近200次带回巢，轮流喂食雏鸟，一般间隔几分钟就喂食一次，最快的两次喂食之间仅间隔1分钟。如此可知，家燕的亲鸟哺育雏燕有多么的辛劳。

家燕的巢的形状是鸟类巢穴中最典型的，即碗状或杯状的，巢的开口向上，人类建筑的屋檐为雏燕们遮蔽日晒和阻挡雨水。小燕子们并排站在碗口，等着亲鸟一次次的到来。它们中有耍小聪明的，估计着亲鸟回来的方向，时而换动着站位，以期能多吃到一点儿亲鸟抓来的虫子。亲鸟飞回时，雏鸟一通叫嚷，伸脖张嘴，索讨食物。就算这样，小燕子们之间并不争吵，相互之间啄啄嘴，看起来也是亲热的举动，绝不会有猛禽幼鸟之间手足相残的行为。

雌鸟孵卵需要两到三星期，然后雌鸟雄鸟共同哺育雏鸟两到三星期。到了哺育的后期，小燕子们时常在巢中练习拍翅膀。终有一天，燕子妈妈说你们可以自己飞翔了，小燕子对住惯的巢恋恋不舍，但燕子妈妈会显露出坚决的态度，以规劝的声调、神情和动作，将差不多成年的娃赶出巢。一对家燕，通常每年会养育两窝雏鸟，空出巢里的空间才好继续生育哺养下一巢。不过，在养育下一窝雏鸟之前，亲鸟还会带第一窝幼鸟一星期左右，并在巢外喂养。

家燕

家燕　偶尔也在地面停歇

初长成的小燕子们开始在校园里磨炼飞翔和在空中张开嘴兜捕飞虫的技能，也学着在掠过水面时喝口水、洗个澡。教学楼和宿舍楼边经常能看到它们的身影，但比起绝大多数时间在空中翻飞的妈妈和爸爸，小燕子的飞行技能尚欠火候，经常看到它们停落歇息。也有些成长发育特别好的第一窝幼鸟，会帮助父母一起喂养第二窝雏鸟，出现有趣的多只燕子喂养同一窝鸟的情况。

家燕成鸟的上体呈深蓝色，带金属光泽，喉部有砖红色斑块，而幼鸟的羽色暗，喉部的砖红色还不明显。成鸟的尾羽打开时，能看到明显的白斑点，而且外侧尾羽狭长，成V字形，也就是我们说的飘羽，而幼鸟的尾羽短，没有飘羽。等长成后，家燕雄鸟的飘羽越长、尾羽上的白斑越大，就越能吸引雌鸟。

家燕的喙扁平，基部很宽，比鹟的喙基部更宽，在空中飞行时能够直接吞下虫子，但它们只吃空中的飞虫，不吃树上的虫子，也没本事在地上挖虫子，所以秋风起兮、飞虫消失的时候，这些幼鸟也都得南飞。它们启程的时候亲鸟或许早已飞走，亲鸟并不一定陪伴幼鸟南飞。尽管迁徙时，家燕大量结伴而行，但几乎每一只家燕都能独自完成漫长的迁徙旅途。幼鸟出生时，身上已经标配了"GPS全球定位和识别系统"，它们用与生俱来的天性和本领，沿着千百年来的迁徙路线，飞向南方的越冬地。不同于柳莺和鹟等夜间迁徙，家燕乃是白天迁徙，夜间休息。它们在迁徙途中，在低空飞行，一边飞行一边觅食昆虫。家燕通常会在中途做短暂停留（间断性迁徙），但每一次漫长的迁徙，无论对于老燕还是对于当年刚出生的新燕，都是一次征程，一路上需要面对包括气候条件在内的各种挑战。

家燕每年都长途迁徙，一次南飞，一次北飞，决定性的因素是气温的变化和食物的多寡。冬天的时候我在东南亚见到过在空中翻飞、捕食昆虫的家燕，春秋季的时

家燕　小雏燕

家燕　乞食

候,上海南汇嘴会有大量家燕经过,夏季的时候我在威海又见到熟悉的那一对家燕。

家燕有领域回归的习性,"似曾相识燕归来""归燕识旧巢",说的都是家燕习惯于回到原来的地方,继续利用原来的巢(归燕识旧巢),仅在必要时做一些修修补补,并更换衬垫在巢底的软草和羽毛(比如使用灰喜鹊啄下的细软羽毛)。这对家燕每年都在同一个燕巢中繁育新的生命,让我们见到巢中新生的可爱的小家燕。当年诞生的小家燕身带父母给的基因地图,明年春夏季也会回到它们的出生地山大校园。"几处早莺争暖树,谁家新燕啄春泥",新燕在2岁后进入繁殖期,择偶并寻找湿黏土,在靠近天然水源处择址,衔泥另建新巢,一般一个新巢的建成需要付出10多天的辛勤劳动。

家燕是雀形目中分布最广的鸟类之一,除了南极洲外的世界各大洲都能看到家燕的身影。全球有6个亚种,我在上海见过两个亚种,以下体白色的 *gutturalis* 亚种最为常见,而另一个 *tytleri* 亚种见到比较少,这个亚种的下体为橙红色。

在上海,既能看到大量迁徙途中过境的家燕,也能看到不少繁殖个体。家燕养育雏鸟,要求在巢的附近有大量虫源,在上海市中心见不到燕巢,但只要去到各个郊区,能见到很多家燕在上海农村的房檐下筑巢养娃。

金腰燕

雀形目/燕科/斑燕属

金腰燕在上海,常与家燕混群,但数量没有家燕多,我在南汇看到过的金腰燕群体有数十只,应为过境的群体。而在浙江中部山区武义县的村庄里,我看到过一对金腰燕在木屋老宅里的巢边活动,它们正在那里繁殖育雏。

在有的地方,还能看到金腰燕和家燕两种燕的窝建在同一屋檐下,靠得很近。这时比较两种燕的巢形就十分好玩。碗形、巢口大,并且开口向上的是家燕的巢;

金腰燕

金腰燕　金色的腰部

而金腰燕的巢，形状是一个葫芦瓢倒贴在天花板上，好似一根管子连着大半个空心球，管口贴着天花板，而且开口很小。空心球的内部有柔软的枝叶铺垫，4～6枚金腰燕的卵就在枝叶上被孵化。因为金腰燕的巢看起来更精巧而复杂，因此也被称为巧燕巢，而家燕的巢却被称为拙燕巢。

金腰燕顾名思义，腰部金色，飞行时明显，停立时需从背部看。从侧面或正面看时，金腰燕喉部以下到腹部有黑褐色纵纹，而家燕的腹部无纵纹。金腰燕喉部也没有家燕喉部的砖红色配色，这砖红色的配色却在金腰燕眼后的部位。整体印象上，金腰燕要比家燕显得体型大一些。

崖沙燕

雀形目/燕科/沙燕属

在上海南汇，迁徙季时，除了家燕和金腰燕，还有一种背部褐色的小燕子（胸带亦为褐色），明显不同于另外两种，名叫崖沙燕。它们喜欢和家燕混在一起，但数量远没有家燕那么多。崖沙燕的体型小，无论是在飞行中，还是降落时和家燕并排站，都显小。

崖沙燕在上海只是过境，但它们在全球分布较广，在国内的河南、陕西、四川等地皆有繁殖。崖沙燕的巢与家燕和金腰燕的完全不同，它们在裸露的土崖侧面打土洞为巢，并且繁殖期时集群，在一片土质的侧崖上往往有数百上千个像窑洞似的巢，排列得整整齐齐。四川宜宾的长江边，崖沙燕的繁殖群甚至成千上万，春夏季时景象十分壮观。

和家燕一样，崖沙燕的脚好短，而且很弱。在地面上理毛时，崖沙燕打开飞羽，因为脚力不足，常常一个踉跄往前冲，一副站不稳的样子。我还看到过两只崖沙燕在地上嬉戏吵闹，一只迈开小短腿走路，走都走不稳，还有一只似乎想抬起脚来走却又没动，看起来根本就像是没学过怎样走路，让人忍俊不禁。当然，它们飞在空中时，和家燕一样轻灵而敏捷，喜欢在南汇鱼塘和河道的水面低空上掠过，捕食飞虫。

崖沙燕

崖沙燕　小短腿

崖沙燕　飞行

　　我觉得崖沙燕很可爱,尤其是当它们停落在鱼塘上方的水管或是飞落到地面,拿正脸对着我的时候。它的正脸是超级萌的:褐色和白色的配色,乌黑的眼睛,小圆脸,比起家燕的正脸来更萌。

迎燕

雀形目/燕科/燕属

　　迎燕的英文名叫做Welcome Swallow,直译就是"受人类欢迎的燕子",和中国北方的家燕一样,在澳大利亚南部是春天的使者。它们有着金属蓝的背部,前

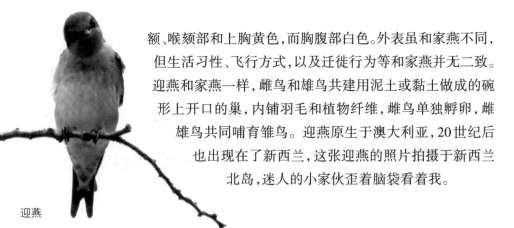

额、喉颊部和上胸黄色,而胸腹部白色。外表虽和家燕不同,但生活习性、飞行方式,以及迁徙行为等和家燕并无二致。迎燕和家燕一样,雌鸟和雄鸟共建用泥土或黏土做成的碗形上开口的巢,内铺羽毛和植物纤维,雌鸟单独孵卵,雌雄鸟共同哺育雏鸟。迎燕原生于澳大利亚,20世纪后也出现在了新西兰,这张迎燕的照片拍摄于新西兰北岛,迷人的小家伙歪着脑袋看着我。

迎燕

远东树莺/强脚树莺/鳞头树莺/棕脸鹟莺

雀形目/树莺科

树莺在英文里叫Bush Warbler,Bush是灌木的意思,它们更习惯于在灌木丛中觅食和筑巢。远东树莺和强脚树莺都属于暗色树莺,上体体色棕褐色。

远东树莺在上海比较常见,顶冠通常是较淡的橘红色,白色眉纹颜色较淡但明显,下体通常为淡米黄色,两肋多为暗黄色,体型略大(14~17厘米)。春天的时候,远东树莺在灌木的枝头上鸣叫,叫声会把我吸引过去;有时候也躲在小树林底层的灌木丛深处鸣啭,只闻其声,不见其鸟,但它的歌声为人熟悉;喝水洗澡的时候会从灌木中出来,去到几米远外的芦苇丛生的河边;秋天的时候,有些远东树莺个体在小树林里,人离得很近也不闪躲,自顾自地在低处跳来跳去,觅食小虫。它的脚比起柳莺科中喜欢在树冠活动的鸟种来,更长、更粗壮而强健,适应在地面活动,喙也更粗厚、更长。

强脚树莺就比较鬼鬼祟祟,躲在灌木丛里,难见一面。那时我正坐在汽车里留神那里的动静,看见它时不时露头,逮住一次机会,抓拍成功。照片中的强脚树莺两肋明显为褐黄

远东树莺

强脚树莺

鳞头树莺

色,按英文直译,强脚树莺的鸟名就是"棕肋树莺"。

　　鳞头树莺是我颇费工夫寻找的鸟儿,第一次拍到时它在灌木丛的底部,光线阴暗,成像不佳。后来在上海南汇停车场边的草堆中,又见到一只,但只见了一眼,它就很快飞入一边的树丛中。我决定再等等,没想到等了三个多小时它也没有再出现。我想着到傍晚时,它总要出来吃点儿晚饭吧,决定继续等!下午4点的时候,它果然再次出现在草堆中,我开心极了,耳边仿佛响起"终于等到你,还好没放弃"的歌声。虽然仍因为光线较暗、逆光,照片不完美,但这次拍得比上次的好,并且我躲在车里观察了较长的一段时间:小家伙不停地蹦跳着,每次蹦的距离很短。长而纤细的喙吃的是草堆里的小虫(不食素),吃虫时常常俯身,翘起黄色的臀部,因为它的脚比较长。我还几次看到它吐出舌头来,吃到藏于叶片下部的小虫,小虫很小,人类的肉眼几乎不可辨。鳞头树莺的英文名叫作 Asian Stubtail,直译为"亚洲短尾莺",属于树莺科下的短翅莺属。它比起别的树莺来,尾巴明显地短,而且因为几乎"没尾巴"而显得身材矮胖,活像一个褐色的小肉球,再加上一道再明显不过的白眉纹(如果光线好,仔细看,可以看到头顶的鳞纹,这是鳞头树莺中文名的来历),因此鳞头树莺在上海是一种绝不会错认的鸟儿,只是较难找到它们,较为难得一见。

　　树莺科拟鹟莺属的棕脸鹟莺纤细灵巧,虽然也生活于低矮乔木和灌木丛之间,我在南汇分几次见到的几只棕脸鹟莺却总让我觉得它们的行为更像柳莺科的柳莺们:经常在树的中上部翻飞吃虫,和爱在地上和中下部活动的其他树莺的做派不太一样。棕脸鹟莺也是看到容易拍到难,它们太活泼了,往往是刚将相机对准,它就跳出镜头了。有一次,我在最大的4号林,跟着一只棕脸鹟莺,从树林的一头到另一头，来回数次，也没能拍得一张好的照片。

棕脸鹟莺可是好看的小鸟：身上的衣服款式精美、色彩搭配得犹如时装；机智的脑袋上，乌黑的小眼睛炯炯有神。棕脸鹟莺在求偶期间会发出一连串银铃般的"丁零零零"的悦耳鸣唱，听起来像是虫鸣，有人形容是蟋蟀叫；不唱歌时，也常常会发出"吱吱"两音节的叫声。棕脸鹟莺一般不飞远，盯牢了，可以远远地跟上它，即使偶尔在林中把它给跟丢了，还能通过它的叫声再次发现。所以，努力就总有机会拍到它。

棕脸鹟莺

红头长尾山雀/银喉长尾山雀

雀形目/长尾山雀科

红头长尾山雀的叫声连续，成群出没，循着它们悦耳的叫声，多半有机会看到这些小家伙的身影，然而要给它们其中一只拍个标准照却是真的不容易。它们太活泼了，动个不停，很少在一处久停。往往镜头刚刚对准，还没来得及聚焦按快门，它们就飞走了。要么什么也没拍着，要么拍到它们纵身疾跃时像子弹似的弹出、鼓

红头长尾山雀

红头长尾山雀　一副小坏蛋的样子

起短圆翅膀飞起的身影，要拍个肖像照可真不容易。本来在上海和红头长尾山雀相遇的机会就不算多，有两次我还曾一路跟随它们，跟了好几棵树，可是跟着跟着就把它们跟丢了，结果还是一张站在枝头的标准像也没拍上，真是让人气恼！

终于有一次，2月初的一天，在一棵刚结花苞的玉兰树上，花苞吸引住了这些顽皮淘气的小家伙，它们终于稍作停留，在花苞上啄食了一阵子。尽管它们在我头顶斜上方高高的树上，尽管是一个仰拍的角度，但这次可是实实在在地留下了清晰的图像。

红头长尾山雀的中文名来自它们棕红色的顶冠，胸带和两肋也是同样的棕红色，而按照英文名直译则是黑喉长尾山雀，喉部黑色，眼罩也是黑色。它们别名"小佐罗"，在我看来是一副小坏蛋的样子，尤其是正脸对着我的时候。

上海能见到的还有一种长尾山雀是银喉长尾山雀，也长着小嘴、长尾，为 *glaucogularis* 亚种，在头侧有黑粗纹（顶冠纹白色、头侧黑色），喉部中央有小块银灰色斑，并非完全银白。

银喉长尾山雀的体型比红头长尾山雀大（银喉13～17厘米，红头10～11厘米），性格虽也活泼，但我觉得银喉要比红头要来得稍微稳重一丁点儿，至少感觉要好拍一些。看到银喉长尾山雀最安稳的时候，是在3月初繁殖季刚开始的时候，它们飞落到地上，薅了不知哪种鸟新换下的细软羽毛做巢用。小小的嘴上叼起一片、一片、又一片柔软的羽毛，心急又有点儿贪心，一下子叼了很多，以至于把眼睛都遮住了，看了让人发笑。

这两种长尾山雀在上海都有繁殖，春末夏初的时候，亲鸟们就忙着捕虫喂养刚孵化的雏鸟了，比平日里更活跃。除了繁殖期，它们一般聚群活动。

银喉长尾山雀

银喉长尾山雀　衔羽毛做巢

黄腰柳莺/黄眉柳莺/淡眉柳莺/冕柳莺/冠纹柳莺（克氏冠纹柳莺）/极北柳莺/淡脚柳莺/库页岛柳莺/双斑绿柳莺/褐柳莺/黑眉柳莺/灰冠鹟莺/灰喉柳莺/西南冠纹柳莺（布氏冠纹柳莺）

雀形目/柳莺科

　　柳莺科的鸟，种类很多，要一一分辨它们，很有点儿费脑。迁徙季时，一片小树林里会同时出现好几种不同的柳莺，记住一些常见的柳莺的主要特征，就能至少分辨五六种。

　　以上海地区来说，对于相似的柳莺属下的不同种柳莺的分辨，先看看翅翼，有无黑色区域（这一黑色区域在白色翼斑的边上，这个很好看清）、是否全绿色；再看下背部是否有白边，用更标准的说法是三级飞羽是否有白边（端部的白斑）——注意三级飞羽的白边位于下背部，与翅翼的白斑（翼带）是两个概念。如果看到两道白色翼斑附近的黑色区域，则大概率是比较常见的黄腰柳莺或黄眉柳莺中的一种；然后看看眉，实际上黄腰柳莺的眉才黄，而且靠近喙基处的前端眉纹比后端更显嫩黄（是两段式的黄），黄眉柳莺却名不符实，眉不黄，而是近白色的；另外顶冠纹也是一个辨识点，黄腰柳莺会有清晰的顶冠纹（淡黄色），黄眉柳莺没有或很不明显；因此，看眉毛和顶冠纹，很容易区分黄腰柳莺和黄眉柳莺。在上海，我看到的黄腰柳莺要比黄眉柳莺来得多，尤其在市区的公园里有越冬的种群，看多了再加上眼

黄腰柳莺

黄腰柳莺　请观察黄色眉纹的两段式的黄，身体显得短胖吧

黄眉柳莺　　　　　　　　　　　　　　黄眉柳莺　捕捉到螽斯

尖,能看到快速翻飞时展露的腰部,这时候会验证黄腰柳莺的腰的确是黄色的。南汇小树林里春秋两季也有不少过境的黄腰柳莺会出现,给我留下黄腰柳莺身材短胖的印象。黄眉柳莺给我留下最深刻的印象则是在清迈,就在住处的窗前,我俯拍到了照片。而在上海,我在南汇见到的要比在市区见得多,也就是说黄眉柳莺可能在上海春秋两季迁徙过境的比越冬的更多。

　　上面这一系列(翅翼有黑色区域)中,小概率遇到的会是和黄眉柳莺眉毛相似的淡眉柳莺,淡眉柳莺也基本看不出顶冠纹,但淡眉柳莺的脚黑(黄眉柳莺的脚粉红到棕色)、上下嘴全黑、仅下嘴基部一点儿黄(黄眉柳莺的下嘴大部分黄褐色、仅嘴尖黑),三级飞羽的白边没有或不明显,因此我们可以简单地将淡眉柳莺理解为黑脚黑嘴版的黄眉柳莺。更小概率的是云南柳莺,云南柳莺和黄腰柳莺相似,黄色的腰,有顶冠纹(重复一遍,有顶冠纹,但前端不清晰),主要的区别在于云南柳莺的

淡眉柳莺　　　　　　　　　　　　　　淡眉柳莺　脚色深,上下喙黑

眉纹不是黄腰柳莺的那样的黄，而是偏白色的，次级飞羽基部无黑色斑块，我们也可以简单地理解为，云南柳莺是白眉版的黄腰柳莺。云南柳莺主要分布在西南地区，在上海的记录很少，为个位数，我自己仅从别人的照片上见过，所以上面标出的我看过和拍过的柳莺中没有云南柳莺，但觉得有必要一提。

翅翼无黑色区域（基本全绿）、三级飞羽无白边的，则可能是下列几个系列的柳莺中的一种。

第一个系列：冕柳莺和冠纹柳莺。屁股（尾下覆羽）柠檬黄色（很多个体柠檬黄色较浓，也有一些个体柠檬黄色较淡），头后部有顶冠纹（前额无，并且有少数个体在春季时，连头后部的顶冠纹也较淡、甚至模糊到看不出），头冠的颜色和枕部以下身体的色差较大，上喙褐色、下喙黄色，那是冕柳莺；冠纹柳莺（克氏冠纹柳莺）和冕柳莺相似，有顶冠纹，头冠与身体有色差，喙上褐下黄（下嘴嘴尖不黑）、眉纹

冕柳莺

冕柳莺　上喙褐下喙黄　柠檬黄屁股　有顶冠纹

冠纹柳莺

前窄后宽（位于眼睛前方的偏淡黄色）。两种的区分点在于，冠纹柳莺的翼侧有两条明显的较粗的翼斑（冕柳莺仅有一条细的翼斑），冠纹柳莺的顶冠纹前淡后白，即位于额顶的顶冠纹淡（或看不出）、位于枕部的白且发散，而且冠纹柳莺的屁股白（冕柳莺的屁股柠檬黄）、冠纹柳莺的头部不像冕柳莺显得那么大，整个体型也要比冕柳莺稍小一些。另

外,行为上,冠纹柳莺有一个明显的特点,就是会像䴓一样在树干上攀爬,我曾在上海南汇亲眼看到过这种在柳莺里很特殊的行为。

　　第二个系列:极北柳莺、日本柳莺、勘察加柳莺。和第一个系列比,极北柳莺的头冠部和身体色差不大,呈明显的橄榄绿色,无顶冠纹(重复一遍,无顶冠纹);有明显的大嘴,上嘴色深、下嘴黄且嘴尖是黑色的;身材明显修长;眉纹长(但不到嘴基部),翼斑细(通常秋天时的新羽能看到两道,而春天磨损的旧羽只能看到一道,甚至看不到)。这一系中的其他两种(日本柳莺、勘察加柳莺)和极北柳莺很相似,日本柳莺的体羽比较偏黄色,勘察加柳莺比较偏绿色,喙显得比极北柳莺稍长一些(极北柳莺的喙略粗壮),但最好的办法是录下它们的鸣叫声,它们叫声的频率、节奏和声调都略有不同,可以通过比较叫声的声波图来精确确定。有一个专门收集鸟类叫声的网站www.xeno-canto.org,可以通过上传录音进行判别。

极北柳莺　嘴大,无顶冠纹,身材修长,冠身一致的橄榄绿色,眉纹长　　　　　　极北柳莺　下喙喙尖黑,眉纹不到嘴基部

　　第三个系列:淡脚柳莺和库页岛柳莺。这个系列和第二个系列(极北系)相比较,也无顶冠纹(重复一遍,无顶冠纹),冠身有色差(头顶灰、背部灰绿,有对比),眉纹长、前黄后白,嘴没有第二系列的极北柳莺等那么长,有一道极窄的翼斑(或一道也看不出),下嘴嘴尖深灰色嘴基部粉红色,上嘴深灰色、边缘粉色,且比极北柳莺的喙短小,脚浅粉红色(明显比其他柳莺色浅,因此得名淡脚,这一点很重要)。这一系列中的淡脚柳莺和库页岛柳莺外表特征相似,库页岛柳莺的脚更粉红一些,但一样,通过鸣叫声的声波图来精确区分是最可靠的。行为上,淡脚柳莺或库页岛柳莺喜欢在林中的中下层和地面活动,我曾多次看到,其中一次,一只淡脚/库页岛系柳莺和鳞头树莺一起在地面上觅食小虫,可惜它忙着觅食,并没有发出叫声。

淡脚柳莺　注意喙和脚的颜色

淡脚柳莺　喜欢在接近地面处活动

库页岛柳莺

库页岛柳莺　脚浅粉红色、冠身色差大（通过鸣叫声确定）

双斑绿柳莺

双斑绿柳莺，如它的名字Two-Barred描述的那样，两道翼斑很宽、很明显（大覆羽上的一条比小覆羽上的一条更长，无论哪一条，都比起冠纹柳莺的两道翼斑可要宽多了）；白色的眉纹也特别宽，而且长，一直到喙的基部；头冠、背部，以及两翼都是较一致的橄榄绿色，整体的体色是较鲜艳的绿色。另外，双斑绿柳莺也没有顶冠纹、脚色深偏黑。把双斑绿柳莺单独拿出来说，是因为它不属于上面三个系列,而且双斑绿柳莺在上海南汇过境的数量不多,远没有上面几种多,我也只偶尔见到。我个人的感觉,在柳莺里,双斑绿柳莺比较安稳,相比之下活动起来没别的几种那么迅捷,易于观察。

上面这些种柳莺均为体羽偏绿色、翅翼上有白色翼斑的柳莺,而上体体羽褐色、没有一点儿绿色调、翅翼无翼带的常见柳莺则是褐柳莺。褐柳莺有几个明显的特点:它的眉纹颜色是两段式的,即前白后棕(喙到眼睛上方白色)、眼纹黑而明显、喙短小而纤细、脚细、翅短尾长(初飞短尾羽长)。褐柳莺也喜欢在灌木低处,并下到地面活动,叫声好似石头的摩擦声。上海能见到的褐色系的柳莺,除了褐柳莺,还有一种巨嘴柳莺,巨嘴柳莺的眉纹前棕后白(和褐柳莺相反)、喙比褐柳莺的厚、大(因此被称为巨嘴柳莺),巨嘴柳莺相对少见。

褐柳莺 褐柳莺

当然,在柳莺的识别中,体型也是重要的一点。例如冕柳莺(12厘米)就明显比黄腰柳莺(9厘米)大很多,而且冕柳莺看起来显得头部偏大。掌握了这些辨识特征,看熟了,认柳莺会很有乐趣,并能成为一个段位高的观鸟者。但辨认柳莺,有时候也并不能在野外现场做到百分百的确认,由于观察角度的问题,有些特征看不全,可能会有疑问。如果能够拍摄下多角度的照片那就更好,将大大方便更准确地确认。当然,柳莺们都太活泼了,很难拍,我甚至有点儿骄傲自己拍过那么多柳莺。拍到后来,拍的时候,就基本能知道是哪种柳莺了。

在上海,柳莺科的小鸟,我还见过好看的黑眉柳莺和灰冠鹟莺。黑眉柳莺得名于细细的黑色的眼纹和粗的黑色侧冠纹,头冠黄色、胸腹部一抹靓丽的嫩黄色,让人看了眼睛一亮。同样好看的是灰冠鹟莺,头冠灰色、两条粗的淡黑色的侧冠纹、

黑眉柳莺　胸腹部一抹嫩黄色　　　　黑眉柳莺　细细的黑色眼纹和粗的黑色侧冠纹

灰冠鹟莺　　　　　　　　　　　　　灰冠鹟莺

还长着一个金黄色的眼圈、眼眶后有细裂纹。和灰冠鹟莺非常相似的还有其他几种鹟莺（比氏和白框等），由于出现得少，这里不做详细描述，也是最好以拍下的照片来仔细辨别。

在泰国最高峰因他侬山上，我见到过灰喉柳莺，那真是太好认了，一点儿也不用费脑。灰喉柳莺的脸部、喉部和上胸部灰色，腹部黄色，而且仅分布于海拔2 000米以上山区的林中。灰喉柳莺为泰国北部的留鸟，在因他侬山筑巢繁殖后代，常年可见。

在因他侬山上的同一个地点，西南冠纹柳莺在一个树干上的树洞口飞进飞出，找来纤维和枯草忙着筑巢。西南冠纹柳莺（也叫布氏冠纹柳莺）也有明显的顶冠纹，头部和身体的色差大，翅翼上有两道粗翼斑，此鸟种和冠纹柳莺（克氏冠纹柳莺）在外表上极为相似，甚至鸣叫声都相近，但可以根据出现的月份加以判断；另外，行为上，布氏和克氏冠纹柳莺在振翅时，均两翼轮番（缓慢）鼓翅，即单侧轮番振翅，

灰喉柳莺

灰喉柳莺

西南冠纹柳莺

西南冠纹柳莺　在树洞中做巢

另外还有一个相似种云南白斑尾柳莺则是两翼同时振翅。顺带一提，还有一种华南冠纹柳莺（哈氏），更偏黄色，鸣叫声与另两种冠纹柳莺不同，主要分布在中国华南和东南山地，冬季迁徙到更南方，也是独立种。

　　上面这些差不多是我自己从外观上辨识不同种柳莺的笔记。撇开柳莺在认鸟上的"痛并快乐着"，观赏柳莺本身是一件很愉快的事情。例如，坐在上海的一处公园里，隔着一个小水塘，离着七八米远的水边的树上，就有3只黄腰柳莺在表演，从水塘的一侧到另一侧大约有20多米长，水边的树上、灌木上都成了它们表演的舞台。它们在树枝间上下左右翻飞、跳跃，一刻不停地捕捉昆虫。柳莺身材小，比麻雀（14厘米）还要小，黄腰柳莺和灰喉柳莺只有8～9厘米，其他的也只有11～13厘米，虽然生性活泼好动，然而每次飞得不远，所以总看得清。

　　柳莺们有一个绝技：近乎悬停似的在空中扑扇翅膀。例如，黄腰柳莺在八角金盘的大叶子下，顶着叶片往上飞、悬停，用这个动作惊扰并赶出叶片下隐藏的小虫，在飞行中捕食；有时还倒挂在细枝上啄食昆虫，看了让人叫绝。柳莺的喙基的四周长有细小的刚毛，有利于在空中拦挡昆虫。尽管柳莺身材小，但它们的捕食能力很强，小飞虫等根本不在话下，我还拍到过各种柳莺吃到大蛾子和螽斯等体型较大的昆虫的视频和照片。蛾和螽斯对于柳莺们来说太大了，它们一口口吃，吃了一半放在树上，稍微消化一会儿再接着吃。

看柳莺最安稳的时候，是看它们洗完澡后，飞入灌木丛里躲着整理羽毛。我曾经拍下黄腰柳莺站定理毛一分多钟的视频，心里感慨，对于柳莺这类太活泼的鸟，能看着它一分钟不挪动地方，可真是难得！

柳莺的多数种类进行迁徙，在北方繁殖，南方过冬。例如，极北柳莺在英文鸟名中有arctic（北极）一词，它们在北欧、西伯利亚、阿拉斯加等北方繁殖，在印尼、菲律宾等东南亚诸国过冬，是迁徙距离最远的一种柳莺。不少种类的柳莺集群迁徙，路过上海时，十几只小精灵一起在上海南汇的小树林的树冠间飞过的景象令人惊叹。小小的柳莺在迁徙途中，一路经历诸多危险，有猛禽的威胁，也有人类的干扰（比如鸟网），然而当这些小精灵冲破千难万险抵达过冬地后，它们又变成了宅鸟，在同一地点深居简出，好好休养生息，等待再一次回到北方繁衍后代。

东方大苇莺

雀形目/苇莺科

东方大苇莺小有名气，它们在芦苇梢头一个劲儿地唱歌，叫声粗哑。东方大苇莺的体羽黄褐色，有显著的白色眉纹，有些雄鸟给人的印象额头很高，像是梳着"寸头"。东方大苇莺的喙很长，食物以蝴蝶、蜻蜓和苍蝇为主，偶尔也能吃到小型蛙类。

其实在平时，东方大苇莺并没有那么容易见到，对应名字中的"苇"字，它们生活在浓密的芦苇中。只有在春天时，雄鸟因为爱情的冲动而飞到最高的芦

东方大苇莺

东方大苇莺　明显的寸头

东方大苇莺　引吭高歌

苇尖,引吭高歌,并且每个曲段还要反复三四次,生怕雌鸟听得不中意。如此,观鸟人循着叫声,悄悄接近,就能看到。春天时上海南汇的芦苇荡,到处是东方大苇莺雄鸟此起彼伏的歌声,此时芦苇荡里昆虫渐多,为东方大苇莺接下来的育雏提供了充足的食物。

然而,并非所有的东方大苇莺养育的都是自己的后代,自己不育雏的大杜鹃会看准时机,悄悄地将自己的卵产在东方大苇莺的巢中,不知情的东方大苇莺就成了大杜鹃雏鸟的义父义母。没有被"巢寄生"的东方大苇莺才能够顺利地养育自己的雏鸟,在20天育雏期的辛勤喂食后,东方大苇莺幼鸟便能出巢和亲鸟一起在芦苇荡中觅食了。

矛斑蝗莺/斑背大尾莺

雀形目/短翅莺科

见到矛斑蝗莺时,是11月初,它在上海南汇河渠边的灌木丛里行走。灌木丛很茂密,矛斑蝗莺在丛中时隐时现,我抓住机会俯拍得一张它的照片。矛斑蝗莺在迁徙途中路过上海,短暂停留即走,第二天早上我虽还曾见到它,却是一张照片也拍不到了。

蝗莺科的鸟类常年隐匿在灌木丛中,把自己隐藏得好好的,因此观鸟者非常难得一见它们的真容。这次虽是惊鸿一瞥,我能见到并拍到照片,已经很是难得,这以后还没有见到过第二次。

　　同科同属的斑背大尾莺，种群数稀少，每年却总有一段时间可以好好地观察。尽管斑背大尾莺一样是地栖性动物，平时总在芦苇荡的底层活动，然而每年3月下旬时，有一些斑背大尾莺会飞来上海南汇的芦苇荡里繁殖，而且地点较固定，易于观察。

　　进入繁殖期的斑背大尾莺，不再显得那么隐秘，虽也经常钻入密集的芦苇丛底部而不得见，但有那么几天，它们会时不时地站上苇梢，并且像直升机一样垂直起飞，飞至半空停留一小会儿后再飞落苇梢，边飞边发出鸣叫声。斑背大尾莺的鸣叫声像昆虫，短促而连续；脚趾抓着芦苇秆时，叫声轻柔，像是在蓄势待发；一跃而起、飞在空中时，发出的叫声嘹远，越来越响亮。它们重复着同样的动作，起飞、鸣叫、降落，不知疲倦。

矛斑蝗莺

矛斑蝗莺　喜欢在芦苇丛和灌木丛的地面行走

斑背大尾莺

斑背大尾莺　注意它的"斑背"

这正是斑背大尾莺雄鸟在求偶时的炫耀飞行，在这一区域的南汇芦苇荡里，有相当数量的斑背大尾莺活动，隔上几米就有它们的鸣叫声。雄鸟在自己的领地中高歌，驱逐竞争对手，并吸引雌鸟。我曾连着几天多次观察。其中的一天，一只精力充沛的雄鸟频繁地进行炫耀飞行，鸣叫声异常高昂，吸引了一只雌鸟飞到它的身旁，可惜那只雌鸟略有犹豫，或者还想再观察观察别的雄鸟，不一会儿又飞离了这只雄鸟的领地。

不同于在繁殖期换上鲜艳的羽色来吸引异性的鸟类，斑背大尾莺的羽色在繁殖期基本不变，吸引异性的武器正是它们的歌声。鸟类中的许多鸣禽，由于睾酮的刺激，雄鸟在繁殖季高声歌唱，主动求偶；雌鸟不鸣叫，但却掌握着配对和交配的决定权。例如，斑背大尾莺的雌鸟会通过倾听鸣叫，来判断雄鸟的健康状况和强壮程度，以此选择交配对象。

要看斑背大尾莺，在上海南汇，一年里就那么10天左右可以见到，过了这段时间就见不到了。求偶成功的雄鸟不再浪费精力做求偶飞行并鸣叫，而是躲入芦苇丛中悄悄地过一段隐秘的"两鸟世界"的生活，繁育宝宝。

长尾缝叶莺

雀形目/扇尾莺科/缝叶莺属

澳门的一排行道树上，两只长尾缝叶莺在跳跃，每一棵树上逗留的时间都不长，然后又飞到最近的下一棵树上。我给它们拍下照片。

长尾缝叶莺是一种很活泼的鸟，初见它们是在清迈公寓窗外的大树上，后来多次在低处的绿色灌木丛中见到，它们总是一刻不停地在枝杈间跳跃。长尾缝叶莺长着红眼睛，前额和头顶前部是好看的红棕色，它们体小，仅12厘米，尾巴却很长，呈扇形，喜欢摆动上翘。

长尾缝叶莺

缝叶莺的名字来自这种鸟的高超的缝纫技术，它们缝叶为巢，选取离地不高（一般也就半米到一米的高度）的植物上的一片绿色大叶片，然后把它细长的喙当成针来用，在叶片的边缘扎孔，以植物纤维为线，将绿色大叶片缝合起来，形成囊状，然后衔来细草，在缝合的叶片里精细地"缝制"巢穴。这种缝制出来的鸟巢不仅像艺术品般的精致漂亮，而且坚固耐用，不会被风吹落。一个巢一般只用一次，养育下一窝雏鸟时，心灵手巧的长尾缝叶莺还会再织一个新的。

纯色山鹪莺/黄腹山鹪莺/斑山鹪莺

雀形目/扇尾莺科/山鹪莺属

纯色山鹪莺在上海不难见到，南汇尤其多，在泰国北部的稻田边，更是常常出现在我的眼前。它们生性活泼好动，喜欢集成小群在灌木的植株间跳个不停，芦苇荡也是它们喜欢的生境。纯色山鹪莺的叫声比较单调，算不得好听，但到了春天，求偶的鸣唱声就十分引人注意。它们在植茎的高处或地面上，比如在芦苇的顶部或中部，一边翘起长尾，一边唱歌，也会像小云雀、斑背大尾莺、棕扇尾莺那样在空中边飞边唱，但飞的高度较低，不会飞在很高处歌唱。纯色山鹪莺的鸣唱非常持久，就像一个极有耐力的长跑型选手，而非一个"快枪手"。

黄腹山鹪莺是另一种比较常见的山鹪莺，上海没有分布，见于中国更南方

纯色山鹪莺

的地区。我在清迈见到过。其实，在既有黄腹山鹪莺也有纯色山鹪莺分布的南方地区，分辨它们比较头疼。基本的区分点是：黄腹山鹪莺又叫灰头鹪莺，头部灰色（灰头），下胸至腹部偏黄色（黄腹），颜色对比更鲜艳；而纯色山鹪莺又被称作褐头鹪莺，头部褐色，下体一抹纯色，一般偏白，但也有些个体

黄腹山鹪莺　头部灰色

斑山鹪莺　拍摄于南非好望角

也显黄。另外，如能听到鸣唱声，是最好、最不会出错的判断依据。纯色山鹪莺的鸣唱比黄腹山鹪莺的急促得多，而黄腹山鹪莺的鸣唱相对轻柔平缓，如同小猫叫。

　　我还在其他地方看到过山鹪莺属鸟类，比如在南非开普敦的好望角见过斑山鹪莺，斑山鹪莺以胸腹部的浓黑粗竖纹为特征。这三种山鹪莺体型相似，体长13～15厘米，都有一个不时翘起的长尾巴，中央尾羽最长，两侧尾羽逐渐递减形成扇形（扇尾莺科的共同特征）；都喜欢在灌木丛中活动，捕食小昆虫。

棕扇尾莺

雀形目/扇尾莺科/扇尾莺属

　　在上海南汇的稻田和芦苇丛中，我都见到过棕扇尾莺。棕扇苇莺体长只有10厘米，背部棕褐色，有黑色竖纹，下体白，两肋棕红色，和常见的纯色山鹪莺相比，首先是体型更小，其次喙也细短。

　　因为比较惧人，冬天时并不容易找见棕扇尾莺，3月早春的时候比较容易观察，雄鸟会站在灌木的枝头，并飞到半空，大声地鸣叫求偶。棕扇尾莺的尾长，有一只雄鸟不知怎的，尾羽没了，却依然不折不挠，守护着自己的领域，攀在枝头、飞上天空，歌唱着求偶。

　　比起同样在南汇荒野上做炫耀飞行求偶的小云雀和斑背大尾莺来，飞在空中

棕扇尾莺   棕扇尾莺

的棕扇尾莺实在是太小了。这三种鸟边飞边歌唱时的行为特点也各不相同,小云雀在空中歌唱的持续时间长,平均一次将近1分半钟,并且越飞越高,喜欢在高空中振翅悬停;斑背大尾莺飞起来直上直下,空中停留时间较短,但飞上空中歌唱的频次较高,反复多次;棕扇尾莺则是在高空中平飞,不振翅悬停、也不直上直下,为小幅度的波浪式飞行,歌声也并不如其他两种那么急促。

纹胸巨鹛/锈脸钩嘴鹛

雀形目/鹛科

　　纹胸巨鹛有着棕色的顶冠、黄色的脸颊,两者对比明显,整个下体也是黄色的。纹胸巨鹛脚强健,善于鸣叫,平时在低处的植层活动,然而当高大乔木花开的时候,比如刺桐花期,它们也会飞到高处,分享花蜜的甜蜜。

　　锈脸钩嘴鹛的脸颊红褐色、喙如钩,故得名锈脸钩嘴。锈脸钩嘴鹛和纹胸巨鹛同属鹛科,也在茂密的灌丛里活动,其生性隐秘,喜藏匿,难得一见。

　　这两种鸟,我均见于泰国北部山区海拔约2 000米处。

纹胸巨鹛

锈脸钩嘴鹛

栗头雀鹛/褐脸雀鹛

雀形目/幽鹛科

　　雀鹛是种类很多的一类小鸟,它们的翅膀短圆,飞行能力弱,一般为当地的留鸟,并不迁徙。雀鹛喜欢在浓密的灌木中活动,很活跃。灌木中光线阴暗,而且枝杈甚多,往往看到的雀鹛比拍到的多,就算拍到也多半有遮挡。

　　栗头雀鹛的顶冠栗红色,按英文名直译叫作"棕翅雀鹛",因为翅翼上初级飞羽的羽缘为棕色。褐脸雀鹛的顶冠灰色,有一条黑色的长眉纹。雀鹛们体小,栗头雀鹛体长12厘米,褐脸雀鹛15厘米,喙短小,主要吃昆虫和花蜜。

栗头雀鹛

褐脸雀鹛

白冠噪鹛/银耳噪鹛/斑喉希鹛/白颊噪鹛/黑领噪鹛/黑脸噪鹛/画眉/红嘴相思鸟

雀形目/噪鹛科

　　白冠噪鹛特征明显,白色羽冠,白色的下体,黑色的过眼纹,绝不会认错。有人形容白冠噪鹛是白发老者,可是我却不愿将这样的小鸟和老者联系起来,它们太活泼了。总是一群群出现的白冠噪鹛过着群居的生活,喜欢以鸣叫来相互联络。它们主要吃昆虫,常在地面落叶丛中翻找食物,我曾多次在树林中发现并悄悄接近,然而林中的光线阴暗,很难给它们拍照。树上的它们虽然喧闹而引人注意,却很害羞,总是躲藏在树冠中,偶尔露面也是稍停即飞,我好不容易才抓住一次瞬间拍到。拍到一次后,我就不再尝试去拍,而是更愿意欣赏这些可爱的小精灵在树林中飞过,发出咯咯笑声的场面。

　　白冠噪鹛是留鸟,一般不迁徙。同样在泰国北部,银耳噪鹛比白冠噪鹛更容易找见,去到因他侬山的山顶必能见到,观测点比较固定。银耳噪鹛也一样喜欢穿梭于阴暗的树林低层,翻落叶觅食。银耳噪鹛特征明显,棕红色的头顶,耳区银白色,飞羽黄绿色,是美丽的鸟儿。

　　体型小的斑喉希鹛也见于因他侬山,它们的栖息点位于2 000米以上的中海拔、湿润的亚热带和热带的林中。我见到几次都是5 ~ 7只的小群活动,见于树枝上。斑喉希鹛的外表,乍一看和同一地点出现的栗头雀鹛有点儿相似,但最明显的是没有白眉毛,并且如中文鸟名描述的那样,喉部有明显的鳞状斑纹。斑喉希鹛既

白冠噪鹛

白冠噪鹛　在阴暗的林中地面翻树叶

银耳噪鹛

斑喉希鹛

然属于噪鹛科,也有点儿"噪",在树枝上停歇时,总张着嘴叫个不停。

上面三种鸟均见于清迈,而同属噪鹛科的白颊噪鹛、黑领噪鹛、黑脸噪鹛、画眉和红嘴相思鸟在国内就常见多了。

白颊噪鹛体型中等,脸颊的白色非常醒目,喜欢在灌丛中活动,但性子活泼、胆大且不怎么怕人,有机会较近距离接近。白颊噪鹛在中国南方地区分布广,种群数量丰富,叫声为人们所熟悉,在上海也能偶见。

黑领噪鹛体型较大,长着一张京剧脸谱似的大花脸,集小群活动,在地上翻树叶找食时,上体的体色和地面上的枯叶色相近,但上背和两肋的棕红色十分好看。印象最深刻的一幕场景是3只黑领噪鹛并排站在树上,而另一只硬挤入三只的中间,4只紧挨在一起,一副亲密的样子。

黑脸噪鹛,长着一个超级大黑脸罩,在上海几个公园里是留鸟,但较胆小而谨

白颊噪鹛

黑领噪鹛　京剧脸谱大花脸

黑领噪鹛　并排站

黑脸噪鹛

慎，见人就躲，并不容易发现。平日里游客少的时段，比如黄昏，上海炮台湾湿地公园的树林边的枯叶堆上，它们可能正在翻树叶找食，并能看到它们蹦蹦跳跳或是短距离飞行。夏天里比较喧闹，不愧"噪鹛"之名，但巢建在灌丛或竹林间隐秘之处，不易发现。

　　画眉是公园里最常见的笼鸟，白眼圈后面还画了一长道白眉，特征明显，以善鸣而受到人们的喜爱。然而野生的画眉却并不那么好找，它们和各种噪鹛一个习性，喜欢在树林和灌木丛的地面跳跃、翻树叶、用喙拨开树叶时把树叶啄得左右纷飞、在树叶下找虫吃。一旦发现画眉在灌木丛中活动的踪迹，耐心等待，它们总会在附近跃上枝头稍作停留，这时是最好的拍摄时机。我拍摄野生画眉的地点在上海滨江森林公园的杜鹃园。

　　在城市公园里见到的红嘴相思鸟，在树上跳跃翻飞。它们体型小巧，色彩艳丽，

画眉

红嘴相思鸟

红色的小嘴、嫩黄色的喉部,红黄相间的两翼,非常的好看,人见人爱。不过,由于它们太活泼了,移动迅速,要留下它们的靓影,要做到眼明手快。

震旦鸦雀/棕头鸦雀/灰头鸦雀

雀形目/莺鹛科

最早命名震旦鸦雀的是100多年前在上海传教的一位西方传教士,震旦一词在字面上的意思是"日出东方",在印度的梵语中,震旦即指中华。震旦鸦雀虽然属于濒危鸟类,属于近危(NT),但在上海海滨的芦苇荡中有留鸟生活,是鸟友们喜闻乐见的可爱的鸟儿,被亲昵地称为"蒸蛋"。在我面前的震旦鸦雀,常常正脸对着我,下体银灰色配渐变的棕红色,特别大的像鹦鹉似的黄色的嘴(因为这个,在英文里震旦鸦雀被称为"芦苇中的鹦鹉"),实在是太好看了。而且,"蒸蛋"性情也温柔敦厚,若是选上海市鸟,我还是投票给震旦鸦雀。

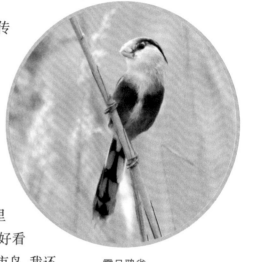

震旦鸦雀

震旦鸦雀的亮黄色的喙十分厚实,咬合力很大,它们两脚一高一低地攀在芦苇秆上,用喙将芦苇秆外表的皮啄开,取食藏身在里面的小虫。在冬季虫子匮乏的时候,它们也吃一些浆果,但无论如何,这种鸟的生活离不开芦苇,原生态的芦苇地对它们来说,无比重要。

在上海南汇,虽然芦苇很密集,但要找到震旦鸦雀并不太难,它们觅食的时间和路线很有规律,仔细听,能在静谧之中,听到它们啄芦苇时发出的声音。到了春夏繁殖季,更容易找到,雄鸟们为了吸引配偶并划分领地会竞相发出此起彼伏的鸣叫声,可以听声而寻,有时候还常常能看到"夫妻"成对出现。不过它们胆小,观察时需要保持安全距离,它们既会像升旗一样噌噌噌地攀上芦苇顶端,一旦感到危险,也会像降旗那样噌噌噌地下行,隐入芦苇,或是干脆振翅飞走,让你找不见。

　　南汇的同一片芦苇中，还有棕头鸦雀生活着。棕头鸦雀的体色与芦苇相仿，但它们太活泼了，在芦苇秆上噜噜噜地上下攀爬、左跳右跳，并且还特别爱叫，根本就不注意保护自己，很容易被发现。棕头鸦雀是一种非常常见的鸦雀，有一个绰号，叫"棕头小胖"，它们几乎看不出脖颈，头部滚圆，小嘴巴（比震旦鸦雀的鹦鹉样的大嘴小多了），是一种体长10厘米的可爱小鸟（10厘米的体长还包括了很长的尾羽）。冬天的时候，棕头鸦雀成群活动，到3月进入繁殖期后，看到它们时则通常是两只，就像班级里恋爱成功的男女同学开始脱离群体，单独出游。

　　和震旦鸦雀一样，棕头鸦雀的翅膀短圆，不适合长距离飞行，是不迁徙的留鸟。棕头鸦雀并不像震旦鸦雀那样执着于芦苇的生境，它们在上海多处都有分布，出现在各个地方，比如在上海炮台湾湿地公园里就有固定的种群，我每次去那里几乎总能见到。它们在灌木丛和林木的低处跳跃，飞得不高，而且飞行距离短，也会在地面蹦跳。棕头鸦雀太活跃了，几乎一刻不停，一小群在我面前，看似拍摄的机会很多，但要给它们中的某一只拍一张从头到尾无遮挡的全身照却并不是一件易事。看多了，会看到它们啄咬细树枝的树皮，这时候才相对安稳一些，至少在一个位置能停留上那么一小段时间。细竹枝也较细，适合棕头鸦雀的小嘴啃咬，所以也能经常在竹林里看到它们侧身攀在竹枝上，或是像拉单杠似的挂在竹枝上。

　　在长风公园看到的棕头鸦雀种群，食物还包括人们丢弃的瓜子和花生。一些棕头鸦雀竟然会跳到沿街的垃圾桶或是游客座椅边，找到后飞入附近的灌木丛躲起来吃，葵花籽吃起来还算快，而找到花生的那一只可得吃好一会儿。这时我惊奇地发现这只棕头鸦雀的天生多动症被暂时治愈了，它甚至忘记已经脱离了群体，掉队了！

棕头鸦雀

繁殖季时的棕头鸦雀的鸣啭十分动听，而且连续而持久，容易被记住。在南汇嘴的小树林里，也有棕头鸦雀的踪影。春天的时候，它们把巢建在低矮的灌木丛深处的枝桠中。只是透过层层枝桠，并不那么容易观察它们在里面育雏的情形。

到了冬天，南汇的芦苇荡里，往往有30多只的大群棕头鸦雀出没，它们跳来跳去，享用着芦苇的苇籽，还不时发出鸣啭（song）和叫声（call），给冬日带来好听的乐曲。

灰头鸦雀比起棕头鸦雀，性子要来得沉稳，在枝头跳跃的频率和速度要慢得多，并且停立时间较长。灰头鸦雀（18厘米）比棕头鸦雀（12 ～ 13厘米）的体型大很多，橘黄色的大喙十分醒目。灰色的头部在头侧有黑色条纹，喉部也有黑斑。灰头鸦雀既可以在树冠上看到，也可以在地面上

灰头鸦雀

看到，更喜欢在灌木丛中跳跃找食，非繁殖期成小群活动。灰头鸦雀在南方为常见留鸟，但上海没有分布，在离上海不远的杭州植物园可以见到。

暗绿绣眼鸟/红胁绣眼鸟/灰腹绣眼鸟

雀形目/绣眼鸟科

绣眼鸟在英文里叫作White-eye，在日文里叫做"目白"，都是指绣眼鸟的白眼圈。白眼圈是绣眼鸟科鸟类的显著特征。

暗绿绣眼鸟是常见的小鸟，9 ～ 11厘米的体长，翅膀小而圆，很活泼好动，但比起柳莺来，还是要稍安稳那么一丁点儿。据我观察，它们爱极了吃花蜜，花期中开着花儿的树上总能看到它们的身影，比如福建山樱花的花朵儿似乎就是为暗绿绣眼鸟的喙型而配的，天造地设。暗绿绣眼鸟的喙，弯而有弧度、细、尖，伸进花朵里去采蜜正好，而且绣眼鸟的舌头的端部岔开，分成多根细的簇毛，像刷子似的，增大了和花蜜的接触面积，

暗绿绣眼鸟

因此可以卷取更多的花蜜。暗绿绣眼鸟喜欢吃各种花，不仅在樱花树上，我还在山茶花、梅花、毛花连蕊茶花等各种花上看到它们采蜜，一只只鸟儿吃得嘴上、前额、颏部等部分，沾满金黄色的花粉，配着各种艳丽色彩花儿的暗绿绣眼鸟的摄影作品是摄影师们的心头爱。春天花期时，暗绿绣眼鸟在享受花蜜大餐的同时，也帮助花儿完成了授粉，当然在没有花蜜可吃的时候，它们也吃其他各种食物，包括浆果和小昆虫。

春天时，暗绿绣眼鸟不时歌唱，雄鸟唱起歌来，一阵银铃般的连续鸣叫后，洪亮地大叫一声，然后轻唱后再高鸣，如此反复。在上海，暗绿绣眼鸟有繁殖，曾有鸟友观察并记录了繁殖的全过程，前后历时一个月。据他的记录，筑巢8天，孵卵11天，孵化后喂养10天，最后有3只幼鸟出巢。筑巢阶段，亲鸟衔来轻细的植物纤维，筑成吊篮状的巢，巢位于行道树梧桐树的树冠里，挂在树杈中间，位置相对隐秘。孵卵阶段，雌鸟和雄鸟轮换着孵，雌鸟孵的时间较长。育雏阶段，也是雌雄鸟轮流外出找食，早期都喂以小虫，到第8、9天的时候，亲鸟衔来葡萄喂给雏鸟。关于雏鸟粪便的处理，早期亲鸟自己吃掉，因为里面还有未消化的营养物质，后期则叼出扔到远处，以免粪便的气味招来猎食者。这是一份难得的观察记录。

在泰国北部的山上，我还看到过红胁绣眼鸟和灰腹绣眼鸟，都是有着白眼圈的很可爱的小鸟。红胁绣眼鸟的红胁是它们所独有的，在树上拍翅跳跃时，或是停栖时身子略斜时，只要露出肋部翅翼下栗红色的羽毛，那就是它们了。灰腹绣眼鸟和暗绿绣眼鸟有时不那么好分辨，除了灰腹绣眼鸟背部的羽色偏嫩黄外，它的腹部，

红胁绣眼鸟　两肋红色

灰腹绣眼鸟　腹部黄色中线

在白色羽毛的中间有一条柠檬黄的纵纹。可是又因为个体差异，却并不是每一只都有。两种绣眼鸟分布区域不完全相同，在上海没有灰腹绣眼鸟的分布，而在清迈两种都有，但以灰腹绣眼鸟为多。

和平鸟

雀形目/和平鸟科

和平鸟的名字好听，歌声动人，是一种令人爱慕的鸟儿。我在泰国北部见到和平鸟，雄鸟很好分辨，它的羽色鲜艳，头顶、上背和尾部所具有的闪亮的蓝色和其余部分的黑色形成鲜明的对比，明亮而生动。和平鸟的雌鸟的羽色就要朴素得多了，体色暗绿色。

和平鸟树栖性，喜欢待在海拔不高的常绿林里，而不爱在落叶林里出没。它们爱吃水果，也吃一些花蜜。在泰国北部的清道山上能见到和平鸟，它们活泼，爱飞翔，爱在树枝间跳动，也爱歌唱。歌唱时安稳地坐在树冠里，我录到过雄鸟唱歌时的视频，和平鸟的歌声美妙。

和平鸟　雄鸟　背部羽色华丽

和平鸟　雄鸟　爱唱歌，歌声好听

和平鸟　雌鸟

戴菊

雀形目/戴菊科

　　深秋的时候，我总喜欢去观赏戴菊。戴菊从北方而来，不仅俏丽可爱，更难得的是它们落落大方。戴菊是鸟类中极少数完全不怕人类的鸟儿，它娴静地栖坐在上海南汇的灌木丛中休息，哪怕你只离它一米或半米，它都毫不闪躲，任由你欣赏它个够。我就曾这样拍过好多张戴菊的照片，才9厘米大的娇小的鸟儿以至于在我的镜头里都要爆框，而且这些照片的拍摄角度还是俯拍，它头顶上最惹人爱的"菊花"，也就是金橙黄色的顶纹清晰可见。

　　见过戴菊像柳莺一样近乎悬停似地在空中扑扇翅膀，也见过戴菊在树干的垂直方向上跳跃，忽而在眼前，忽而又跳到树干背后。它们在树干上的抓握能力很强，这一点有点儿像䴓，甚至是体型大得多的啄木鸟。戴菊身形灵巧，往往还没看清它

戴菊

戴菊　尾短的小鸟

戴菊　头顶上的菊花总是醒目

戴菊　能攀在树干上

是怎么抓到虫子的,一只飞虫已经被它叼在嘴上,并很快吞咽。我曾拍录视频,事后回放,也没看明白它是如何捕捉到飞虫的,只那么轻轻一低头,飞虫已在口中,只能说它的捉虫手段实在高超。不过,哪怕在树枝上跳来跳去捉虫的时候,戴菊也比大多数种类的柳莺来得乖巧,至少在一处停留的时间比柳莺要长得多,易于观察。在上海,戴菊是冬候鸟,一些城市公园中的松树等针叶树上能找到它们的身影。

绒额䴓

雀形目/䴓科

绒额䴓

第一次见到一只绒额䴓,它竟然是头下尾上,在高大乔木的树干上,从上往下走。那时,我正站立在离地10米高的清迈植物园的空中步道上,所以它和我几乎面对面。它有着红色的喙,背部和尾部是好看的紫罗蓝色,而前额则是天鹅绒的黑色,这是它名字的由来。

䴓终身生活在树上,吃树皮里的昆虫,也吃坚果和种子。如果拿䴓和啄木鸟比较,啄木鸟只能由下往上攀爬,而䴓能够上下两个方向在树上攀爬。䴓爬树时一脚在上,一脚在下,并不像啄木鸟那样靠尾来帮忙,结实的脚就足够支撑小小的身体了。后来在清道山上我还曾见过一对绒额䴓,它们在树干上由上往下,由下往上,在树枝上正立、倒悬着行走,才12厘米大的这种小鸟个个是爬树的能手!

紫翅椋鸟/灰椋鸟/丝光椋鸟/灰背椋鸟/灰头椋鸟/淡翅栗翅椋鸟/红翅椋鸟/黑领椋鸟/斑椋鸟

雀形目/椋鸟科

椋鸟科的鸟类,腿部和喙强健,喜欢在地面活动,用喙或脚把土壤中的虫子挖出后取食,食量很大。昆虫匮乏的时候,也在树上吃各种浆果,花开时也吃花蜜。

所有的椋鸟种类中,紫翅椋鸟的数量最多,总量估计在3亿到6亿只!若是鸟类知识竞赛问世界上哪种鸟最多,很多答案会指向紫翅椋鸟。尽管正确答案是非洲的红嘴奎利亚雀,但这也足够说明紫翅椋鸟真是够多的了,有实力争夺头把交椅。

紫翅椋鸟原生在亚欧大陆,为了"治虫"而被引进到了世界各地,结果几乎无一例外地成为当地的优势物种。在北美,从东岸到西岸,从北边的阿拉斯加到南边的加利福尼亚,几乎到处可见,总数从零增长到两亿只!我在北美见到的紫翅椋鸟能发出模仿手机和报警器的声音,而在南非和新西兰也见到过紫翅椋鸟的引入种群。紫翅椋鸟毛色闪亮,阳光下,繁殖羽闪烁蓝紫色的金属光泽,非繁殖羽色彩黯淡,身上的斑点比繁殖羽时更多。

灰椋鸟是椋鸟科里在上海最常见的一种,全年可见。灰椋鸟体羽棕灰色,按英文名直译叫作"白颊椋鸟",白色的脸颊是它的主要特征。它的臀部和外侧尾羽也

紫翅椋鸟　繁殖羽　闪烁紫蓝色光泽

紫翅椋鸟　非繁殖羽　背部、腹部、颈部斑点更多

灰椋鸟　上海常见

灰椋鸟　白色的脸颊白色的腰

带白色，在电线树枝上背对着我时，就算不看脸，看屁股也知道它是谁。灰椋鸟喜群居，洗澡时一起泡入浅水塘，还留个放哨的，但时不时会吵架，有一次，我见到两只灰椋鸟的嘴都差点儿咬在一起了。求偶期，雄鸟之间会发生争斗，并对着雌鸟唱个不停。在世纪公园的草坪上，我见到灰椋鸟挖出过蚯蚓和蛴螬，它们在地面觅食时，走走停停，每停一次都低头，但并不每次都盲目地挖，我觉得它们也一定能够像乌鸫一样依靠听觉，倾听蚯蚓和虫子在土中活动发出的声音，然后用喙出击。我在长风公园、共青森林公园里也见过小群，一只灰椋鸟从地里挖到一条蚯蚓，刚叼上嘴，边上伙伴见了眼红就来抢，它赶快叼着猎物转身快跑；而在南汇临港，灰椋鸟和八哥一样，在无人的街道上，堂而皇之地交替着双脚走路。

丝光椋鸟按英文名直译叫作"红嘴椋鸟"，喙红色，尖端黑色，而且橘红色的脚也非常惹眼。黑翅黑尾（雄鸟的黑翅黑尾上泛有绿色光泽），体羽则如中文名描述

灰椋鸟 爱吵架

丝光椋鸟 雌鸟（上）和雄鸟（下）

丝光椋鸟 雄鸟（左）和雌鸟（右）

丝光椋鸟 英语里叫红嘴椋鸟，喙红色、尖端黑色

的那样，显得"丝光亮滑"。丝光椋鸟在浙江中部山区的城镇里很常见，我旅行时常常见到，它们爱停栖在电线上，以及民居的飞檐上，是当地的留鸟。在上海也没少见丝光椋鸟，它们既路过南汇，也在市区公园里溜达。在世纪公园的草坪上见到的一对，白头银身的雄鸟明显比体羽浅褐色的雌鸟来得体型大不少，两只鸟亦步亦趋地一起觅食，岔开着腿慢悠悠地走，用嘴从地里挖出虫来吃，还常常在地面上左右撇撇嘴。丝光椋鸟繁殖时，雌雄鸟共同筑巢、轮流孵卵，雏鸟孵化2星期，留巢3星期，由雌雄鸟共同喂养，父母都是养育雏鸟的好模范。

灰背椋鸟，背部灰色，得名灰背。其实此种鸟除了飞羽黑色，通体基本都是灰色的色调，主要的特征在于肩部和翼上覆羽的大白斑，对应它的英文名White-shouldered Starling（白肩椋鸟）。这种椋鸟按照正常的自然分布应该在其他的南方省份，但却也是上海的鸟种之一，有灰背椋鸟的个体会在迁徙季游荡到上海南汇，而且通常十分害羞，躲藏于小树林中。在上海发现灰背椋鸟也是一份惊喜。

灰头椋鸟我见于泰国清迈，我觉得它们浅灰色的羽毛就像柔丝一般光亮，它可能并不喜欢被叫作灰头，而想和丝光椋鸟争一争"丝光"两字。按英文名直译，灰头椋鸟叫作"栗尾椋鸟"，它的尾羽外侧是栗色的。

我在纳米比亚和南非见过淡翅栗翅椋鸟和红翅椋鸟，这两种椋鸟同属栗翅椋鸟属，外表很像，翼缘都是栗红色，两种鸟最明显的区别是眼睛（虹膜）颜色不同。虽然差别细微，只要抓住主要特点就能区分两种不同的物种。

黑领椋鸟和斑椋鸟同属椋鸟科下的斑椋鸟属，该属仅有这两种鸟，在清迈都可以看到，尤以黑领椋鸟的数量为多。夜晚降临时，一棵大树上会聚集数量众多的黑领椋鸟的过夜群体。在我的心目中，黑领椋鸟就是"愤怒的小鸟"。有一天清晨，我在田

灰背椋鸟

灰头椋鸟

淡翅栗翅椋鸟 红眼睛

红翅椋鸟 黑眼睛

黑领椋鸟

黑领椋鸟 "愤怒的小鸟"爱吵架

埂上见到一群黑领椋鸟，一大早就开始吵闹，互不相让，有一只黑领椋鸟对另一只怒目而视，那表情真是像极了"愤怒的小鸟"。黑领椋鸟在上海也能看到，但个体数量较少，而在广东福建等中国南方省份也是常见鸟，数量多，而且用稻草筑起的巢十分巨大显眼。

黑领椋鸟成群，可是清迈的斑椋鸟却经常是一对或是一只（斑椋鸟在印度更多）。清迈的黑领椋鸟更容易在地上看到，而斑椋鸟则常常在高大的乔木上

斑椋鸟

访花。斑椋鸟的名字来源于它翅膀上的白斑,但它更醒目的特征则是喙基部的红色,而且相比黑领椋鸟,同属的斑椋鸟个头小了很多。

家八哥/林八哥/八哥

雀形目/椋鸟科/八哥属

　　家八哥和林八哥在清迈都数量众多,家八哥比林八哥更多。一到傍晚,快日落的时候,清迈城市街道上空的电线上会站满大声叫嚷的家八哥,一个红绿灯路口的转角处竟能有数百只家八哥聚集。清迈市民早已对此司空见惯,而我初见时却是吃了一惊。

　　家八哥爱待在人家的屋顶上引吭高歌,歌声悠长婉转。家八哥黄喙黄脚,最明显的特征是眼周黄色,而清迈的另一种林八哥虽然也是黄喙黄脚,但没有黄眼圈,并且林八哥和其他八哥一样有羽冠,而家八哥是八哥家族里唯一没有羽冠的种类。在郊外的开阔田地间,林八哥和家八哥经常混群,它们不仅同在田野间、大树上,还共享澡堂,混群洗浴。但只要一眼看过去,就能清楚地分辨,它们是两种明显不同的八哥。

　　回到上海,见到的就是八哥了。在上海南汇,乌鸫较少,八哥很多,八哥取代了乌鸫在市区的位置。从芦潮港海边到临港新城,树顶上、道路中央隔离带

家八哥

家八哥　常在人家屋顶上唱歌

的草地上,乃至垃圾桶上,哪儿都能见到八哥,海堤上有时一排十几只八哥站立着。成群的八哥旁若无人地走在临港新城安静的街道上,边走还边扭动屁股。注意,它们是两脚交替走路,只偶尔双脚跳跃(快速离开时),雀形目中,除了椋鸟(八哥为椋鸟科的一种)、乌鸦、鹊鸲、鹩和一些鸦以外,一般都习惯于双脚蹦跳(仅以雀形目而言)。八哥在荒野上找食,用喙推开泥块,看看下面有啥吃的,有时候还翻动被乱扔的垃圾。八哥一群群飞在临港新城的空中时,绝没人会把它们错看成市区的鸽子,八哥通体黑色,飞行时,翼上和翼下近外侧的大白斑非常醒目。

林八哥 引吭高歌

在上海北部,一直到昆山也常见到八哥,就只上海中心城区里较少见。有一次,一只八哥站在人民广场附近高处的交通指路牌上,让我见了惊喜。而在世纪公园等处,草坪上一群群的灰椋鸟和乌鸫之中,偶尔才混着一只八哥在迈步走,上海植物园里相对多一些。

八哥能模仿其他鸟类的鸟声,甚至于模仿人类的语言,但大多数时候八哥并不吵嚷,叫声短促、轻柔,比起家八哥来要小声多了,我也觉得好听,让我喜欢。

林八哥

八哥

乌鸫/宝兴歌鸫/乌灰鸫/灰背鸫/白腹鸫/白眉鸫/赤胸鸫/斑鸫/红尾鸫/欧歌鸫/白眉地鸫/怀氏虎鸫/长嘴地鸫

雀形目/鸫科

　　乌鸫是上海最常见的鸟之一，城市公园和绿地里满是它们的身影，飞在空中，停在枝头，哪怕不常抬头看的人们，也常常不经意间撞见一只在草坪上或树木下悄无声息地行走觅食的乌鸫。它们低头猫腰，疾走几步，然后停，再低头猫腰疾走。乌鸫已经习惯于和人类共同生活，见到人也就飞到附近不远的树梢上，如果发现你还一直盯着它看，才会飞到更远的地方隐藏起来。

　　乌鸫雄鸟羽毛光亮乌黑，上下体的黑色较一致，而雌鸟的羽毛较黯淡、上体黑褐色、下体比上体色浅；雄鸟有明亮的黄眼圈，喙的颜色为好看的明黄色，雌鸟的喙为黄绿色到黑色。乌鸫幼鸟的羽毛则是一身褐色，幼鸟更不懂得怕人，常常若无其事地站在路中间，半打开着翅膀。

　　乌鸫太会唱歌了，它们会模仿各种鸟的叫声，抄袭别种鸟的乐谱，更好玩的是，乌鸫还能够惟妙惟肖地模仿其他所有它所听到过的声音，比如电瓶车发出的报警声、手机响亮的铃声，甚至于人类的笑声，并随性地创作各种杂曲，因此叫它百舌鸟那是一点儿没错。我拍过多段乌鸫雄鸟在枝头歌唱的视频，乌鸫的雄鸟的歌声中包含各种不同的鸟叫声和其他有趣的声音，似乎永远不会江郎才尽，其实它的目的只有一个：玩各种花样吸引雌鸟，让雌鸟觉得它很有魅力，和音量、频次等指标一样，鸣叫的复杂程度应该也是雌鸟的考量因素之一。还是冬天的时候，乌鸫的歌唱

乌鸫　成鸟

乌鸫　亚成鸟

就开始了,随便去哪个城市公园走走,
都有机会听到乌鸫的大合唱。落叶树
只剩光秃秃的树枝,循着它们的歌声,
一抬头就能找到黄嘴的乌鸫雄鸟在枝
丫间嘴巴一张一合,尾羽不时翘动。唱
一会儿,在树枝上换个身位,或走上几
步,理理毛,继续唱。常绿林里,就算眼
睛看不到它们,也能知道是乌鸫在唱
歌,一个个都唱得太好听了!在上海,
大概也就只有鹊鸲能够一争高下。

乌鸫 幼鸟

　　乌鸫唱歌定情后,接下来就筑巢生子。除了很少数的乌鸫夫妇会将巢筑在城
市居民家的阳台上,绝大多数的乌鸫都十分谨慎,一般会将巢筑在高大乔木的树冠
里的树杈之间,为浓密的树叶遮挡,较为隐蔽。我们见到乌鸫的幼鸟时它们通常已
经出巢,在此之前经历了两星期的孵卵(雌鸟孵卵、雄鸟守卫),两星期的巢中喂食
(雌雄鸟轮流)。出巢后的幼鸟,还将继续接受父母两到三个星期的喂食,在此期间,
有的开始跟着父母练飞,有的体弱的尚只能一直站在树枝上,或是落在地上,扑腾
几下。不过爱叫的本领似乎与生俱来,早早地就开始聒噪。再长大一些,乌鸫亚成
鸟就要独立生活,若是还想赖在父母身边啃老,父母是不接受的,会予以驱赶。乌
鸫一年可产卵育雏两窝,每窝四至五只雏鸟。

　　乌鸫杂食,秋冬季吃浆果,春夏季更爱在地面吃蠕虫和各种昆虫,哺育期更是
捉大量虫子,把一嘴的虫子带回巢喂雏鸟。它们走几步,停下来啄食几下,然后弓
身低头继续走、继续啄。我经常看到乌鸫抓到蚯蚓,除了依靠视力,乌鸫一定有很
好的听力。它们歪着头侧耳倾听,向左边歪一下,再向右边歪一下,能听到蚯蚓在
土壤地道里发出的细微的声音,然后准确出击,将蚯蚓啄出。蚯蚓因此而常常成为
乌鸫的食物,有时候乌鸫在地面就把蚯蚓吃掉,若是抓到一条特别长的蚯蚓,会飞
入树冠的隐蔽处慢慢享用。

　　乌鸫属于鸫科鸫属,同属的鸟儿还有不少种,尽管在上海,其他种的鸫,哪一
种都没有作为上海留鸟的乌鸫来得数量多,但每每看到迁徙而来的各种鸫我都会
倍感亲切,其中不少鸫属鸟类的个体选择在上海过冬。它们的做派不同,乌鸫双脚
交替走路,而白腹鸫等双脚蹦跳着前进,而且行踪要比"地主"乌鸫来得隐秘,比如
上海城市公园里不高而较浓密的一大片八角金盘下的腐叶层是它们喜爱的生境之

一,地面上有从更高的香樟树上落下的大量果实,它们一颗颗吞下,并且还会把果核吐出来。这些鸫们大多惧怕人,樟树是上海的常见绿化树,四季常青,也为鸫提供了冬季的藏身之所。

我在上海拍到过的鸫科鸫属的鸟类还有宝兴歌鸫、乌灰鸫、灰背鸫、白腹鸫、白眉鸫、赤胸鸫、斑鸫、红尾鸫,另外还有两种地鸫。每一种鸫的相貌特征各不相同,有些同种的雌雄鸟又长得不一样(雌雄异色的鸫,大多为雄鸟头部偏灰色,雌鸟头部偏褐色)。过境的鸫和鹟一样,春迁北飞时比较匆忙,急着赶到北方繁殖地找对象生宝宝,秋迁南飞时就比较悠闲,过境停留时间更长,至于在上海越冬的鸫,就有机会多看看。不过,一年里也不一定能把这些种都看全了,多看就会熟悉,知道谁是谁。

宝兴歌鸫和乌灰鸫,这两种鸫的英文名字一个叫 Chinese Thrush,一个叫 Japanese Thrush,也就是"中国鸫"和"日本鸫"。有一天在鸟友群里,我开玩笑说:

宝兴歌鸫　耳羽月牙形黑色斑

乌灰鸫　雄鸟

乌灰鸫　雄鸟　上体和胸部黑灰色

乌灰鸫　雌鸟　两肋棕红色不明显,腹部亦有斑点

"这两天，上海南汇，'中国鸫'大战'日本鸫'。'中国鸫'擅长伏击战，以少胜多。"
那几天，刚巧宝兴歌鸫和乌灰鸫同时迁徙而来，可是数量却是乌灰鸫（"日本鸫"）
更多，有五六只，而宝兴歌鸫（"中国鸫"）却只有一只。宝兴歌鸫是上面提到的所
有鸫里，在上海所能见到的稀罕的一种，数量少，一般作为留鸟分布在中国的西南
和西北地区，只有少数迁徙个体在北方繁殖后南迁时经过包括上海在内的东部沿
海地区。鸟类的命名有些也用地名，比如宝兴歌鸫里的宝兴就是指四川省宝兴县，
那里是宝兴歌鸫第一个标本（模式标本）的采集地。宝兴歌鸫雌雄同色，背部褐色，
下体密布圆形黑色斑点，主要特征在于耳羽的月牙形黑斑；而乌灰鸫雌雄异色，雄
鸟上体和胸部黑灰色，极好辨认；但雌鸟偏褐色，和灰背鸫的雌鸟相似，区分点为
乌灰鸫雌鸟两肋的红棕色面积较小、不显眼，腹部亦有斑点；而灰背鸫雌鸟的两肋
棕红色面积大且显眼、上体的颜色更偏灰、下体的斑点主要集中于胸部。

　　灰背鸫的雄鸟，背部全灰（灰背的名字的来历），胸部也是灰色，和两肋的棕红色
对比明显；雌鸟的背部不那么灰，胸部以黑色点斑替代雄鸟胸部的灰色。因为灰背
鸫较为常见，看得比较多。它们下体的橘红色和背部的灰色给我同样深刻的印象，尤
其是朝着我走来或飞来的时候，下体橘红色的特征十分明显。灰背鸫有时候四五只
成群，不时会在林中发出"吱"的一声，当它们在地面时，双脚既会蹦跳也会交替走路。
吃饭时，总躲在阴暗和隐秘的树下，在地面上翻动树叶，找食昆虫、浆果和果实。

　　白腹鸫顾名思义，腹部偏白、两肋无明显棕红色斑块和深色斑点，但看到的背
部则是深褐色，俯视它在低处穿飞时，它是一个褐色的家伙，比起它的白腹来，给人
的印象更深；白腹鸫雄鸟头部灰色（与深褐的背部形成鲜明对比）、喉部也为灰色，
而雌鸟脸部褐色、喉部白色。白腹鸫多半在地上蹦跳觅食，直行、左转又右转，180

灰背鸫　雄鸟　上体全灰,胸部灰色,两肋棕红色　　灰背鸫　雌鸟　背部偏灰、胸部斑点、两肋棕红色

度转向,常常蹦跳几步就停一停,比较警觉,生性羞怯而谨慎。白腹鸫也会和灰背鸫等一起翻树叶觅食。

白眉鸫的图,我特意放了4张,用来思考和比较。白眉鸫有白眉纹,腹部也偏白,但有两肋棕红色斑块;雄鸟头部灰色、喉部灰色;雌鸟头部褐色、喉部白色带褐色纹。其实白眉鸫的脸上,除了眼睛上方有一道白眉毛,眼下也有一道相对称的白纹,下嘴大部分黄色、只有嘴尖黑色,而上嘴灰色。我曾观察过一只雄鸟和一只雌鸟比较久,它们是一对,迁徙季时路过上海,觅食时猛翻树叶,寻找藏身于树叶中的虫,但又十分警觉,稍有别处发出的响动,就立刻进入戒备状态。

赤胸鸫和白眉鸫十分相似,胸部和两肋也有棕红色斑块,比起白眉鸫来,赤胸鸫少了白眉毛。我在上海见到赤胸鸫的次数不多,只拍下过雌鸟,喉部色淡。雄鸟

白腹鸫 雄鸟 喉部灰色,脸部深灰色

白腹鸫 雌鸟 喉部白色,脸部颜色比雄鸟浅、偏褐色

白眉鸫 雄鸟

白眉鸫 雄鸟 白眉纹,头部灰色,喉部灰色,两肋棕红色

的头部,包括喉部在内为深灰褐色。

斑鸫和红尾鸫,这两种本来是同一种中的两个亚种,后来拆分为两个独立种。区分点在于:上体,斑鸫背部褐色,两翼棕红色,对比明显,而红尾鸫背部和两翼的棕褐色较一致,对比不明显;下体,斑鸫胸部和两肋的点斑为黑色,而红尾鸫的胸部和两肋的点斑为棕红色。这年冬天,我在上海滨江森林公园看到一小群斑鸫,在上海炮台湾森林公园看到一小群红尾鸫,这两个公园之间仅是一江之隔。它们各自群栖在自己的地盘,数只一起高高低低地站在树冠高处、光秃秃的树枝上,就像是在开会。由于这两种鸫亲缘关系极近,所以杂交也会有后代诞生,我就曾看到过既不完全像斑鸫,也不完全像红尾鸫的杂交后代。

欧歌鸫广泛地分布在欧洲,种群数量很大,是欧洲人所熟悉的鸟种,以至于经常出现在各种欧洲语言的文学作品中。欧歌鸫的名字中那个"歌"字和宝兴歌鸫

白眉鸫　雌鸟

白眉鸫　雌鸟　白眉纹,头部偏褐色

赤胸鸫　胸和两肋棕红色,无白眉纹,上体全褐色,雌鸟喉白

斑鸫　胸部和两肋黑色点斑

斑鸫　背部褐色、两翼棕红色　雌雄同色　　　　红尾鸫　背部和两翼的棕褐色较一致

里的"歌"字一样，是形容它们善于歌唱。欧歌鸫会唱多种曲调，是鸟类中数一数二的歌唱家，据欧洲鸟类学家统计，它们会的曲调多达200种！冬季寒冷时欧歌鸫从北欧国家向南迁徙，出现在西班牙等国，但在英国，欧歌鸫似乎终年可见，在偏暖的年份，早在冬季里的12月就开始繁殖。它们亲近英国人，经常飞入花园中歌唱，我在英国旅行时，就常常见到欧歌鸫。

地鸫属是鸫科下的另一个属，地鸫属的鸟类比起鸫属的鸟类，似乎更加羞怯。我曾在上海鲁迅公园里发现一只白眉地鸫，它躲在树冠中，抬头怯生生地看着周围的鸟儿。那儿的小树林是身为地主的乌鸫和白头鹎的天下，路过这里的白眉地鸫是胆怯的外来客来到了别人的地盘。白眉地鸫的英文名直译为"西伯利亚地鸫"，从遥远的北方繁殖地西伯利亚迁徙而来，过境上海时短暂停留。在南汇嘴的小树林里有不少白眉地鸫的记录，而在市中心公园里的记录相对较少。

红尾鸫　胸部和两肋棕红色点斑　　　　　　　红尾鸫和斑鸫的杂交种

欧歌鸫

白眉地鸫　雄鸟　上体灰黑色,白眉纹

白眉地鸫雌雄异色,雄鸟灰黑色,雌鸟橄榄褐色,雌雄鸟都有显著的白眉纹、喙黑色、脚黄色。

　　怀氏虎鸫也是地鸫,原本是虎斑地鸫的一个亚种,现在作为独立种。我还是更喜欢它曾经的"虎斑地鸫"的大名,我觉得这种地鸫很帅,阳光照射下的枝杈上的怀氏虎鸫全身布满黑色虎皮鳞状斑。怀氏虎鸫在上海并不稀罕,南边的南汇嘴小树林里就有它们的身影,数量不少;北边长江口的炮台湾湿地公园的林中枯叶上也发现过多次。在地面上它们忙于觅食,奔跑迅速,一旦发现有人走近,立刻呼啦啦扑翅飞起,飞速极快,而且总是很鬼地绕着飞,兜一个大圈子,降落于林子另一侧,在又一处灌木里藏身。怀氏虎鸫雌雄同色,上体有漂亮的金褐色和黑色鳞状斑纹,体型明显比灰背鸫、白腹鸫等鸫属的鸟大,不仅个子大,尤为明显的是肚子也大,显得大腹便便,在一起觅食时对比更明显(而灰背鸫和白腹鸫的体型几乎一样小)。

白眉地鸫　雌鸟　上体橄榄褐色,白眉纹

怀氏虎鸫

怀氏虎鸫　上体漂亮的金褐色和黑色鳞状斑纹　　　　　　长嘴地鸫

在泰国最高峰因他侬山的山顶见到的长嘴地鸫,它出没于森林里小沼泽的落叶之中。不仅林中光线阴暗,而且这只长嘴地鸫非常警觉,一有动静就躲起来。观察拍摄它需要耐心,要等待它,等它再出来挖土觅食,然后抓住机会给它拍一张肖像照。长嘴地鸫在国内的云南和西藏也有分布,但是数量较少。

白腹蓝鹟/琉璃蓝鹟

雀形目/鹟科/蓝鹟属

白腹蓝鹟的雄鸟,下体的胸部深蓝黑色,腹部白色,对比鲜明。第一次见白腹蓝鹟是在夹竹桃树林里,一只雄鸟隐藏得虽好,但它醒目的体色还是很容易暴露。再后来,常常见到白腹蓝鹟,它们甚至连着好几分钟停栖在低处的树枝上不挪动地方,大大方方地让你看个够。在我眼里,白腹蓝鹟就像一个恬静高贵的大美女。

遇到一只在你面前安安静静停立在枝头的白腹蓝鹟雄鸟,应该好好地观察它,看看它的身上哪里是深蓝色的,哪里是蓝黑色的。你会观察到,它身上的蓝色是有层次的,它眼周和喉部的蓝黑色蓝得发黑,而头顶和两翼的色彩是瓦蓝瓦蓝的。臀部雪白,胸部的颜色偏黑,和它的喙的颜色接近。白腹蓝鹟的雌鸟羽色朴素,背部褐色,胸腹部颜色从上到下,从胸部的灰黄色变为腹部的近白色,但身材比起别的姬鹟的雌鸟要来得修长,被戏称为"高富美"。比较白腹蓝鹟的雄鸟和雌鸟的喙和脚,你会发现无论雌雄,它们的喙和脚都是黑色的。秋天的时候,南汇的林子里满

白腹蓝鹟　雄鸟　同琉璃蓝鹟雄鸟的图作比较

白腹蓝鹟　雄鸟　同琉璃蓝鹟雄鸟的图作比较

白腹蓝鹟　雌鸟

白腹蓝鹟　雌鸟

是白腹蓝鹟，还有相当大的概率看到当年出生的小雄鸟。第一年的雄亚成鸟的头部是灰色的，一点儿不蓝，但翅膀、腰部和尾部是蓝色的。白腹蓝鹟的雄鸟、雌鸟、亚成鸟同时出现在一个林子里，就像是一个家族聚会，实际上它们之间并不一定有亲缘关系。

另一种琉璃蓝鹟和白腹蓝鹟相似，但却有明显的不同。琉璃蓝鹟的体色是蓝绿色，而不是深蓝色。白腹蓝鹟的胸部、喉部、耳羽都是蓝黑色（也可以直接描述为黑色），而琉璃蓝鹟的这些部分却是和背部一致的琉璃蓝色，只有喙和眼相连的眼线（眼先）是黑色的，可以总结成八个字：蓝色均匀，仅眼先黑。

春天的时候，在上海南汇小树林里，我见到了北迁时路过的琉璃蓝鹟，雄鸟身上的蓝，蓝得清新亮丽。同时还见到了一只雄鸟身边不远处的雌鸟，文文静静，藏身于树叶之中，脸上略带羞涩。

白腹蓝鹟　雄亚成鸟

琉璃蓝鹟　雄鸟　仅眼先黑

琉璃蓝鹟　雄鸟　喉部和胸部琉璃蓝色

琉璃蓝鹟　雌鸟

　　相对于数量较多的白腹蓝鹟，琉璃蓝鹟数量稀少，比较难得一见，如果见到，在上海是好记录。鸟儿可遇不可求，曾有看过数千种鸟类的日本观鸟界大咖在次年的春迁时来到上海南汇5天，寻找琉璃蓝鹟，但终究没有找见，只能留待再下一年。

山蓝仙鹟

雀形目/鹟科/蓝仙鹟属

　　蓝仙鹟属里的几种鸟，上体的颜色都是蓝色，下体各有差异。例如，山蓝仙鹟不仅胸部，包括颏部和喉部都是橘黄色的，而从胸部到腹部橙黄色渐渐变淡。又如蓝喉仙鹟和中华仙鹟，它们的胸部也是橘黄色，蓝喉仙鹟的喉部深蓝色，中华仙鹟的喉部除了深蓝色，还有一个狭窄的三角形的橙黄色斑块。

　　这只山蓝仙鹟发现于清迈海拔600米的山地上的灌木丛里，它很乖，一动不动地停栖在那里。鹟科的鸟类普遍有在枝头停立、观望猎物、飞捕到昆虫后再回到原来栖处的习惯。在从我的视野里消失之前，这只山蓝仙鹟让我看了个够。只奈何它待在灌丛的深处，光线阴暗，所以拍得的影像算不上满意。如果是在阳光下，会看到山蓝仙鹟有一个黑眼罩，只是和头背部的深蓝对比不那么明显。

山蓝仙鹟

鹊鸲/白腰鹊鸲

雀形目/鹟科/鹊鸲属

　　鹊鸲是上海的常见鸟之一，很多公园里有鹊鸲生活，杭州的西湖边也必能见到，而听鹊鸲歌唱最多的是在泰国的清迈。

　　鹊鸲很好辨认，是典型的黑白两色鸟，两翼上有十分显眼的白色的长条斑。雄鸟上体的头、背、颈部都是闪亮的黑色，下体的胸部也是黑色；雄鸟的这些黑色部分，雌鸟为暗灰色；而雄鸟和雌鸟的腹部和臀部都是白色。理解鹊鸲的名字，前一个字鹊，就是指喜鹊，鹊鸲比起喜鹊来体型小得太多，我看到鹊鸲时从不会联想到喜鹊。但必须承认，单从体羽配色上来说，鹊鸲和喜鹊的相似度较高，也因为此，鹊鸲在中国有些地方，被俗称为"四喜"，意为小喜鹊。

　　后一个字鸲，可以理解鹊鸲和其他的鸲一样，同属鹟科，鹊鸲的体型（19～21厘米）尽管比小小的北灰鹟（12～14厘米）大很多，但却是同科同亚科，和北灰鹟等亲缘很近。鹊鸲有鹟科鸟类的通性，我曾在清迈的树林里，看到鹊鸲在树枝上静待猎物出现，捕食成功后飞回原处。不过，在上海的公园，比如在长风公园，也能看到鹊鸲常常落到地面，蹦跳着觅食土壤表面的昆虫，甚至像鸫那样，用喙翻动树叶。鹊鸲也喜欢常常翘尾巴。

鹊鸲 雄鸟

鹊鸲 雌鸟

鹊鸲最大的特点还是它的歌唱家身份，它的歌声甜美，并且定时演出。冬天时，我住在清迈的公寓里，有一只鹊鸲每天为我歌唱，早上4点、傍晚6点，它必然会在院子里那棵大树的树梢上或是邻家的房顶上，精力充沛、兴致勃勃地放声歌唱，它的歌声持久、高亢有力，并且有着节奏的变化，它的歌唱标志着太阳的升起和落下。春天时，在上海自己家中，有相当长的一段时间，每天早上四五点时，也能听到鹊鸲的歌唱，但上海的鹊鸲与清迈的鹊鸲唱出的曲调却又不同。7月的上海，下午3点时气温37℃，我在中山公园，也曾看到鹊鸲在水潭边的树枝上唱歌，炎热一点儿也影响不到它的兴致。

鹊鸲在哪儿都是留鸟，没有迁徙性，它们在上海城市公园的树杈间筑巢，也会利用天然树洞，出巢的幼鸟似小号的鹊鸲雌鸟。鹊鸲繁殖力强、适应性强，在上海这样的大都市，也有望继续增长种群数量。

白腰鹊鸲和鹊鸲同科同属，在上海大宁公园里曾有一只雄鸟，是被放生的笼中鸟，成了拍鸟者的模特。其实白腰鹊鸲的分布在国内远没有鹊鸲那么广，在云南、海南两省有野生分布，国外则分布在东南亚和南亚。

在清迈我的住处的庭院里，每天都能见到一只白腰鹊鸲雌鸟，野生，却并不怎么怕人，活动于庭院墙边的灌木丛、地面，以及低矮树木的树枝上，甚至出现在养鱼的大瓷缸的缸口，低头喝水。

白腰鹊鸲雄鸟体色中的黑色在雌鸟身上也由灰色替代，还有一个明显的特征是，白腰鹊鸲雄鸟的尾羽明显比白腰鹊鸲雌鸟的尾羽要长得多，也明显比鹊鸲雌雄鸟的尾羽长。和鹊鸲的白肚子不同，白腰鹊鸲长着好看的橘黄色的肚子；比起鹊鸲的黑脚来，白腰鹊鸲则长着一双粉嫩的肉色脚。顾名思义，白腰鹊鸲的腰部白色，雌雄鸟都是。

白腰鹊鸲　雄鸟

白腰鹊鸲　雌鸟

我在泰国北部山区的林中也曾见到过白腰鹊鸲，看起来没有庭院里的那只来得毛色干净，羽冠也略显杂乱。它和我对视了一眼后立刻飞走，远没有庭院里和人类相处惯了的那只来得温顺，这才是大多数白腰鹊鸲的性子，它们惧人。

红尾水鸲/白顶溪鸲

雀形目/鹟科

红尾水鸲是中国的常见鸟，我在很多地方见到过它，比如重庆市区的长江边，贵州的赤水山区，浙南的庆元山区，出了国，在清迈的瀑布边也见到过它。水鸲喜欢亲水的生境，尤其是山地的溪流瀑布边。红尾水鸲雌雄异色，差异很大，雌鸟上体灰褐色，下体白色有斑，而雄鸟通体青蓝色，尾羽以及腰臀部栗红色，这是红尾水鸲名字的缘由。红尾水鸲有着鹟科的习性，捕食昆虫后回到原处，也和鹊鸲一样，喜欢低飞或在地面疾跑捕捉虫子，也爱上下摆尾。在中国山区乡村，比如廊桥之乡浙江庆元县的举水乡，红尾水鸲很不怕人，这可是一个好现象。

红尾水鸲　雄鸟

红尾水鸲　雌鸟

白顶溪鸲

　　白顶溪鸲的生境和红尾水鸲类似，喜欢水边。我在黔西北的赤水山区见到一只白顶溪鸲时，它正在施展绝世轻功，在近70度的崖壁上站立，在崖壁流下的水中觅食。白顶溪鸲和红尾水渠的英文名都是Water Redstart，意为"水边的红尾鸲"，都有着红尾巴，而白顶溪鸲如它的名字，长着白色的头顶。白顶溪鸲是"红尾鸲"中少有的雌雄鸟长得一样的鸟种，其他大多数的红尾鸲种类，雌雄鸟都不同色。

黑喉石䳭/东亚石䳭/白斑黑石䳭/灰林䳭

雀形目/鹟科/石䳭属

　　冬季12月到1月的清迈农田里，非常容易见到黑喉石䳭(亚洲石䳭)，它们总喜欢栖坐在低处的突出的枝头上，发现有昆虫便猛冲下去捕捉，举止显得有点儿狂躁。它们太常见了，而且总是待在开阔地带，生怕你见不到它们。我见到的黑喉石䳭的雄鸟，有的身着完全的繁殖羽，头部全黑、两侧有白色领环，有的则正在向繁殖羽过度，头部的颜色正逐渐由黑色替代褐黄色。雌鸟的羽色以暗褐色为主色调，翼上有白斑。我也见到过黑喉石䳭的幼鸟，幼鸟的羽色和雄鸟、雌鸟皆不相同。涉世不深的幼鸟一点儿不怕人，哪怕我离开它只有两三米，它也停立不飞。生命对它来说就像是一场刚开始的美梦，它正懵懵懂懂地穿行其间。

黑喉石鵖 雄鸟 　　　　　　　　　　黑喉石鵖 幼鸟

　　回到上海,常见的石鵖属鸟类是东亚石鵖,个体较多。东亚石鵖和黑喉石鵖看起来几乎别无二致,仅腰部的白色区域比黑喉石鵖小一点儿。这两种原本是一种,后来被鸟类学家拆分成两种,反正在上海看到的都是东亚石鵖就是了。

　　石鵖属的另一种鸟,白斑黑石鵖在清迈也容易见到,这两种鸟类习性相同,喜欢的生境也相同,长得却很不同。白斑黑石鵖雄鸟通体黑色,翅膀上有白斑,雌鸟有一个棕红色的腰部和尾上部,翅翼无白斑(白斑黑石鵖的名字指向雄鸟,白斑黑石鵖的雌鸟无白斑,黑喉石鵖雌鸟的翼上反倒有白斑)。白斑黑石鵖不仅雄鸟有繁殖羽,雌鸟也有繁殖羽。

　　我还在清迈素贴山上看到过灰林鵖,它停立在高处的枝头,背对着侧身看我。这是一只换上了繁殖羽的雌鸟,神态文静而温婉。灰林鵖的雄鸟,头部深黑色眼罩

东亚石鵖 雄鸟 繁殖羽 　　　　　　　　东亚石鵖 雌鸟

白斑黑石䳍　雄鸟　繁殖羽

白斑黑石䳍　雌鸟　繁殖羽

灰林䳍　雄鸟

灰林䳍　雌鸟

映衬的白眉毛比起雌鸟（棕色眼罩配白眉）来，更为醒目。灰林䳍雌雄在上海南汇也能看到，但个体较少。那时它停立在海岸边杉树林的中部，低头注视地面的动静，然后扑下捕食，举止与䳍别无二致。

红喉歌鸲/蓝歌鸲/红尾歌鸲/日本歌鸲/蓝喉歌鸲

雀形目/鸫科/歌鸲属

　　红喉歌鸲，英文名Siberian Rubythroat，直译为"西伯利亚红喉（歌鸲）"。性成熟的红喉歌鸲雄性像一个有点儿招摇的小哥，在喉部打了个红领结，因此它还有一个俗称,叫红点颏(后面写到的蓝喉歌鸲俗称蓝点颏)。雄鸟喉部的红色斑块又因为个体的不同,红色有深有浅。歌鸲的名字当然是描述歌鸲属的鸟类为歌唱家,在上海,红喉歌鸲春秋两季过境时短暂停留,春天时的雄鸟偶展歌喉,等飞到北方的繁殖地后,会更卖力地歌唱、求偶,秋天再回来时就成了很安静的鸟儿了。

红喉歌鸲的脚长而强健(歌鸲属鸟类的脚都长而强健,适应地栖为共同特征),蹦跳起来极为迅捷;习性地栖,喜欢在树丛底部活动,翻找落叶下和土壤中的昆虫。在上海南汇小树林里,你有时候知道红喉歌鸲就在那儿,却一时不容易发现它在灌木丛中的确切所在。

蓝歌鸲的雄鸟是非常漂亮的鸟儿,在我看来比红喉歌鸲更帅。蓝歌鸲的上体是亮丽的青石蓝色,下体从喉部到臀部全白。雌鸟只穿棕色的体羽,而且和雄鸟在一起时,体型明显要娇小不少。蓝歌鸲迁徙时经过上海,白天躲藏于南汇小

红喉歌鸲 雄鸟

红喉歌鸲 雄鸟的"红喉"

红喉歌鸲 雌鸟

蓝歌鸲 雄鸟

蓝歌鸲　活动隐秘

蓝歌鸲　雄性亚成鸟

蓝歌鸲　雌性亚成鸟

红尾歌鸲

树林的低层灌木中，歇歇脚，在地面觅食一些昆虫。它们行走时，双脚蹦跳，一副可爱的样子。

红尾歌鸲体型小巧，体长13厘米，雌雄同色，从正面看，它胸部的暗色斑纹并不吸引人，却是一个主要的辨识点；另一个辨识点则是它的棕红色的尾羽会高频率地上下翘动。它们的习性和其他歌鸲相同，喜欢在灌木丛下部的地面活动，翻动枯叶，觅食昆虫和蚯蚓。红尾歌鸲和蓝歌鸲都长着粉红色的脚，我觉得这双脚是羽色朴素的红尾歌鸲身上最好看的部分。粉红脚还显得长、强健，站姿挺拔。红尾歌鸲尽管也像蓝歌鸲一样双足齐进，但奔跑极为迅速，还经常贴着地面穿飞。春天时，能在南汇小树林里看到雄鸟站在低处的枝条上，并能聆听它的歌唱；有时候，红尾

日本歌鸲　雌鸟

日本歌鸲　雄鸟

歌鸲一唱就是十几分钟，不停地重复同一个曲调。而秋天时，有时能看到五六只红尾歌鸲同时出现，小群体之间不时追逐争闹。

　　日本歌鸲长着橘黄色的脸和上胸部，羽色漂亮。每年秋迁的时候，一如日本人的守时，总是在差不多相同的时间路过上海。日本歌鸲比起红喉歌鸲和蓝歌鸲来，做派更大方，即便周围有几十个观鸟者就在几米外的近处，它也毫不在乎地待在人们视线可及的地方。也许是因为它刚飞越东海，长途迁徙飞累了，不管怎样被无礼围观，吃饭最要紧。补充营养，恢复元气，才能在夜色降临之后继续启程南迁。

　　歌鸲属里，蓝喉歌鸲是我为了找见而花费时间最长的一种，别看它和红喉歌鸲就差一个字，可它们俩的生境不同。上面的4种歌鸲都能在上海南汇的小树林里遇见，而蓝喉歌鸲却喜欢待在南汇的芦苇地里，而且通常藏身于芦苇丛根部，除了晨昏时在杂草堆地边觅食，一般比较少出来溜达。南汇的芦苇地广阔，即便在蓝喉歌鸲每年凭着记忆回来的点也不一定能遇见，所以终于见到并拍到是要高兴老半天的。蓝喉歌鸲的雄鸟如其鸟名那样，喉部有蓝色斑块，脚偏粉色，看起来十分强健。

蓝喉歌鸲　雄鸟

紫啸鸫　黄嘴型

紫啸鸫　黑嘴型

蓝矶鸫　华北亚种　雄鸟

紫啸鸫

雀形目/鹟科/啸鸫属

　　紫啸鸫羽色单一，远观为黑色，近观为紫色。在泰国最高峰因他侬山的山顶森林里，我见过喙色不同的紫啸鸫，分别是黄喙和黑喙，是两个不同亚种。而在清迈植物园的瀑布边，我只见过黄喙的，黄喙的紫啸鸫更好看，色彩不显单调。

　　紫啸鸫喜欢待在海拔600米以上的地方，因他侬山的山顶是2 500米，而清迈植物园所在的山区海拔也不低。瀑布激流边的岩石是紫啸鸫的最爱，它爱在激流中取食小昆虫，在岩石缝间捕捉小螃蟹，也在山林中吃些浆果。它的"啸"声如同笛声，短促而动听。

蓝矶鸫/白喉矶鸫

雀形目/鹟科/矶鸫属

　　蓝矶鸫性情十分沉稳，它可以像个雕塑似的站立许久。同样是鹟科，比起北灰鹟那些也爱久站的小鸟来说，它的个子可大多了。蓝矶鸫爱站的地方也不一样，在低海拔城市的屋顶上，在海边的海堤上，在海岛的岩石上，在海拔1000多米高的山顶上，我都见到过蓝矶鸫。每次见到，它都一动不动地站在那里。其中印象最深刻的一次，是在清迈的一个山谷中，一只蓝矶鸫华南亚种的雄鸟疾走而来，在横倒的粗树干上奔跑几步，然后就傻傻地站着不动了，表情一脸茫然。

蓝矶鸫的华南亚种和华北亚种，雄鸟长得很不一样。在清迈看到的是华南亚种（*philippensis*），上体和下体都是蓝色，而在上海南汇海堤上看到的是华北亚种（*pandoo*），腹部是栗红色。

每年春秋两季，白喉矶鸫会在迁徙时出现在上海南汇的小树林。白喉矶鸫雄鸟的下体颜色和蓝矶鸫的华北亚种的腹部颜色相似，呈现栗红色，头顶蓝色，它更有一个由多种颜色组成的华丽的背部；白喉矶鸫的雌鸟比起鸫科的其他雌鸟来，更醒目，上下体都有好看的斑纹。

无论雄鸟还是雌鸟，白喉矶鸫的喉部都有一个白点，正是这种鸟名字的来历。矶鸫都有像一块岩石似的长时间静立不动的习惯，如果远远地看到而不惊动它们，你可以看很久。在我的印象中，白喉矶鸫的雄鸟比雌鸟来得警觉，想看久一些雄鸟华丽的羽色要看运气。雄鸟中也有性子不同的，更文静一些的则易于观察。

蓝矶鸫　华北亚种　雌鸟

蓝矶鸫　华南亚种　雄鸟

白喉矶鸫　雄鸟　华丽的背部

白喉矶鸫　雄鸟　喉部白斑

白喉矶鸫　雌鸟　喉部白斑

白喉矶鸫　雌鸟也好看

灰背燕尾/白冠燕尾

雀形目/鹟科/燕尾属

在清迈植物园里的瀑布边，和紫啸鸫同时出现的是两只灰背燕尾。别看灰背燕尾的体型小，它们可喜欢欺负紫啸鸫了，老实巴交的紫啸鸫则早已习以为常，坦然受之。

同是鹟科的灰背燕尾和紫啸鸫，都喜欢这个小瀑布，实际上谁也赶不走谁，相伴相生是平日常态。我每次去都能看到它们几个。

燕尾属有多种燕尾，所有的燕尾都喜欢瀑布和溪流的水边生境，而且水流越湍急越好。被激流冲刷的岩石是燕尾们的最爱，它们喜欢被水滴溅湿，喜欢在岩石上觅食，吃各种水生昆虫和它们的虫卵。

灰背燕尾长着长长的黑白相间的尾巴，像一把长叉子，不时翘起，一翘老高。头顶和背部灰色，并不花哨，却很帅气！它们在溪边跑动，粉红色的脚看上去纤细，却十分灵巧。

爱闹事的灰背燕尾事实上比紫啸鸫更胆小，人若是走近了，它们会飞入瀑布附近的丛林，但并不会飞远。你若耐心地在隐蔽处等待，过不多久又会见到它们疾飞而来，回到它们最喜欢的岩石上。

白冠燕尾的前额白色（亚成鸟头

灰背燕尾

灰背燕尾　喜欢瀑布边

白冠燕尾

顶全黑），我旅行到贵州赤水的红石野谷、浙江江山的江郎山脚下时，都曾见到。白冠燕尾在中国南方、东南亚和南亚广泛分布，在瀑布和山溪边，都有较大机会见到。

北红尾鸲/红胁蓝尾鸲

雀形目/鹟科

　　北红尾鸲雄鸟帅气，下体从胸部到尾下覆羽一片橘红色，头顶和后颈银灰色（这帅气的银灰色给人以成熟稳重的感觉）；雌鸟低调，上体呈褐色，下体比起雄鸟来色淡，但红尾也格外漂亮，飞起来和雄鸟一样，一团火红。无论雌雄，北红尾鸲的翅翼上都有一个白斑。

　　红胁蓝尾鸲雄鸟英俊，上体从头部到尾羽，披着蓝色外套；雌鸟上体褐色，和雄鸟一样有橘黄色的两肋，称之为红胁，雌鸟也有蓝色的尾羽，只不过有些雌鸟和亚成鸟的两肋的橘红色和尾羽的蓝色的色度各不相同。另外，红胁蓝尾鸲的雌鸟和亚成鸟，白色的喉部很明显。

　　这两种鸟都属于鹟科，喙型和鹟、姬鹟、蓝鹟等一样，较为细薄，喙基部较宽，爱吃虫。但它俩并非一个属，放在一起是因为这两种鸟是上海最常见的小型食虫鸟，一个红色尾羽，另一个蓝色尾羽，人们总是把它们相提并论。上海南汇嘴的林地里自不必说，"北红""蓝尾"和白腹蓝鹟、鸲姬鹟、黄眉姬鹟等鹟科小鸟一起在林中翻飞，让整个林子色彩斑斓。秋天时飞来的好多当年出生的北红尾鸲和红胁蓝尾鸲

北红尾鸲　雄鸟

北红尾鸲　雌鸟

红胁蓝尾鸲　雄鸟

红胁蓝尾鸲　雌鸟

的亚成鸟,都是比成鸟更小的小不点儿,一点儿不懂得怕人,近距离用肉眼就能观赏。除了南汇的小树林,"北红"和"蓝尾"在上海市区各个公园里也很常见,很多个体在上海过冬。

我给它们拍照拍得太多了,早就不再拍了。只是,在望远镜里看这些熟悉的小鸟,再看也看不厌,总是喜欢。看多了,还能发现一些以前没注意到的行为,比如北红尾鸲和红胁蓝尾鸲也会在地面上如麻雀一般双脚蹦跳,只是比麻雀蹦跳的速度更快。当然,它们最常见的动作还是从低处的灌木飞落地面吃虫,然后又回到低矮的灌木上,如此反复。这是鸲科鸟类的共同特点。

白眉姬鹟/黄眉姬鹟/鸲姬鹟/红喉姬鹟/棕胸蓝姬鹟

雀形目/鹟科/姬鹟属

每年春秋迁徙季,都能见到美丽的姬鹟。白眉姬鹟、黄眉姬鹟、鸲姬鹟是一个"三件套",比较常见,无论是在南汇,还是在上海市其他地方,比如城市公园甚至居民小区,都有机会见到。

春天时,路过上海的这些姬鹟的雄鸟,它们身上的羽毛色彩鲜艳,而秋天时,会有一些当年出生的亚成鸟迁徙经过,它们还不那么漂亮,要到第二个自然年才能换成和成鸟一样漂亮的羽色。

顺便提一下鹟的换羽,大多数的鹟和山雀、鸫等一样,一年中进行一次完全换

白眉姬鹟　雄鸟

白眉姬鹟　雄鸟　黄腰白眉

白眉姬鹟　雌鸟

白眉姬鹟　雌鸟也是黄腰

羽（包括飞羽），通常在繁殖期结束后的夏末快速完成，脱下已经磨损的旧羽，换成基本羽。换羽，尤其是飞羽的替换是一个消耗能量的过程，需要足够的食物来提供能量，所以鹟会在繁殖地食物尚充足时，于雏鸟出生后、南迁开始前进行换羽。

　　白眉姬鹟和黄眉姬鹟，这两种鸟的雄鸟，一个白眉毛一个黄眉毛。整体视觉上，黄眉姬鹟下体的颜色，从喉到腹，橘黄色渐渐变淡，被戏称为鸭蛋黄；而白眉姬鹟一抹嫩黄色，被戏称为鸡蛋黄。鸲姬鹟的雄鸟，下体从喉部到胸部是橘黄色、腹部是白色的（其余两种雄鸟腹部黄色）。鸲姬鹟雄鸟也有白眉毛，但要来得狭窄，显得发散而有点儿杂乱（与其说是白眉毛，其实是一块白斑）。这三种姬鹟的雄鸟，上体都以黑色为主色调。顺带提一下绿背姬鹟，绿背姬鹟原为黄眉姬鹟的亚种，后提升为种，绿背姬鹟雄鸟的下体鲜黄色，上体是橄榄绿色，没有黄眉姬鹟那样又粗又长的黄眉毛，有一条从喙到眼的明黄色细纹。

黄眉姬鹟　雄鸟　黄眉、腰部黄色

黄眉姬鹟　雄鸟　下体鸭蛋黄

黄眉姬鹟　雌鸟

黄眉姬鹟　雌鸟　腰不是黄色

　　比起外表鲜亮而又性格活泼的雄鸟来，三种雌鸟普遍外表朴素，就像不施脂粉的素颜女孩，一个个文静可人、静立枝头。

　　这三种姬鹟的雌鸟，以鸲姬鹟的雌鸟最好辨认，鸲姬鹟雌鸟的下体类似于雄鸟，即胸部橘黄、腹部白，但雌鸟胸部的橘黄色要比雄鸟的暗淡；鸲姬鹟雌鸟的上体是褐色的，而非雄鸟上体的黑色，眼后侧的白斑块很小或几乎看不出。白眉姬鹟和黄眉姬鹟的雌鸟都没有像雄鸟那样明显的眉纹。白眉姬鹟的雌鸟，上体橄榄绿色，飞羽上有明显的白斑，并且腰部黄色，一如它恰如其分的英文名字——"黄腰"姬鹟（Yellow Rumped Flycatcher）。但是，黄眉姬鹟雌鸟的腰部不黄（尽管黄眉姬鹟雄鸟的腰部，和白眉姬鹟雄鸟的腰部，一样都是黄色的，但黄眉姬鹟雌鸟的腰却不黄），飞羽上也没有明显白斑。黄眉和白眉姬鹟的雌鸟的下体颜色均偏白，而黄眉姬鹟的胸侧和肋部褐白色。我们还要注意的是，黄眉姬鹟的雌鸟和白腹蓝鹟的雌鸟很相像，主要区别在于：黄眉姬鹟雌鸟的上体偏绿色，体型小（13厘米左右）；白眉姬鹟的背部偏褐色，体型大（16～17厘米），通常站姿挺拔。

再顺便提一下绿背姬鹟的雌鸟，作为原黄眉姬鹟的亚种，绿背姬鹟的雌鸟和黄眉姬鹟的雌鸟的区分点在于：绿背姬鹟雌鸟的褐绿色的上体，带着橄榄绿或黄色的色调（无白色翼斑、腰不黄）、下体全黄或偏淡黄色；黄眉姬鹟的偏绿色上体，带偏褐色的色调（类似于白腹蓝鹟），下体偏白色。

红喉姬鹟也是过境鸟，没有"三件套"那么艳丽，上体颜色有点儿类似灰色系的鹟。红喉姬鹟的雄鸟在繁殖季很好看，喉部有鲜艳的红色斑块。非繁殖季的雄鸟和雌鸟有点儿像北灰鹟，体色也是暗灰褐色，和北灰鹟的区别点在于：红喉姬鹟的外侧尾羽的基部白色，并且尾上覆羽的黑色和腰背部的灰褐色对比明显，上下喙全黑（北灰鹟的下喙基黄色）。

鸲姬鹟　雄鸟

鸲姬鹟　雄鸟　注意下体颜色

鸲姬鹟　雌鸟

鸲姬鹟　雌鸟　上体褐色

　　冬季在泰国北部清迈，红喉姬鹟十分常见，数量很多，它们在那里度过整个冬季，是我熟悉的老朋友。春天时，红喉姬鹟向北迁徙，路过上海，我又在上海和它们重逢。

　　棕胸蓝姬鹟的英文名直译叫作"雪眉姬鹟"（Snowy-browed Flycatcher），雄鸟有一条醒目的白眉毛，上体青石蓝色，雌鸟没有眉毛，而且上体以褐色取代雄鸟的青石蓝色。雌鸟和雌鸟都有一个棕红色的胸部，但是雌鸟色淡。

　　棕胸蓝姬鹟是生活于南方的姬鹟，它们并不像以上"三件套"那样迁徙到北方繁殖，主分布区在东南亚，中国只在西南和华南的省份有分布，在台湾省有一个亚种。

　　我在泰国北部因他侬山的山顶、湿润的山林里见到过一对棕胸蓝姬鹟。它们对我是如此亲切，我走到哪儿，它们飞到哪儿，时不时地出现在我的身边，文静的外表下却有着热情的性格。我还曾拍得棕胸蓝姬鹟雄鸟和雌鸟同框的照片，十分难得。

红喉姬鹟　雄鸟　繁殖羽

红喉姬鹟　雄鸟　非繁殖羽　红喉消失

红喉姬鹟　雌鸟

棕胸蓝姬鹟　雄鸟

棕胸蓝姬鹟　雌鸟

棕胸蓝姬鹟　非常难得地拍得雌雄鸟同框

铜蓝鹟

雀形目/鹟科/铜蓝仙鹟属

　　铜蓝鹟全身蓝绿色，比姬鹟个子大，姬鹟大概13厘米左右，铜蓝鹟17厘米，和白腹蓝鹟一个尺寸。在清迈，铜蓝鹟的雌鸟甚至同和平鸟的雌鸟有相似之处，但两者的体型相差更大，和平鸟的体长有25厘米。铜蓝鹟还有一个其他鹟以及和平鸟所不具有的特征：尾下覆羽有明显的鳞状斑纹。

铜蓝鹟　雄鸟

　　铜蓝鹟喜欢停栖在显眼的树木上，很容易观察和拍摄。在不同的光线折射下，雄鸟的蓝绿色会显得截然不同，有时淡绿，有时深蓝。不过无论蓝绿色的色泽如何变幻，喙和眼之间的眼线的黑色始终不变。这条黑眼线也是分辨铜蓝鹟雄鸟和雌鸟的主要依据，雄鸟的眼线深黑，雌鸟的眼线很淡，或根本看不出。另外，铜蓝鹟雌鸟的羽色比起雄鸟要来得黯淡。

铜蓝鹟　雄鸟　不同光线下显现的不同色彩　　　　铜蓝鹟　雌鸟　无眼先黑线、臀部有鳞状斑

秋冬季时，在上海也会有铜蓝鹟出现。它们在南汇的小树林里翻飞，浑身的蓝色和绿叶有着鲜明的对比，每次飞都飞不远，不一会儿又回到原来不远处的树枝上。

北灰鹟/乌鹟/灰纹鹟/褐胸鹟

雀形目/鹟科/鹟属

　　北灰鹟、乌鹟、灰纹鹟，这三种鹟是单色系鹟（灰色系鹟），在上海最容易见到北灰鹟。北灰鹟按英文名直译叫作"亚洲褐鹟"，上体灰褐色。然而其他两种的上体也是灰褐色，区分这三种鹟要注意辨析点。

　　从喙的颜色和飞羽的长短可以有一个基本的区分。首先北灰鹟的下喙基部是黄色的，而下喙喙尖和上喙是黑色，这一点特征非常明显。其次看初级飞羽的长短，灰纹鹟的最长，翅尖几乎长到尾尖；乌鹟次之，翅尖大致到离尾尖三分之二的地方；北灰鹟的最短，翅尖离尾尖还有相当的距离。

　　胸部、肋部和腹部的羽色也是判断的依据。乌鹟胸肋部的深褐色斑显得最"脏"，给人乌七八糟的感觉，"脏毛"甚至满溢出胸侧，

北灰鹟

北灰鹟　捕虫的本领高强

北灰鹟　哥俩好

盖住翼羽（我一点儿也没有讨厌乌鹟的意思，相反乌鹟比较"稀有"）。灰纹鹟在白色的胸部、胸侧和肋部有深灰色纵纹。北灰鹟，春天经过时胸腹部偏白，秋天再来时，换上了繁殖期后换过羽的新羽毛，在胸部也会出现淡褐色的斑纹，但比起乌鹟来，这些淡褐色的斑纹和白色部分对比不强烈。北灰鹟春秋两季羽色的区别也体现在飞羽上，秋天时的新羽，三级飞羽上有白边，而春天穿旧了的羽翼上大多没有白色。

春秋两季，这三种鹟属的单色系鹟都会路过上海，而以秋季时数量最多，过境时间较长，数量上北灰鹟排第一，灰纹鹟和乌鹟要少一些。它们会记得在上海北部的共青森林公园、新江湾城公园，在上海南部的南汇海边小树林里停留，以鹟一贯的定点捕食的习惯捕食。它们的喙宽扁，在喙基部镶有口须，适于拦截空中飞虫。它们常常在树冠中低部的某一处树杈上停立蹲守，发现有倒霉的飞虫飞进伏

乌鹟　飞羽翅尖到尾的三分之二处

乌鹟　胸部的"乌"

击圈内后立刻出击，得手后再飞回原点附近，静候下一只飞虫出现。以我的观察来看，乌鹟更喜欢停立在较高处的秃枝、翻飞后仍回到较高处。

每年秋天，上海南汇的小树林里会有许多北灰鹟出现，我很喜欢它们。北灰鹟是个小可爱，小巧而圆润的身体，不比一样常见的白腹蓝鹟修长。北灰鹟一点儿也不羞涩，就像一个不施脂粉的小美女，自然而热情。在望远镜里，它的胸腹部是那种略带灰色的好看的白，让有一种人说不出的喜欢。我连着看半小时北灰鹟也不会厌倦，它们是那种能让你安安静静看个够的鸟儿，就算在林中飞来飞去，却总在你的眼前。它们在离地面不高的植茎上时，会将细小的脚站直，但在树上细小的树枝上坐着时，喜欢把肚子贴在树枝上，把脚藏起来，显得更加温柔可人。

小家伙们偶尔也会嬉闹一阵，镜头里，一只北灰鹟刚歪起小脑袋看我，另一只突然飞到它身旁，用翅膀拍它一下，它惊得跳了起来，然后两只又亲密地站在同一根树枝上。我看得开心极了。

同是鹟属的褐胸鹟，五一假期的第一天出现在上海南汇的2号小树林里，不得不说是一个大大的惊喜。在国内，褐胸鹟是西部和南部地区的留鸟，南方的鸟友对它们更为熟悉，在上海则很是少见。褐胸鹟的外表与上面三种单色鹟确实不相似，北灰鹟、灰纹鹟和乌鹟的脚都是黑色的，而褐胸鹟却长着一双好看的黄色的脚；它的体羽偏褐色，喙也比北灰鹟等的长。

那天看到它的人，还都把它叫作"大眼睛"，因为它的眼睛的确看起来比较大，特别迷人。和褐胸鹟相似的有另一种偏褐色的白喉林鹟，区别在于白喉林鹟有以下特点：体型稍大、喙较长、脚偏粉色，眼圈米黄色或不明显（褐胸鹟为白色的眼圈和眼先），颈侧略有鳞状斑纹。这只褐胸鹟在上海作了短暂的停留，那天

灰纹鹟　飞羽几乎与尾等长

灰纹鹟　两肋灰纹

褐胸鹟　大眼睛,眼圈及眼先白色　　　　　　　　褐胸鹟　脚偏黄色

我看了它很久。它太文静乖巧了,在林中的树枝上攀着,一点儿也不惧人,让我实在喜欢得很。

金额叶鹎/橙腹叶鹎/蓝翅叶鹎

雀形目/叶鹎科/叶鹎属

这三种叶鹎在我看来,也是一套,它们属于叶鹎科,我在清迈把这三种都看全了。叶鹎喜欢在高大乔木的中上层觅食,我总在树下仰头观察。它们在清迈是留鸟,并不迁徙,都有基本确定的观察点。我见到三种叶鹎的海拔高度略有不同,金额叶鹎见于海拔300米的低处,蓝翅叶鹎和橙腹叶鹎见于海拔800米和海拔1 000米处。

金额叶鹎　雌雄相似,此为雄鸟,雌鸟喉部黑色略暗

三种叶鹎的上体都是通体翠绿,和树叶的绿色一致,但并不难辨认。金额叶鹎的额头橘黄色,蓝翅叶鹎的脸颊纹、两翼的初级飞羽和外侧尾羽亮蓝色,橙腹叶鹎的腹部橘黄色。三种叶鹎雄鸟的颏部和喉部为黑色或蓝色,标识着它们的雄鸟身份。

橙腹叶鹎是三种中色彩最丰富的一种,见到它时正逢泰国樱花盛开,粉红色的花朵更映衬出橙腹叶鹎的艳丽来。三种叶鹎中,以蓝翅叶鹎的体型最小,看了几次就会

橙腹叶鹎　雄鸟

橙腹叶鹎　雌鸟

蓝翅叶鹎　雄鸟

蓝翅叶鹎　雌鸟

意识到它比另两种小了不少。金额叶鹎最易见，它总在那里，在一棵大树上跳来跳去捕食昆虫，时而钻进树冠不见，时而又跳出显露在枝桠上，耐心点儿总能看到。

朱背啄花鸟/厚嘴啄花鸟/黄腹啄花鸟

雀形目/啄花鸟科

　　朱背啄花鸟是我在清迈时再熟悉不过的鸟儿了。它们特别爱叫，叫声调子高并且带有金属音，听惯了，没见到也知道是它们。

朱背啄花鸟　雄鸟

朱背啄花鸟　雄鸟　朱红色的背部　　　　　　　朱背啄花鸟　雌鸟

　　朱背啄花鸟体型小，才9厘米，雌鸟和雄鸟在外观上很不一样。有一天，我看到一只鸟在树枝鸣叫，腹部对着我，跳跃到另一根树枝时转过了身去，它的头部和背部均为橄榄绿色，腰和尾上为朱红色，原来它是一只朱背啄花鸟雌鸟。过了几秒钟，一只朱背啄花鸟的雄鸟跃了上来，雄鸟比起雌鸟显眼得多了，从头顶到背腰，再到尾羽的上半部分都是一抹醒目的朱红色，头侧和两翼却是黑色。它们是亲爱的一对，朱背啄花鸟在清迈是留鸟，总是在花园里出现，我每天能够看到。

　　在清迈，我还见过厚嘴啄花鸟和黄腹啄花鸟，但次数远不如朱背啄花鸟，可以说这两种啄花鸟比较少见。厚嘴啄花鸟出现在低海拔，果子成熟时的笔管榕的树冠里有它们的身影，其他的时候就不知道它们飞去哪儿了，而黄腹啄花鸟只是在

厚嘴啄花鸟　　　　　　　　　　　　　黄腹啄花鸟

2 600米的山上有过惊鸿一瞥。啄花鸟喜欢"啄花",虽然没有花蜜鸟那样的长喙,但和花蜜鸟有亲缘关系,一样会把头探入花中,用顶端呈管状的舌头吸食花蜜,但它们也在花间吃不少昆虫。

绿喉太阳鸟/蓝喉太阳鸟/黑胸太阳鸟/紫颊直嘴太阳鸟

雀形目/太阳鸟科/太阳鸟属

各种太阳鸟在泰国并不罕见,这些太阳鸟生活在海拔1 000米以上的山区,而绿喉太阳鸟见于海拔2 600米的高处。太阳鸟的雄鸟,上体大多有蓝色或紫色等各种冷色调,下体是红黄橙等各种暖色调,普遍羽色艳丽,相比之下,雌鸟的羽色要来得单调朴素得多。

这些太阳鸟的照片全部拍摄于泰国。我自己很喜欢绿喉太阳鸟那张,刚刚好的光线,将这只鸟儿身上的各种色彩都表现出来了,而且头部还带着金属光泽。照片还展示出它特别长的尾羽,在整个身体结构中显得突出。

照片中的蓝喉太阳鸟正把喙伸进花朵里面吸食花蜜。太阳鸟的喙很长,它们通过管状舌头上的毛细血管吸取花蜜,尽管偶尔也捕食飞虫,但花蜜是绝对的主食。太阳鸟的脚比起鹟的细弱的脚来,要来得强健,它们用脚牢牢抓在花朵边的枝条上,侧身或倒挂接近花朵时,脚承受了身体大部分的重量。与之相对应,同样吸食花蜜的美洲的蜂鸟则以在空中悬停的方式将喙对准花心。

绿喉太阳鸟　雄鸟　羽色多彩而带有金属光泽

蓝喉太阳鸟　雌鸟　正吸食花蜜

黑胸太阳鸟　喙明显下弯,这只为雄鸟　　　紫颊直嘴太阳鸟　喙直,这只为雄鸟

太阳鸟的鼻孔上有一层薄盖,用以在吸取流质花蜜时将花粉挡在鼻孔之外,然而喙、舌头、前额、颊等部位都会不可避免地沾上花粉,这些花粉会被带给其他的花朵,实实在在地帮助植物进行了授粉。我们熟悉的、开鲜艳红花的刺桐就依靠各种太阳鸟传粉,而泰国樱花盛开的时候,树上也总能见到太阳鸟美丽的身影,它们忙着吸取花蜜,享受丰盛的大餐。

大多数种类的太阳鸟的细长的喙都向下弯曲,以方便伸入花朵中取食,黑胸太阳鸟(黑喉太阳鸟)的喙就下弯得非常明显。但是紫颊直嘴太阳鸟的鸟喙却几乎是直的,它的雄鸟的脸颊红铜色,身上有多种好看的羽色,是那种恰到好处、并不十分艳丽的美,我在泰国北部的清道山上见到它从远处飞进一处树冠,它好看的羽色第一眼就打动了我,是我最喜欢的一种太阳鸟。

顺带一提,蓝喉太阳鸟的英文名以维多利亚时期的英国鸟类学家古尔德的夫人的名字命名:Mrs Gould's Sunbird。我第一次了解到它的英文名时怎么也没法和它的中文名联系起来。鸟类学家中,英国的古尔德和美国的奥杜邦齐名,古尔德先生将一种鸟的命名献给了亲爱的妻子。

小双领花蜜鸟/黄腹花蜜鸟/紫色花蜜鸟

雀形目/太阳鸟科/双领花蜜鸟属

花蜜鸟顾名思义,喜食花蜜,其实和太阳鸟属的叫作太阳鸟的鸟类同属一个科，食性相同。在英文里，花蜜鸟和太阳鸟的名字用同一个英文词：Sunbird。

小双领花蜜鸟生活于南非的开普敦，这是一只雄鸟的照片，看它的羽色多么漂亮，还带有彩虹光泽。我在开普敦不仅拍摄过雄鸟，也拍摄过雌鸟，雌鸟的羽色和雄鸟完全两样。不过，过了繁殖期，雄鸟也会换羽成和雌鸟一样的羽色。小双领花蜜鸟是当地留鸟，不迁徙。双领花蜜鸟属共有54个不同种，

小双领花蜜鸟　雄鸟

和小双领花蜜鸟最接近的是大双领花蜜鸟，开普敦地区也有分布。两者的区别是大双领14厘米，小双领12厘米，这体长2厘米之差的"大小"之分在现场观察时无法判断，更主要的判断依据是大双领花蜜鸟胸部的红色带更宽一些。认鸟永远是一件好玩的事情。

生活在东南亚的黄腹花蜜鸟和远在南非的小双领花蜜鸟同属。在清迈时，我几乎每天在住处见到它们，这种体长才10厘米的小鸟在浓密的树冠里跳跃，上体橄榄绿色，正如它的英文名Olive-backed（橄榄背）描述的那样，下体则是黄色。雄鸟的喉部到前胸为黑紫色，在阳光下闪烁金属的光泽，雌鸟则无。黄腹花蜜鸟爱鸣叫，它们啾啾的鸣叫声，让我听得耳熟能详，是我非常熟悉的一种小鸟。黄腹花蜜鸟在泰国北部地区，并不像它的亲戚太阳鸟们那样生活于海拔1 000米以上的山地，而是和南非的小双领花蜜鸟一样，生活在低海拔，经常出现在人类的庭院中。

黄腹花蜜鸟　雄鸟

黄腹花蜜鸟　雌鸟

紫色花蜜鸟 雄鸟　　　　　　　　　紫色花蜜鸟 雌鸟

　　紫色花蜜鸟也能在海拔低处的平地上见到,紫色花蜜鸟的雌鸟和黄腹花蜜鸟的雌鸟有点儿相似,腹部淡黄但色淡。花蜜鸟一般成对出现,看见雌鸟,附近总能找到一只雄鸟,反之亦然。紫色花蜜鸟的雄鸟我拍过多次,可是好几次把它拍成了一只小黑鸟,因为在大多数的光线下它就是显得全黑。选出来的这一张总算是"紫色的"了,而且拍到了舌头,只是它没在美丽的花朵边上,而是正站立在枝头引吭高歌。雌鸟就在不远处,此时正是清迈天气最舒适的1月,正是鸟儿恋爱的季节。

南非食蜜鸟

雀形目/非洲食蜜鸟科

　　南非食蜜鸟的英文名用的是Sugarbird,体型比花蜜鸟大,羽色没有花蜜鸟好看。南非食蜜鸟的飞行速度很快,加上长着长尾巴,拖着长尾巴快速飞行时,犹如一支离弦之箭。南非食蜜鸟最爱海神花的花蜜,同区域的花蜜鸟谁也抢不过它,所以它又被称为食蜜鸟王。

　　南非食蜜鸟广布于开普敦市附近,这张照片我拍自小镇赫曼努斯,是在去观鲸的路上看到的。

南非食蜜鸟

黑额矿吸蜜鸟

雀形目/吸蜜鸟科

黑额矿吸蜜鸟

黑额矿吸蜜鸟是澳大利亚东部地区的特有种，并且是一个优势物种，它们群居，数量众多。吸蜜鸟的名字来源于它们食取各种花蜜，这种鸟的英文名叫 Noisy Miner，Miner 直白的意思就是采矿者，澳大利亚各种树开花的时候，都少不了一群群吸蜜鸟的身影。有时候，它们为了顺利吃到花蜜，干脆倒挂在细树枝上，根本不怕掉落地面。吸蜜鸟不仅仅吃花蜜，花期一过，它们也吃各种果子，既在树上吃刚成熟的，也到地面上吃掉落的。它们还会在地上翻树叶，找食昆虫。

黑额矿吸蜜鸟

黑额矿吸蜜鸟爱叫，就如同英文名里 Noisy 所形容的，有点儿吵闹。它们的叫声响亮，并且有多种用以示警和联络的鸣叫，而它们晨昏时候的歌唱，在很远就能被听到。

外表上，黑额矿吸蜜鸟的特大号的明黄色"眼圈"，以及明黄色的喙，令人印象非常深刻。这种鸟在墨尔本、阿德莱德等城市太常见了，公园的树上、街边的长椅上，几乎随处可见。

树麻雀（麻雀）/家麻雀/山麻雀/南非麻雀

雀形目/雀科

树麻雀就是我们最熟悉的麻雀，雀科雀属，它们和我们人类一起生活在城市和

树麻雀（麻雀）

树麻雀　麻雀也是可爱的肥啾

农村。我们辨认了很多鸟种，那有没有仔细观察过麻雀的外貌呢？它们头顶褐色、脸颊上有黑色的点斑（幼鸟没有，部分雌鸟不明显）、一双粉色的小脚、淡棕色背部上有黑色的花纹。

在上海的街道上走走，麻雀们就在我们身边，距离近的时候，就只一个胳膊多一些的距离。麻雀背部的花纹和粉色的小脚，在我看来挺好看，但在大众的眼里，麻雀一点儿也不起眼，无非是一种褐色的、再普通不过的小鸟罢了。或许也正因为这朴素而低调的外表，它们才能在城市里住得安稳，无人艳羡麻雀的外貌而试图捕捉笼养。

我一点儿也不掩饰对于相貌平平的麻雀的喜爱，尤其爱看它们在地上蹦蹦跳跳的样子，常常驻足观看，百看不厌。公园里草坪上的麻雀，有时候和珠颈斑鸠混在一起。麻雀和斑鸠比，真太小了，斑鸠抬腿走，麻雀双脚蹦，一个个像发条玩具。冬天天气变冷后，公园里的树木、行道树的枝干上往往站满麻雀，叽叽喳喳，就算不叫，怎么看也都像是麻雀在开大会。它们站队队列的花式多样，每一只的姿态却又各不相同。

城市里的麻雀最容易吃到的食物是人类丢弃的各种食物碎屑，也吃天然的杂草种子，草儿长得和麻雀一样高时，麻雀都不用低头或伸颈就能吃到草籽。夏天的时候，麻雀也会抓几个虫子来"进补"，有一次在上海大宁公园里，见到一只麻雀在路中间捕食了一只小甲虫，见游人走近，不得已才弃下未吃完的另一半。

生活在城市里的麻雀，育雏时的巢，巢址的选择多样。不少麻雀将建巢点选在梧桐树高处树干的树洞里，叼着细小树枝和青草等巢材飞回巢时，会在附近树杈上停留一下再飞入，而出洞时也先张望一番，这些行为都是为了自个儿的巢不被轻易发现。我个人印象中，尤其公园里的麻雀在出入巢时，会更谨慎一些。自然界里的天然树洞属于稀缺资源，有的麻雀为了避免自己辛辛苦苦搭建的巢被其他麻雀占据，干脆在"夫妻两鸟"中留一个在巢口看巢，用身体堵在巢口。除了天然树洞，上海市区里的麻雀，也把巢安在道路上方交通标志牌的金属孔道里、住宅楼空调和热水器排气管的圆形孔洞中。人类的建筑上现成的洞，不用白不用嘛。透过家里的窗户，就能看到麻雀时而在隔壁人家的空调孔停立，时而钻入后又露出小脑袋。在龙阳路地铁站、上海南站等车站的顶棚上也有麻雀的巢，我看到过车站里的麻雀，在地面上叼取一小片塑料袋碎片，飞回顶棚，将它用作了巢材。

我看到麻雀幼鸟较多的时候，通常是春末初夏。幼鸟脸上无耳斑，背部羽色淡，跟在老鸟身后在地面上蹦时，一对比，就能明显看到成幼的不同。亲鸟啄食，幼鸟学样，亲鸟飞，幼鸟也飞。稍长大一些，幼鸟就自己觅食。6月里，我在公园里的长椅上小坐，两只麻雀幼鸟在地上蹦来蹦去，一前一后，蹦到离我脚边只有10厘米的地方觅食。其中一只啄到了出现在地上的虫子，可啄上了嘴却又掉了，任虫子飞走也一副不在意的样子。没事，再长大些，本领会更强的。

不仅市区里，上海郊外也生活着很多麻雀。秋天时，呼啦啦一大群一大群地在稻田上飞来飞去，就像一阵风刮过。稻谷成熟时，正是它们聚群饱餐的时候，禾本科的植物种子是麻雀爱吃的食物。我感觉，上海稻田边的麻雀比起城里的麻雀，似乎更警觉，乡下的麻雀见的人少，况且乡下有比城市里更多的天敌。

春天时，郊外的麻雀和城里的麻雀一样，嘴里叼衔着巢材，勤快地做窝。有意思的是，我仅在郊外看到过麻雀交配。那天我正坐在车里，而不远处的地上，一只雄鸟大大咧咧地站到一只雌鸟的背上，交配的速度很快，仅几秒钟。我还看到过一次，两只雄鸟竟然在前后相隔几秒钟的时间内，踩上同一只雌鸟的背，进行了交配。这只雌鸟生的卵、养育的幼鸟可能会有不同的爸爸。然而，群居的麻雀们也并不总是和谐，我还看到过麻雀打架。好斗的青年雄鸟，在空中振翅相击，飞上飞下；又在地面后仰身体、伸脚相向、胸部对撞，倒也不失为一场精彩的搏击。

麻雀曾被当作"四害"之一，被大规模消灭，可是粮食的产量不增反降，后来人们才发现，其实，麻雀既吃稻谷，也吃昆虫，尤其是育雏期会捕

家麻雀　雄鸟

家麻雀　拍摄于夏威夷　　　　　　　家麻雀　洗沙浴　拍摄于巴西圣保罗

捉大量昆虫，也就顺便帮助人类消灭了危害农作物的"害虫"。好在麻雀的繁殖能力很强，一次产卵6枚，11～14天孵化，而南方的麻雀一年中可以繁殖多次。尽管遭遇过大规模捕杀，麻雀的种群早已得到恢复，时至今日，麻雀仍是人们最容易见到的野生动物之一。

　　家麻雀并不是我们常见的麻雀（树麻雀），它英文名字House Sparrow里面的house（家），指的是英国人的家，所以又被称为英格兰麻雀或欧洲麻雀。家麻雀除了在亚欧大陆有原生分布，还被人为引进到了北美洲、南美洲、非洲、大洋洲，所以在世界范围内可谓"家喻户晓"。我在旅行途中，曾在夏威夷、纳米比亚、巴西圣保罗等多地都看到过家麻雀，这些家麻雀没一只是当地原生的，全都是被引进的。它们结伙成群，拒绝落单，已经成为世界各地城市街道上不可或缺的一群顽皮小子。比起水浴来，家麻雀更爱洗泥浴，我在巴西圣保罗的城市中，观察了五只家麻雀一起泥浴，

山麻雀　雄鸟

它们一点儿也不怕人，自顾自地在地上扭动身体，把沙土弄到羽毛上，泥浴能帮助它们清除身上的寄生虫。

　　区分树麻雀和家麻雀并不难，树麻雀的脸颊有黑色斑，而家麻雀脸颊纯白，并且家麻雀雄鸟的头顶是灰色的。我在浙江的山区里还见过一种山麻雀，山麻雀和家麻雀一样，也是白净的脸庞，脸上无黑斑，但顶冠和上体为栗红色。树麻雀雌雄相似，而山麻雀

南非麻雀 雄鸟

南非麻雀 雄鸟(左)和雌鸟(右)

和家麻雀都是雌雄异态，山麻雀的雌鸟没有雄鸟的"红头"、有白色长眉纹；家麻雀的雌鸟则体色更淡、眉纹更浅。这些麻雀都爱群居，雌雄鸟往往同时活动。山麻雀基本上只出现在海拔500米以上的山区，它们特别爱叫唤，总张嘴叫个不停。

南非麻雀是南部非洲的特有种，分布地并不局限于南非，我在纳米比亚的纳米布沙漠里见到了我见过的数量最多的一群南非麻雀。南非麻雀也是雌雄异色，雄鸟的脸颊、头顶、喉部和上胸部都是黑色，雌鸟和山麻雀雌鸟一样有长眉纹，雄鸟和雌鸟两翼的覆羽都有好看的橘红色羽毛，因此南非麻雀显得更多彩。

群织雀/南非织雀/黑额织雀/黄胸织雀

雀形目/织布鸟科

群织雀是非洲著名的织布鸟，它们仅分布于非洲的纳米比亚、南非和博兹瓦纳，我在纳米比亚的苏丝斯离沙漠中的绿洲地带里见到过它们。

群织雀体型小，体长14厘米，体羽黄色和褐色，朴实无华，长着锥状的短喙和圆形的短翼。这些特征都和麻雀差不太多，然而这样的小鸟却用细枝和干草织出了令人叹为观止的鸟巢。它们的鸟巢可由多达300只织布鸟共同建造，建成的是公共巢，相当于人类建造的公寓。巢内有供每一对鸟使用的独立巢室，就如同公寓

群织雀

群织雀的巢

里的一间间房间。这种巢是鸟类建造的最复杂的巢穴，能抵御卡拉哈里沙漠地带冬夜的寒气，并保护它们产下的鸟卵和雏鸟。

这种公共巢普遍会有100对以上的群织雀，有的几代鸟同在一个公共巢，好比人类的"三代同堂"。如果不是遭遇恶劣天气被严重毁坏，公共巢会被修修补补，世世代代一直用下去。

南非织雀和黑额织雀也生活在非洲南部，和群织雀一样织造大型巢，巢的开口向下。这三种织布鸟科的鸟类都杂食，吃各种谷物、种子和昆虫。在亚洲我也看到过黄胸织雀，地点在清迈的稻田。黄胸织雀织的巢，体积远没有群织雀织的巢那么巨大，但紧密而精致，看着就像一件艺术品。

南非织雀

黑额织雀

黄胸织雀

斑文鸟/白腰文鸟

雀形目/梅花雀科/文鸟属

南方的田野里多的是斑文鸟，它们的喙粗壮，专吃草籽，但也不绝对，偶尔也吃小虫。斑文鸟总是一群群的，从七八个一群，到二十多个一群，呼啦啦地一个接一个地群飞，多飞落在低矮的植茎上，上树下地的情形比较少。斑文鸟体小，体长10～12厘米，和麻雀的体态相似，但比麻雀体长的14～15厘米来得小。在清迈能够看到斑文鸟的两个亚种，两个亚种看起来并不相同。清迈农学院里的 *topela* 亚种，胸部有大量鳞状斑（上海的斑鸟也是这个亚种）。

相比之下，白腰文鸟在清迈的数量要少多了，常常三两只在一起，而且见到的次数要比斑文鸟少得多。回到上海，情形完全颠倒，在南方常见的斑文鸟在上海成

斑文鸟

斑文鸟　*topela*亚种　下体有斑点

斑文鸟　拍摄于上海浦东

斑文鸟　洗澡

白腰文鸟

白腰文鸟 爱吃水草

了"稀罕货",我只在南汇的芦苇荡边见过几次,反倒是白腰文鸟常见得多,成群出没,十多个在一起(别称"十姐妹")。白腰文鸟有显著的白腰,而且胸部的褐色和腹部的白色的对比十分明显。

白腰文鸟太不把人类当回事儿了,常常肆无忌惮地在离人只有一两米的地方,自顾自地吃东西。在上海江湾生态林的小溪边,它们吃水草;在宝山炮台湾湿地公园的芦苇秆上,它们吃苇籽。人离得再近,它们也不惊飞。白腰文鸟如此温顺,以至于在日本,将白腰文鸟培育成了多色"十姐妹",在日剧《逃避虽可耻但有用》里就出现过。

黑颊黄腹梅花雀

雀形目/梅花雀科

在南非开普敦地区的斯泰伦博什小镇,一个葡萄酒庄坐落于风景非常秀丽的山谷中,酒庄的乡村花园里有大大小小的野生鸟儿。我在花园里发现了一小群黑颊黄腹梅花雀,它们在草坪上觅食。黑颊黄腹梅花雀喜欢吃草籽,和大多数梅花雀科的鸟类一样,集群生活,它们是当地的留鸟,并不迁徙。

镜头里的这些小鸟非常好看,上喙全黑,下喙全红,上下喙有鲜明的红黑对比。这样鲜明的对比,还体现在脸颊的黑色、头部的灰色和胸腹部的白色的对比,以及尾部的黑色和腰部的红色的对比上。这么一种体型小的小鸟,身上的颜色却是如此丰富。

黑颊黄腹梅花雀

黑颊黄腹梅花雀　好看的嘴

白鹡鸰/黄鹡鸰/灰鹡鸰/黄头鹡鸰/海角鹡鸰

雀形目/鹡鸰科/鹡鸰属

　　鹡鸰在英文里叫Wagtail，简单明了，就是摇尾巴的意思。各种鹡鸰都有改不掉的摇尾巴的习惯。鹡鸰标准的觅食动作是在地面上奔跑着追逐昆虫，尾巴在转弯时起着方向舵和减速的作用。

　　白鹡鸰是上海的常见物种，在黄浦江边、内河河流、湖泊边经常能看到它们的身影，听到它们清脆好听的叫声。白鹡鸰的亚种较多，上海可见的有4个。亚种的分辨，先看有无过眼纹，有过眼纹的是黑背眼纹亚种和灰背眼纹亚种，两者相似，除了注意背部的颜色，也要注意翅翼的大白斑（黑背眼纹在换羽时也会发灰，但翅翼白斑大）。另两个亚种无过眼纹、白脸，比较少见的东北亚种为白脸无过眼纹，头顶黑色背部灰色，而最常见的

白鹡鸰　普通亚种（*leucopsis*）
雄鸟　黑背白脸无过眼纹

普通亚种 *leucopsis* 也是白脸无过眼纹，成鸟的头顶和背部均为黑色（雄鸟）或灰色（雌鸟），春夏季刚出生的幼鸟脸部灰白色，第一冬的亚成鸟的脸部泛黄色。比起其他三个亚种为过境旅鸟或部分冬候鸟，白鹡鸰普通亚种，在上海既有过境旅鸟，也有一年四季可见、在上海世代繁衍的留鸟。它们常常在水岸边停立，摇摆尾部，然后疾步前行，用喙啄食地面的昆虫，也吃各种小型软体动物和蚯蚓。另外，春秋迁徙季时，一下子能在南汇见到许多过境的白鹡鸰，集群时甚至数十只数百只，在那里分辨亚种也是蛮好玩的事情，它们站得很近，有明显的不同。而到了繁殖季，白鹡鸰的上海留鸟会在湖泊和河流沿岸建立起领地，表现出排他的领域性。春末夏初时，还可以看到刚出生不久、不懂世事的懵懂幼鸟。

在南汇临港，白鹡鸰喜欢站在海堤上，车子开近时，一飞冲天；它们也出现在城区，大摇大摆地过马路，有时候还和树麻雀混在一起，在街道上捡拾人类丢弃的

白鹡鸰　普通亚种　雌鸟　头部和背部灰色

白鹡鸰　普通亚种　春天时的幼鸟

白鹡鸰　普通亚种　第一冬幼鸟　雄鸟　脸部泛黄色

白鹡鸰　黑背眼纹亚种（*lugens*）　有眼纹、翅翼白斑大，冬季背部由黑变灰

白鹡鸰　灰背眼纹亚种（*ocularis*）雌鸟

白鹡鸰　伊朗亚种（*persica*）拍摄于土耳其

食物碎屑。白鹡鸰走起路来两脚交替，可不像麻雀那样双脚蹦跳。它们长着小眼睛，在马路上转过头用正脸看我时尤为可爱。

在河道上，白鹡鸰经常贴着水面波浪式飞行，飞的时候也是黑白分明：打开飞羽后，腰部和尾部中间全是黑色的，而尾羽外侧和两翼的一部分则是白色的。白鹡鸰的波浪式飞行，上下起伏的幅度较大，扑翅几下就歇几下，属于"大波浪"，偷懒而省力。飞行时往往还边飞边叫。我最喜欢看两只白鹡鸰在空中追逐，你追我赶，纠缠不休，无论怎样翻飞，两只鸟也不会远离，总是贴得很近，让人看了叫绝！白鹡鸰不仅会"偷懒"，也有高超的飞行技能呢。

在南汇海边，黄鹡鸰是另一种常见鹡鸰，迁徙季时数量相当多，常常上百只一起在空中飞过，数量甚至比白鹡鸰还要多。它们常常数十只在湿地里聚群觅食，但和白鹡鸰一样，并不特别执着于水边和湿地的生境，也常常成群出现在旱地上觅食。黄鹡鸰有在中途停留地大批聚集的习惯，上海南汇就是这样一个停留地，但即便在南汇的短暂停留期间，黄鹡鸰还是会为觅食的地盘而发生争吵和驱逐。在上海，也能看到3个黄鹡鸰的不同亚种，分别是阿拉斯加亚种（头顶灰、白眉纹）、东北亚种（头顶灰、无眉纹、颏白色、喉黄色）、台湾亚种（头顶和背部是一致的橄榄绿色、黄眉纹），无论哪个亚种，背部均为橄榄绿色，而春迁时早早换上繁殖羽、秋迁时繁殖羽还未褪去的雄鸟的胸腹部为嫩黄色，好看又十分抢眼。它们和白鹡鸰混在一起，在河滩上疾步移动，小小的鸟儿星星点点的，是一道风景。

灰鹡鸰也有黄色的腹部，但背部灰色而非黄鹡鸰的橄榄绿色，并且，要注意它的脚为粉红色。灰鹡鸰喜欢在山里的瀑布和急流边出现，在泰国北部因他依山的

黄鹡鸰　阿拉斯加亚种（*tschutschensis*）　头顶灰、白色眉纹

黄鹡鸰　台湾亚种（*taivana*）　头顶和背部橄榄绿色、黄色眉纹

黄鹡鸰　东北亚种（*macronyx*）　头顶灰、无眉纹、颏白色、喉黄色

黄鹡鸰　第一冬幼鸟

灰鹡鸰

灰鹡鸰　背部灰色,脚粉红色

瀑布边见到的一只灰鹡鸰令我印象深刻，它不停地摇动着尾巴，低头啄食，浑然不怕急流冲刷它所站的岩石。在上海南汇，春天时难得才见到几只，通常单只出现。在一个水浅的水塘边，灰鹡鸰和黄腹鹨、扇尾沙锥、大白鹭、白眉鸭等一起觅食。左下的照片中是一只漂亮的雄鸟，白色的眉纹十分清晰，羽色正在向繁殖羽过渡。后来我又在世纪公园林缘的草坪上看到灰鹡鸰，尽管灰鹡鸰不如黄鹡鸰来得数量那么多，却也并不难见到，而且和黄鹡鸰一样，灰鹡鸰并不拘泥于水边的生境，也会在草地和田埂等旱地的生境中出现。

比较稀罕的是黄头鹡鸰，在上海较难看到。我见到过一只黄头鹡鸰雄鸟，它在南汇内河的另一侧，我和它隔着一条河。尽管距离远，可是我惊讶地发现它的头部、颈部，以及下体整个胸腹部都是深黄色的，这不是一只黄鹡鸰，而是一只黄头鹡鸰！它太漂亮了，比起其他鹡鸰都要来得出彩。黄头鹡鸰不仅数量少，而且远没有同属的其他鹡鸰来得大方，十分警觉，稍有动静就起飞。南汇所见的那只若不是隔着河，我还躲在车里，恐怕它不会那么大方地让我观察拍摄。即便如此，它逗留的时间也并不长，在沿着河岸跳飞几次后，便消失了。

黄头鹡鸰在上海比较稀罕，雄鸟难找，但毕竟长着鲜明的黄色头部，容易分辨，雌鸟可就更难找了。我也曾在一堆黄鹡鸰和白鹡鸰里，寻找黄头鹡鸰的雌鸟，并找出了一只：它的背部灰色（不是黄鹡鸰的橄榄绿），脚近黑色（不是灰鹡鸰的粉红色），下体颜色偏淡，脸部黄色，耳羽橄榄绿色且不像黄鹡鸰那样明显地与颈部的橄榄绿相连，而是被黄色的眉纹和颊纹所围绕。找鸟和认鸟都有挑战性，也很有意思。

在世界范围内，白鹡鸰分布广泛，亚种众多，我在土耳其和英国等地都见到过

黄头鹡鸰　雄鸟

黄头鹡鸰　雌鸟

不同亚种。而在其他不同地域也生活着不同种的鹡鸰，比如我在南非赫曼努斯的海岸边见到的海角鹡鸰，它的英文名字叫作Cape Wagtail，直译就是"开普敦鹡鸰"。海角鹡鸰习惯于在凛冽的大西洋海边的沙砾石中寻找食物，它们小步跳跃着，时而短距离飞行，飞行高度不高，海岸边能够捕捉到的小昆虫是它们的主要食物。

海角鹡鸰　拍摄于南非

树鹨/黄腹鹨/水鹨/红喉鹨/北鹨/理氏鹨/田鹨

雀形目/鹡鸰科/鹨属

　　鹨和鹡鸰同科，都做波浪状飞行，多数种类为中长途迁徙鸟，在南方过冬。鹨和鹡鸰相比，鹨的体色不如鹡鸰的体色那么对比鲜明；鹨的双腿和趾爪比鹡鸰的更长；鹨的两性相似；鹨的很多种类并不特别执着于近水的生境。看多了鸟，会体会到鹨属的鸟，相似种的辨识并不容易，难度和鸻鹬、猛禽、柳莺、鸦等有得一比。

　　树鹨很常见，在冬季泰国北部低地的树林里和春秋季上海南汇嘴的小树林里，树鹨数量很多，在泰国清迈和上海都有冬候鸟生活。树鹨喜欢在树荫下的地面上觅食，成小群，因为并不暴露在阳光下，它们的羽色和地面的颜色又相仿，所以它们走动时才会引人注意。若是惊扰到了它们，它们会飞到附近的树枝上，但也并不飞远，而是在树枝上做着鹡鸰科鸟类的习惯性动作，上下翘动它们的尾巴，若无其事地整理整理羽毛。它们在树枝上时，能更好地看清它们的外貌：胸部和两肋黑色的纵纹浓密，上背部纵纹不明显。

树鹨

树鹨爱吃虫,能吃掉大量的虫子,包括令人讨厌的蚊子。

　　黄腹鹨在上海南汇也十分常见,树鹨偏绿色、黄腹鹨偏棕色,但由于光线的原因也会造成视觉偏差,还是需要具体了解两者的区分点。这两种鹨之间,主要的区分点在于:黄腹鹨的颈侧有密集黑色纵纹组成的黑色斑;没有树鹨的耳后白斑;初级飞羽羽缘白色(树鹨的初级飞羽羽缘不白)。黄腹鹨爱在泥滩上觅食,一会儿就啄出一条红色的蠕虫来吃下,效率很高;它们也出现在杉树下的杂草堆里,于低草中行走觅食,休息时也停落在树上。三四月时,在南汇能看到黄腹鹨的繁殖羽,那时黄腹鹨的下体皮黄色,鸟如其名。

　　水鹨和黄腹鹨非常容易混淆,两者的差别仔细归纳起来很长,需另外参考专门的文章。稍简单地说:水鹨下体的细短的灰黑色纵纹较细,仅限于胸部、不延伸到腹部,颈侧无黄腹鹨那样的黑色斑,两肋无黄腹鹨那样较明显的斑纹,枕部的浅灰与顶冠和脸部有对比;水鹨长有清晰的白眉纹,而黄腹鹨基本看不出眉纹;水鹨的

黄腹鹨　向繁殖羽过渡　下体皮黄色

黄腹鹨　非繁殖羽　颈侧有黑斑

黄腹鹨　非繁殖羽　脚黄褐色

水鹨　注意脚色深、无颈侧斑等特征

脚黑色（或深褐色）、色深，而黄腹鹨的脚为黄褐色、色浅。上海南汇泥滩的水边，水鹨和黄腹鹨都会出现，相比之下，水鹨很少，黄腹鹨的数量较多。判断时，先注意一下脚的颜色，再仔细分辨一下，比如我拍下的这只水鹨脚黑色，上体偏褐且纹路模糊，下体色浅且皮黄色不重，眼先黑色。

红喉鹨在上海算不得多见，繁殖羽如鸟名提示的那样喉部红色，并一直延伸到上胸，因此春夏繁殖期时看到的个体，很好辨认。秋冬季的红喉鹨非繁殖羽，和树鹨比，胸侧和肋部的粗纵纹不像树鹨那样在肋部变细，且上体较偏褐色并有黑纹，尾短。

北鹨的主要特征非常明显：棕褐色的上体，背部有两道非常醒目的白色长纵纹，两翼也有白色横斑。在上海见到的鹨中，北鹨的个体比较少，春秋两季过境，春天时见到的机会更多，喜欢待在鱼塘附近的草丛中，离着红喉鹨、黄鹡鸰们不远，也可能在小树林的林缘出现，但仅作短暂停留。想要在上海把鹨看得全一点儿，需要特别关注4月中下旬的那一段时间。

红喉鹨

红喉鹨　繁殖羽喉部红色、延伸到上胸

北鹨

北鹨　背部白色V字形

理氏鹨

理氏鹨　站姿挺拔的"大个子"鹨

田鹨　腿和尾较短,喙较为细长

鹨中的"大个子"理氏鹨在上海较常见,除了大热天的7、8月,几乎全年可见,比较喜欢在草地上觅食。理氏鹨站姿挺拔,而且看起来明显要比树鹨和黄腹鹨来得大不少,不是一个体形级别的。理氏鹨并不难辨认,看熟了一见便知:理氏鹨两肋皮黄色,下体只上胸有稀疏的纵纹。理氏鹨和布氏鹨、田鹨十分相似,好在这三种鹨中,上海见不到田鹨,绝大部分是理氏鹨,布氏鹨也极少出现(一般为迷鸟,只有飞迷路了,我们才有可能在上海见到它)。理氏和布氏的区别在于,布氏鹨的喙短、整体羽色偏白,中覆羽的中央黑色区域呈菱形、羽缘白;而相对的,理氏鹨比布氏鹨喙长,整体羽色偏黄,中覆羽的中央黑色区域呈三角形,羽缘浅黄。

而在冬季时的清迈,却可以同时见到田鹨和理氏鹨,见得更多的是田鹨,为当地留鸟,而理氏鹨是飞来过冬的。关于田鹨和理氏鹨的区分,羽色上,田鹨的眼先较深、耳羽的颜色较深,田鹨的中覆羽中央区域为深棕色而理氏鹨的中覆羽中央区域为黑色三角形。体形上,理氏鹨比田鹨体型大、尾长、腿长;而相对的,田鹨的腿和尾都比理氏鹨短,喙较为细长;还有一个区分点是脚趾,如果能够看清脚趾,就会发现理氏鹨的后爪特别长,后爪比后趾长很多(后爪指后趾上远离腿、更纤细的部分),而田鹨的后爪和后趾差不多长(布氏鹨的后爪则比后趾短)。我几次和田鹨相遇,都是在开阔的地方,如农田、湖面边的草坪,它们急速奔跑,搜捕昆虫,停立和吃到虫子时都会不停地摇动尾巴。

燕雀

雀形目/燕雀科/燕雀属

"燕雀安知鸿鹄之志"中的燕雀泛指燕子和麻雀,是小鸟的代称,但燕雀两字的的确确是一种鸟的标准中文名。燕雀的羽毛,黑色和棕红色交替出现,犹如在身上套了一件虎皮外衣,如此独特的外表使得它们很容易和其他种类的鸟区分,绝不会混淆。作为次要特征,燕雀还长着燕子般的剪刀尾,长而分叉。

秋季迁徙季的时候,在上海不难见到燕雀。我在炮台湾湿地公园见到过十多只一群的燕雀安稳地享用石楠的果实,它们用又尖又硬的喙夹破种皮,红色的石楠果实被它们叼得七零八落。燕雀吃各种作物,包括果树和庄稼,而且相当贪嘴,各地的农民看到它们都有点儿头疼。不过,繁殖期的时候,燕雀主食昆虫,会以益鸟的身份为北方的森林消灭不少"害虫"。

燕雀喜欢群居,生性活泼,凑在一起总是叽叽喳喳的。迁徙时也一起群飞,在空中形成鸟浪。我在上海南汇见过几十只乃至上百只的燕雀群飞,它们上下起伏、波浪式地飞行在空中,场面煞是壮观。它们一起落地,跳跃着觅食杂草种子,小小的身形铺满海堤道路边的杂草地。休息的时候,这些小家伙一个个挤在杉树枝上,

燕雀 雄鸟 繁殖羽

燕雀 雄鸟 非繁殖羽

燕雀　雌鸟　　　　　　　　　　　　　　燕雀　享用石楠果实

把树梢都压弯。

　　燕雀只有在繁殖期才会脱离群体，和爱侣双宿双飞。虽然燕雀的繁殖地在北方，但在上海有机会见到穿着漂亮黑色礼服（繁殖羽）的雄鸟（黑头、黑枕、黑背）。秋天时飞来上海的雄鸟已经换羽完成，变得和雌鸟相似。不过即便如此，秋冬季的燕雀的雄鸟和雌鸟仍然是可以分辨的：雄鸟的头部和上背更偏棕褐色，而雌鸟的耳部有灰色的耳覆羽。

黄雀

雀形目/燕雀科/黄雀属

　　照片的拍摄地为浙江省中部山区的磐安县，黄雀在浙江是冬候鸟。别看照片上显得大，其实黄雀是11厘米的小鸟。黄雀的名字来自雄鸟上体的黄色，翅翼则有黑色的条纹，雌鸟则相对雄鸟体色暗。比起同科的燕雀的喙来，黄雀的喙要短一些，尖而直，像一个镊子，黄雀就用它在球果中啄食种子。"螳螂捕蝉，黄雀在后"里的"黄雀"其实

黄雀

也是泛指,以黄雀为中文标准名的这种鸟吃得更多的是植物的果实和种子,兼食一些昆虫。黄雀爱唱歌,歌声悠扬动听。黄雀在北方被饲养为笼鸟,虽然养尊处优,却哪比得上在山区里野生更自由自在呢?

金翅雀/欧金翅雀

雀形目/燕雀科/金翅雀属

金翅雀广泛分布在中国东部大部分区域,是当地留鸟。它也是燕雀科鸟类,喙形和燕雀相仿,爱吃杂草的种子,也吃一些谷物和小昆虫。停栖时所看到的金翅雀的翅膀并非金色,只有一小点金黄色斑块,它们打开翅膀飞翔时,翅膀上才显露一条醒目的金黄色条纹。金翅雀经常成群出现,边飞边叫,飞行时振翅上升,然后收起翅膀,向下俯冲,直到下一次振翅,是一种节省能量的波浪式的飞行方式。

在上海南汇,我坐在车里,打开车窗,在望远镜里欣赏不远处几棵杉树上的一小群金翅雀,一看就是许久。这群金翅雀很安稳,一只只站在树上,或整理羽毛、或只是东张西望,偶尔有一两只从这棵树飞到边上的另一棵。这一群一共27只,它们长着好看的淡棕黄色体羽,头部的淡灰色也显得雅致(金翅雀的英文名直译为"灰顶金翅雀"),最吸引我目光的是粉嘟嘟的喙,时常嘟嚷着发出轻柔而连续的叫声,婉转动听,光听它们好听的叫声就很享受。

金翅雀　雄鸟

金翅雀　雌鸟

金翅雀　展翅时显示"金翅"

欧金翅雀

　　秋冬季时，上海南汇和崇明的金翅雀总是成群出现，在南汇看到的群体20～100只个体不等。最早在2月中旬，金翅雀的群体就开始解散了，在天马山等上海松江的山林里，我听到过单只金翅雀雄鸟在高枝上唱歌，歌声响亮，两组短促的叫声后是一个长音，然后反复。金翅雀雌雄相似，雄鸟比雌鸟体色深，头部更灰，当然，唱歌这么好听的一定是雄鸟。雄鸟求偶成功后，雌雄鸟成对活动，直到育雏完成。金翅雀的繁殖期一般在3—7月，3月初的时候，就可以看到衔草筑巢的了。

　　同属的欧金翅雀则广布于欧洲大陆，并一直分布到北非和亚洲西南部。在法国拍到的这只欧金翅雀栖坐在枝叶繁茂的树上，它身上的绿色主色调与茂密的绿叶融为一体，然而它厚实而呈圆锥形的喙，以及翅膀边缘和尾羽边缘的黄斑标识着它欧金翅雀的身份。

　　欧金翅雀爱吃蒲公英和其他植物的种子，它们和我们国内常见的金翅雀同属，只是羽色不同，并且体型略大。欧金翅雀为15厘米，而金翅雀为13厘米。

普通朱雀

雀形目/燕雀科/朱雀属

　　朱雀属的鸟类在中国能见到的有23种，大多生活在高原和北方，因非常相似而较难辨识，不过在南方相对少见。在上海南汇我只见到过一只普通朱雀的雌鸟，它隐藏在灌木丛的深处，好不容易才发现。普通朱雀的雌鸟不同于因红色而被命名为朱雀的雄鸟,外表极为朴素,上体橄榄褐色,好在翅翼上有两道白纹,喙是燕雀科的喙型,还是能够让人把它认出来。

普通朱雀并不是什么稀罕鸟,可在上海,我一共就见了这么一回,而且它还"犹抱琵琶半遮面",所以印象特别深刻。

普通朱雀　雌鸟

黑尾蜡嘴雀/黑头蜡嘴雀

雀形目/燕雀科/蜡嘴雀属

黑尾蜡嘴雀在上海是留鸟,在城市公园和绿地,有较大的概率能够见到。周末时,鲁迅公园的北门附近,树荫下总会有人在吹奏萨克斯风管。不远处的地上有一只黑尾蜡嘴雀雄鸟在觅食,一边还听着音乐。更多的时候,黑尾蜡嘴雀则是一小群一起,飞落到地面,和珠颈斑鸠一起在地上找食从树上落下的果实。

黑尾蜡嘴雀的大嘴和燕雀科其他鸟类一样呈圆锥状,强壮有力,可以咬碎果实的坚硬外壳。在秋末冬初的上海江湾林地,黑尾蜡嘴雀们常常一起站在树顶啃咬松球,它们轻轻松松地就能咬破松果的外壳,然后上下嘴左右移动,用舌头一起帮忙,

黑尾蜡嘴雀　雄鸟

黑尾蜡嘴雀　雌鸟

吃到里面的松仁,咀嚼一番后吞下肚。每吃一口,还会将不要吃的松果皮和渣渣吐出,然后再去咬下一口,就像是在嗑瓜子,吃瓜子仁、吐瓜子皮。黑尾蜡嘴雀性子沉稳,吃东西时总是慢条斯理的,反正是它们的总在那儿,又有什么可着急的呢?

初夏时,6月的一天早上,我在上海金海湿地公园看虫,忽然听到池塘对面的蜡嘴雀叫声。抬头观察,原来有一对黑尾蜡嘴雀停立在树梢上。黑尾蜡嘴雀雌雄异色,雄鸟头部黑色,雌鸟整体灰褐色,很容易分辨雌雄。这一对鸟,雄鸟沉静稳重,而雌鸟却活泼好动,不时发出轻快的叫声。雄鸟本待在比雌鸟更高的树枝上,可雌鸟纵身一跳就把雄鸟的站位给挤掉了。雄鸟大概忍让惯了,就换个低处的树枝待着。再过了一会儿,雌鸟拍翅飞离,雄鸟显得有点儿不情愿挪动地方,起先停立原地不动,可过了一小会儿,终于也跟着飞去。它们俩换了棵树继续停歇,这一次待的时间比较久,可最后也还是雌鸟领头飞离,雄鸟跟飞。看来这对蜡嘴雀夫妻,老婆为大,老公跟班。我还观察过别处的繁殖期时的黑尾蜡嘴雀,每次看到的都是雌鸟领头先飞,雄鸟跟上。

黑尾蜡嘴雀尽管以素食为主,但育雏期间,也会捕捉昆虫,提供更有营养的高蛋白给雏鸟,好让雏鸟茁壮成长。

黑尾蜡嘴雀按英文名直译就是中国蜡嘴雀,另外还有一种黑头蜡嘴雀,按英文名直译则是"日本蜡嘴雀"。黑尾蜡嘴雀雌雄不同色,而黑头蜡嘴雀的雌雄鸟同色,头部的黑色面积比起黑尾蜡嘴雀的雄鸟来得小,脸部的黑色和浅色的分界线紧贴眼睛。在上海,秋冬季总能见到几次黑头蜡嘴雀,我在南汇、星愿湖、滨江森林公园等处都见过,和黑尾蜡嘴雀混群,每一处基本都只孤单单的一个,数量少。

黑尾蜡嘴雀　它们是一对

黑头蜡嘴雀

锡嘴雀

雀形目/燕雀科/锡嘴雀属

　　冬天时,锡嘴雀会来上海过冬,我在几个大公园里都有见过。锡嘴雀比较宅,有时候安安稳稳地一站就是好久,不见它飞动,有时候反而不好找。偶遇一只,却站位很高,仰头看了很久,看得我脖子都酸了,它却还不怎么动。尽管给我看的只有正面,但喉部黑色的圆斑、短尾、和燕雀科同科鸟类一样形状的圆锥形的大嘴,毫无疑问地标识着它锡嘴雀的身份。锡嘴雀的喙尤其粗厚,强劲而有力,很容易取食各种种子和果实。

　　可是,这天没能把它拍好。过了几天,我又去到离家一个半小时的同一地点,继续守候它。等了一个多小时后,差不多和前几日同样的时间,这只锡嘴雀又出现了,它仍然选择杉树的高位,依然给我个正脸,一站就是好久。它停立的地方不仅高,身体的四周还为细密的杉树的枝条所遮挡,我绕着它转了一圈,也没找到合适的拍摄角度。这只锡嘴雀不仅宅,而且还不怎么怕人,我都到了它所在的树下,它都对我视而不见。终于,功夫不负有心人,过了一会儿,它终于起飞,这次没有飞远,落在了不远处的一棵常绿的香樟树上,而且站位不算太高,我抓住机会,总算拍到了它的标准照。

　　观鸟,看到比拍到容易,拍好更难。有时候,为了给一种鸟拍个标准照,多次去拍才终于拍到,也很正常。

锡嘴雀

锡嘴雀　喉部黑斑

顺带一提的时，锡嘴雀的拉丁学名非常长，属名和种名相同，连起来就是 *Coccothraustes coccothraustes*。

黄嘴蜡嘴鹀/橙黄雀鹀

雀形目/裸鼻雀科

我在巴西潘塔纳尔见到了黄嘴蜡嘴鹀，彼时虽是正午，但头顶的阳光透不过浓密的树冠，林中阴暗，它红色的头部仍然醒目。在潘塔纳尔，还见到一只下体全黄、前额和喉部橙红色的橙黄雀鹀。这两种鸟的名字里虽然都有"鹀"字，但并不是鹀科鸟类，它们都属于裸鼻雀科。裸鼻雀科的鸟类在英文中又被称为Tanager，音译过来就是"唐纳雀"。这一科的鸟仅分布于美洲大陆。

黄嘴蜡嘴鹀

橙黄雀鹀

红领带鹀

雀形目/雀鹀科

我是在秘鲁马丘比丘见到红领带鹀。一点儿也不怕人的红领带鹀生活在古老的石头建筑间，我不仅见到了棕红色领圈、头部黑白条纹相间的成鸟，还见到了亚

红领带鹀

红领带鹀　亚成鸟

成鸟。高山之巅的人类伟大建筑早已被古印加人所遗弃,然而鸟儿还是千年不变地在那里繁衍生息。

灰头鹀/白眉鹀/黄眉鹀/黄喉鹀/田鹀/小鹀/苇鹀/红颈苇鹀/芦鹀/栗耳鹀/黄胸鹀/栗鹀

雀形目/鹀科

鹀(读作"吴")是喜欢在地面和灌木丛觅食的鸟类,它们的主要食物为草籽和各种谷物,喙很结实,锥形,能够利索地将植物种子咬碎去壳,夏季繁殖季时也吃虫子。鹀科鸟类的体形和麻雀差不多大,而尾羽比麻雀长,飞行呈波浪形。

鹀在亚洲的种类相当丰富,在上海大多数是冬候鸟,9月中旬到次年的5月中旬,相当长的一段时间都能见到。鹀的种类不少,常见的鹀有七八种,还有一些不常见的。鹀的分辨上主要依据羽色,注意头部、胸部、两肋和腰部的羽色特征,大多数鹀的雄鸟和雌鸟羽色不同,且雄鸟有繁殖羽和非繁殖羽之分,所以辨识上也要下一点儿功夫。不过,世上无难事,和鸲鹟、柳莺、鹨等一样,鹀看熟了,也是能轻松辨识的。下面记录了我在鹀的辨识上的体会和一些观察记录,这些鹀全部见于上海。

灰头鹀是最常见的鹀的一种,灰头鹀有三个亚种:指名亚种(*spodocephala*)、日本亚种(*personata*)和东方亚种(*sordida*)。三个亚种的雌雄鸟的外貌还各不相同,

灰头鹀 指名亚种 雄鸟

灰头鹀 指名亚种 雌鸟

灰头鹀 东方亚种 雄鸟

灰头鹀 东方亚种 雌鸟

不过看多了以后，也能看熟。指名亚种的雄鸟，在三个亚种中，头部颜色最深，整个头部，包括喉部和胸部都是灰黑色的，腹部有的浅黄色、有的白色。指名亚种的雌

灰头鹀 日本亚种 雌鸟

鸟和雄鸟长得很不一样，脸基本是褐色的、眉纹灰褐色，背部的褐色比雄鸟的浅，腹部白色，胸部和两肋有许多斑纹。日本亚种雄鸟的头部也呈灰色，但喉部不灰、喉部呈黄色且有纵纹；雌鸟似指名亚种的雌鸟、眉纹黄色、腹部淡黄色。东方亚种雄鸟的头部色淡，呈灰绿色，雌鸟似日本亚种的雌鸟，但眉纹淡米黄色、耳羽和顶冠更偏褐色、腹部淡黄色。三个亚种的雌雄鸟，一共6种羽色，但

喙和脚的特征都是相同的：上喙和下喙的喙尖为灰黑色，下喙的余部为淡粉色，脚都是粉褐色。

在上海的城市公园和郊外常常能见到灰头鹀，指名亚种最常见。在南汇，三个亚种都能见到，我见到的也是指名亚种最多。它们常成群地在南汇的地上觅食，一起飞起来时，尾羽外缘的白色十分明显。它们飞落在杉树树枝上休息，好奇地东张西望，并在树枝间上下跳跃。

白眉鹀差不多是第二常见的，南汇小树林里，不少白眉鹀活动于小树林下部的灌木丛中，也和灰头鹀一起出现在鱼塘边的杂草灌木之中。白眉鹀雄鸟的特征明显：黑色的左右脸颊各有两道白纹和一条白色顶冠纹，腰棕红色，是最容易识别的鹀之一。雌鸟与雄鸟相似，头部也是五道白纹，但脸部棕色而非雄鸟的明显的黑色，所以白纹和棕色的颜色对比不及雄鸟明显。

黄眉鹀与白眉鹀相似，这两种鹀的雄鸟就像是堂兄弟似的，只不过黄眉鹀雄鸟的黑色头部上没有白眉鹀那么多白纹，最重要的一点是黄眉鹀的眉纹的前部为黄色（因此得名黄眉）。黄眉鹀的雌雄鸟也相似，但雄鸟的头顶黑色，雌鸟的头顶偏棕色。黄眉鹀很喜欢世纪公园的油菜花田，常十多只一群藏身其中。在南汇也有出现，但数量远不及灰头鹀和白眉鹀，属于不太常见的鹀。

黄喉鹀是长得好看的鹀，雄鸟繁殖羽的喉部为好看的柠檬黄色，鸟如其名，雌雄鸟都有头部羽冠（凤头），雄鸟顶冠黑色、雌鸟顶冠棕色，脸颊的颜色也是雄鸟黑色、雌鸟棕色，雄鸟繁殖羽的胸部有明显的黑色的半月形斑、雌鸟没有。雄鸟换下繁殖羽后与雌鸟相仿，但比雌鸟色深一些。黄喉鹀在秋冬季很是常见，经常成群活动。在上海，不仅南汇可见，在市区的城市公园也常常能见到。三五只黄喉鹀的小

白眉鹀　雄鸟

白眉鹀　雌鸟

黄眉鹀　雄鸟　　　　　　　　黄眉鹀　雌鸟

黄喉鹀　雄鸟　　　　　　　　黄喉鹀　雌鸟

群出没在灌木丛的底部,有的还趁游客少的时候,悄悄来到绿色的草坪上吃草籽。

　　田鹀也有羽冠,雄鸟有点儿像没有黄喉的黄喉鹀雄鸟,雌鸟也与黄喉鹀雌鸟有相仿之处。区分点在于田鹀的后颈部位,无论雌雄鸟都是栗红色,胸及两肋有棕红色纵纹,腰背有棕色鱼鳞斑。在上海,田鹀不及黄喉鹀数量那么多,见到的次数较少,而冬天时在浙江的农田见到的田鹀多。它们在地面的草丛中觅食,或跳飞到灌木丛的低处。

　　小鹀的下体偏白,两肋的纵纹黑色,头顶两侧各有一道黑色的横纹。当然,小鹀最大的特征在于栗色的脸部(脸颊边缘灰黑),被戏称为红脸鹀,还长了一个很细的白眼圈,是很容易辨认的鹀。小鹀比起其他的鹀来,体形要小一些,连嘴也小一号(上下喙都是灰色)。小鹀雌雄相似,雌鸟脸部的栗色比起雄鸟来略淡。早春时节,小鹀是南汇嘴易见的鹀,成小群活动,不在地面上觅食时,常在树上高处歇息,总是一眼就被观鸟者看到并认出。

田鹀　雄鸟　非繁殖羽

田鹀　雌鸟

小鹀　雌雄同色

苇鹀　雄鸟　繁殖羽

　　苇鹀、红颈苇鹀和芦鹀，英文名都以 Reed Bunting 结尾。Reed 是芦苇，说明这三种鸟都喜欢有芦苇的生境，它们爱吃芦苇的种子。例如，苇鹀站在芦苇的顶端，随风摇荡就像是在荡秋千，我看着觉得它们吃饭也不怕头晕；它们会像攀雀一样攀在芦苇的秆子上，啄苇秆，攀雀吃苇秆里的虫子，苇鹀吃苇秆的纤维。苇鹀在上海非常常见，数量多，有的十多只成群，有人经过时藏到苇秆的中低部，等没人时又上到芦苇顶部大吃一顿；除了在芦苇和灌木枝头，也经常能见到苇鹀在地上蹦跳和快走，在杂草中吃草籽；晚上睡觉时则躲在杂草堆里，观鸟去早了，走路时会一不小心将数只苇鹀从草堆中惊起。

　　比起苇鹀来，红颈苇鹀是"稀罕货"，我找了好久，才找到一只。在镜头里，红颈苇鹀的非繁殖羽，脸部的深浅斑块和条纹的界限清晰、耳羽色深（偏黑）、眉纹和颊纹色浅（偏白，因此与耳羽对比明显），下体的颜色显栗红色，与苇鹀相比明显不同。苇鹀雄鸟非繁殖羽和雌鸟的耳羽色浅，下体白、不显栗红色。在上海，几乎看不到头部全黑的红颈苇鹀的繁殖羽,而苇鹀雄鸟的繁殖羽则有机会看到:从非繁殖期的整体皮黄色变为头部的黑色加一条白色的宽颊纹和白色的宽领圈,背部看不到棕褐色了,以黑色为主、有白纵纹。

红颈苇鹀尽管并不和同一区域里的苇鹀混群,而是单独活动,但和苇鹀待在同一个很大的区域,看几十只苇鹀也找不见一只红颈苇鹀。在一大片芦苇地和灌木丛中找到一只红颈苇鹀,就像在一大群红颈滨鹬里找到一只小滨鹬、在一大群体型小的鸻鹬中找到一只剑鸻,一样极具挑战性。我找了好多次也找不见,后来真的找到它了,就像找到宝贝似的,让我高兴了一整天。

芦鹀在英文里叫Common Reed Bunting,但在上海一点儿也不普通,很难得一见。芦鹀的特征是小覆羽栗色,区别于苇鹀和红颈苇鹀的小覆羽灰色;芦鹀的喙

苇鹀 雄鸟 繁殖羽 黑色的头部和喉部,喙上黑下粉

苇鹀 雌鸟

红颈苇鹀 非繁殖羽

芦鹀 雄鸟 小覆羽棕红色,喙厚重、上下一致的灰黑色

比起苇鹀和红颈苇鹀的喙来，明显厚，上下喙均为灰黑色。我在上海拍到过的芦鹀，是 *parvirostris* 亚种的雄鸟，秋天时见于南汇的鱼塘边。

栗耳鹀我在崇明的农田里见过，在南汇数量也不少。除了6—9月天气热的4个月，其他月份在上海都有栗耳鹀的记录，是冬候鸟。春天时，栗耳鹀的雄鸟的羽色，逐渐向繁殖羽过渡，如同名字中"栗耳"两字所描述的那样，栗色的耳羽和灰色的头顶与颈侧形成鲜明的对比。冬天时非繁殖期的雄鸟(以及雌鸟)，耳羽的栗色变淡，且头顶也变成淡棕色，对比不明显。栗耳鹀下体的特征也很明显，胸部有较密集的黑白色的纵纹，纵纹之下还有一道栗色的横纹，正脸对着我时尤为突出。栗耳鹀除了在南汇小树林附近的杂草堆里活蹦乱跳地觅食，也很喜欢待在南汇的农田和芦苇荡里。

秋天，稻谷沉甸甸的时候，和栗耳鹀同时出现在南汇稻田里的还有黄胸鹀。黄胸鹀又名禾花雀(禾者，稻谷也)，曾是一种常见的、大群出没的鸟，然而在中国南方

栗耳鹀　雄鸟　繁殖羽

栗耳鹀　雄鸟　向繁殖羽过渡

栗耳鹀　雄鸟　非繁殖羽

栗耳鹀　雌鸟

黄胸鹀　第一冬亚成鸟　拍摄于上海浦东稻田中

黄胸鹀　雌鸟

栗鹀　雄鸟　非繁殖羽

的一些省份，因为被作为"滋补食物"（其实不是）而放上餐桌，在过去的二十多年中，竟然被人类吃成了濒危鸟类。2017年，黄胸鹀被IUCN列入极危（CR）物种的名单，再不加以重点保护，就会像20世纪初在北美生活的旅鸽那样，从数量极其丰富，到被人类猎杀至灭绝。

黄胸鹀的雄鸟繁殖羽非常漂亮，脸部和喉颈部黑色，下体嫩黄色，上胸有一条栗色胸带；雌鸟和非繁殖羽的雄鸟相像，但有淡眉纹，中覆羽上有明显的白斑，下体的黄色十分明亮；第一冬亚成鸟两肋和胸部有大量的竖条纹。黄胸鹀，上喙灰色，下喙粉色，脚粉色。2018年的秋天，在南汇的农田，我看到了12只黄胸鹀，它们从芦苇丛飞入另一侧的稻田，攀在稻秆上，噌噌噌往下爬，悄悄地躲起来吃稻米，其中有几只还是当年刚出生的第一冬亚成鸟。这一幕，让我看了非常欣慰。希望黄胸鹀受到严格的保护，免遭猎捕，种群数量能够逐渐恢复。

栗鹀是我看过的鹀里好看的一种。栗鹀的雄鸟繁殖羽，头部、上体和胸部为栗色，腹部为黄色，这个颜色太好看了！栗鹀的雌鸟有点儿像黄胸鹀雌鸟，腹部淡黄，但体形要小一号。能在上海看到的栗鹀数量不多，春秋迁徙季时仅有少量个体短暂停留，看到一只栗鹀我就会高兴老半天，它们实在是好看的小鸟。

以上这些鹀的照片均在上海拍得。

非洲鸵鸟

鸵鸟目/鸵鸟科

在肯尼亚的非洲大草原和南非好望角的海边山冈上我都见到过非洲鸵鸟，非洲鸵鸟是鸵鸟目下的唯一一种鸟，仅生活于非洲东部和南部。在好望角见到的那只非洲鸵鸟是南非亚种，长着细长而灵活的脖子，大眼睛，体羽棕灰色，这是一只雌鸟。没有非洲鸵鸟雄鸟那黑白相间的醒目体羽，这有利于雌性在白天孵卵时进行伪装。非洲鸵鸟和美洲鸵鸟在繁殖期都是混合交配，属于极少数采用"混交制"的鸟类，而且不同的雌鸟会将卵产在同一个窝里。

非洲鸵鸟拥有多项鸟类的第一：它们产下的卵是世界上最大的鸟蛋，平均长度16厘米，比很多雀形目小鸟的体长都要来得长，鸵鸟蛋是鸡蛋的20多倍大；它们是跑步高手，是跑得最快的鸟，鸵鸟最快70千米/小时的跑速比大多数雀形目鸟类飞行时25～40千米/小时的飞行速度都要来

非洲鸵鸟　雌鸟

非洲鸵鸟　群体中体羽黑色、体形大的为雄鸟

得快；它们在鸟类中体形最大、脚最长，光腿的部分就可达1.2米。雌鸟的双腿一般没有雄鸟的那么粗壮，我眼前的这只看起来腿偏细。

那时我躲在车里观察它，这只非洲鸵鸟却掀开尾羽撒尿，搞得我像是在偷窥它的不雅举止似的。绝大多数的鸟类为了适应飞行，体内不贮存粪便，有粪即排，也没有膀胱，不贮尿。鸟儿在枝头直接排泄或是边飞边排的场景司空见惯，不过鸵鸟体形巨大，撒起尿来尿量充沛，实在有点儿惊人！

这只非洲鸵鸟撒完尿就走远，见不到了。我还没看够，倒希望它再多撒一会儿。好望角风景优美，回头看看拍下的照片，其中却有鸵鸟尿尿的场景，不禁哑然失笑。

大美洲鸵

美洲鸵鸟目/美洲鸵鸟科

在巴西潘塔纳尔的开阔草原上我见到了大美洲鸵，大美洲鸵比起在非洲见到的非洲鸵鸟来，体形要小得多。非洲鸵鸟是世界上最大的现存鸟类，非洲鸵鸟的高度可达2.5米，平均为1.8米，而大美洲鸵的高度只有1.2米。另外，非洲鸵鸟只有两趾，而美洲鸵鸟有三趾，在动物分类上，美洲鸵鸟目和鸵鸟目（非洲鸵鸟）是两个不同的目。

大美洲鸵

我看见大美洲鸵时，它正在进食，不时地抬头四处张望。我站着观察了它好一会儿，它注意到了我，慢悠悠地踱步走远了。鸵鸟有着非常灵敏的视觉和嗅觉，一察觉危险，便迈开大步走开，一个跨步可达5米，并且健步如飞，时速可达50～70千米，相当于城市里开车的速度，不一会儿就能逃得无影无踪。鸵鸟是少数几种不会飞的鸟之一，它们的翅膀退化，但翅膀能够在鸵鸟躲避危险而快速奔跑时帮助保持身体平衡。这只大美洲鸵慢腾腾地走开，说明我并没有让它感到特别紧张。

秘鲁企鹅/南非企鹅

企鹅目/企鹅科/环企鹅属

　　我在野外第一次看到的企鹅是秘鲁企鹅(洪氏环企鹅),地点在秘鲁的鸟岛。秘鲁的鸟岛上空,一大群一大群的鸟儿飞来飞去,秘鲁企鹅却不会飞,但这并不影响它们的鸟类身份,企鹅、鸵鸟、几维鸟都不会飞翔,但它们拥有所有鸟类唯一的共同特征:羽毛。

　　坐在快艇上远远见到它们时,三只秘鲁企鹅正步履蹒跚地在鸟岛的陡峭岩石上攀爬。别看它们在陆地上是如此窘态,一入水,那可就成了健将。企鹅的游泳和潜水的本领高强,它们的翅膀退化成了鳍状肢,用鳍状肢在海中划水就像用翅膀在水中飞翔,一次划水就能游很远,企鹅是游泳速度最快的鸟类。飞鸟的骨骼普遍轻且中空,而企鹅的骨骼密度高,利于它们在海中下潜。

　　企鹅的羽毛短而密,不仅使得企鹅呈适宜潜水的流线形,而且这种羽毛的防水性能极佳。绝大多数的企鹅生活在南极地区,因此细密的羽毛加上厚达2～3厘米的皮下脂肪,还能够帮助企鹅在寒冷地域御寒。不过,秘鲁企鹅生活的地区已属亚热带,尽管这里有秘鲁寒流,但这个区域还是要比南极地区温暖许多,秘鲁企鹅身上不能穿得太厚,为此它们进化出了更短小的羽毛。秘鲁寒流不仅让海水凉爽,

秘鲁企鹅　攀登岩石

秘鲁企鹅　喙基部和眼先等粉色

而且带起了海底深层的营养物质,海域中丰富的养分保证了企鹅爱吃的磷虾、沙丁鱼等鱼虾类食物的充足供应。

秘鲁企鹅的胸部有明显的黑色的胸带,头部有白色侧线,喙基部是好看的粉红色。秘鲁企鹅仅分布于南美洲的西岸,数量较少,属于濒危物种(易危,VU)。鸟岛是它们的主要繁殖地之一,期望在人类的保护措施下,秘鲁企鹅能尽快扩大种群。

我见到的最大数量的企鹅群是在南非开普敦的西蒙镇海边,那里生活着南非企鹅(斑嘴环企鹅)。前去观看南非企鹅的那天,碧海蓝天,白云朵朵,黑白相间的企鹅小精灵们在海滩上摇摇摆摆地走路,还有一些在海中游泳戏水。企鹅从海滩下水时,一个个排着队,肚子贴着沙滩滑行后入水,样子滑稽可爱。

南非企鹅在海中寻找食物,它们能够在海水中敏捷地穿梭,轻松地潜入水下,不一会儿,又浮出水面,在再次下潜之前深吸一口气。南非企鹅爱吃非洲南部海域中的沙丁鱼、凤尾鱼等小鱼,也吃乌贼。有时候,它们就在海中休息,头部露出海平面,用鳍状肢和双足来平衡身体,漂浮在水面上。

南非企鹅 嘴上有斑点(斑嘴)的小可爱

南非企鹅 两位绅士

南非企鹅　入水游泳

南非企鹅　肚皮贴着地上岸

　　南非企鹅并没有固定的繁殖季节,随时可以生育。海岸边岩石间的绿草丛中有一对企鹅爱侣旁若无人地亲嘴,海滩另一边,半大的幼鸟还披着褐色羽毛,企盼着早日换上成鸟才拥有的帅气礼服。

　　我在上海动物园也见过南非企鹅,但亲身来到南非,在大自然里见到企鹅的各种生活场景,欣赏蓝天白云下大群野生企鹅的长幅画卷,绝对更能打动人心。西蒙镇的南非企鹅种群大约有3 000只,这要归功于当地居民的保护,30多年前还只有一对南非企鹅来这里的海滩筑巢,如今已经家族兴旺。

小企鹅

企鹅目/企鹅科/小企鹅属

在新西兰南岛的东岸，有一个小镇叫奥马鲁，能看到小企鹅（小蓝企鹅）。小企鹅早出晚归，整个白天都在大海里觅食。此处海域风浪很大，然而小企鹅们浑然不惧，它们天生一副游泳的好身手，在海中捕食鱼类、鱿鱼和其他一些小型水生动物。它们的舌头上长有肉刺，更便于张口时把猎物钩住。

在陆地上，白天是见不到小企鹅的，得等暮色降临，而且必得等天色全暗，它们才一个个悄悄地游上岸。在岸边初见时，夜色中觉得它们好小好小！小企鹅是17种企鹅中最小的一种，体长约40厘米，体重约1公斤。

上了岸后，它们先抖落身上的海水，理理羽毛，然后得穿过海边的公路回夜栖地。奥马鲁小镇的居民夜间开车时，都会小心翼翼，以免伤害到这些企鹅。小企鹅和所有的企鹅一样不会飞翔，而且也不善于奔跑，在陆地上完全没有自我保护的能力，有赖于人类的善待。

我在岸边看过小企鹅上岸后，走在回住处的路上时，在镇上的一栋房屋的墙根竟然又见到了三只小企鹅，它们走在了大街上！这样看来，小企鹅不就是小镇居民中的一员吗？在城市昏暗的路灯下，我看清了小企鹅身上的蓝色羽毛和粉红色的脚，它们小小的身材，鳍状肢短小，走路摇晃，不时伏下身子，一副怯生生惹人怜的样子。

小企鹅　晚上从海边岩石上岸

小企鹅　夜宿城市中

兽类（哺乳动物）及
爬行纲、两栖纲、蜘蛛纲

普通非洲象

长鼻目/象科

　　象在世界上一共三种：亚洲象、非洲森林象和普通非洲象。亚洲象生活在东南亚和南亚，在我国的西双版纳也能见到野象。非洲森林象主要分布在非洲中西部（比如刚果）的热带雨林中，虽然同在非洲，但非洲森林象和普通非洲象在250万年前就在进化路上"分道扬镳"了，非洲森林象的体形要小一些、耳朵较圆、象牙较直，我从未在野外见过非洲森林象。

　　我在非洲两处见到过普通非洲象，一处是纳米比亚的埃托沙，另一处是肯尼亚的马赛马拉。纳米比亚的埃托沙是沙漠干旱地带，我见到的是一只体形巨大的公象，在炎热的正午，正急匆匆地赶往水塘喝水。干旱地区的水塘对于大多数草食动物来说是充满诱惑却又非常危险的地方，而对于世界上最大的陆生动物非洲象来说不是，没有任何肉食动物可以威胁到一头成年的公象。

　　非洲象成家族生活，它们是母系社会，母象和小象共同生活，小象由母亲和姨

普通非洲象

妈们共同养育长大，而一个象群的家长由年纪最长、经验最丰富的母象担任，在象群中决定一切。象不仅食量很大，而且需要大量饮水，在干旱缺水的旱季，象群首领以丰富的生存经验带领象群成员长途跋涉，去寻找水源和食物。

普通非洲象　一头孤独的公象

公象长大成年后要离开象群，只有当象群中有母象进入发情受孕期时，才有公象加入。我在马赛马拉拍到过两头公象为此而象鼻卷在一起，用象牙格斗的场面。其他的时候，年轻的公象组成单身群，活动于母象群的外围，而年长的公象独居，我在纳米比亚拍摄的就是一头独居的公象。

普通非洲象　争斗

岩蹄兔

蹄兔目/蹄兔科

岩蹄兔

蹄兔自成一目——蹄兔目,蹄兔目下只有一个蹄兔科,共4种。蹄兔的血缘并不和兔形目的兔子接近,而是和有蹄类动物更接近,血缘最近的是长鼻目(大象)和海牛目(儒艮)。

我在南非海岸线上见到的是岩蹄兔,岩蹄兔广泛分布于非洲大陆的大部分地区。一般说来,岩蹄兔群居,喜欢挨在一起取暖,可是我见到的仅是一只岩蹄兔。阳光明媚的午后,它在灌木丛边的一块岩石上晒太阳,不晓得它的小伙伴们是不是还在某处躲着睡午觉。

岩蹄兔脚底的肉垫会分泌有黏性的分泌物,并且脚趾有较强的抓握力,能够"飞岩走壁",所以得名岩蹄兔。这只蹄兔身材圆胖,身上长着棕灰色的皮毛,短而浓密;小圆耳朵,黑鼻子,黑嘴唇,一对黑而大的眼睛,傻乎乎地看着我,一副呆萌的样子。等我看够它了,刚开始移动脚步,它就躲入了身后绿色的灌木丛。灌木丛既是它的藏身之处,也是它的饭堂,因为岩蹄兔吃各种植物。

兔/鼠兔

兔形目/兔科和鼠兔科

兔形目下有兔科和鼠兔科,它们的耳朵和脚差异明显。兔科长着一对长耳朵,鼠兔科的耳朵又短又圆,有一种别样的可爱。兔科前肢短,后肢长,奔跑迅速,而鼠兔科四肢等长,几乎跑不快,鼠兔的躲藏方式是就近躲入它们的地穴或岩缝中。

兔　拍摄于美国加州

兔　拍摄于新西兰

　　我在内蒙古和青海都见到过鼠兔，在内蒙古阿尔山见到的鼠兔，独居，喜欢栖息于岩石附近；在青海湖附近见到的鼠兔，群居，在牧场的地面挖洞居住。鼠兔比较怕热，喜欢凉爽的环境。

　　兔科下的野兔在国内见得很少，国内的野兔惧人，主要在晚上活动。在国外倒是常能见到，即使是在白天，比如在新西兰的蒂卡波湖畔，在北美的加利福尼亚，在南美的巴塔哥尼亚的阿根廷山区等我都看到过。国外的野兔虽然容易见到一些，但一样见了人就跑，毕竟野兔的天敌除了哺乳纲食肉目动物、鸟类中的猛禽，还有人类。天敌虽多，好在野兔的繁殖率很高，它们不仅性早熟，而且一年生好几窝，一窝生好多个。

鼠兔　拍摄于内蒙阿尔山

鼠兔　拍摄于青海青海湖

赤腹松鼠/金背松鼠/白背松鼠

啮齿目/松鼠科/丽松鼠属

赤腹松鼠

若论在上海容易见到的哺乳类的野生动物，大约就是赤腹松鼠和黄鼬（黄鼠狼）了。黄鼬虽见到多次，但其行动迅捷而隐蔽，往往只看得一两眼即消失不见。赤腹松鼠在树上有安稳的时候，且在松江佘山、天马山等山林和一些城市公园（世纪、共青、中山、徐家汇等公园）里都有野生的个体，比较容易观察。

赤腹松鼠的背部褐色，和树干的颜色几乎完全一致，若是没有看到它在树间跳跃或攀爬，倒也不容易发现。上海只有这一种松鼠，所以定种上没有什么问题，尽管腹部和四肢内侧的赤红色的特征不一定看得到，被腿挡着，偶尔它直起身子或是抬脚挠痒时才看得清楚。赤腹松鼠若是伏在树上，低着头、尾巴藏于身时，它看起来就是一只大一点儿的家鼠。作为啮齿目动物，松鼠本就和家鼠是近亲，在树干上拖着长而蓬松的长尾巴爬动时，才显出松鼠的气质来，样子憨憨的。它时不时地还如飞鸟翘尾一般颤动尾巴。松鼠的身子并不重，爬在细枝干上，枝干也不下沉，能承受得住它的重量。冬天时，它在树上到处啃树皮，细树枝的树皮、粗树干的树皮，哪儿都不放过，有一处断枝似乎是它的专属食堂，较粗的枝干已被它啃得能见到内部白色的树心。经常啃硬东西，也能避免它不断生长的门牙长得过长。

赤腹松鼠

赤腹松鼠　在树干上攀爬自如

花季时，赤腹松鼠会和鸟儿一起分享花朵，比如茶花。它们也吃嫩芽、叶子、果实或种子。若是能吃到鸟窝里的鸟卵和雏鸟，它们也会扮演坏蛋的角色。秋天时，它们会收集果实，藏于树洞，甚至埋于土中，在寒冷的冬天时再找出来加餐，确保过冬必需的脂肪供应。

赤腹松鼠　露出赤红色腹部

赤腹松鼠不仅在树上活动，也会下到地面，它粗壮的后肢十分有力，在地面快速跳跃时就像飞起来似的；若是安安稳稳地走，它会时不时地半立起身子，时刻关注周围，绝不疏忽大意；在树根边的较为隐蔽之处，则会用双手捧起落在地面的松果吃，一副可爱相。

春天时，赤腹松鼠会发出类似鸟类的鸣叫，我刚开始自然观察时还真以为是鸟叫，走近了才看清是赤腹松鼠在边叫边翘动尾巴。为了争偶，雄兽之间也会发生争斗，来一场松鼠大战，并通过喷尿来划出领地。它们在高大乔木的树洞或树杈间筑巢，上海的赤腹松鼠在各处均有野外繁殖。赤腹松鼠并非没有天敌，凤头鹰等猛禽能够捕获赤腹松鼠，上海市中心的中山公园里就曾频繁上演这一幕，一只只赤腹松鼠都成了凤头鹰的食物。

金背松鼠

冬天在清迈的时候，我走在泰国北部的清道山的石台阶路上。石阶上有一些落叶，以及漫长雨季的雨水所养育的青苔，我偶遇了这只金背松鼠，它正穿过石阶。我停下脚步，远远地看着它，只见它爬上一棵古树，没爬到半截，又爬了下来。这只松鼠的尾巴很长，尾长大于头到臀部的身长，灰色的脚，尾巴主要也是灰色的，只有尾尖是黑色，背部是好看的

金背松鼠

金褐色，符合一只金背松鼠的指名亚种的身份。金背松鼠的英文名叫Grey-bellied Squirrel，直译是"灰腹松鼠"，它的腹部不同于赤腹松鼠，是银灰色的。

金背松鼠有树栖性，日间活动，多在低地的林地出现。当时我所处的山地海拔1 500米，是金背松鼠活动的海拔高度的上限。金背松鼠的原生地虽然就是泰国，但那里也并不常见。

白背松鼠

我在居住的清迈的院子里，经常见到两对可爱的松鼠。一对是棕红色的，一对是灰色的，可是它们却是同一种松鼠，英文名叫Variable Squirrel，拉丁学名*Callosciurus finlaysonii*，和赤腹松鼠、金背松鼠同为丽松鼠属。Variable是"变化的"的意思，这种松鼠颜色多变。

背部棕红色的那对，一天中在不同方向和强度的阳光的照耀下，背部显出棕红色或棕灰色两种不同的颜色，而腹部是浅灰色，眼圈周围则有一大圈白色。灰色的那对也因为光线的缘故，灰色显得时深时浅，但从头到尾，上下体的颜色一致。

这两对松鼠身形灵活，它们在树上迅捷地爬上爬下，偶尔在树间跳跃，就像是鸟在飞翔！谁都知道松鼠爱吃坚果，其实它们也爱吃树上的嫩茎和嫩芽，还不时啃树皮，在树上活动时把树叶弄得哗哗响。我有时候在屋顶晒太阳，经常见到它们在屋檐上快速地跑，拖着软蓬蓬的大尾巴，偶尔还上演松鼠大战，实在逗人。

白背松鼠　灰色型

白背松鼠　棕色型

欧亚红松鼠

啮齿目/松鼠科/松鼠属

上面写到的3种南方的松鼠都属于丽松鼠属，而欧亚红松鼠则属于松鼠属。欧亚红松鼠广泛分布于亚欧大陆的北方，亚种很多，在中国东北生活的叫做北松鼠（欧亚红松鼠的东北亚种），毛色并不是红色的，秋天时我在黑龙江见到过，背部毛色为黑色，耳边有鬃毛，个头比较大。

欧亚红松鼠喜欢树栖，比起在地面，更喜欢在树上活动。东北出产的松子和榛子等坚果是它们的最爱，为它们提供了高脂肪和高热量，所以北松鼠在林区里更常见。

欧亚红松鼠

明纹花松鼠

啮齿目/松鼠科/花松鼠属

每年1月的时候，泰国北部1 000米海拔以上的山地，樱花树满树开花，可爱的明纹花松鼠出现在了粉色的花丛中。它小巧玲珑，体形只有金背松鼠的一半大，比起金背松鼠蓬松而粗长的尾巴，明纹花松鼠的尾巴很细，尾巴和身体等长，或者比身体稍长一些。当它在树干上，把背部完全展现在我面前的时候，我可以清晰地看到它背部显而易见的黑白相间的长条纹，每一根黑条纹总比相邻的白条纹来得粗一些，而且最中间的那条黑条纹似乎最黑。当它在树枝上的时候，我看到的是它可爱的侧面，它的白条纹一直延伸到眼睛的下面，穿过整个小脸，直到嘴边。

无论从它的背面看，还是从它的侧面看，都能观察到它耳朵上方的一小簇耳羽，白色的，让它显得更可爱！除了樱花外，刺桐花盛放的时候，也经常能见到明纹花松鼠。这些美丽的花树，在花季的时候，不仅吸引着各种鸟儿，也吸引着松鼠来

明纹花松鼠

明纹花松鼠　和树干色相仿,背上条纹、白色耳羽

光顾,它们分享着花朵和花蜜,比起鸟儿来,无疑松鼠吃起来的效率更高。拍摄树上的松鼠有时候不比更小的鸟儿来得容易,尤其小巧玲珑的明纹花松鼠移动起来十分迅速,一跳能跳很远。我尝试用我手上的相机拍录它在树上的活动,需要反应迅速,才能准确跟踪。

北极地松鼠

啮齿目/松鼠科/黄鼠属

　　在美国阿拉斯加的迪纳利国家公园,我停步抬头观鸟时,听到了脚边的吱吱声,低头一看,见到了可爱的北极地松鼠,它正在岩石边的洞穴口探头探脑。过了一会儿,它居然无视我的存在,大胆地走了出来,还站了起来。这只北极地松鼠的头顶、背部和腹部都长着淡红棕色的毛,红棕色中还夹杂着少量的灰色,前肢和脸颊尤为明显。它的前肢很短,长着五趾,后肢的脚趾看起来更长,只有四趾。地松鼠基本上都在地面活动,它们杂食,以植物为主食,也吃各种昆虫和腐

北极地松鼠　地面活动

肉；有自己的洞穴和地道，会把食物贮藏其中。一般来说，树松鼠不冬眠，而地松鼠冬眠。

那天在北极地松鼠的不远处，我还见到了一只赤狐，赤狐正是地松鼠的天敌之一。

北极地松鼠

花鼠

啮齿目/松鼠科/花鼠属

旅行到大兴安岭的林区的时候，我常常在白桦林间见到可爱的花鼠。花鼠的特征很明显，背部有5条明显的黑纵纹，因此别称"五道眉"。尽管背部都有条纹，花鼠和我在泰国看到的明纹花松鼠只是同科而已，两个物种外形不同，花鼠的中间黑纹最长，一直延伸到头顶，尾巴扁平，中间褐色四周一圈黑色；分布地也不同，花鼠仅分布在北方：中国的东北和华北，俄罗斯，朝鲜；并且在分类上，别看花鼠属和花松鼠属只差一个字，却是两个不同的属。

花鼠半地栖，既在树上活动，也常常下到地面活动。在东北见到的花鼠就常常在地面找食，它们爱吃人类丢弃的各种食物，比如苹果的核、果皮和各种零食。

花鼠

花鼠　背部"五道眉"

花鼠的口内侧有颊囊,常常被食物塞得满满的,一副可爱相。花鼠在树根部挖有巢穴,晚上在巢穴中睡觉,冬天在巢穴内冬眠。在冬季来临之前,会搜集和贮存坚果和种子,比起同在东北生活而没有颊囊的欧亚红松鼠来,藏食物时有颊囊的花鼠可以少跑几趟。

水豚

啮齿目/豚鼠科/水豚属

硕大的水豚和小小的地松鼠同属啮齿目,因为它们有着啮齿目共同的特点:上下颌各有一对门齿,而且门齿总是在生长,有增大的咀嚼肌肉用来帮助咀嚼,下颌能够在垂直和水平两个方向移动。

水豚是啮齿目体形最大的动物,成年水豚约有1米长,60千克重。水豚不杂食,主要咀嚼禾本科植物。它们喜水,属于半水生。水豚的脚趾间长有不完整的蹼,有利于它们在水中游泳和潜水。比起同目的松鼠和鼠类,水豚的尾巴早已退化。它们的四肢短,却很结实,足以支撑起它们硕大的身躯。水豚的眼睛和耳朵都长在头顶,这样它们在游水时仍能眼观六路,耳听八方。

我在巴西潘塔纳尔湿地见到了许多水豚。水豚皮糙肉厚,而且群体行动,看起来一点儿也不怕湿地中的凯门鳄。它们性格温和、淡定、胆大不慌。我曾见到过十几头水豚组成的方阵正要渡过一个水塘,而在岸边有数十条凯门鳄列队,双方对阵,互视良久,后来一个领头的水豚率先登上了岸,后面的水豚方队紧跟而上。对于成年的水豚,鳄群没有胆子发起攻击。

水豚

水豚　和凯门鳄对阵

纹鼬/黄鼬

食肉目/鼬科/鼬属

见到纹鼬时，我被这小家伙惊艳到了。那是在泰国最高峰因他侬山上，过了第二检票口，右手边有一条徒步小道。一般的游客不知道这条道，更不会有人去走。我为观鸟去走过几次，每次都只我一人。

这一天的下午，我快走近那棵横倒在路中央的大树时，忽然发现树干中央的树洞口似乎有一只小动物。我赶忙

纹鼬　背上的奶白纹

停下脚来,驻足观望,原来是一只鼬!我站在原地不动,它也在洞口好奇地看着我,把可爱的小脑袋露出洞外。

我一动也不敢动,生怕惊吓到它。我观察了它许久。它长着两只短而圆的小耳朵,一对乌黑发亮的小眼睛,还有白眼圈;背部是好看的红棕色。它略仰头的时候,显露出淡黄色的下体;它头往外低伸的时候,我看到了它背部略有凸起的细纹。东南亚一共有5种鼬,只有纹鼬这一种鼬的背上有奶油色的细纹,绝无其他类似的物种,它就是纹鼬了!

虽然是正午阳光最强的时候,浓密的树叶却遮挡了日光,在有点儿阴暗的光线下,我还是用长焦相机拍到了纹鼬的照片和视频。后来查英文的书,讲纹鼬居住在山区的常绿林中,喜欢捕食一些小动物,但是野外的目击记录很少。看来我这一笔记录也是弥足珍贵。当时我想更接近它一些拍摄,才迈了两步,它就躲入洞中,消失不见。

黄鼬就是我们熟知的黄鼠狼,会在上海市区的一些小区出没。郊区的南汇等地也生活着黄鼬。它们不仅在晨昏较为活跃,并且大白天也活动,它们蹦跳着奔跑行动十分迅速。市区的黄鼬的主要食物是鼠(它们很能钻鼠洞)和其他一些杂食(包括城市垃圾),而在南汇芦苇荡的湿地里则还能看到黄鼬捕捉到鱼。黄鼬能游泳,捕捉到鱼后叼到岸上草丛边来吃,没一会儿就吃到肚子里,还伸出红红的舌头舔舔嘴。

纹鼬 发现时的生境

黄鼬 黑脸

黄鼬 口中捉到一条鱼

黄鼬体色黄，俗称黄皮子，拖着长长的黄色尾巴（体长腿短），脑袋小小的，黄色的头部长着一个黑色脸罩。正脸看一看萌像，侧脸看，特别是张着嘴时就会显出凶猛的兽性来。拍摄到黄鼬比见到黄鼬难，更难得的是我拍到了它吃鱼。黄鼬聪明而警觉，以前曾遭到人类的大量猎杀，十分注意保护自己。

海獭

食肉目/鼬科/海獭属

和在泰国山地森林中见到的网纹鼬、在上海见到的黄鼬一样，海獭属于鼬科，身体长，四肢短，但海獭生活在海洋上，是最小型的海洋哺乳动物。比起生活在陆地上的同科的鼬、貂、獾来，海獭长有明显的脚蹼，极少上岸，大多数时候就是以憨态可掬的仰泳姿势漂浮在海面上，它们还会捂脸、会牵手，我觉得它们是海上最可爱的动物。

我在阿拉斯加的海域中见到过三只海獭，每个之间保持着一定距离，都蜷缩着前爪仰躺在海面上，其中一只正在用前肢来梳理毛发。海獭的皮下脂肪较少，生活在这个寒冷的水域，它们依靠浓密的皮毛给小小的身体保暖。然而，正因为海獭的毛皮细密，它们曾被人类大量猎杀，直到禁猎后种群数量才有所回升，但仍属于濒危（EN）物种，且分布范围狭小。

海獭很聪明，是为数不多的能使用工具的动物。它们以高超的潜水技术潜到

海獭

海獭 喜欢仰身

海床，捕起贝类，同时它们会同时收集一些石块，浮上海面后，继续仰躺着，在肚子上用石块敲碎贝类取食。海獭的肚子不仅是它的餐桌，还是它们的育婴床，虽没亲眼见过，但想象一下它们把孩子抱在肚子上浮水会有多萌！

　　海獭晚上喜欢睡在有海藻之处。睡觉前在海藻上打几个滚，借此固定身体，这样沉睡时就不会被海浪冲走。海獭还是海藻的"恩人"，除了贝壳，海獭也吃海胆和海螺，从而保护海藻不被海胆和海螺过度食用，维护了生态平衡。

赤狐

食肉目/犬科/狐属

　　照片上的是一只赤狐的阿拉斯加北方亚种，拍摄于阿拉斯加的迪纳利国家公园。那时我在公路边走着，忽然一转头，在不远处的山坡上发现了这只赤狐。它停留在那里像是在寻找食物，见我正在看它，连忙一溜烟地跑开了。

　　那时正好有一辆国家公园的绿色工作车开来，车上的公园管理人员也停车观察了它一会儿。赤狐沿着公路一路跑远，公园的管理人员和我都没有再跟踪它，这是观察野生动物的准则之一。

　　赤狐是小型犬科动物，也是自然分布最广泛的一种犬科动物，在北半球从寒带到亚热带都有分布，而在南半球，作为100多年前被引入的入侵物种在澳大利亚也有分布。赤狐有着敏锐的视觉、听觉和嗅觉，它们聪明狡猾，会悄悄潜行，跟踪

赤狐

赤狐 瞅瞅它的脸

猎物，主要捕捉兔和鼠。在阿拉斯加的迪纳利，北极地松鼠也是赤狐的猎物之一。赤狐不挑食，同样也吃蛙、鸟、甲虫、蚯蚓等，以及浆果和谷物，能够以各种食物在野外为生。在英国的许多城镇、欧洲大陆和北美大陆的一些城市，人类丢弃的食物也吸引到了赤狐，相当一部分数量的赤狐开始转而在城市生活，甚至大摇大摆地走上了街头。

大耳狐

食肉目/犬科/大耳狐属

　　傍晚时分，开车快接近苏丝斯黎（纳米比亚）的时候，我在沙漠地带发现了三只小狐狸，这让我马上想到了沙漠之狐。这种狐狸超级可爱，小小的脸，却长着大而圆的耳朵，两只大耳朵的面积甚至比脸都大。这就是大耳狐！

　　三只大耳狐见我们停车，其中的两只快跑离开，而最后面的一只回头注视了我们几秒钟，我赶忙拍下照片。不一会儿它也很快跑走，消失在了灌木丛之中。非洲的狐狸可比狮子更不容易看到，

大耳狐 拍摄于纳米比亚

大耳狐基本都是夜间活动,白天则喜欢躲在洞穴中以躲避沙漠地带的炎热。大耳狐仅分布于非洲,有3个亚种,我在纳米比亚见到的是指名亚种。大耳狐的牙齿小,主要吃白蚁和蝗虫等,一般成家庭生活,共同觅食。

阿根廷狐

食肉目/犬科/伪狐属

阿根廷狐

　　阿根廷狐的英文名为Grey Zorro(南美灰狐),生活在阿根廷南部的巴塔哥尼亚地区,我在巴里洛切市的郊外见到过一只。尽管身属食肉目,但除了捕捉鼠兔类小型哺乳动物,它们也吃植物的果实和种子,是一种杂食动物,喜欢夜间活动。这只阿根廷狐在黄昏时出现,距离我不远,却一点儿也没有要躲藏的意思。常常有人来这里观赏湖边日落的美景,或许它早已经习惯于在市郊的这片山地遭遇人类,甚至还期待着人类会扔一些食物给它们吃,反正它们一点儿也不挑食。

　　我望着它一会儿,只见它身材修长,长着大而尖的三角形耳朵,背部的皮毛呈灰黑色,尾巴又粗又长。我并没有投掷食物给它,它略有一番失落的样子,打了个哈欠,这时我见到了它尖利的犬齿。

阿根廷狐　行走在郊野

阿根廷狐　蹲坐

黑背胡狼

食肉目/犬科/犬属

在纳米比亚的纳米布沙漠,我见到了黑背胡狼。那时我们刚熄灭露营地的篝火,吃完烤肉晚餐,我正在营地外仰头观星,只见一对黑背胡狼鬼鬼祟祟地在低矮的石墙外张望,看到没人就跳进营地找东西吃,它们身形敏捷,但又时刻保持着警惕。

黑背胡狼

夜色中看黑背胡狼并不特别真切,第二天我在沙漠中又见到它们,阳光下可把这些前来夜盗的家伙看清了。它们的身体皮毛大部分是红棕色,而背部的黑色非常明显。黑背胡狼有两个亚种,这个是指名亚种,分布于非洲南部,而东非亚种则分布在非洲东部。

黑背胡狼这种小型肉食动物看起来和狐狸差不多体形,远没有灰狼那种大个

黑背胡狼　拍摄于纳米比亚

儿可怕。它们和狐一样杂食，食谱中既有动物也有植物；既自己捕捉啮齿动物、爬行动物和鸟类，也翻找人类吃剩的食物。黑背胡狼一夫一妻，终身配对，每次看到它们，都是一对一起出没。

黑背胡狼和狼（大灰狼）、郊狼、侧纹胡狼、亚洲胡狼同属（犬属、*canis* 属），虽然黑背胡狼别名豺，但和别称同样为豺的亚洲的红豺（豺属、*cuon* 属）并不同属。

美洲黑熊

食肉目/熊科

来到阿拉斯加，刚把车开出安克雷奇市，我就见到一只美洲黑熊堂而皇之地翻越高速公路的防撞栏，正准备穿越公路，从海边的方向进入公路另一边的森林。高速公路上的汽车纷纷停下，为它让道，好奇的人们从车里探出头来观察它。阿拉斯加是上演现实版"熊出没，请注意"的地方，公路两边有很多警示标识，提醒驾车人注意野生黑熊和麋鹿。

美洲黑熊　翻越公路

美洲黑熊

美洲黑熊可以说是一种素食动物，它们80%的食物来自植物，随着季节的变化，也吃各种植物的枝叶、浆果和根茎，为此它们会爬树。剩下的食物包括一些小动物和鱼类，这只美洲黑熊去海边大约就是为了去找找有没有鱼可捕。

美洲黑熊更喜欢森林的生境，我第二次遇见它就是在森林里。那时我在安克雷奇郊外的 Eagle River 小镇的一个公园里，遇到三个当地的女中学生，告诉我刚在路上遇到一只熊。她们有点儿慌张，我问清楚是一只黑熊，而非棕熊，因此我并不害怕，内心还有点儿想见到它。过不多久，果然在路边的林子里，远远地见到了一只年轻的美洲黑熊。美洲黑熊在6、7月发情时受孕，但由于熊科动物"延迟着床"的特点，受精卵在冬眠期间才生长，并且只有在母熊在冬眠前摄入了足够的食物、储存了足够的脂肪的前提下，才会发育成胚胎。幼熊诞生后第一冬和母熊一起度过，学会了觅食技能后，第二年开始独立生活。

野生的黑熊如果发现人类，多半会躲避。不过如果遇到体格很大的棕熊就一定要千万小心，尽管熊攻击人的情况较少发生，但它们仍有一定的危险性。

北海狮/加州海狮/秘鲁海狮/新西兰海狗/南非海狗

食肉目/海狮科

我在北半球看过阿拉斯加的北海狮、加利福尼亚海岸线上的加州海狮，南半球看到过秘鲁海狮。看起来北海狮个头要大得多，北海狮是体形最大的海狮，体长可达3米，而加州海狮约为2米。两种海狮毛色也不同，北海狮为黄褐色到淡黄褐色，而加州海狮为深棕色到棕褐色。

看到北海狮时，正是中午，它们显得慵懒，一群都趴在阿拉斯加海域的岩石上睡大觉。北海狮的鱼类食谱主要包括鲱鱼、鲑鱼和鳕鱼等。清晨时见到的加州海狮则非常活跃，时而下水，时而又爬上海边栈桥下的木排，为了一点儿木排上的空间，还要打闹。加州海狮差不多是旧金山最容易见到的野生哺乳动物之一，上千头加州海狮挤满了"渔人码头"。秘鲁海狮则和秘鲁企鹅等鸟儿相伴，在鸟岛再陡峭的岩石上也要争块儿地盘。

海狗也属于海狮科，海狗的体表表层有发达的绒毛，绒毛上还有长长的针毛，英语里叫作 Fur Seal。Fur 强调它的毛皮，然而需要注意的是，从物种理解的角度上，

北海狮　拍摄于阿拉斯加

加州海狮

加州海狮　在木排上打闹

此处的Seal不能直译为"海豹"，Fur Seal的中文翻译应为"海狗"，海狗可以理解为体形小一些、毛皮不一样的海狮，并非海豹。全世界一共9种海狗，8种分布在南方，只有一种分布在北太平洋。8种南方海狗中，我在野外见过新西兰海狗和南非海狗。印象深刻的是在新西兰南岛东岸的凯库拉，50多头出生没多久的小海狗挤在海边的岩石上，大一些的在岩石上的积水中练习游泳，更小的则还趴在海狗妈妈身边吃奶。这是我唯一一次看到海洋哺乳动物的哺乳过程。

　　海狮科动物在外表上并不难和海豹区分，海狮和海狗的身上没有斑点和斑纹（海豹有），有外耳廓（海豹只有耳洞），脖子长，头尖（海豹几乎没脖子）。另外，海豹的爪子很明显，而海狮基本看不出。

秘鲁海狮

秘鲁海狮　趴在陡峭的岩石上的小家伙们

新西兰海狗　叫唤啥呢

新西兰海狗

新西兰海狗　小家伙

新西兰海狗　幼兽吃奶

南非海狗

北象海豹/斑海豹

食肉目/海豹科

　　第一次在野外见到的海豹是北象海豹，数百只拥挤在加州一号公路边著名的"海象滩"上。绝大多数的北象海豹在睡觉，一个个趴在海滩上。午后的阳光炽热，有几只还不时甩动后鳍把沙滩上的沙子泼洒到身上，用沙子帮助降温。有的正在蜕皮，蜕去老的毛皮，等待新的长成。这有点儿像鸟类的换羽，北象海豹蜕皮的过程一般需要一个月的时间。

　　群体中，有两只北象海豹面对面地晃动起脑袋，相互怒吼，打破了海滩的宁静。北象海豹的雄性个体在繁殖期时会发生打斗，获胜的雄性抢占领域并赶走弱者，因为后续上岸的雌性北象海豹只会选择和占有领地的雄性交配。北象海豹"一夫多妻"，一只雄北象海豹一般可以拥有30头雌北象海豹，更夸张的说法是"一夫百妻"制，一只强壮的北雄海豹在一生中会和数百只雌北海豹交配，其能力真令人咋舌。争斗失败的北雄象海豹只能在外缘游荡，伺机寻找"投机"的交配机会，有些终其一生，也没有交配过。海洋哺乳动物中，不仅海豹，海狮、海狗和海獭也都是"一夫多妻"制。

北象海豹主要生活在太平洋东部、北美大陆的西岸，曾因人类的猎杀，一度濒危到只剩一千只左右，而在得到保护后，数量已经超过10万只，想想北象海豹也真是能生。体形巨大的北象海豹也有天敌，比如虎鲸和大白鲨。尽管在陆地上数百只成群，但在海中，它们通常独自觅食，吃各种鱼类和章鱼、鱿鱼等，肥胖的身躯可以潜到很深的海水中，用后肢帮助划水。

北象海豹

北象海豹　聚集在加州海岸

北象海豹　打斗

　　看斑海豹，可没有上千只北象海豹挤在一片沙滩上那么壮观。我在加州海岸线的佩斯卡德罗灯塔边海岸的岩石上见到过5只，而在阿拉斯加海域的浮冰上也见过一个6只的小群。斑海豹的毛色不同于北象海豹的深黑色，阿拉斯加的斑海豹和它们身处的浮冰有着相近的灰白色，体形小，看起来更可爱。那时我们正在游船上，远远地看到它们后船长停下了船，等看够它们的萌态，再次启动引擎时，它们扑通扑通，一个个都滑下了浮冰，隐入海面不见。

　　我在亚洲也看到过斑海豹，那还是在朝鲜海域。我旅行到朝鲜的罗先市，跟随朝鲜渔船来了一个海上半日游，被告知是去看海狗，结果看到的其实是海豹。在海面上露出脑袋的这些小可爱，明明身上有斑点，只见耳洞、不见外耳，胖乎乎的没脖子，这哪里是海狗嘛，明明就是斑海豹。

　　海豹比起海狮来，后鳍不能像海狮那样前弯成脚，只能后伸，在陆地上显得笨拙，挪动缓慢。而且海豹比海狮来得体形要小，小海豹还是海狮

斑海豹　拍摄于加州海岸

斑海豹　拍摄于阿拉斯加海域的浮冰上

斑海豹　拍摄于朝鲜罗先

的猎捕对象。然而海豹是水中高手，它们拥有鱼雷般流线型的体形，不仅游速快，而且可以潜到很深的海面，长时间潜水。

斑海豹　没脖子，有耳洞

貂獴

食肉目/獴科

貂獴的分布区域狭窄，仅在安哥拉的西南部和纳米比亚的东北部有分布，我在纳米比亚的埃托沙见到了它。这只皮毛棕红色、鼻子尖尖的貂獴隐藏在水潭边的倾倒的树干后，只露出上半个身子，正在耐心地观察着有无猎物出现。獴科动物的食谱较广，它们捕食小型哺乳动物，包括啮齿目的鼠类；也捕食两栖动物和爬行动物，包括蛙类和蛇类。它们不惧毒蛇，因为体内具有多种对付蛇毒的抗体，对许多种蛇毒免疫。

獴科下面有好几个属，我们在动物世界的片子里，以及在世界各大动物园里看到的是细尾獴，它们的群体有安排哨兵担任警戒任务，一有危险就发出警报，然后集体潜入地下躲藏。比起细尾獴来，貂獴并不为人熟知。

貂獴　拍摄于纳米比亚

长鼻浣熊

食肉目/浣熊科

在巴西的潘塔纳尔，我在树林中徒步，抬头见到一群长鼻浣熊在高高的枝干上走来走去。长鼻浣熊和我们熟悉的干脆面上的浣熊形象不同，干脆面上的是普通浣熊——其实那也是误认，普通浣熊生活于北美。长鼻浣熊长着有点三角形的脸，整个脸部和头顶以黑色为主色调，而不像普通浣熊的脸部是黑白相间，要说黑白相间，长鼻浣熊的环纹长尾巴才是。

这些长鼻浣熊从高处俯视我，每一个都憨态可掬。其中，还有几只是小家伙，可能才几个月大，或趴或蹲，在树枝上懒懒地一动不动，样子可逗人了。后来我骑马的时候又见到单独的一只，那家伙正在树下呆坐着。看到马儿过来，起先并不惊慌，直到更接近的时候，它才拖着长尾巴走开。长鼻浣熊一般雌兽和小兽结群生活，雄兽独居，这应该是一只雄兽。

长鼻浣熊

　　后来在巴西和阿根廷的伊瓜苏瀑布国家公园里我又看到很多长鼻浣熊，在巴西一侧，浣熊们喜欢钻入垃圾箱找食，因为没有采取措施防止它们进入垃圾箱。浣熊出了名的不挑食，在野外什么都吃，人类丢弃的食物更是喜欢。阿根廷一侧的垃圾箱一律加装浣熊搞不开的盖子，然而长鼻浣熊们干脆在游客较多的餐厅处聚集，伺机吃游客们的剩食，一副强盗的样子。餐厅人员敲着棍子发出声响，还用水壶喷水进行驱赶，可没过一会儿，这群长鼻浣熊又回来了。它们高高地翘着长长的尾巴，集体出动，简直就是一个浣熊军团。

　　我还曾被一只长鼻浣熊"打劫"了一把，那时我正想给路上的一只长鼻浣熊拍张照，冷不防另一只竟然冲着我挂在手腕上的塑料袋扑了上来，还一把把它撕破了！可是我令它失望了，我的这个袋子里并没有食物，只有一件防止被大瀑布溅水的雨披。这些长鼻浣熊不能用调皮来形容了，实在太肆无忌惮，对巨大的人类太不尊重了！

长鼻浣熊　拍摄于林中

长鼻浣熊　一点儿也不惧人

长鼻浣熊 "浣熊军团"

豹

食肉目/猫科/豹属

　　豹位列非洲五大动物，但并不如狮子那么容易见到。我在马赛马拉的第二天早上，有一只豹躲在草原上的一棵树上，身子被树叶所遮挡。豹是爬树能手，还有把一顿吃不完的食物挂于树上的习惯。最先有车辆发现它后，用无线电一通报，别的车都赶过来了，没想到它就此待在树上不出来，足足让我们等了30分钟后，才从树上跳下来，让人们一睹真容。

　　第三天早上，我们率先发现了另一头豹。这家伙正在草原上抬腿走着，我眼明手快赶紧拍下两张照片，等按第三张时，它已经钻入路边的低矮灌木中，再不见踪影，前后一共不到半分钟的时间。我看了一下拍到的照片，这头豹的头颈上有血迹，估计是刚捕捉到猎物，心满意足地饱餐了一顿，血迹来自它啃咬的猎物。既然没有吃剩下的要挂树上，估计吃了一个不那么大的猎物。豹的食谱挺广，小的啮齿类动物，中等的有蹄类动物，大的非洲野牛、长颈鹿幼崽，能逮到什么吃什么。这只豹躲入灌木丛中后就此隐身，让其余得到消息赶来的游客失望了，估计它刚吃饱，要好好睡上一会儿，消化消化呢。

豹，又称花豹，其实就是中国人熟悉的金钱豹，身披黄色毛皮，毛皮上遍布的花瓣般的空心圆斑点就像是古代的铜钱。豹善于爬树，它身上的"金钱"纹和阳光透过树荫洒在它们身上形成的斑点相仿，起到伪装的作用，利于豹伏击其他动物。豹还是世界上分布最广的野生猫科动物，有多个亚种，我在马赛马拉看到的是非洲亚种，而无论哪个亚种，世界上每一只豹身上的"金钱"纹都有个体差异，没有完全相同的。

豹　拍摄于肯尼亚

猎豹

食肉目/猫科/猎豹属

猎豹明显不同于豹（花豹），它的腿更长，体形瘦小，毛皮上的斑点小，并且是实心圆（豹是空心斑），而最容易的辨认方法是看它从眼睛到嘴角的那一道黑色条纹，像是一道"泪纹"。

猎豹是短跑高手，20秒内的最后冲刺时速约90公里，并且能高速转向，但捕捉猎物的成败与否关键在于最初的300米，因为猎豹缺乏耐力，而它的对手，比如汤氏瞪羚却是长跑健将。除了瞪羚、跳羚、苇羚也是猎豹的捕猎对象，通过群体作战，则有机会捕捉斑马和角马等大型猎物，而猎豹幼崽的头号天敌则是狮子。

在肯尼亚和纳米比亚，我曾先后看到过猎豹。在肯尼亚（亚种：东非猎豹），我发现过一只母猎豹带着两只小猎豹隐藏在一个低矮的灌木丛下休息。而在纳米比亚（指名亚种），我们通过无线电测向，寻找到了戴着项圈在野外生活的猎豹兄弟。动物保护者给它们带上了能发射无线电信号的项圈，通过定位跟踪，定期观察它们在野外的生活情况，在它们猎捕到的食物不足的时候，会及时予以补充。猎豹是全球濒危动物属于易危（VU），在野外的种群数量仍在逐步降低，一切可能帮助到它们的措施都是非常重要而有益的。

猎豹

猎豹　双眼泪纹

狮

食肉目/猫科/豹属

猎豹和豹（花豹）不同属，前者属于猫亚科猎豹属（单种属，属下仅一种），后者属于豹亚科豹属，猎豹是猫亚种中的小猫、豹是豹亚科中的中等猫；而同属于豹亚科豹属的还有我们熟知的狮和虎，狮即为豹属的大型猫科动物。

狮

在肯尼亚的马赛马拉，我多次见到过狮，狮是唯一群居的猫科动物，但马赛马拉的狮群都较小，而且每次见到的都是母狮。一天下午的日落时分，一头母狮在草原上张望着寻找晚餐，在它周围我没有发现其他狮子，或许隐藏在更远处的草丛中。母狮是狮群中主要的捕猎者，它们往往一起合作，悄悄地从四周合围猎物，尤其是在猎捕大型猎物的时候，而小型的啮齿目和兔形目动物则可以单独捕食。比起大白天，隐蔽于夜色中伏击，往往捕食成功率更高。

狮　两只小狮子搞砸了妈妈的捕猎

后一天的早上，我又发现了草丛里的一头母狮，它还带着两头小狮子！小狮子无忧无虑，只顾玩耍，你追我赶地打闹。母狮隐藏在草丛中，而警惕的伊兰羚羊发现了玩闹的小狮子，意识到了危险，赶忙向前行进离开这里。母狮看到猎物走远，从草丛中现身，尾随伊兰羚羊而去，两头小狮子在妈妈后面跟着，这两个小家伙不知道它们已经搞砸了妈妈的猎杀计划。

野猪/疣猪

偶蹄目/猪科

我在巴西潘塔纳尔的一处林缘地带发现了一个野猪群，远远看去，野猪体型健壮，四肢短粗，头部较长。野猪群中有黑色的也有棕色的，黑色的是雌性野猪，棕色的是小猪，身上有条纹。雄性野猪一般独处，长着獠牙（外露的犬齿），只有发情期才会加入猪群。

这群野猪听到人的动静很快躲进了林子，它们有次序地排成一字队快速离开，我数了一下，一共30多头。野猪吃各种植物，包括植物的根部、嫩枝嫩叶和浆果，也吃蜥蜴和蛇、昆虫和蠕虫。野猪的原生地主要在亚欧大陆，巴西的野猪是100多年以前引进的，被引进后迅速扩张，找到了它们适合生活的区域。

野猪

疣猪

疣猪广泛分布于非洲大陆，适应各种环境，即便在干旱缺水地区亦能生存。疣猪的眼睛的下方有疣，雄性两对疣，雌性一对疣。雌雄都长有獠牙，雄性的獠牙更长，獠牙用来挖掘，也用来打斗。疣猪在非洲天敌众多，狮、豹、猎豹、斑鬣狗、野狗等都是它惹不起的，疣猪最好的躲避方式是逃回自己挖的洞穴，在无路可逃时，则会用獠牙进行拼死搏斗。发情期争夺交配权时，雄性之间也会用獠牙相互撞击。疣猪有多个亚种，我在肯尼亚看到马赛亚种，而在纳米比亚看到南非亚种，每次见到都是呈家庭活动的小群，多数由雌性疣猪带着幼崽。疣猪的食物以草和块茎植物为主，和野猪的大致相仿。

河马

偶蹄目/河马科

河马和南美的水豚一样，水中和陆地上两栖，白天长时间在水里泡着，傍晚和夜间上岸吃大量的草。河马的眼睛、耳朵、鼻子长在一条直线上，全都位于头顶，这样泡在水中时，仍能呼吸和警戒，脚趾间还长有利于游泳的蹼。河马皮厚，厚达15厘米，还会分泌一种用来防晒和杀菌的红色液体，使肤色呈现出粉红的色调。

河马群居，往往是一头雄性带着由雌性和幼崽组成的群体共同生活。在肯尼亚的马拉河岸边，我见到几群分散居住着的河马，它们各自拥有领地。其中有一群，正午时分，竟然没泡在水里，而是在河岸上喘着粗气，发出呲呲的声响。河马体形巨大，是地球上第三大陆生哺乳动物（象排第一、犀牛排第二），体重有上千千克。它们看似温顺，其实可不那么友好，攻击性极强，如果朝着人冲过来那就极其危险，所以只在车里远远看着就好了。

河马

河马　群体活动

南美泽鹿

偶蹄目/鹿科/沼泽鹿属

在巴西潘塔纳尔,一天早上我发现了一头南美泽鹿。潘塔纳尔不比非洲的马赛马拉,大型的食草动物很少,泽鹿独居,附近也没有见到它的同类。

南美泽鹿

南美泽鹿　在湿地中觅食

南美泽鹿是南美洲最大的鹿,长着长腿,仔细看被水草遮掩的腿的下半部是黑色的,符合南美泽鹿的特征。这是一头雄鹿,不仅身材高,还长着帅气的鹿角。鹿角的下方是一对大耳朵,内耳廓白色。它低着头在水草茂盛的地方吃草,发现车子接近之后,抬起头来注视了车上的人们一小会儿,转身就躲进灌木丛中不见了。在潘塔纳尔,南美泽鹿最主要的天敌是美洲狮。

驯鹿

偶蹄目/鹿科/驯鹿属

驯鹿分布广泛,在欧洲、亚洲、北美洲大陆的北极圈内都有大量驯鹿生活着,有10多个亚种。我最早是在纪录片里见过西伯利亚的涅涅茨人驯化驯鹿给人类拉雪橇（故事中的圣诞老人在故乡芬兰乘坐的也是驯鹿拉的车）,而在大自然中见到驯鹿则是在北美阿拉斯加。

那时正是夏天,驯鹿们来到阿拉斯加的北极圈内,此时可以吃到嫩绿的草本植物,驯鹿们在苔原上产崽繁衍。等北极圈极夜的漫长严冬来临之后,很多动物干脆冬眠,而驯鹿依然在奔跑着找寻食物。鲜草没了,驯鹿吃青苔,然而青苔生长缓慢,所以它们也寻找地衣吃,地衣只有驯鹿的肠胃能消化。驯鹿的肠胃里含有其他动物的消化道里没有的菌群,可以帮助驯鹿消化地衣,让它们可以吸收其中的营养物质,因此地衣成了驯鹿在漫长冬季时的主要食物。驯鹿用它们灵敏的大鼻子嗅知

驯鹿

驯鹿　好奇地看着人类

驯鹿　跑起来速度很快

大雪覆盖下的地衣的所在,并用头上的角戳到泥土里把地衣挖出来。

　　驯鹿有多个亚种,北美的驯鹿有迁徙行为,迁徙距离从数百千米到上千千米,穿越数条河流,从苔原去到森林附近过冬。迁徙的队伍浩浩荡荡,可达上百万头,可以和非洲大草原上的角马和斑马的迁徙相媲美。

驼鹿

偶蹄目/鹿科/驼鹿属

　　鹿科的动物中属驼鹿的体形最大,而且性格暴躁,对于人类来说是一种危险的鹿。如果有一头驼鹿朝你冲过来,记得要拼命地跑,最好是躲到大树的后面。

　　驼鹿生活在寒带的林缘地域和水源地附近,一天要大量吃植物和饮水。驼鹿仅雄鹿长有角,角呈美丽而独特的掌形,在繁殖期用来角斗。我在阿拉斯加迪纳利国家公园的外面见到过的野生驼鹿是一只雌鹿,头上没有角,而且体形要比雄性驼鹿小得多。我在车里,而它在树丛中自顾自地啃食叶子,彼此相安无事。在北美,驼鹿在英语里叫作Moose，阿拉斯加的公路边，有很多提示驾驶员注意Moose出没的警示牌。驼鹿体形巨大，最大的体重可达一吨，如果被车撞到，驼鹿较细的四肢被汽车撞断，沉重的身躯会压碎汽车的挡风玻璃，驾驶者也会因此受伤。

驼鹿和驯鹿一样分布广泛，生活于亚欧大陆和北美大陆的北方，它们的耐寒能力极强。

驼鹿

长颈鹿

偶蹄目/长颈鹿科

我在纳米比亚和肯尼亚都见到过长颈鹿。纳米比亚的长颈鹿生活在沙漠地带（亚种：南非长颈鹿），我有幸目睹了一头长颈鹿在水潭边跪下喝水的样子。我刚到水潭边的时候，只见那头长颈鹿伸长着脖颈，一动不动，让人觉得它是一个雕塑。10多分钟后，它终于弯曲前腿，低头开始喝水。我有点儿惊讶，它并没有如在纪录片里看过的那样岔开前肢，而是仅仅弯曲前肢。喝水对于高个子的长颈鹿来说是危险时刻，所以需要格外注意安全。在埃托沙国家公园，我给不少长颈鹿拍下了照片。我曾在纳米比亚操作业余电台，呼号V5/BA4DW，在制作这张电台卡片时，就选取了一张自己在纳米比亚拍摄的长颈鹿的照片作为正面。

在肯尼亚的马赛马拉大草原上，我也数次见到长颈鹿（亚种：马赛长颈鹿）。我很喜欢那张长颈鹿站立在

长颈鹿　拍摄于纳米比亚干旱地带

草原上远眺的照片,它许久地注视着远方,像是在思考着什么。尽管草原上的长颈鹿看起来活得很舒坦,但野外的生活其实充满危机。长颈鹿是世界上最高的哺乳动物,身高普遍超过4米,雄性更可高达5米;前肢比后肢长、强壮有力,一踢能够踢翻一头狮子;奔跑迅速,可达每小时55千米;然而如果被从身后袭击,则仍有被群狮扑翻的危险。长颈鹿之间也会有争斗,它们的长颈粗壮,雄性长颈鹿通过互相

长颈鹿　肯尼亚稀疏草原上
身上斑纹不同、亚种不同

长颈鹿　可爱的幼兽

长颈鹿　喝水时的姿势

撞击颈部比武，以确定它们在群体中的阶层，并获得和雌性的交配权。这种使用长颈的争斗，严重的情况下也会对颈部造成伤害。

南非剑羚

偶蹄目/牛科/马羚亚科

南非剑羚的外形太有特点了，黑白相间的配色在它的脸部、腹部、腿部，甚至内耳廓均有出现，再加上一对长而直的角（雌雄都有），是很帅气的一种动物。帅气的南非剑羚是纳米比亚的国兽。

那天，行驶在前往苏丝斯黎的路上，一头剑羚忽然从车前跳跃着穿过道路，它在继续往灌木里跑之前，停下来回头看了我们一小会儿，我赶忙抢拍下照片。生活在干旱的纳米布沙漠里的剑羚可以三四天不喝水、长时间不排尿，主要吃低矮的灌木树叶补充水分。它们避开炎热的正午，只在晨昏和夜间觅食，大多数时间待在树荫下。

南非剑羚

白大角羊/麝牛

偶蹄目/牛科/羊亚科

　　在阿拉斯加，我最先看到的是雄性的白大角羊，它们头上生长着厚实而弯曲的大角、体色白，像许多鸟类一样，白大角羊根据雄性的特征命名，而雌羊长不出雄羊那样的大角。平日里，雄羊独自生活，而雌羊和小羊组成一个群体，只有在繁殖季雄羊才会加入。后来，我在满布砾石的河滩上发现了一小群白大角羊的雌羊和小羊，雌羊的角看起来好短，而小羊们一副可爱的样子，紧跟着羊妈妈们，不时想要停下来吃奶。不晓得这些小羊中哪些会长成具有大角的雄羊呢？白大角羊生活在北美的西北部，全部处于野生状态，喜欢停留在开阔的山脊、河滩和草坪上，便于及早发现掠食者。

　　我在阿拉斯加见到过麝牛，麝牛是北极圈里的特有种。几次都是在车里远

白大角羊　雄羊

白大角羊　雌羊和小羊

观冰原上的麝牛，可有一次，我发现了灌木丛中的一头麝牛。我想着它还离我远着呢，就下车用手上的相机给它拍照，没想到它居然发怒向我冲了过来。麝牛体形巨大，吓得我转身就跑。还好，它停了下来。后来细看这张以阿拉斯加输油管道为背景的照片，镜头中的麝牛正抬腿冲向我。

那晚住在北极圈里的一个小镇上，我把这段经历告诉客栈主人，主人告诉我，麝牛常干这事，它只是想把人赶跑，然后会自己停步。麝牛对于人类是这样，而如果受到真正的捕食者的攻击，麝牛会用它具杀伤力的角和庞大的身体与之搏斗。

把麝牛和白大角羊放在一起，并不是因为它们都生活在阿拉斯加，而是因为它们都属于牛科下的羊亚科。我们通常说"牛羊成群"，其实羊在动物分类上是牛科下面的一个亚科，而麝牛其实也是一种羊、一种超大型的羊，生长着羊所具有的厚重皮毛，连粪便也和羊的相像。麝牛身上深棕色的毛细密而绵长，几乎拖到地面，保暖性是羊毛的8倍，在北极圈寒冷的气候中为它们的身体保暖。麝牛不怕冷，却很怕热。

白大角羊　可爱的小羊

麝牛

麝牛　将我吓退的那头

斑纹角马/转角牛羚/黑斑羚

偶蹄目/牛科/狷羚亚科

角马虽然名字里有马，却是牛科动物，也叫牛羚，长着所有牛科动物所具有的不分叉的角。我在纳米比亚见到的斑纹角马数量不多（亚种：南非角马），而在肯尼亚见到过数百只角马（亚种：西部白胡子角马）。在肯尼亚看到的斑纹角马正是《动物世界》纪录片里的主角之一，它们数量庞大，集群上百万头进行迁徙。只可惜我虽然在迁徙季去了马赛马拉，却并没有见到如此规模的角马迁徙队伍。我到马拉河边探视了两次，只见到了角马千军万马过河时踩踏河岸所留下的凹坑。我见到的数百只角马在马赛马拉大草原上慢腾腾地移动，低头吃草，这些角马已经经历了危险、安全渡过了马拉河。

斑纹角马

斑纹角马　像是长了大胡子

转角牛羚

　　转角牛羚和斑纹角马（黑尾牛羚）同属于狷羚亚科，不过它们可不喜欢远途迁徙，而且聚集在一起的数目也远没有角马那么多，我看到的群体一般有十几头到几十头。转角牛羚和角马的体色大不相同，长着红棕色的皮毛，头上的角如同L形，在尖部有个小转角，而且角上有角质环。转角牛羚在马赛马拉经常能看到，它的英文名字叫Topi，很好记。

　　黑斑羚又叫高角羚、飞羚。这种牛科动物只有雄性才长有角，并且角很长，因此别名高角羚，而雌性则没有角。

黑斑羚　雌性

黑斑羚　雄性　臀部两侧和短尾上的黑条纹组成字母M,后蹄上有黑斑

但不管是雄性还是雌性,在后蹄上都有一个黑斑,这是辨识的主要依据之一,也是它名字黑斑羚的来历;另外还有一个无论雌雄都有的特征:臀部两侧和短尾上的黑条纹组成字母M,因此被戏称为"狮子的麦当劳"。至于飞羚的别名则是因为它奔跑如飞:高高跃起,后腿向后踢,然后前脚落地,你能想象它"飞"起的样子吧? 黑斑羚遇险时,不仅快速奔跑,边跑还边发出警戒声。黑斑羚在非洲分布广泛,种群数量大,在很多国家公园里都能见到,它们一般不迁徙。

非洲水牛/伊兰羚羊

偶蹄目/牛科/牛亚科

非洲水牛是非洲五大动物之一,体形上雄性比雌性更大,身高可达2米、身长可达3米。我看到非洲水牛时,它们总是聚集在一起,几百头甚至上千头,大群中还有小群。在稀树草原上,非洲水牛也迁徙,和角马、斑马一样,逐水草而居。

非洲水牛生长着黑棕色的毛皮,一条长尾巴,一对下垂的大耳朵,和一对醒目的弯角。我在车里远远地看它们,它们也看我,实际上非洲水牛的嗅觉要比视觉更好,可以大老远就闻到周边生

非洲水牛

非洲水牛　成群活动

物的出现。非洲水牛可不是好惹的角色，它们脾气暴躁，和狮子是死对头，群体作战可以将落单的狮子杀死，也会主动攻击人类。非洲水牛的身上还常能看到红嘴牛椋鸟，就像亚洲水牛身上的牛背鹭（非洲水牛身后偶尔也有）、黑卷尾和林八哥，红嘴牛椋鸟帮牛吃掉身上的虱和蜱，以及其他由汗液引来的昆虫，还同时充当安全员，发出警告的叫声以提醒危险的来临。

　　伊兰羚羊就是我们常说的大羚羊，和非洲水牛同属牛科下的牛亚科，虽然

伊兰羚羊

叫羚羊，其实是"牛"，和麝牛虽然叫牛，其实是羊的情况正好相反。伊兰羚羊体形巨大，最大的雄性重量将近1吨。别看伊兰羚羊身体大，却是长跑健将，善于长距离奔跑。伊兰羚羊群居，见到它们时绝不会只有一头，我在南非好望角的山坡上和肯尼亚的马赛马拉大草原上都见到过，它们总是很容易就被发现。南非和肯尼亚的伊兰羚羊相隔遥远，但外貌上特征一致：头上的角是旋角，如同开红酒瓶软木塞的开瓶器；两条前腿的上部有黑斑，后腿无；尾尖是一簇黑毛；喉袋明显。

伊兰羚羊　警戒

伊兰羚羊　觅食

跳羚/汤氏瞪羚/葛氏瞪羚/柯氏犬羚

偶蹄目/牛科/羚羊亚科

　　《动物世界》纪录片里的跳羚善于蹦跳，一跳老高。我在纳米比亚的埃托沙多次见到跳羚，这差不多是最容易见到的食草动物，而且数量很多，只是从来没有见到过它们跳起，毕竟人类不是追捕它们的猎豹或者狮子。进入埃托沙，在第一个水潭边我就发现了一群浩浩荡荡的跳羚，数量足有四五百头之多。刚想靠近，这些警惕的跳羚撒腿就跑，数百头跳羚一起跑起来的场面非常壮观。跳羚跑速飞快，比猎豹慢不了多少。后来在土路边、在树荫下又多次见到，不过比起水潭边的，它们的警惕心放松了很多，并不逃跑。

跳羚　带尖刺的树枝也是食物

跳羚　拍摄于纳米比亚

跳羚　有的群体有数百只之多

汤氏瞪羚

　　汤氏瞪羚和跳羚习性差不太多，受到威胁时也一跳老高，看上去汤氏瞪羚比跳羚体型要来得小一些，而且两者生活区域不同，跳羚生活于非洲南部，而汤氏瞪羚生活于非洲东部。汤氏瞪羚也迁徙，跟随在斑马和角马的队伍后面，吃草根和草屑。我在肯尼亚看到过瞪羚妈妈带着刚出生的小瞪羚。汤氏瞪羚是牛科中的例外，一年能生两胎，那时正是8月，是当年的第二胎。汤氏瞪羚还是个模范妈妈，其他食草动物集群保护幼崽，而汤氏瞪羚独自哺育并一直看护到小瞪羚能独立生活。这只小瞪羚大约才出生不久，身上的毛皮还是深色，而身边的妈妈体色黄棕色，而且比起雄性来，母瞪羚头上的角较为短小。小瞪羚看着前方，看似宁静的草原其实危机四伏，狮子、豹和猎豹，哪怕一些小型的猎食者都在寻找捕杀弱小生命的机会。母瞪羚小心翼翼地回头看着身后，警惕地守护着它的幼崽。

葛氏瞪羚和汤氏瞪羚毛色相像，汤氏瞪羚身侧的黑色条纹更明显，而葛氏瞪羚的体型更大，尾部上方的臀部区域是白色的，和尾巴根部形成一个白色的T形。

同属羚羊亚科的柯氏犬羚身型小巧，头部和背部红棕色，颈部和臀部则是灰色，短毛。好看的是眼睛，白眼圈下像是挂着一滴黑色的泪痕。柯氏犬羚不那么容易见到，它们更愿意在夜色中活动，喜欢吃低

葛氏瞪羚

柯氏犬羚

矮灌木丛的枝叶和果实。天刚亮的时候，我在马赛马拉的灌木丛中见到一只柯氏犬羚。柯氏犬羚一夫一妻制，一般一对同时活动，另一只应是藏身于附近。

小羊驼

偶蹄目/骆驼科

第一次看到小羊驼（骆马）是在阿根廷西北部的安第斯山区、坐车前往萨利纳盐湖的路上，那里海拔4 170米。阿根廷司机告诉我，这三头高原野生动物叫维库

小羊驼

尼亚（Vicuna），也就是中文里的"小羊驼"。美洲的羊驼在中国国内被称为"草泥马"，其实美洲驼一共有4种，分别是小羊驼（骆马）、大羊驼（驼羊）、羊驼和原驼。4种中，小羊驼和原驼不能为人所驯化，处于野生状态。要分辨这两种，头部和身体毛色一致的是小羊驼，为棕红色，而原驼的脸是深灰色的，腹部毛色白且在体侧上斜。海拔4 000多米处的这3头小羊驼站姿挺拔，不惧高原的寒风，但它们胆小而害羞。后来在阿根廷南部横穿巴塔哥尼亚高原时，我又见到小羊驼，它们总是躲得离人远远的。

在秘鲁见到的次数更多，从阿雷基帕城去往科尔卡峡谷的路上，从高原湖泊的喀喀湖去往库斯科城的路上，在海拔超过4 000米的高原地带我都看到过小羊驼。小羊驼的毛短、质地好，因为无法驯养，当地人有围捕野生小羊驼取绒后再放生的做法。

4种美洲驼中的大羊驼（驼羊，Lama）和羊驼（Alpaca）能够为人类所驯化，被圈养的大羊驼和羊驼，头上扎着不同颜色的细绳，当地印第安牧民们以头绳的颜色来辨认自家的大羊驼和羊驼，游客们纷纷和这些萌物合影。这些驯养的大羊驼和羊驼为人类提供了优质的羊驼毛、奶和肉。

平原斑马

奇蹄目/马科

在纳米比亚埃托沙的水潭边，我发现了一群正在喝水的平原斑马（亚种：布氏斑马）。斑马在喝水时非常小心，它们在离开水潭较远处止步不前，磨蹭了半天后，才走近水潭低头喝水，并且留有一头斑马放哨。水潭对于生活在沙漠地带的斑马来说，既极具诱惑，却也是险地，在它们低头喝水的当口，狮和豹等杀手都有可能扑上来。

比起纳米比亚干旱地区，肯尼亚马赛马拉草原上的平原斑马（亚种：格兰特斑马）的数量要多得多，是最容易见到的野生动物之一。斑马列队一起前行，一起站立歇息，背对着我低头食草，斑马母亲守护着身边的小斑马，许多场景被我一一拍下。斑马总和角马相距不远，两者相伴而生。50万头斑马和100万头角马共同组成迁徙大军，每年都会进行大迁徙。斑马和角马吃起草来，各有分工，斑马吃较高的草，角马则跟在后面吃较低的草。

斑马一共有3种，我在纳米比亚和肯尼亚见到的都是平原斑马。平原斑马最常见、分布最广、数量最多，另外两种是细纹斑马和山斑马，这3种斑马身上的条纹各不相同，平原斑马的条纹一直延续到腹部，而另两种的腹部无条纹。传统上认为

平原斑马

斑马身上的黑白条纹可以在视觉上迷惑猎食者，起到伪装作用，但也有研究表明，斑马的黑白条纹有调控体温、防止昆虫叮咬、区分个体的作用，总共有4种不同的见解，并无定论。

平原斑马　带着幼兽

平原斑马　喝水时留有哨兵

座头鲸

鲸目/须鲸科

我第一次看到鲸鱼是在阿拉斯加的基奈峡湾，那是一头跃出海面的座头鲸。座头鲸又叫驼背鲸和大翅鲸，它的背部不平直，而是向上弓起，有点儿"驼背"；它的胸鳍长度可达体长的三分之一，又像鸟类的"大翅"。

座头鲸　跃起　可见到"大翅"

夏季的时候是阿拉斯加海域磷虾最丰富的时候，而磷虾正是座头鲸的最爱。座头鲸属于须鲸的一种，口中长有270片到400片的骨质板，并且只长在上颌，被称为鲸须。鲸须不是牙齿，不能用来咀嚼，但是每一片鲸须的内侧都有硬毛，可以像筛子一样过滤食物。座头鲸每年都长距离迁徙，喜欢沿着大陆海岸线在北极和南极之间航行，它们在极地大量吞食磷虾和鱼群，而在热带产子育崽。

座头鲸还有两个显著的特点：一个是雄鲸会歌唱，歌唱的乐曲美妙而悠长；另一个是喜欢鲸跃，座头鲸从海面跃起的照片被用作了很多阿拉斯加明信片的图片。我也拍到了座头鲸高高跃起、空中转身、背部入水的照片，但是距离较远。尽管如此，船长说已经是运气很不错了。很难想象几十吨重的座头鲸竟然可以跃起这么高。

南露脊鲸

鲸目/露脊鲸科

在南非海岸线上的赫曼努斯小镇，我观看了南露脊鲸。每年5月到10月的时候，南露脊鲸都会从南极洲游来这里交配和育崽。我曾到过大西洋另一侧的阿根廷的马德林港，那里也是南露脊鲸的栖息地。不过旅行到阿根廷时并非观鲸的好

南露脊鲸

季节,来到南非时刚好时机合适。

观鲸船出发的赫曼努斯新港离镇中心有点儿远,和镇子之间有海边步行道连接。步道边的山崖上野花盛开,海水在阳光下显得碧蓝,这是一段令人心旷神怡的徒步。赫曼努斯被称为"世界上最佳的陆地赏鲸胜地",在步行道上也有机会看到露脊鲸,不过距离稍远一些。

在赫曼努斯新港,一天有三班船出发观鲸。我乘坐中午12点的那班,这个时候比较暖和。在海边时风并不大,可是出港没多久,就能感受到风浪了。观鲸船是那种高速艇,船体不大,船在波浪间上下颠簸得厉害,就像是在坐海盗船。我和不少老外一样,为了看清南露脊鲸,迎着风浪坐在了甲板的前部。

船上观鲸时间是两个小时,最初的半个小时,茫茫大海上总不见鲸鱼的踪影。驾船的是一位有着15年观鲸经验的老船长,半小时后,他通过广播通知我们在船左舷发现了幼鲸,不过我和大多数乘客并没能看到。

船继续在海上航行,在船的右前方又发现了鲸鱼的踪迹,这回看到了。露脊鲸喜欢栖息于海水的上层,背部经常露出水面,因此得名露脊鲸。我们的船驶近后,它却游入水下不见了。等了好一会儿,在即将驶离的时候,它才露出了尾巴,但只那么一瞬而已。

在即将返程时,我们终于心满意足地看到了一个由三头鲸鱼组成的鲸鱼群。

南露脊鲸　头部的白色鲸虱

　　这群鲸鱼在海面上尽情嬉戏，时而露出头，时而露出脊背或是尾巴。这群鲸鱼一点儿也不怕人，就当我们不存在似的，离我们最近的一次只距离船10米远。其实露脊鲸性情温顺，易于接近。我不仅近距离见到了南露脊鲸，还拍到了很多照片。照片中可以清晰地看到露脊鲸头部的突起，寄生在头部的白色鲸虱，以及两个喷气孔喷出的水柱。

　　南露脊鲸被称为非洲五大动物之外的第六大动物，是体长15～18米，重量达40吨的庞然大物。现今，南露脊鲸的数量约为7 500头，而生活于北太平洋和北大西洋的同属的另两种露脊鲸数量仅各300头。露脊鲸游速慢，喜欢游弋于海面，又不惧人，所以曾被捕鲸船大量杀戮，在受到保护后，种群数量的恢复需要一个长期的过程，而北方的两种由于数量过于稀少，仍有灭绝的危险。

虎鲸

鲸目/海豚科

　　虎鲸长有牙齿，属于齿鲸，不同于只有鲸须而没有牙齿的须鲸。虎鲸属于海豚科，其实是体形最大的一种海豚，而海豚科属于鲸目。虎鲸的体色黑白配，被亲昵地称为熊猫鲸。

虎鲸和宽吻海豚一样，智商很高。在阿根廷马德林港的海洋博物馆里，我曾看过虎鲸冲上沙滩成功捕猎海狮的视频，它的捕食技能相当高超；虎鲸能运用各种技巧捕鸟，比如把浮冰上的企鹅顶翻落水后捕食，或是突然掀起浪头，把停栖在岩石上的海鸟掀翻入水后吞下；有时还故意把鱼群赶到海面，吸引鸟类前来并加以捕食。虎鲸同时是高度社会化的动物，可以通过声音交流、协同作战，如群狼一般集体出没，在海水中围捕海豹、海狮以及须鲸。

我在海面上看到野生的虎鲸是在北半球的阿拉斯加所处的海域，那天天空阴沉，一群虎鲸在远处的海面出没，时不时地喷出水来，水柱显得粗矮。虎鲸的尾部长着高耸而直立的尾鳍，背部平直，连同两眼眼后的白色斑块和白色的侧腹部，时而露出水面，时而又沉没，像极了潜水艇上浮的场面。

在这片海域，我还看到了白腰鼠海豚，它们围绕着我们的船在清澈的海水中游水嬉戏，可是游速实在太快，根本没法让我好好地给它们拍照。然而，游得再快的白腰鼠海豚也逃脱不了它们的近亲——虎鲸的猎捕。虎鲸是海中的霸王，处于食物链的最顶端，连大白鲨也不是虎鲸的对手，体格大得多的座头鲸同样对虎鲸退避三舍。虎鲸唯一的天敌恐怕只有人类。

虎鲸

海豚

鲸目/海豚科

在秘鲁鸟岛附近的海中、坦桑尼
亚桑给巴尔岛附近的海中，我见到过海
豚，大多数都是喜欢在近陆地海域活动
的宽吻海豚（瓶鼻海豚）。

秘鲁鸟岛所在的海域有洪堡洋流
经过，上升洋流使得大量深海营养物向
上涌，因此浮游生物极为丰富，养活了
大量的鱼。上百万只海鸟生活在鸟岛
海域，比如秘鲁鲣鸟、秘鲁鹈鹕和南美
鸬鹚等，有大量鱼的地方也少不了海
豚。我见到海豚时，它们在浅海嬉戏，

海豚

海豚　成群活动

时而露出脊背。海豚也会像鲸目中的同类，比如座头鲸、虎鲸那样跃出海面，并在空中旋转后落水。

在坦桑尼亚的桑给巴尔岛见到的海豚喜欢在有沙滩的海湾聚集。它们总在游泳，海豚的左右大脑可以在游泳时轮流休息。海豚大脑的体积大，是高智商的动物，会使用策略，并团体合作，比如在水面下方将鱼群赶到海面，再利用气泡将鱼群分割包围后捕食。海豚情商也高，性格活泼、富有好奇心、友善而重情义，团体成员间相处和睦、相互眷恋。

藏酋猴/豚狒狒/青腹绿猴

灵长目/猴科

藏酋猴

生活于安徽黄山上的黄山短尾猴处于野生状态，它们自由自在地生活在天地之间，一代代繁衍生息。4月春天的时候，经历了一个寒冬的短尾猴们沐浴在和煦的阳光下，在山溪边栖息。成年猴大多在地上，雄猴的脸庞灰青色，雌猴的脸庞暗红色，不远处的树上坐着一群幼猴，脸庞肉红色，幼猴没有成年猴脸颊上的灰白色毛发，指甲盖儿也没有像成年猴那样长成黑色。

我观察了它们良久，猴王坐在山石上，生殖器展露着，过了一会儿，下到地面，走到一只雌猴身边，从背后跨了上去，边上的另一只雌猴熟视无睹地旁观它们交

黄山短尾猴 猴王

黄山短尾猴 交配

黄山短尾猴　哺育

黄山短尾猴　挠腮

黄山短尾猴　挠头

黄山短尾猴　亲密

配，这对于猴子来说，似乎并无不妥。黄山短尾猴的群体是一个等级分明的社会，猴王有"王后"，有"妃嫔"，猴王之下的成年雄猴也有顺位，一般主动远离猴王。4月的时候，已有小猴在母猴的怀里吃奶，嘴巴拉扯着妈妈的乳头。幼崽的头上毛发全无，乳臭未干。稍大一些的幼猴一个个都待在树上，挤在一起，相互理毛，甚至亲吻脸颊，显得亲密无比。

　　从黄山短尾猴的拉丁学名可以理解生物的双名命名法的构成，双名命名法的第一个词表示属名，第二个词表示种名。黄山短尾猴的拉丁学名是 *Macaca thibetana huangshanensis*，第一个拉丁词 *Macaca* 指猕猴属，第二个 *thibetana* 是西藏的拉丁文，为种名，指藏酋猴。双名之后的第三个词则表示亚种，*huangshanensis* 代表黄山亚种。理解了这一点，我们就能知道黄山短尾猴其实就是猕猴的一种，是藏酋猴的黄山亚种，和四川峨眉山上的野生藏酋猴为同种。藏

豚狒狒

豚狒狒 身背幼崽

青腹绿猴

酋猴的分布东自浙江，西至西藏的东部地区，为中国的特有种。

豚狒狒

南非的豚狒狒可见于好望角的大西洋边。一只成年狒狒的背上驮着一只小狒狒，小狒狒的脸上一脸幸福的神情，这是最无忧无虑的时光，等它们长大，如果是雄性就会被驱逐，如果是雌性则会成为群体中阶层最低的成员。被驱逐的雄狒狒是回不到自己的家族中去的，而是需要打斗一番才能加入别的群体。狒狒的群体实行等级制度，低阶层的成员必须对高阶层的成员恭顺，不然会引来严酷的惩罚，而只有猴王和较高阶层的雄猴才有权和雌猴交配。争夺猴王王位的战斗是最残酷的，往往几年一个周期就会发生，届时年富力强的年轻雄猴会向老猴王发起挑战，而猴王以下的各个阶层，也同样通过打斗划分。

狒狒的名字看起来与猴无关，其实也是猴科里的猴，是更喜欢在地面活动的猴，分布于非洲和亚洲的阿拉伯半岛。

青腹绿猴

在肯尼亚我见到不少青腹绿猴，背部体毛灰绿色，长着一张黑脸，上肢前端也是黑色。几次见到，都是一小群，大多在地上活动和找食，吃草叶和草根，也找找有没有虫子可抓来吃的。有些青腹绿猴就端坐在公路的两边，对于汽车驶过毫不在意，让人诧异；更多的则是在稀树草原、林缘地带，我也看到过它们奔跑，奔跑速度倒是很快。

　　青腹绿猴也是社会化的猴，有社会阶层，雄猴通过打斗决定地位，获得交配权。小雄猴在群体中长大后，也会被驱逐出去。

大头僧帽猴

灵长目/卷尾猴科

　　巴西里约是一个自然环境极好的城市，在市区的山坡上就有一片热带雨林。走进山坡上的雨林，令人感到惬意，里约沙滩上的炽热被雨林里的阴凉所替代，空气中有着树木和泥土散发出来的清新气息。雨林中最多的是树，其次是藤蔓。藤蔓依树而生，或缠绕在一棵树上，或长在两棵树之间，以至于挡住人的去路。蝴蝶翻飞，鸟儿鸣叫，我在雨林中还发现了一群野生猴子，它们从不远处传来窸窸窣窣的声响。

　　我循声而去，原来是一群大头僧帽猴。僧帽猴属是卷尾猴科下的一个属，树栖、植食。大头僧帽猴长着一张苦瓜脸，两眼上方有白斑，尾巴长而卷曲，能在枝干上缠绕。这些猴子看上去性子沉稳，并不十分活跃。它们专注于吃树皮，用嘴将树枝的树皮咬开后啃食。

　　在一座大城市的市区，有野生的猴子自由自在地生活于林间，这正是里约的魅力之一，动画片《里约大冒险》曾经红遍全球。

大头僧帽猴

大头僧帽猴　啃树皮吃

红吼猴

灵长目/蛛猴科

红吼猴

在巴西潘塔纳尔,高高的树上,几只红吼猴栖息于树上。吼猴平时不吼,但是若是发生群体间争斗,能发出巨大的吼声召唤同伴。吼猴体形较大,看上去壮实,尾巴很长。蛛猴科下两个亚科,吼猴亚科下1属14种,红吼猴又有好几个亚种。蛛猴科下的另一个亚科是蛛猴亚科,蜘蛛猴的尾巴比身体还要长,再加上四肢修长,远看就像一只蜘蛛。

在潘塔纳尔看到的红吼猴和在里约看到的大头僧帽猴在习性上相似,树栖,极少下地,植食性,吃树上的叶子和果实。

美洲大陆的猴相较于亚非欧的猴,除了美洲大陆的猴完全树栖、有长长的卷尾外,还有一个重要的区别在鼻子上。亚非欧的猴,鼻子是狭鼻,鼻孔向下,且两个鼻孔距离接近,而美洲大陆的猴长着阔鼻,鼻孔开向侧方,鼻孔间距较宽,鼻子扁平。

赫曼陆龟

爬行纲/龟鳖目

赫曼陆龟

我在土耳其西部的小城塞尔丘克逗留过一段时间,3月里正是春天,气温舒适、阳光明媚。我在郊外散步,忽然听到"咣咣"的声音。

我停下来寻找响声的来源,找见在草丛中,一只雄性陆龟正用龟壳猛烈撞击另一只雌龟的

赫曼陆龟　大摇大摆地爬

龟壳,雄龟张着嘴,露出红红的舌头,发出"啾啾"的声音。我观察了一段时间,这只雄性陆龟并没有交配成功。雌龟抗拒着,然后慢慢爬开,进入草丛深处去了。这块林缘附近的草坪上不止一只陆龟,我一共见到了4只,这些陆龟在冬眠结束后,就立刻开始求偶和交配。

在环地中海的地域,主要有两种陆龟自然分布:赫曼陆龟和欧洲陆龟。土耳其的西部是赫曼陆龟的分布地,生活于常绿林、草地和农田附近,而另一种也有分布的欧洲陆龟的生活地在海拔2 500米以上。

蜥蜴

爬行纲/蜥蜴目

蜥蜴是非常成功的动物,它们适应在不同的生境中生活,广布全球。在我世界各地的旅行中,蜥蜴是经常见到的。比如在纳米比亚的沙漠地带、阿根廷的大瀑布边、巴西的潘塔纳尔大湿地、尼泊尔的平原地带、泰国的山林、中国杭州的山里,我都见过多种不同的蜥蜴。蜥蜴目有数千种,也都是可爱的野生动物。

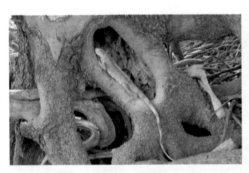

绿鬣蜥　巴西

刺尾鬣蜥　墨西哥

飞蜥　泰国

飞蜥　露出"小襟翼"

壁虎是最常见的蜥蜴，在清迈的住所，在杭州常住的山中旅舍，常能见到它们，它们能够飞檐走壁，凭借脚趾上的吸附趾垫，可以在垂直的墙壁甚至在天花板上行走而不掉落。

印象比较深刻的是纳米比亚纳米布沙漠里的蜥蜴，它们有着和沙子一样的近乎透明的淡褐色保护色，只需要摄取极少的水分就能存活；而泰国北部的飞蜥真的能"飞"，我目睹了它们从一棵树干滑翔到另一棵树干上。飞蜥滑翔时打开皮翼"翅膀"，落到树干后收起。我还看到了飞蜥的颈部露出的红色的"小襟翼"，用来在滑翔中起到向前的稳定作用。当飞蜥停留在树干上的时候，它身上的棕褐色保护色和树皮的颜色几乎一模一样，不仔细看是发现不了这个才15厘米长的小东西的。

在美洲见到的鬣蜥体形要大多了，体长1米。旅行到墨西哥，去看玛雅遗迹，在著名的奇琴伊察、乌斯马尔、科巴、图鲁姆等处，刺尾鬣蜥随处可见。玛雅人废弃的城邦里，刺尾鬣蜥在地面上爬来爬去，在大石头上晒太阳，生活得悠闲自在，千年不变。

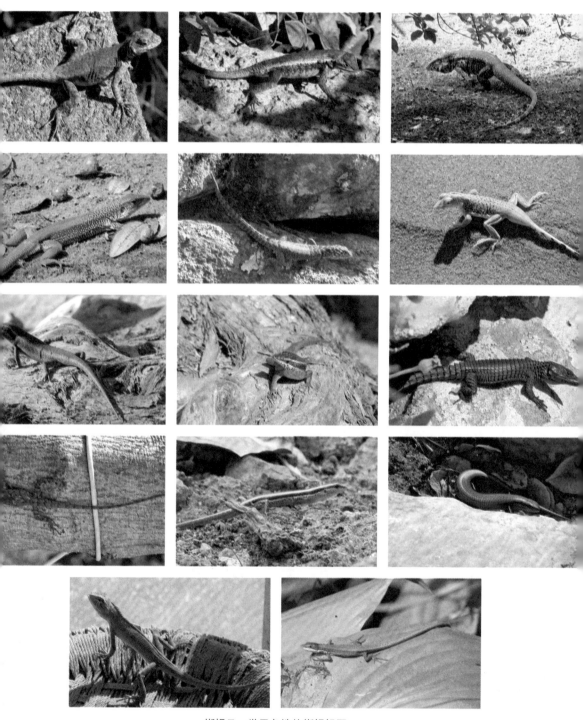

蜥蜴目 世界各地的蜥蜴组图

在巴西潘塔纳尔大湿地我看到了绿鬣蜥（美洲鬣蜥）。绿鬣蜥体色灰绿色，趴在河边阴暗树林中的树干上，我差点儿就没看出来。此时我们的船正行驶在河上，于是赶忙停船。我尝试给它拍照，可是河面上船体晃动，而且树荫下的光线太暗，给拍摄带来了难度。

仔细看这条绿鬣蜥，只见它长着一条超长的尾巴，下颈部和背部有隆起的齿状鳞片。它的喉下没有雄性的大型肉垂，身体绿色，应该是一条雌性绿鬣蜥，并且还没有成年。绿鬣蜥喜欢生活在河畔，大多数时间都在树上栖息，饿了就爬到高处吃些树上的叶子、花和果实。绿鬣蜥看起来长相有点儿凶，其实是一个素食者。

美国短吻鳄/尼罗鳄/凯门鳄

爬行纲/鳄目

我在佛罗里达的时候，从迈阿密市区去了一趟大沼泽国家公园，去看野生的美国短吻鳄（密西西比鳄）。大沼泽里的交通工具是一种在船体中部安装有大螺旋桨的平底船，这种船可以开在水浅的水域，而且船体底部无螺旋桨，不会伤害到短吻鳄。

在大沼泽里，短吻鳄并不是随地可见，我们转了一大圈后才发现正在水草边游水的一头短吻鳄。美国短吻鳄是世界上仅有的两种短吻鳄之一，另一种短吻鳄则是中国的扬子鳄。短吻鳄的颌比鳄更宽阔，头部宽而短，而鳄的头部长而尖（呈V形）。

美国短吻鳄

凯门鳄

凯门鳄　数量极多

　　在肯尼亚马拉河里向角马发动袭击的鳄鱼是尼罗鳄,它们躲在河边,等待来喝水或过河的动物前来,把握时机,猛扑上去将猎物拖入河中溺死。尼罗鳄的咬合力强劲、尾巴强健,攻击力强。我去看的时候,尼罗鳄一副懒散的样子在打瞌睡。鳄鱼平时不怎么运动,食物吸收率高,进化出了很强的扛饿能力。尼罗鳄即使嘴巴合上睡觉时,仍有下颚的牙齿露在外面,一副凶悍的样子。

　　一个随处可见野生鳄鱼的是巴西的潘塔纳尔大湿地,那里也许是凯门鳄最集中的地方,据说整个大湿地足有4千万条凯门鳄。刚进入潘塔纳尔,就见到一个水塘里浸泡着数百条凯门鳄,向导让我们下车,并把我们带到离鳄鱼不远处。凯门鳄怕人,纷纷爬开或是游入池塘中。有一条个头较大的鳄鱼喘着粗气,一脸愤怒,对于人类入侵它的领地表示强烈不满。凯门鳄喜欢水栖,一般白天休息,晚上比较活跃,它们主要吃鱼类和其他水生脊椎动物。这天晚餐后,向导安排我们再次坐上快艇。快艇开在一片漆黑的巴拉圭河上,用手电筒四处照射,只见河岸边无数条凯门鳄的眼睛发出红光。

尼罗鳄

中华蟾蜍/泽蛙

两栖纲/无尾目

中华蟾蜍和泽蛙是上海最容易见到的两栖动物。蟾蜍就是我们俗称的癞蛤蟆，中华蟾蜍比起另一种黑眶蟾蜍来，眼睛周围没有黑色的凸起。那天我在共青森林公园的大柳树的树根处发现一只，它觉察到了危险，迅速跳入柳树边的湖水中，只见它在水中用粗壮强健的四肢有力地滑动，采用标准的蛙泳姿势，游速中等。我离远一些，过没多久，它觉得危险消除，就又重新上岸回到树根下藏身。中华蟾蜍更喜欢在陆地上活动，不那么擅长游泳，就算在陆地，一般也是爬，行动缓慢，而不像蛙那般跳。它们白天隐藏，夜间活跃。蟾蜍身上看起来有不少疙瘩，这些其实是它们身上的毒腺，虽然蟾蜍会分泌有毒的液汁，但是性情温和，一般只有在受到攻击时，才会使用有毒的液汁反击。

泽蛙在上海郊外的农田里也有较多分布。泽蛙背部中央有一条长纹和许多不规则的突起，四肢有横纹；和所有的蛙类一样，后肢比前肢长，腿部肌肉发达，因此能够有力地跳跃。泽蛙喜欢稻田的生境，所以又被称为田蛙。在南汇嘴观鸟时，留心脚下常能看到泽蛙出没，当然它们和其他蛙类一样，更喜欢在夜间活动，跳跃着捕食，主要食物是各种飞虫。

作为冷血动物的蛙类难以在气温太低的环境下生存，而繁殖则集中在一年中气温最高的夏季。夏天的晚上，稻田、湿地、池塘边，往往能听到蛙声一片。泽蛙叫声洪亮，和大多数鸟类一样，鸣叫的是雄性，它们用有着共鸣箱作用的声囊

中华蟾蜍　陆上

中华蟾蜍　水中

和其他雄性斗唱，以此吸引雌性来与之交配。交配时，体型较大的雌蛙背着体型较小的雄蛙（俗称"抱蛙"），找一处交配地点，雌蛙释放有卵子的泡沫，背上的雄蛙则排出精子。受精完成后，雌雄蛙离开，卵泡会在泡沫中自然发育成小蝌蚪。养过小蝌蚪的大致知道，小蝌蚪在水中生活，先长出尾巴，后脚先于前脚长出，然后尾巴萎缩，逐渐长成蛙的模样，变得可以在陆地上生活。

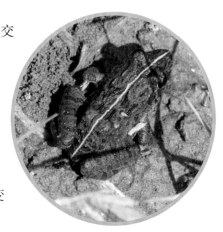

泽蛙

蜘蛛

蛛形纲/蜘蛛目

蜘蛛不是昆虫：昆虫六条腿、三个体节，而蜘蛛八条腿、两个体节；昆虫有触角，而蜘蛛在口器旁有两个短触肢。

蜘蛛又可分为结网性的蜘蛛和不结网、游猎性的蜘蛛。蜘蛛网有黏性、大小不同、形状不同，用以困住猎物。例如，金蛛结圆网，蛛丝以中间的集丝圈为中心向外辐射，捕捉陷入圆网中的猎物后进食。金蛛的腹部较大，并且色彩鲜艳。

棒络新妇常在林中结很大的圆网，大圆网的四周还附着有不规则的小网。棒络新妇的雌性体形很大、身体上有红、黄、黑等艳丽的色彩，黑色的步足上有黄色的圈纹，而雄性仅为雌性的五分之一大小。

猫蛛和蟹珠等不结网，而是常隐藏于花朵上，以与花朵近似的颜色作掩护，捕捉飞落在花上的昆虫，哪怕是体型巨大的胡蜂也能被它用剧毒杀死。

棒络新妇（上雄下雌）

　　蝇虎蛛又叫跳蛛，它们的足具有液压的作用，擅长跳跃。我在山东大学威海校区的伽玛山上发现一只跳蛛，它在岩石上疾跑，我用树枝逗弄它，它就纵身跃起，身手敏捷。跳蛛长有四个外凸的大眼睛，中央两眼巨大，可以精确地判断距离，有着蜘蛛里最好的视觉。跳蛛也不织网，而是凭借敏捷的身手和毒液捕食猎物。

　　经常能看到跳蛛捕捉到比它们的身体还大的蝇，然而蜘蛛的消化道很小，即使捕捉到了较大的猎物也无法直接进食，它们会给猎物注入含消化酶的特殊液体，将猎物液化后再取食。

　　很多人都对蜘蛛敬而远之，其实绝大部分的蜘蛛都无害，反而能帮助人类捕捉农业上的"害虫"。

猫蛛

跳蛛　谁说我们蜘蛛家族不可爱？

跳蛛

跳蛛　中间两个眼睛大

跳蛛　捕捉苍蝇

跳蛛　成功捕捉

蜘蛛目 组图

昆 虫 类

蜻/蜓

蜻蜓目/差翅亚目

蜻蜓蜻蜓,其实是蜻和蜓的合称。蜻科和蜓科同属于蜻蜓目下的差翅亚目,通常,蜓的体形要比蜻来得大。

蜻科里各地常见的有红蜻、黄蜻、灰蜻;其他的,比如网脉蜻常见于中国南方省份和东南亚国家,网脉蜻红头红胸红腹,两对翅膀的大部也是红色的,只有翅膀的端部白色;玉带蜻见于华东各省,腹部第三节和第四节白色,美丽而易于辨认。

这些蜻,飞累了就落在植物上休息,晚上也是。白天观察停立时的蜻,只见它们的大脑袋上长着大眼睛(由一对大复眼和许多单眼组成),大多数时候翅膀平展,不同的种类胸腹部和翅的颜色各不相同。炎炎夏日中,它们喜欢玩倒立,就像一个体操选手,其实这是它们的乘凉姿势,能尽量减少身体受到太阳直射的面积。

观察飞行时的蜻蜓,不得不佩服它们高超的飞行技巧:前后左右,忽高忽低,时快时慢,会在空中悬停,还经常来个180度的大掉头。所有的蜻蜓都是肉食性,蜻蜓在空中捕食蚊、蝇、小型蛾类等飞虫,有蜻蜓的地方,扰人的蚊子和苍蝇就比较少。阴雨天时空气湿度大,小飞虫翅翼沾湿而飞不高,蜻蜓趁此机会低空飞行,正好可以饱餐一顿。

蜻蜓在空中交配,时常看到两只蜻蜓身体相连,一起飞在空中。蜻蜓的雄虫用腹部末端的抱握器夹住雌虫的颈部或前胸,雌虫则用足抱住雄虫腹部。同时,雌虫将身体弯曲,使腹部的生殖器和雄虫腹部的贮精囊相连。完成受精后,雌虫飞到水

碧伟蜓

碧伟蜓 雄虫腹部末端蓝色

面上空,选择一处有水草的区域,"蜻蜓点水",一次次地俯冲,向水中产卵。卵附着在水草上,10天后自然孵化成幼虫(水虿)。水虿需要在水中生活一两年,也是肉食性,会捕食小鱼。蜻蜓幼虫经历多次蜕皮长大,才羽化成蜻蜓,在空中飞翔,并改变食谱,改为捕捉各种小昆虫。

蜻蜓的雄虫往往比雌虫色彩鲜艳,并在飞行中炫耀,而雌虫的体色通常灰暗;雄虫有领域性,会为维护领地而和别的雄虫争斗,并通过争斗来吸引雌虫,这些特点都和鸟类相似。蜻蜓种类众多,蜻蜓目昆虫全世界有50 000多种,中国有记录的700多种,蜻蜓的辨识也和鸟类的辨识一样有趣,头、胸、腹、尾、翅膀的颜色,乃至翅基的色斑,背中线等皆为重要的辨识部位。蜻蜓和鸟类一样,也有相似种,要明白相似种之间的不同,才能正确定种。

蜓科里最容易见到的是碧伟蜓。八月的威海市郊外,一对碧伟蜓在水潭边交

红蜻

黄翅蜻

玉带蜻

锥腹蜻

尾。雌雄两虫粘连在一起,先是在泥土上,不一会儿转移到了水潭中。在泥土上,雄虫在前雌虫在后,入水后变成了雄虫在上雌虫在下。镜头里,雌虫显得一副温柔顺从的样子,而雄虫却不安分,始终眼珠乱转,似乎在观察是否在被窥视。事实上,碧伟蜓的巨大复眼拥有上万个晶体,拥有全方位的彩色视力。蜻蜓听力很差,几乎是聋子,捕食主要靠视力。世界上的昆虫,以蜻蜓的视力为最佳。

转移到水潭里后,雌雄两虫攀在同一根植茎上,而雌虫的胸部以下浸没到了水中。这时雌虫已在产卵,碧伟蜓的产卵方式并不是点水式,它将卵一颗颗注入水草的茎干中。

碧伟蜓在北方较多,但这种大型蜻蜓飞速极快,七八月气温最高时,是碧伟蜓的主要繁殖期,此时比较容易观察。分辨碧伟蜓的雌雄,雄虫的腹部末端为蓝色,雌虫为白色或绿色。

蓝额疏脉蜻

鼎异色灰蜻

白尾灰蜻

赤褐灰蜻

狭腹灰蜻

小赤蜻

宽腹蜻

斑丽翅蜻

网脉蜻

蟌/色蟌/鼻蟌

蜻蜓目/均翅亚目

　　蜻蜓目下分差翅、均翅和间翅3个亚目,蜻蜓属于差翅亚目,后翅的基部比前翅的基部宽;蟌属于均翅亚目,前翅和后翅形态相似。蟌的俗名叫做豆娘,豆娘这名字更接地气,容易让人记住。豆娘身形柔弱,胸腹更纤细,停立休息时文雅地把翅膀收起在身体上方,就像穿裙子的女性并拢双脚,而不像蜻蜓那样大大咧咧地平展开翅膀。豆娘的两只复眼相距较远,而蜻蜓的两只复眼几乎相连或仅以狭缝相隔。除了和蜻蜓一样在水边活动,豆娘也喜欢在离开水源稍远的草丛中舒缓地轻舞。

　　豆娘的交尾,雄虫在上,用尾抓住雌虫的脑后的上背,而雌虫把它的身体弯曲,尾部抓住雄虫的前胸,常常构成一个爱心的形状。雄虫在交配前用尾须将精液注满前胸的受精囊,雌虫将尾部的生殖器插入雄虫前胸的受精囊,使卵子受精。交配时,就算受到惊扰而起飞,雌雄虫也依旧粘连,并不分开。

　　均翅亚目中,色蟌科的色蟌比蟌科的蟌更美更艳丽,色蟌的翅膀有好看的金属光泽。色蟌不常见,一般来说,草丛里能见到蟌,却见不到色蟌。色蟌喜欢长有植株的山间小溪的生境,而且小溪的水质一定要好。我在上海市区从来没有看到过色蟌,而在泰国北部因他侬山的瀑布溪流边见到过最多的色蟌,近一点的,杭州的

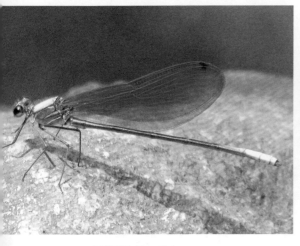

烟翅绿色蟌　雄虫

烟翅绿色蟌　雌虫

苗家细色蟌　雄虫

苗家细色蟌　雌虫

灵隐和九溪也能见到色蟌。

　　隼蟌科下的鼻蟌是有趣而好看的豆娘，它的面部前方有特别的突起，看起来就像鼻子。鼻蟌的雄虫十分艳丽，翅膀上有彩色的花斑。鼻蟌也喜欢山间溪流的生境，看到色蟌的地方往往也能看到鼻蟌，尤以瀑布边较多。

华艳色蟌　雌虫

三斑阳鼻蟌

黄脊高曲隼蟌

翠胸黄螅　雄虫

翠胸黄螅　雌虫

褐斑异痣螅　雌虫　异色型

褐斑异痣螅　雌虫　同色型

褐斑异痣螅　交配

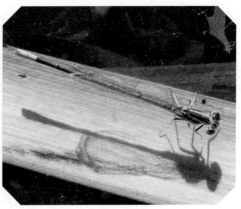

黑背尾螅

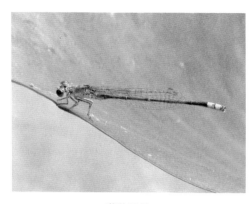

蓝纹尾螁

柠檬黄螁

螳螂

螳螂目/螳螂科

　　螳螂喜欢将前肢举起并拢，就像是在祈祷，在英文里螳螂也被称为祈祷螳螂。其实看似在祈祷的前肢是螳螂的攻击力强劲的武器，被用来猛扑并牢牢地握住猎物，前肢上的刺则被用来刺穿猎物。螳螂不仅捕食昆虫，连蜥蜴、小蛇小蛙都能捕捉。

　　螳螂长着三角头，面孔看起来有点儿冷，它的颈部灵活，头部可以转动180度向后看，这是其他任何昆虫都做不到的。螳螂的眼睛很大，视觉极佳，能够精确计算距离。螳螂还有拟态的功夫，能伪装成枯叶，能拟态成兰花，令对手防不胜防。所有这些都使得螳螂成为昆虫界的厉害角色，它们是优秀的狙击手，一旦有无知的昆虫进入它的攻击范围，它都会以精确而迅猛的动作予以捕获，然后迅速地吞食。

　　不过螳螂再厉害，也挡不住鸟的进攻。螳螂对抗鸟，只能是螳臂当车。我亲眼见过棕背伯劳、白眉姬鹟等捕杀螳螂，并叼在嘴上大快朵颐。

　　在国内，常见的是中华大刀螳和广斧螳，中华大刀螳的后翅有不规则的横脉，基部有黑色大斑纹，广斧螳则没有。棕污斑螳的分布也比较广。

广斧螳

广斧螳 若虫

棕污斑螳

蝗虫（蚂蚱）

直翅目/短角亚目

　　说起蝗虫，人们总能想到蝗灾。蝗科昆虫仅食植物，用它们发达的咀嚼式口器大肆啃咬禾本科农作物，吃肥厚的叶子。蝗虫通常喜欢独居，但如果改变习惯变得喜欢群居时，人类就有蝗灾的麻烦了。蝗虫长有大翅膀，蝗虫成灾时，成群飞起来简直铺天盖地。在中国历史上记载过500多次大蝗灾。气候干旱是蝗灾的主要原因之一，蝗虫的产卵量会在干旱时大大增加。反之，如果土壤湿润，则蝗虫产卵少，生长慢，而且会被更适应潮湿环境的蛙类吞吃。

　　蝗虫也叫蚂蚱，叫它蚂蚱是不是会印象好一些？在野外观察蚂蚱，会觉得它们其实有一点儿呆，只要你发现了它，然后慢慢接近，不突然吓到它，它就会乖乖地待在原来的地面上或是叶片上，一动不动，随便你看多久。直到你惊扰它了，它才会用强有力的后肢猛地跳起来。蚂蚱的若虫只会跳不会飞，只有成虫才有飞翔的能力。然而，成虫也不怎么爱飞，也许蚂蚱认为它们弹跳到空中就够了，不需要再打开翅膀。

　　在观察中也会看到蚂蚱的交配场景，伏在雌虫背上的雄虫要比身下的雌虫的块头小不少。蚂蚱的成长属于不完全变态，只经历卵、若虫和成虫三个阶段。交配后，雌性蚂蚱在土壤里用腹部的产卵器挖一个洞，产下卵。卵在合适的气温下发育成若虫，若虫在土中把后足使劲伸直，钻出土层，再经历数次蜕皮，不断发育长大，

短额负蝗　绿色型

短额负蝗　褐色型

斑腿蝗

斑腿蝗

变为成虫。蚂蚱的生长，从若虫到成虫，除了体形变大，在身体外形上没有太大变化。这一点和鳞翅目的蝶蛾大不相同，蝴蝶和蛾子的生长为完全变态，要经历蛹的阶段，幼虫和成虫的外形有根本的不同。

　　短额负蝗是中国广布的一种蝗虫，雌虫的体形明显大于雄虫，色型有两种，分别是绿色和枯黄色，适应不同季节。

疣蝗

螽斯

直翅目/长角亚目

纺织娘

日本条螽 雄虫背部褐色

草螽 雌虫 注意它的产卵器

螽斯和蝗虫同属直翅目,蝗虫属于短角亚目,螽斯属于长角亚目,螽斯最显著的特点就是长长的触角。螽斯没有蝗虫那么能跳,它们更善于短距离地飞上一段。大多数的蝗虫不会鸣唱,而螽斯的雄虫在秋天的夜晚,会震动前翅,奏响秋夜交响曲,以此来吸引雌虫。螽斯的觅食活动一般也喜欢在夜间,但白天也能寻见它们的踪影。螽斯喜欢待在灌木丛中,体色通常是绿色,比如草螽,和周围的颜色相近。除了颜色,有些螽斯还拟态了叶脉的纹路。不过,若是穿着拟态色的螽斯没有待对地方,比如,褐色的鼓螽待在绿叶上,马上暴露。就算拟态色的策略成功,对于观虫者如我,它们的长触角还是很容易发现。螽斯杂食,也访花啃食花蕊,在花蕊上也能找到螽斯。

纺织娘差不多是我在上海看到过的体形最大的螽斯了,头小、身体大。夏夜里,纺织娘发出响亮的鸣声,古人觉得其声如纺车,因此得名。可纺织娘中的娘字却容易令人误解,其实只有雄虫才会唱歌。

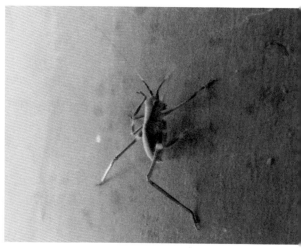

褐背细蠢　褐色型

露蠢

油葫芦

直翅目/蟋蟀科

　　上海郊区，油葫芦很常见，夜晚的草丛里一群一群的，大大小小，既有体形大的成虫，也有体形小的若虫。油葫芦和我们熟悉的蟋蟀一个科，但油葫芦的身体看上去油光锃亮的，就像刚从油里捞起来似的，因此名字里有个油字。油葫芦夜里才比较活跃，和蟋蟀一样，会发出好听的叫声。它们白天躲起来，晚上出来觅食并找对象。上海看到的油葫芦其实是黑脸，但科学地说，种名叫做黄脸油葫芦，和另一种黑脸油葫芦是两个物种。

黄脸油葫芦

蒙古寒蝉/斑衣蜡蝉/象蜡蝉/象沫蝉

半翅目/同翅亚目

半翅目的同翅亚目主要包括各种蝉,这个亚目本来是单独的同翅目,现在和异翅亚目同列在半翅目下。

蝉的若虫生活于地下,吸食植物的根,在盛夏时从地里钻出来,爬上树干进行羽化。蝉的羽化是它们生命中的重要时刻,也是最脆弱和危险的时刻。夜里,我打着手电筒夜观昆虫时,曾经看到多足的蛐蜒捕食正在羽化而无力反抗的蒙古寒蝉。成功羽化为成虫后的蒙古寒蝉给人的第一观感是一种偏绿色的蝉,而另一种常见的黑蚱蝉则通体乌黑。成虫的蝉能飞了,它们享用植物的汁液,但仍可能被鸟儿吃掉。蒙古寒蝉是真正的"知了",它们的雄虫的叫声为"知了、嘶、知了",而黑蚱蝉的叫声则是单调的"吱——"。蝉的雌虫,哪一种都没有腹部的发音器,所以无法发声,盛夏时我们听到的在树上大合唱的都是雄蝉。

在野外,除了我们熟知的蝉,比较容易见到的要数斑衣蜡蝉。夏天在威海,刚停下车,一只斑衣蜡蝉竟然飞停在了汽车引擎盖上。蜡蝉是蝉的近亲,和蝉一样不经过蛹的阶段,为不完全变态昆虫,这是半翅目昆虫的共同特点之一。蜡蝉比蝉的外形更奇特而引人注目。它们隐藏的后翅比露在外面的前翅更多彩,突然打开后翅可以震慑猎食者。

臭椿是斑衣蜡蝉的宿主之一(另外还有葡萄和香椿等),斑衣蜡蝉的卵、若虫、成虫都喜欢生活在臭椿树上,吸食臭椿树的树液。上海植物园的臭椿树上,每年夏秋季都会出现斑衣蜡蝉。斑衣蜡蝉一般夜间活跃,白天喜欢躲着休息,就算被人类发现,也最多挪动几步,一般懒得展开它红色的后翅飞行,所以在臭椿树附近观察和拍摄它们没有难度。斑衣蜡蝉的紫蓝色外衣上有着大小不一的黑色斑点,就像一件精心设计的时装;在它的眼睛边,还戴着一对红色的"耳垂"。"耳垂"其实是斑衣蜡蝉退化了的触角,在它的头部是再找不到触角的了。另外,斑衣蜡蝉还有一种偏白色的色型。

蒙古寒蝉 刚羽化

斑衣蜡蝉

斑衣蜡蝉

伯瑞象蜡蝉

丽象蜡蝉

象沫蝉

瓢蜡蝉

在草丛里找找，还能够发现象蜡蝉。象蜡蝉长着奇怪的长鼻子，长鼻子是它们头部前额的延伸，可以更容易地吸取植物的汁液。沫蝉则发现于水边的芦苇，沫蝉的若虫吸食芦苇、稻叶等植物的汁液，能分泌奇特的泡沫，然后把自己的身体包裹在泡沫中，隐藏得好好的。

蝽/长蝽/缘蝽/盲蝽/水黾

半翅目/异翅亚目

半翅目昆虫里的蝽，前翅局部硬化，一半是甲虫的鞘翅，一半是薄膜状的膜翅，所以被称为半翅。蝽科的昆虫身体扁平，前胸背板宽大，外形像一枚盾。蝽具有发达的臭腺，在防御时会放出臭气，因此也被称为臭蝽。

蝽长着刺吸式口器，它用尖端有尖角的吸管式口器，刺穿植物表皮，吸食各种农作物的汁液，包括蔬菜、豆类和稻谷等，是吸食植物汁液的代表性昆虫。蝽的繁殖量很大，有时候雌性蝽一次能在叶片上产下数百枚卵。若虫刚孵化后，围在一起，喜静懒动，体形比成虫小，体色与成虫有差异。

蝽是非常见的昆虫，花草繁茂的地方总能发现蝽，在国内，麻皮蝽较为常见，且广布。麻皮蝽的头部和胸背部有一条竖线，并密布麻点。在野外观察中，也常常能发现叶片上麻皮蝽的卵。蝽科里另一种广布的蝽是茶翅蝽，寄食各种植物，发生期时数量众多。

麻皮蝽

茶翅蝽

二星蝽

珀蝽

　　异翅亚目中除了蝽科，常见的还有长蝽科、缘蝽科、盲蝽科的昆虫。长蝽体色暗淡，但有着红色、橙色和黑色的警戒色。地长蝽较常在靠近地面的植物上活动，冬天在地面的石块下过冬。在南汇观鸟时，也往往可以看到红脊长蝽群聚在叶片上生活，有密集恐惧症的最好不要看。长蝽植食性，红脊长蝽主要寄食萝藦科植物。缘蝽科体形狭窄而细长，后足有较明显的膨胀突出部分。缘蝽更爱吃刚长出来的嫩芽嫩叶，在上海最容易见到的缘蝽是稻脊缘蝽。盲蝽科的中后足有成簇的纤毛，盲蝽的种类很多，是半翅目中最大的一科。盲蝽具有不同的前胸背板的颜色和花纹，但大多数都有和生活环境相对应的拟态色。盲蝽喜欢吸食树汁，也危害果树。山东威海有许多果园，盛产各种水果，在那里我发现了不少盲蝽。这3科的昆虫和蝽科一样，都能释放强烈的气味来防御。

　　水黾也属于异翅亚目，属于黾蝽科，生活在开阔而无水草的水面上，是最容易发现和辨认的水生昆虫。水黾移动迅速，它们的前足短，用来捕捉猎物，而移动主要依靠修长的中足和后足；中足和后足长有长毛，适合用来"踩水"。水黾并不食素，而是一个猎食者，它们在水面上捕捉小昆虫，用折放在头部下方的刺吸式口器刺入猎物取食。水黾遍布全国各地，在上海的湖面和水潭上也并不少见。

红脊长蝽

角红长蝽

黑斑地长蝽

中稻缘蝽

稻棘缘蝽

三点苜蓿盲蝽

美丽后丽盲蝽

异角盲蝽

眼斑厚盲蝽

绿盲蝽

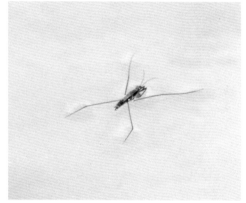

水黾

跷蝽（半翅目蚜科）

龟蝽（半翅目飞虱科）

点蜂缘蝽

褐伊缘蝽

兜蝽

兜蝽　若虫

蚜虫

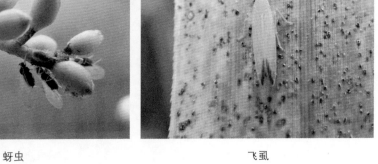

飞虱

草蛉

脉翅目/草蛉科

草蛉有着细长的胸腹部，大多为翠绿色，带花边的大翅膀透明而轻盈，翅膀表面可以看清翅脉。草蛉是脉翅目的代表性昆虫，体小，掠食比它们更小的蚜虫和蓟马。蚜虫繁衍迅速，贪吃庄稼，因此能够帮助人类大量消灭蚜虫的昆虫就是农业上的益虫，草蛉就是其中之一。草蛉更喜欢在夜间活动，但白天仔细找找，仍有机会发现它们。

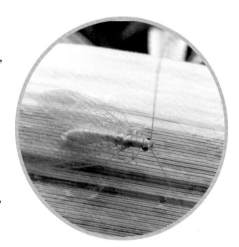

草蛉

瓢虫

鞘翅目/多食亚目（食肉）/瓢虫科

瓢虫是我们从小就熟知并喜爱的昆虫，它触角短、腿短，头部小；圆凸的体形，体色鲜艳，背部排列着各种斑点。瓢虫在英文里叫 Ladybug，直译就是"淑女虫"，在叶片上休息的瓢虫看上去是挺淑女的。

马铃薯瓢虫

别以为小小的它只会爬来爬去，瓢虫的成虫能飞，而且是飞行专家。瓢虫静止时合拢的背壳就是前翅（硬化的鞘翅），打开前翅，再打开前翅下面的后翅（膜质的飞翅）就能起飞。瓢虫的幼虫则没有飞的能力，它们藏身在叶片背部。瓢虫遇到危险还会装死，从叶片跌落地面，收缩起3对足来一动都不动。

瓢虫有很多种类，按食性有肉

食性和植食性两大类。肉食性的瓢虫背部闪亮光滑，它们爱吃蚜虫、粉蚧，是控制繁殖能力强大的蚜虫等农业害虫的好帮手，被称为"活农药"。另一类植食性瓢虫，比如背部长有很多细短绒毛的马铃薯瓢虫，不似异色瓢虫那么光亮。马铃薯瓢虫不吃虫，爱吃马铃薯和茄子等茄科植物（马铃薯也是茄科的）的叶片。从农业生产的角度说，肉食性瓢虫是益虫，植食性瓢虫却是害虫。

瓢虫　组图

瓢虫 交配

瓢虫 若虫

天牛

鞘翅目/多食亚目（食木）/天牛科

天牛也是我们熟知的昆虫。天牛的成虫有长长的触角，触角比躯体还长；有锯齿般的上颚，咬啮有力；天牛成虫植食性，食谱包括嫩叶、嫩枝等，有的喜欢吃花粉，在花朵上能找到它们。

其实，我们不熟悉的是天牛的幼虫。天牛的生命周期很长，有相当长的时间，天牛以幼虫的形态生活在树干里。和鞘翅目的所有昆虫一样，天牛的成长为完全变态，从卵到幼虫到蛹再到成虫，有的种类的生命周期长达好几年。

在幼虫阶段，天牛会在树木上直接啃咬木质部，挖出一条条孔道，把挖出的木屑作为食物。天牛幼虫整天在树干上啃咬，并且一咬就是好几年，如此就危害了许多树木。好在，大自然自有均衡的法则，啄木鸟和山雀等鸟类喜爱吃天牛的幼虫，它们将天牛的幼虫从树干中啄出吃掉，帮助树木抑制了天牛的数量。

四点象天牛

叶甲

鞘翅目/多食亚目（食叶）/叶甲科

　　叶甲是非常常见的鞘翅目昆虫，在各种叶片上总能见到它们，叶甲的种类很多，各有喜欢的植物。有些叶甲的幼虫从卵孵化后，会用叶子给自己剪裁衣服，把自己包裹起来，行动时穿着叶片外衣。叶甲虽小，却也和其他鞘翅目昆虫一样经历完全变态，幼虫蜕几次皮后，在蛹里重新塑造身体，成虫长出翅膀，并且体态与幼虫完全不同。由于叶甲植食性，幼虫和成虫均啃食大量叶片，危害作物，被人类归为危害较严重的害虫。

　　叶甲的成虫身形很小，一对触角的长度大约是身长的一半，总是晃来晃去。从观察的角度来说，叶甲体形优美，色泽光亮。叶甲在叶片上移动迅速，拍摄它们需要耐心，只要多一点儿耐心，镜头里就会留下好多种不同叶甲的美丽身影。

叶甲　组图

等节臀萤火叶甲

柳圆叶甲

象甲

鞘翅目/多食亚目（植食）/象甲科

　　人们把象甲又称为象鼻虫，象甲有"长鼻子"似的吻突，它们用"长鼻子"刺穿稻谷、小麦、棉花、竹子等农作物的外壳，再用长在"长鼻子"前部的口器吃里面的谷肉，而雌虫用"长鼻子"在植物组织上打洞后再产卵。象甲的"长鼻子"上，还长着较长的触角，有些触角有肘状般的弯曲。

　　七八月夏天的时候，是象甲的发生期，容易找见。象甲栖息于各种植物上，事实上，象甲吃包括谷物在内的各种植物。象甲的背部通常为灰色或褐色，仔细看表皮上有凹洞，狭长的头部上长着乌黑的眼睛。

竹象

竹象　交配

二带遮眼象   喙象

　　象甲科可能是动物界中物种数最多的一个科，一个科大约有6万多种。除了少数种类，象甲大多数没有翅膀，如果察觉危险，逃跑的方式不是飞起来，也不是快速爬走，而是突然从叶片上跌落，落入草丛中隐藏。有好几次，我刚给象甲拍了没几张照片，它们就从叶片上跌落，再想找也找不到了。

　　上海世纪公园的竹林里，夏季时总有竹象。竹象是会飞的象甲，而且个头大得惊人，比起其他我所见过的象甲不知道大了多少倍。大个子的竹象有着橘黄色的外表，在绿色的竹子上一眼就能看到。它们别名"竹笋虫"。

锹甲

鞘翅目/多食亚目（食木）/锹甲科

　　锹甲很好认，通体黑色，身体扁圆、背部光滑，雄虫的上颚就像一把大钳子。

　　那天下午，我在上海共青森林公园的柳树的树根处发现一只雄性锹甲，让它从窝里出来和我玩了一阵子。它对着我挥动大钳子，大钳子咬合力很大，我可不能被它咬到，这大钳子是雄性锹甲之间用来争夺雌性的武器。雌性锹甲没有大钳子，上颚较小，但咬力也强，咬开树皮不在话下。

　　锹甲有夜行性、植食性，夜晚出来，咬破树皮，吸取树干的汁液，白天则喜欢趴窝休息。我把它放回柳树树干后，它很快爬回了位于柳树树根的自己的窝，等晚上才会出来活动。

扁锹甲　雄虫　大钳子　　　　　　　　　　扁锹甲　雌虫　上颚咬力强

步甲

鞘翅目/多食亚目（食肉）/步甲科

　　这只蝎步甲见于上海南汇的荒野上，是我观鸟时在土壤上瞥到的。蝎步甲体形不小，在我国是分布较广的一种步甲。蝎字这个生僻字指的是蝶和蛾的幼虫，蝎步甲无论成虫还是幼虫，都喜欢吃蝎，也就是鳞翅目的幼虫。步甲一般不飞，用6只脚移动起来十分迅速，我还在南汇看到过其他种的步甲，可刚想拍时，就已在我眼前消失得无影无踪。

　　同样是步甲，屁步甲的体形要小多了，尽管名字不雅，但却是一只有着漂亮金属色泽的好看的甲虫。步甲的种类很多，多在地面活动，行走迅速。

蝎步甲　　　　　　　　　　　　　　　　屁步甲

金龟子

鞘翅目/多食亚目（食粪）/金龟子科

丽金龟

丽金龟

暗黑鳃金龟

金龟子有许多种。屎壳郎，也就是将粪便滚成球形并将粪球埋藏的属于粪金龟，而平时常见的是丽金龟。丽金龟的背部颜色艳丽，带有金属光泽，触角末端为独特的棒状。丽金龟较为常见，成虫喜欢访花，刺槐盛开的时候，往往能看到。金龟子幼虫在土中生活，被统称为蛴螬，通常为白色，是很多鸟的重要食物。

在野外遇见金龟子的成虫，一般都是先在树上看，然后在地上看。金龟子一发现危险，就会自己从树上掉落到地上。尽管我也看到过金龟子在树干之间飞行，但更多的时候，金龟子喜欢掉到地上装死。金龟子假摔并不会受伤，因为它的盔甲把它保护得好好的。它落到地上后，一动不动，只是再过一会儿，它还会飞到树上，继续去吃树叶、花和果实。

金龟子因为给果园造成危害，也被人们毫不留情地划为害虫。我见过金龟子把头钻进水果里，然后长时间不动弹。陶醉在丰盛果汁里的金龟子怕是喝醉了，完全没有爬在花瓣上时那样警觉，哪里还想着再和我玩装死的游戏。

隐翅虫

鞘翅目/多食亚目（食肉）/隐翅虫科

　　隐翅虫的体形很小，而且喜欢隐藏在落叶中，并不容易发现。我在上海共青森林公园拍得一张隐翅虫的生态照片，它正要从梧桐落叶上往下爬。落叶堆之下的土壤，在往年的落叶和雨水、阳光、细菌的共同作用下形成了腐殖层，为隐翅虫等昆虫提供了丰富的营养。

　　隐翅虫天生带毒，如果谁敢在皮肤上拍死它，它体内有毒的体液就会造成皮肤发炎。

隐翅虫（鞘翅目隐翅虫科）

蚁甲（鞘翅目蚁甲科）

叩甲（鞘翅目叩甲科）

红萤（鞘翅目红萤科）

食虫虻

双翅目/短角亚目/食虫虻科

食虫虻在昆虫里绝对算大个子，六条腿粗大强劲，胸腹部魁梧，面部长着一簇长毛，头上一对大复眼，还有一个坚硬的刺吸式口器。这些都让人看了觉得它凶恶。在野外，尤其是在小山坡的芒草丛生之处，时常能见到食虫虻搞埋伏，短距离突击猎物，并成功捕获的场景。飞行速度很快的蝇也逃不过食虫虻的出击。

食虫虻用尖锐的口器刺穿猎物，然后抱着啃吃。我曾多次看到食虫虻捕获蜻和蝇。食虫虻吃的大多是植食性的昆虫，发挥着抑制害虫数量的作用，因此模样虽不讨喜，却是人类眼中的益虫。

中华盗虻

大叉径食虫虻

食虫虻　捕捉到了食物

丽蝇

双翅目/环裂亚目/丽蝇科

丽蝇

当我们关注花朵上的昆虫时,看到的昆虫不仅仅是蜜蜂、胡蜂、蚂蚁和蝴蝶,还能看到不少蝇类。蝇类是常见的访花者,同样充当着花卉和庄稼的授粉员。特别是有着开放性花朵的菊科植物,它们的花蜜对于使用吮舔式口器但口器较短的蝇类来说也不难采到。除了常见的家蝇外,丽蝇也频繁地访花。

丽蝇的体色有金属光泽,比起蝇科里人们熟悉的家蝇来似乎好看一些。但蝇字前面的丽字,并不能掩盖丽蝇除了访花之外,也喜欢食腐的特性,并且和家蝇一样的反刍行为可能导致疾病的传播。镜头下的丽蝇,在身上还长有令人不喜的刚毛。

指角蝇

双翅目/环裂亚目/指角蝇科

一棵流有树汁的树干,吸引了不少昆虫造访,其中,胡蜂最凶猛,它一来,把蛱

指角蝇

指角蝇　栖息于树干上

蝶都赶走了。然而不远处还隐藏着指角蝇,指角蝇知道我在拍它们,它们躲到了树干的另一侧。

　　指角蝇看起来是一种很不一样的蝇,它的脚很长,并且粗壮。头上的触角也很特别,尖端弯曲,指向左右两边。指角蝇似乎喜欢群居,每次见到都是好几只在一起。我很少看到它们飞,它们躲藏时总是移动长脚走开,除非急迫时才飞。

食蚜蝇

双翅目/环裂亚目/食蚜蝇科

　　食蚜蝇在幼虫时食荤,大量捕食蚜虫,因此得名,可是羽化后,就变成了一个"大骗子"。它们伪装成蜜蜂,却没有蜜蜂可以用来蜇人的毒针。小孩子和大人都会被它骗到,指着食蚜蝇说:"看,蜜蜂!"其实食蚜蝇和蜜蜂比起来,触角短且不弯曲,没有蜜蜂粗壮的后足,腹部扁平,头部复眼不同,翅膀纤细且只有一对。仔细看,哪一点都和蜜蜂不同。

大灰后食蚜蝇

　　食蚜蝇是我们在公园里最常见的昆虫之一,在花坛中,尤其是伞形花科的花朵附近一定能见到它们。食蚜蝇的成虫是一个食素者,喜食花蜜。它们身形灵巧,经常在花朵前长时间悬停,然后落到花瓣上吸蜜。

短刺刺腿蚜蝇

短腹管蚜蝇

黑带食蚜蝇

黄环粗股蚜蝇

粗股蚜蝇

亮黑斑眼蚜蝇

切黑狭口蚜蝇

羽芒宽盾蚜蝇

圆腰木蚜蝇

爪哇异食蚜蝇

食蚜蝇科昆虫

食蚜蝇科昆虫

大蚊

双翅目/长角亚目/大蚊科

　　大蚊可不同于普通的蚊子(伊纹),大蚊是双翅目中最原始的蚊类。大蚊虫如其名,体形比蚊子大得多,而且六条腿极长。

　　大蚊可比蚊子好,不咬人不吃血,它们根本没有蚊子的刺吸式口器,只靠少量的水分为生或是干脆什么也不吃。在清迈古城住处的院子里,一只大蚊就安安静静地待在叶片上。

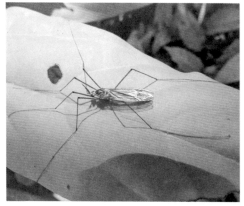

大蚊

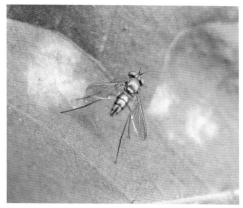

丽长足虻（双翅目丽长足虻科）

岩蜂虻（双翅目蜂虻科）

羽摇蚊（双翅目摇蚊科）

摇蚊科昆虫（双翅目摇蚊科）

黄腹小丽水虻（双翅目水虻科）

丽水虻（双翅目水虻科）

脉水虻（双翅目水虻科）

鼓翅蝇（双翅目鼓翅蝇科）

花蝇（双翅目花蝇科）

弄蝶

鳞翅目/弄蝶科

在城市公园的花坛中，在水边的植茎上，常常能见到弄蝶。观察弄蝶，有助于搞清蝶和蛾的几个区别。

首先是触角。蝶和蛾的触角是它们的"鼻子"，有灵敏的嗅觉，离很远就能闻到花的气味。蝶和蛾的触角形状不同，蝶的触角像一个末端有圆球的棒槌，蛾的触角则是羽毛状或丝状的，触角是用来区分蝶和蛾的关键点之一。弄蝶的触角，末端变细，看上去有点儿倒钩，而不是蝶类触角末端的圆球状（膨出），这是弄蝶的主要特征之一。

其次是色彩。弄蝶没有其他蝶类的鲜艳色彩，呈灰褐色，看起来有点儿像蛾。再次是活动时间，一般来说蝶日间活动、蛾夜间活动，这一点上弄蝶和其他蝶一样，日间活动。

我们还可以观察到，弄蝶在停栖时，翅膀竖立，这是蝶的习性，而蛾则喜欢把翅膀平展开。然而，弄蝶飞起来不像蝶那样飞舞，而是直来直往，快速猛冲，甚至有时候在植物上跳跃！

弄蝶

总之，弄蝶在几个方面都有点儿像蛾，然而昆虫学家还是把它们归到了蝶类。弄蝶或许第一眼看上去其貌不扬，但若是细看，你会发现它们长着大眼睛和长睫毛，别样地好看。

灰蝶

鳞翅目/灰蝶科

灰蝶是一个科的总称，是小型蝶种，特征为触角黑白相间。除了易于辨认的红灰蝶，其他的灰蝶都要仔细地看翅膀的背面和腹面的花纹和斑点（蝴蝶的翅膀两面通常并不一样），才能分辨它们的种。灰蝶小，打开翅膀也不过2厘米左右，并且飞行速度很快，飞行方向无规律，但比起蛱蝶和凤蝶来，它们飞行距离较短，且更喜欢停落下来，而且停留的时间较长。所以观察和拍摄灰蝶，只要轻手轻脚地慢慢靠近它，也并非难事。

灰蝶的小黑眼睛长得很有灵性，眼周通常有一圈白色，像是白色眼眶；灰蝶的触角大多黑白相间，对比鲜明；有些灰蝶为了避险，在后翅长有一个小尾突，模拟"假头"，一旦被鸟类攻击，可以迷惑鸟类，让它们啄食尾部而放过头部。

灰蝶虽小，却也可以看到它们伸出虹吸式口器在花朵上吸食花蜜，休息时把口器卷收起来。虹吸式口器就像是一根加油站里加油用的油管，使用时伸长，不使用时收缩卷起。鳞翅目绝大多数的蝴蝶和蛾子的口器都是虹吸式的。

蓝灰蝶　背面

蓝灰蝶　腹面

亮灰蝶　背面

亮灰蝶　腹面

豹灰蝶　背面

豹灰蝶　腹面

点玄灰蝶　背面

点玄灰蝶　腹面

靛灰蝶

黑灰蝶

琉璃灰蝶

酢浆灰蝶

蛱蝶

鳞翅目/蛱蝶科

　　蛱蝶最主要的特征是前足缩在前胸处，一般只能看到中足和后足两对足、四只脚。通常，蛱蝶的翅膀背面色彩艳丽，一般会有一个底边，而翅膀的腹面则比较朴素，翅膀竖立时能起到伪装作用。最常见的是在花朵上吸食花蜜的蛱蝶，在流淌树液的树上和一些烂果上，我也观察到，各种蛱蝶的食性不尽相同。

　　小红蛱蝶和大红蛱蝶容易混淆。小红蛱蝶的幼虫寄生于艾蒿、小蓟、苎麻和榆树，一年发生多代，它是城市花坛中常见的蛱蝶，飞行迅速。小红蛱蝶的后翅背面橙红，前翅有独特的白色斑点，并有橙色的带纹。大红蛱蝶的幼虫主要寄生于苎麻，也被叫作苎麻蛱蝶，羽化后并不仅仅吸食花蜜，也喜欢吸食榆树、柳树和桦树的树汁。大红蛱蝶通常比小红蛱蝶翅色略深。

　　黄钩蛱蝶的翅膀背面以黄色为主色调，前翅和后翅都散布黑色斑点，雌雄的差异不大，它们的幼虫取食葎草（桑科），在有大片葎草的郊外容易见到，另外幼虫也寄食其他桑科和亚麻科植物。城市公园里也会有它们令人熟悉的身影。

　　斐豹蛱蝶雌雄异型，雌蝶的外形非常亮丽，前翅的一半是好看的蓝黑色，有成片的黑斑和白斑，在阳光下尤为好看，而雄蝶的前翅只有黄底黑点。斐豹蛱蝶在上海非常常见，它们在各种艳丽的花朵上访花，好看的三色堇是幼虫的寄主之一，成虫则在下半年多见。

　　柳紫闪蛱蝶见于上海金海湿地公园的柳树上，翅膀闪烁着幻紫色，是好看的蛱

斐豹蛱蝶　雌蝶

斐豹蛱蝶　雄蝶

蝶（闪蛱蝶属）。名字中的柳字指明了幼虫的寄主为柳树，成虫也喜欢待在大柳树的枝干上。柳紫闪蛱蝶喜欢吸食树汁，无访花的习性，花上见不到，我经常在树干上见到。

斑蝶也属于蛱蝶科，斑蝶的体色鲜艳，有明显的黑色斑纹。斑蝶身上的鲜艳颜色其实是警戒色，因为斑蝶体内含有来自它们爱吃的马利筋属植物的毒素，若有不懂事的鸟类吃了斑蝶，多半会和斑蝶同归于尽。

作为蝴蝶中的特例，青斑蝶等还会和候鸟一样进行迁徙。最著名的迁徙斑蝶是长途往来于美国和墨西哥之间的王斑蝶，它们像候鸟一样春天时北飞，秋天时南飞，集体聚会于墨西哥北部蝴蝶谷的大群的王斑蝶是著名的生物奇观。中国比较常见的斑蝶有金、青、虎三种斑蝶。金斑蝶翅膀背面橘红色，和它的宿主伞科植物的代表胡萝卜颜色相似，与明显的黑色斑纹一起形成警戒色。青斑蝶的翅色以黑色为底色，有显眼的青白色斑点，足以让有记忆力的天敌记住它们的特征。虎斑蝶是上海最容易找见的本地斑蝶种类，一年发生多代，飞行速度缓慢。

眼蝶的翅膀颜色较为暗淡，在前翅上有两个像大眼睛的大斑，在后翅有几个小斑，不同的种，眼斑大小和排列不同。这些醒目的眼斑是用来迷惑天敌的，鸟类和蜥蜴等捕食者啄眼斑时会放过它的躯体。

柳紫闪蛱蝶　背面

柳紫闪蛱蝶　腹面

大红蛱蝶

小红蛱蝶

黄钩蛱蝶

羚环蛱蝶

中环蛱蝶

拟旖斑蝶

文蛱蝶

小豹律蛱蝶

黑脉蛱蝶　吸吮树汁

黄三线蝶

虎斑蝶　背面

虎斑蝶　腹面

金斑蝶

青斑蝶

稻眉眼蝶

凤蝶

鳞翅目/凤蝶科

　　凤蝶体形较大,因后翅没有臀脉,所以在停栖时会显露出"大腹便便"的腹部,这是凤蝶区分其他蝶类的主要特征。另外,通常凤蝶的翅展比蛱蝶和灰蝶都要来得大,飞起来更显得是翩翩起舞。凤蝶的翅膀色深,具有各种颜色的带纹或斑点,而且后翅还可能延长,形成尾突,就像是凤蝶的尾巴。在人们眼里,蝴蝶以凤蝶最美,所以以一个凤字冠之。凤蝶喜欢温暖的环境,喜欢花开的地方。在鲜花的映衬下,凤蝶绚丽的体色、美丽的花纹,翩翩的舞姿,无一不给人以美好的遐想。

柑橘凤蝶

　　在上海,最常见到的是青凤蝶。上海种着许多樟树,樟树正是青凤蝶的摇篮,它们的幼虫生涯就在樟树上度过,变成能飞的成虫后也常常会在疲累时隐入樟树叶中休息,就像回家一样,等歇够了才去阳光充足的花朵上采蜜。青凤蝶喜欢公园花坛里的马缨丹、水塘边的醉鱼草,还会去水边的土壤,补充水分和矿物质。除了吃蜜,也爱吸水,这是许多蝴蝶的共性,所以往往山谷中的水源附近,会有成群的蝴蝶出现,一起吸水。青凤蝶雌雄相似,但吸水的青凤蝶大多数是雄性,因为需要寻觅雌蝶交配的雄蝶需要更多的能量。采蜜的时候它们一刻不停地扇动翅膀,而且移动迅速,隔几秒钟就换朵花儿,要拍得一张花朵上的青凤蝶的较好照片并不那么容易,反倒是在它们吸水时容易拍。

玉带凤蝶在上海也比较常见,六七月时,常能看到它们在花丛中翩翩起舞,忙于吸食花蜜。比起没有尾凸的青凤蝶来,玉带凤蝶有尾凸,而且雌雄的差异较为明显,雄蝶前翅外缘有小白斑,后翅中部白斑斜列成带状。玉带凤蝶有"婚飞"的习惯,在观察中有机会看到:雄蝶接近、追逐、用触角触碰雌蝶,最后雌蝶停落,雄蝶追随交尾。交配后,雌蝶飞往幼虫的寄主植物,将卵一粒粒地产在叶片上。卵自然孵化后,就是一条条毛毛虫,毛毛虫在叶片上啃食,汲取营养,结蛹化蝶,又长成美丽的凤蝶。

单以色彩而论,几种常见凤蝶中,我比较喜欢柑橘凤蝶的嫩黄色体色。柑橘凤蝶幼虫的寄主在南方以柑橘为主,在北方则以花椒为主,所以它既叫柑橘凤蝶,也叫花椒凤蝶。它们的翅膀上不仅有黑条纹,还有黑色尾突,如果没有尾突,则是另一种无尾凤蝶(Princeps Demoreus)。柑橘凤蝶的幼虫为绿色,有丫状腺,受到惊吓时会伸出,并散发出浓烈的香气。金凤蝶和柑橘凤蝶也较为相似,金凤蝶的前翅中室有黄色散射纹,臀角的橙色斑里有黑斑点。金凤蝶的幼虫取食胡萝卜和茴香,所以又名胡萝卜凤蝶或茴香凤蝶。

蝶类是变温动物,它们喜欢阳光,在身体温度达到24～29℃时才能飞行,所以日光好的时候非常活跃,就算一片云遮住阳光,蝴蝶的活动也会因之暂停。在清晨和傍晚气温较低的时候,凤蝶往往张开翅膀,面向太阳吸取能量,这个时候比较容易拍摄。

青凤蝶

红珠凤蝶

美凤蝶

碧翠凤蝶

玉带凤蝶 雌蝶

玉带凤蝶 雄蝶

玉带凤蝶 雌(左)和雄(右)

玉带凤蝶 雌(下)和雄(上)

粉蝶

鳞翅目/粉蝶科

　　比起蛱蝶来,粉蝶的前腿发达,可以行走自如。然而粉蝶的色彩比较单调朴素,除了少数种类,粉蝶以粉白色和粉黄色为主,没有蛱蝶那样艳丽的色彩。粉蝶的眼睛很大,却没有灰蝶的眼睛引人注目,有点儿眼大无神。

　　数量最多的粉蝶是菜粉蝶,遍布全世界。菜粉蝶的幼虫叫做菜青虫,卷心菜是它们的最爱,成虫则喜欢吃花椰菜、芥蓝等十字花科植物。菜粉蝶的幼虫是农民眼中的"大害虫",非常不受待见。菜粉蝶的成虫以白色为主色调,翅展6厘米,在蝶类中属于中等体形。豆粉蝶是另一种常见的单色粉蝶,成虫以黄色为主色调,喜欢吃豆科的植物。菜粉蝶和豆粉蝶对于人的接近不那么敏感,容易观察和拍摄。识别

红粉蝶　背面

红粉蝶　腹面

东方菜粉蝶　背面

东方菜粉蝶　腹面

上,东方菜粉蝶前翅黑斑的内缘为锯齿状,比较常见,区分于其他不同种的菜粉蝶。

好看的是南方的斑粉蝶,它们属于粉蝶科下的斑粉蝶属。比如优越斑粉蝶和报喜斑粉蝶都有艳丽的色彩。

菜粉蝶

黑脉菜粉蝶

斑缘豆粉蝶

宽边黄粉蝶

迁粉蝶

橙粉蝶

优越斑粉蝶

报喜斑粉蝶

裳蛾

鳞翅目/裳蛾科

　　原来的毒蛾科被昆虫学家降为亚科,现属裳蛾科。七月的夏日里,我在山间的树上发现了毒蛾的幼虫,这条幼虫体背多毛,是一条真正的毛毛虫!毒蛾的成虫体色虽然不显眼,幼虫反倒是色彩鲜艳,这是警告它的猎食者,本宝宝有毒!无论是蝴蝶还是飞蛾的成虫,它们都只吃很少的液态花蜜,相比之下,幼虫阶段时的毛毛虫却是大肚王,胃口很大,除了吃以外,别的什么都不做。眼前的这只毛毛虫不停地啃食叶片,积聚能量。在变形为成虫之前,毛毛虫会在几个龄期之间多次蜕皮,然后吐丝作茧,将自己包裹进自己织的茧子(蛹)里继续发育,直到化蛹成蛾。

　　从生理结构上来说,鳞翅目的昆虫一般都拥有可以用来吸食的虹吸式口器,蛾类中最典型的例子就是长喙天蛾。但是毒蛾却没有这种口器,因为长大后的毒蛾成虫根本不进食。毒蛾的毛毛虫时代,长着咀嚼式口器,不停地啃食咀嚼它们世代都取食的特定的植物的叶片,蛹和成虫的阶段则都依靠毛

黄毒蛾

黄毒蛾　交配

毒蛾幼虫

毛虫时储备的营养过活。

　　毒蛾的毛毛虫,身上的毛与毒蛾的毒腺相连,人的皮肤碰触这些毛可能引发过敏反应。尽管并非所有的毛毛虫都有毒,但在野外观察时,体色鲜艳而多毛的毛毛虫不要去碰。

长喙天蛾

鳞翅目/天蛾科

　　长喙天蛾经常悬停在花朵的前方,把它们相当于体长的超长口器插入花心,吸

咖啡透翅天蛾

小豆长喙天蛾

食花蜜。长喙天蛾既不是蜂，也不是鸟，而是蛾的一种。长喙天蛾没有鸟的最关键的特征——羽毛，也没有蜂的膜翅，而长着蛾类的羽毛状触角和鳞翅。

长喙天蛾飞行时速度很快，忽前忽后，时而急行转弯，如果要拍摄它们，需要点儿耐心。它们有空中悬停的绝技，在艳丽的花朵前停留时要尽量抓拍，用快门速度更快的相机能够拍出比我使用的小相机更好的影像。

鹿蛾

鳞翅目/鹿蛾科

草茎上、芦苇叶上，常常能发现正停落休息的鹿蛾。鹿蛾的腹部有黄黑相间的环纹，使得它很醒目。鹿蛾休息时翅膀张开，这是它作为蛾区别于蝶的主要特征之一。然而鹿蛾不同于大多数夜间活动的蛾，它们和长喙天蛾一样在白天吸食花蜜。鹿蛾飞行很慢，大概是肚子太沉，翅膀太小的缘故吧。

鹿蛾

草螟

鳞翅目/草螟科

桃蛀螟是广布于国内大多数地区的一种草螟科昆虫，幼虫多蛀食多种植物的嫩茎、果实等。成虫白天就栖息在绿色的叶片上，十分显眼。寄主中，它们更喜欢蔷薇科的植物。

草螟科中，上海常见的有甜菜白带野螟，在世纪公园的花坛里就能轻易找到。瓜娟野螟的白色翅膀则和绿色植物有明显的对比。

瓜娟野螟

桃蛀螟

甜菜白带野螟

毛穿孔尺蛾

四点鹛蛾

苔蛾

苔蛾

橄绿歧角螟

粉斑灯蛾

鳞翅目昆虫组图

蜜蜂/熊蜂

膜翅目/细腰亚目/蜜蜂科

蜜蜂是我们小时候就熟知的昆虫,我很小的时候就学过一些关于蜜蜂的知识,在后来的昆虫观察中,又做了进一步的了解。

蜜蜂群居,一个蜂群包括蜂后、工蜂和雄蜂,其中只有蜂后可以产卵,而且只做产卵这一件事,其他雌蜂没有生育能力,被称为工蜂,负责采集花粉、喂养幼虫、清理蜂巢等各种繁重而重要的工作。蜂群中还有一些雄蜂,它们不用像工蜂那样劳动,在交配前由工蜂提供食物,悠闲度日,交配时提供精子。未交配的雄蜂,在入秋食物匮乏后,会被工蜂赶走,由于缺乏觅食能力而只能饿死。

蜂后的一生,只有一次交尾飞行。它飞出蜂巢外,吸引众多雄蜂疯狂追逐,但蜂后并不着急,它会在飞行中选择飞得最快、体力最好的雄蜂进行交尾。一只雄蜂交尾后很快会死亡,蜂后会继续选择下一只雄蜂,它要在一生仅有一次的飞行中进行多次交尾,直到贮精囊中贮满大量精子。在接下来的几年中,蜂后逐次利用这些精子,使卵受精,孕育出新蜂。以后,在它的后代中会产生新的蜂后,老蜂后则带着部分工蜂飞出,另建新巢,而老巢由新的蜂后继承下去。蜜蜂的蜂巢由蜜蜂自产的蜡构成,里面有几百上千个巢室,这些巢室有的用来育雏,有的用来储藏蜂蜜和花粉。

蜜蜂

熊蜂

当然，我们平时看到的都是在花朵边飞舞的工蜂。它们的口器既能吸吮，也能咀嚼，蜜蜂的口器被称为吮吸式口器，能从花蕊中吸取花蜜。蜜蜂吸取花蜜回到巢中后，将花蜜吐出，由其他蜜蜂咀嚼、吃进去后再吐出。经过很多只蜜蜂上百次的吃进吐出，并经过几天的水分蒸发后，花蜜就成为蜂蜜，并由蜜蜂分泌的蜂蜡封存。我们人类吃到的蜂蜜就是这样被酿造出来的。

蜜蜂工蜂的后腿还有横槽，用来携带花粉，当它们在花儿的花柱上爬来爬去时，花粉会粘在横槽里。工蜂从一朵花飞到另一朵花，总会有携带的雄蕊的花粉掉到花的雌蕊上，从而起到了给雌花授粉的作用。植物中，除了一小部分可以通过风来完成授粉，绝大多数种类的授粉都需要借助昆虫的帮助。蜜蜂、蝴蝶和食蚜蝇等昆虫为世界上85%的显花植物传播花粉，可以说没有这些传媒昆虫，植物就无法繁衍，人类就吃不上水果和蔬菜。

在艳丽的花儿中采集花粉的不仅有蜜蜂，还有熊蜂。熊蜂和蜜蜂一样属于蜜蜂科，熊蜂的个头更大，然而熊蜂的蜂后产卵数量远比不上蜜蜂，所以我们看到的熊蜂没有蜜蜂多。

不是所有的熊蜂种类都和蜜蜂一样传播花粉，有些种的熊蜂只盗花蜜，却不传花粉，是"花蜜大盗"。

姬蜂

膜翅目/细腰亚目/姬蜂科

　　姬蜂的显著特点是体态娇小,腰部细窄,尾部具有长长的产卵管。姬蜂看起来比蜜蜂要小得多,最小的姬蜂的体长只有3毫米,大的也只有4厘米。姬蜂属于寄生蜂类,它们将卵产在被作为寄主的昆虫或蜘蛛的身上。根据卵是被产在寄主的体内还是体表,寄生方式又分为内寄生和外寄生。人们利用寄生蜂的特性,以姬蜂作为生物控制的媒介,抑制需要控制的害虫的数量。

姬蜂

胡蜂

膜翅目/细腰亚目/胡蜂科

　　胡蜂看起来有点儿吓人,它们的头部巨大,背部有鲜黄的警告色,实际上被胡蜂的尾针蜇到确实会很痛。除了尾针,胡蜂还有厉害的大颚。我看到过胡蜂袭击蜜蜂,用它们的大颚咬断和撕裂同是蜂类的蜜蜂。一群几十只的胡蜂会对一个蜜蜂巢发起进攻,屠杀大量蜜蜂,并将蜜蜂的尸体带回自己的胡蜂巢喂给自己的幼虫吃。不同种的胡蜂之间也会猛烈厮

长足异腹胡蜂

杀,总之胡蜂是凶猛的昆虫,肉食性,以捕捉其他昆虫为生。

但是观察和拍摄胡蜂也不用害怕,只要不接近它的巢,避免胡蜂在耳边嗡嗡叫的情形出现,就尽可以拉足长焦把叶片上的胡蜂拍个够。只是胡蜂一般不安分,飞行迅捷,在叶片上停留片刻就会飞远。

胡蜂因为个头更大,可以更清楚地看清蜂腰。它们的蜂腰细得都像要断了似的,可胸腹部还是连接得好好的,有些胡蜂扭起腰来,腹部可以弯出很大的角度,姿态奇异。这种细腰结构能够适应在狭窄的胡蜂巢里转身。

金环胡蜂是世界上最大的胡蜂之一,它们袭击蜂巢,甚至敢于骚扰伯劳等凶悍的鸟类。我就曾看到一只金环胡蜂驱赶一只棕背伯劳,居然还把棕背伯劳惊得一跃而起。

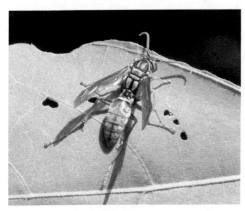

大异腹胡蜂

黄脚胡蜂

细黄胡蜂

土胡蜂

约马蜂

日本马蜂

胡蜂科昆虫

胡蜂科昆虫

叶蜂

膜翅目/广腰亚目/叶蜂科

　　叶蜂属于膜翅目下的广腰亚目，它们没有细腰，也不使用螯刺，并且不像蜜蜂和胡蜂那样群居。叶蜂通常待在植物的叶片上，素食，吃各种植物，这是叶蜂中"叶"字的来历。在郊外和城市公园里经常可以看到叶蜂。

白唇萝卜叶蜂

蛛蜂

膜翅目/细腰亚目/蛛蜂科

　　蛛蜂的名字来自它可以通过尾针施放剧毒使蜘蛛麻醉瘫痪，一物降一物，蜘蛛织网捕食大量昆虫，也被身为昆虫的蛛蜂所捕猎。蛛蜂比蜘蛛还毒。哪儿有蜘蛛，哪儿就有可能有蛛蜂出现。尽管蛛蜂一般不会蜇人，但这样的家伙，还是用镜头远远地观察就好了。

蛛蜂

蛛蜂

斑额土蜂（膜翅目土蜂科）

蚁

膜翅目/细腰亚目/蚁科

　　别看蚂蚁小,它和蜜蜂胡蜂一样,过着社会性的生活,有蚁后、雄蚁,和全部为雌性的工蚁。蚁群中只有蚁后能生育,而且生育能力非常强大。有翅膀的蚁后和雄蚁的交尾,和蜜蜂的蜂后与雄蜂之间的交尾飞行非常相似。繁殖期的雄蚁通常也有翅膀,而所有的工蚁都没有翅膀,不会生育,只负责搬运食物和液体。

　　蚁类在地球上分布广泛,而且数量巨大,它们搬动大量土壤,在生态中起着重要的作用。我走在山东大学威海校区的松树林里,经常发现地面的草丛中有好几个被蚂蚁翻出来的土堆,土堆下面就是地下蚁穴,有着许多街道和房屋,就像人类建造的城市。

　　工蚁在蚁穴外活动时,时常组成庞大的纵队,我经常看到纵队中的蚂蚁们晃动触角相互拍打,这是它们个体间在互通信息。蚂蚁习惯于在地下的黑暗中生活,视觉和听觉都不好,主要是依靠它们的鼻子也就是触角的嗅觉,它们的嗅觉非常灵敏。蚂蚁的领域性很强,每只蚂蚁都散发气味,气味就像是它们的暗号,凭气味确认身份并相互联络,如是群体外的成员进入领域,便会受到驱逐和攻击。蚁类还分泌一种特殊的化学物质,被用来标识路径,并且具有防卫功能。

　　有些蚂蚁和一些植物、昆虫有互利的共生关系,植物为蚂蚁提供住处,而蚂蚁则对植物提供保护,比如热带雨林里的刺槐就提供中空的茎供蚂蚁居住,而蚂蚁会骚扰或驱除危险到刺槐的动物或其他种植物。有些昆虫比如蚜虫分泌蚂蚁爱吃的

日本弓背蚁

黄猄蚁

"蜜汁"，蚂蚁就保护蚜虫，让它们不受瓢虫和食蚜蝇幼虫等蚜虫天敌的掠食，而蚜虫持续为蚂蚁分泌"蜜汁"。除了蚜虫，灰蝶的幼虫、叶蝉和角蝉等也和蚂蚁这种共利共生关系。

　　蚂蚁最爱吃含糖的蜜汁，山东大学威海校区树林下的长椅上，有人喝饮料或吃冰激凌，总免不了滴一些到地面上。滴落的蜜汁很快会引来大量工蚁聚集，工蚁会

蚁　组图

吸足蜜汁,回蚂蚁窝后再吐出给全窝的蚂蚁共同享用,并且平均分配,绝不自私和偏心。

蚂蚁的战斗力很强。经常观察蚂蚁,可以看到再强大的昆虫猎手,比如蝇虎蛛(跳蛛)、虎甲,也抵挡不过个头小的蚂蚁的围攻。

世界上蚁的种类超过16 000种,个头大而常常能见到的蚁类中,有日本弓背蚁和黄猄蚁。日本弓背蚁俗名大黑蚁,在中国广泛分布,种群数量大,而黄猄蚁比较好认,它们在温暖的南方比较常见。这两种蚁体格壮硕,都长着如螯一般的上颚,其中尤以黄猄蚁生性凶猛,能捕食各种昆虫,人也得小心它们,若是被咬一下,那可疼得厉害。

索引（鸟类） *

---

* 注：以拼音为序。

后记

喜欢动物　热爱自然

　　这本书写到最后昆虫部分收尾的时候，篇幅已经不短了。这个世界上的物种许许多多，我看到的只是沧海一粟，是众多物种中极小的一部分。我觉得，更重要的是和大家分享这个爱好的乐趣，以及对于还没有开始观察野生动物的读者，能够起到引领兴趣的作用。

　　因为篇幅的限制，我在自己拍摄过的物种中做了选取，也因为秉持只使用我自己拍摄到的照片的原则，有一些我没有能拍好照片的物种，就未包含在本书中。这样刚好，书已经不薄了。

　　野生动物的拍摄并不容易，比如鸟，观鸟，看到比拍到容易，拍好更难点儿。在看到的基础上，要想拍到、拍好一种鸟，有时候需要去好几次观鸟点，而鸟是自由的，既不能每次必见，也不是顺从的模特。书中很多鸟类的照片，是我去野外拍了好多次才拍得的一张较好的图。昆虫和兽类的拍摄也是一样，它们大多惧人而行动灵活，因此野生动物的野外生态摄影从来不是一件很容易的事情，但也正因为此，能让人乐在其中。我觉得这和我玩业余无线电和打台球等爱好一样，再有水平，也有无线电短波传播和台球桌上球运转的不确定性，而这种不确定性正是乐趣之一。

　　本书中使用的图，全部为我本人在野外的环境中拍得，比如鸟类中较难辨识的柳莺、鸲鹟、鸥、鸭子（特别是雌鸭）、鹨、鹀等，我都通过自身的努力拍得了较为满意的照片。当然，本书中的照片并不都是完美的。每一个野生动物摄影家都很辛苦，我觉得不用在拍得好与不好这一点上作比较，每一张照片都追求完美的话，太累，没必要。

　　我的想法是，拍照拍得好的人很多，而同样重要的是文字的写作。在书中，我用文字记叙了各种鸟、兽、虫的发现和识别的过程，并在观察中逐渐认知。

　　这些文字中，鸟、兽、虫三大类，鸟占了最大的篇幅，而且尤以在家乡上海看到的鸟为主要部分。鸟类差不多是我们生活中最容易见到的野生动物，并且多样性很高。上海能看到的鸟我看了不少，除了"常见种"，还包括了一些偶尔出现的"罕见种"。这些鸟类也是中国东部地区常见和有代表性的鸟类，可以给读者们在辨识和观察时提供参考。我喜爱鸟类，它们是美丽的羽毛星人，可爱、优雅、迷人（或者换几个词：帅气、英武、冷峻）。我喜欢聆听它们美妙的歌声，喜欢观察它们丰富的行为。候鸟来了又走，走了又来，再见到时就如同和暌违的老朋友重逢，让我快乐而满足。

　　昆虫和兽类也记叙了不少。本书中的昆虫，大部分的观察和拍摄的地点也是上海，一小部分是在国内其他地方；而野生哺乳动物则绝大部分是在旅行时看到的。另外，书中还有两栖类和爬行类等的照片和简短的文字，但篇幅很小。

　　造物神奇，我始终对动物世界充满深深的敬意，并不断提醒自己，必须保持谦逊。这些文字，是我以一个业余爱好者的身份尽自己的能力而写的，尤其对于识别这一块，每一个词的使用都有斟酌过，然而，百密一疏，写了很多物种，25万字文稿，其中一定会有谬误之处。不仅因为我个人认知上的局限会产生错误，也因为自然万物有无穷的奥秘，大自然中的未知还有许许多多。尤其是动物的感知并不为人所了解，"子非鱼，安知鱼之乐？"实际上，在自然科学或者自然文学方面，没有哪一本书有底气说自己是百分百绝对正确的，一定会有这样那样的错误。科学从来都应该以开放的心态欢迎质疑，拥抱争论。我决定写这本书，是因为我相信，书中一定不会有谬误的是对于野生动物和美好大自然的热爱，这才是这个爱好吸引我们的原本。

　　我觉得，作为一种兴趣爱好，平时观察各种野生动物，可以以玩的心态，轻松地进行。一星期的工作之后，周末时，不如放松心情，腾出个半天，远离电脑、放下手机，去户外振奋精神、释放压力。你可以去到水边（海边、湖边、河边、湿地边、水库边），去到山里（无论是大山还是小丘），去到原野（无论是农田还是荒野），四处走走，亲近亲近大自然。以上海为例，可以去到南汇、奉贤、金山的海边，去到松江佘山、天马山、小昆山等山林，去到各个城市公园和郊野公园。连上海这样的大城市都有那么多可以走近自然的地方，相信每一座城市也都有，我们可以发现和观察野生动物的所在，其实，离我们不那么远。

若是去旅行，旅行中除了可以欣赏自然风景、了解历史人文，也可以多关注各地的野生动物。野生动物能给我们带来一场场视觉盛宴。

装备上可以选取尽量轻便的，一个8×32的双筒望远镜，一个覆盖长焦到微距焦段的小型数码相机，放在背包里就出发吧。

出行人数上，我独来独往惯了，喜欢自己寻找野生动物的踪迹，享受发现的乐趣。例如观鸟，我看的鸟，百分之八九十是自己发现的，看的是"一手鸟"。"一期一会"这个词，说的是并不总能相见，偶遇是美好的。和很多鸟的相遇也是这样，现在这个时间这个地点能看到，但过不多久就不知飞哪儿去了，再找也找不见（兽类和昆虫也一样）。后来，我也慢慢觉得，其实也不妨借助大家的力量，毕竟人多眼睛多，尤其在一片广阔的区域。看"二手鸟"也有乐趣并且轻松，也能带来喜悦。三五出行，更可以拼车，一路上聊天、分享经验。所以，究竟是独立观察，还是成队出行，这个看个人，都是可以选择的方式。就是有一点，很多人一起观鸟时，要注意避免因为人多而对鸟造成过多干扰，大家一起轻声地、远远地观赏就好。

时间的安排上，比如观鸟，能早起去观最好，你可能收获一些未被惊扰的鸟儿（比如尚在树上夜宿休息的鹰属猛禽），但也不一定非得要做到早起。根据我自己的经验，除了人和鸟都不愿意在炎热阳光照射下活动的夏季，很多鸟在春秋迁徙季和冬季的上午9点左右到中午的时间段也都可以看到，而且夜间长途迁徙而来的过境鸟可能十分疲累，一早还在休息。又比如，昆虫中的蝴蝶，也特别喜欢阳光、喜欢温暖。其实，除了早上，在黄昏日落前还有一个动物较为活跃的时间段，因此傍晚也是一个很好的观察时段。再有就是夜观，尤其是夏季的昆虫，在晚上打起手电筒观察，会有很大的收获。

在观察和拍摄动物时，我们不应惊扰它们的生活，无论是鸟、兽、虫，都是这个原则。例如观鸟，一定要注意保持安全距离，使用好手中的望远镜。有些水鸟（也包括一些林鸟），可以试着轻手轻脚地慢慢接近，并想办法隐蔽自己，鸟儿一旦警戒，应该立刻停下脚步。不然鸟飞走了，不仅欣赏不到美丽的鸟，还惊吓了鸟。我自己依据这个原则，常常是我默默地观察和欣赏了它们，转身离开时，鸟还在那里。这一条，尤其对于长途迁徙而来、需要歇息觅食、身心休整的鸟儿们来说，尤为重要。其实，如果你能一点点接近它们，让它们习惯你的存在，它们会接受你，甚至反而会自己过来接近你，不把你当作威胁。昆虫也是一样，一只灰蝶、一只蝽，哪怕是一只胡蜂，你一点儿一点儿地靠近它们，就可以看清它们、拍好它们，并有机会看很久。安安静静地观察和欣赏，互不相扰、彼此相安，这是人和动物之间最和谐的状态。

观察野生动物，作为一个业余爱好，可以有一定的追求，比如多看一些新物种，这样可以给自己多一些动力。这就好比玩抓娃娃机，抓到以前没抓到过的新娃娃会更开心。而另一方面，除了那些立志成为动物专家（无论是鸟类、昆虫还是兽类）的爱好者，既然只是业余爱好，其实也可以完全不在乎一定要看到多少种物种，不必太功利，自己舒适、舒坦、开心就好。把握好度，更重要的是发现和感受到美，有一份美好的心绪。

除了感受美、获得心灵的愉悦，观察野生动物也使我们保持和大自然的接触，更真切地感受季节的变化和生境的差异，使生活变得鲜活而内心平静温和，让人敬畏，令人警醒，因此而形成人与自然之间的精神纽带。鸟、兽、虫等生物，以及自然环境是一个紧密相关的系统，关注这些美好的野生动物，你会喜爱它们，一旦对它们产生感情，就会想要保护它们。而在关注物种保护的同时，也会自然而然地关注地球的生态环境。

一直以来，在观察野生动物的过程中，我对于荒野、对于纯净大自然的感触尤为深切，并始终认为，人类应尽最大的可能保持大自然的原生态，尽最大的可能做到合理地而不是破坏性地利用地球的环境资源。从野生动物的角度来说，它们的生活，不可避免地会因人类的活动而受到干扰和改变。然而，我们的地球是包括人类在内的所有生物赖以生活的共同空间，人类若是少索要一些用于发展的土地，那么其他生物的生活空间就会大一些；人类若是能减少制造各种污染，保持空气、水、土壤的纯净，生物（包括人类这个物种自身）就会少受一些伤害。

如今，我们欣喜地看到，中国在国家层面上越来越注重环境保护和生态文明。同时，也有越来越多的普通人参与到观察野生动物和保护生态环境的志愿活动中，其中既有已步入社会的成年人，也有许多大、中、小学生。这些都让我们越来越有信心，因为所有热爱野生动物的人们都会普遍认同一个朴素的真理：有因有果，人类只有绿色发展，才能和地球上的生命和谐共生，从而保护野生动植物的多样性，并保护人类自己。

如果这本书能够让读者产生兴趣，走入大自然，去呼吸新鲜空气，去了解和观察我们这个地球上美好的生物，让更多的人识别动物、热爱动物，可就太好了。若是能够引起人们对于生态环境的关注，有一些更深的积极意义，那就更好了。

图书在版编目(CIP)数据

鸟兽虫识别和观察笔记 / 周育建著;周育建摄. — 上海:上海教育
出版社, 2019.12
ISBN 978-7-5444-9657-5

Ⅰ.①鸟… Ⅱ.①周… Ⅲ.①动物–普及读物 Ⅳ.①Q95-49

中国版本图书馆CIP数据核字(2019)第292598号

责任编辑　沈明玥　曹婷婷
美术编辑　陈　芸

鸟兽虫识别和观察笔记
周育建　著/摄
_____

出版发行　上海教育出版社有限公司
官　　网　www.seph.com.cn
地　　址　上海市永福路123号
邮　　编　200031
印　　刷　苏州美柯乐制版印务有限责任公司
开　　本　700×1000　1/16　印张 35
字　　数　605 千字
版　　次　2019年12月第1版
印　　次　2019年12月第1次印刷
书　　号　ISBN 978-7-5444-9657-5/Q·0022
定　　价　198.00 元
_____

如发现质量问题,读者可向本社调换　电话:021-64377165